高｜等｜学｜校｜计｜算｜机｜专｜业｜系｜列｜教｜材

深度学习算法与实践

郝晓莉　王昌利　侯亚丽　景辉　编著

清华大学出版社
北京

内 容 简 介

本书是一本深度学习从入门、算法到应用实践的书籍。全书共 9 章,第 1 章介绍深度学习基础,主要介绍基本概念和基本算法;第 2 章介绍深度学习的计算平台,主要介绍深度神经网络计算芯片 TPU 的架构原理;第 3 章介绍深度学习编程环境和操作基础,引导零基础读者快速入门 Linux 操作系统、Python 编程语言、TensorFlow 和 PyTorch 深度学习框架,为实现深度学习算法开发及应用部署奠定基础;第 4~8 章基于卷积神经网络,分别聚焦计算机视觉领域的几大经典任务,包括图像的分类、目标检测、语义分割、实例分割、人脸检测与识别等;第 9 章介绍循环神经网络,关注时序序列处理任务。本书每章讲解一系列经典神经网络的创新性思路,给出了详细的模型结构解析,并提供了具体的实践项目。从代码解析、网络训练、网络推理到模型部署,带领读者从理论一步步走向实践。

本书既可作为高等学校深度学习相关课程的教材,也可作为从事人工智能应用系统开发的科研和技术人员参考用书。

图书在版编目(CIP)数据

深度学习算法与实践/郝晓莉等编著. —北京:清华大学出版社,2023.10
高等学校计算机专业系列教材
ISBN 978-7-302-64268-8

Ⅰ.①深⋯   Ⅱ.①郝⋯   Ⅲ.①机器学习-算法-高等学校-教材   Ⅳ.①TP181

中国国家版本馆 CIP 数据核字(2023)第 138671 号

责任编辑:龙启铭
封面设计:何凤霞
责任校对:郝美丽
责任印制:曹婉颖

出版发行:清华大学出版社
   网   址:https://www.tup.com.cn,https://www.wqxuetang.com
   地   址:北京清华大学学研大厦 A 座   邮   编:100084
   社 总 机:010-83470000   邮   购:010-62786544
   投稿与读者服务:010-62776969,c-service@tup.tsinghua.edu.cn
   质量反馈:010-62772015,zhiliang@tup.tsinghua.edu.cn
   课件下载:https://www.tup.com.cn,010-83470236
印 装 者:北京同文印刷有限责任公司
经 销:全国新华书店
开 本:185mm×260mm   印 张:20.5   字 数:498 千字
版 次:2023 年 11 月第 1 版   印 次:2023 年 11 月第1次印刷
定 价:59.00 元

产品编号:092464-01

前言

　　近十年来，深度学习推动了人工智能（AI）技术的迅猛发展。深度学习的学术研究领域就像一条条短跑赛道，优秀的网络模型、数据集、算力设备不断涌现，你追我赶。常常是一个性能不错的学术成果推出之后，不久就会有另一个新的成果大幅超越前者的性能。在学术界的快速突破和产业界旺盛的商业需求推动下，深度学习很快应用到了自动驾驶、无人机、互联网搜索、手机、智慧城市等各个领域。随之而来的是对 AI 领域人力资源的需求大大增加，人才竞争激烈。很多院校都开设了人工智能或深度学习等课程，还有很多理工科背景的工程技术人员也希望通过自学进入人工智能领域。无论是院校教学还是企业培训、个人发展，都需要能够贴近实际的人工智能书籍，以满足教学和自学的需要。

　　深度学习是一个知识体系，涵盖了数学、算法、工具、编程等多方面的内容，令许多初学者"望而生畏"。关于深度学习的论文、代码、书籍、网站、博客、视频等资料非常之多，许多初学者面对如此浩瀚的资源感觉无从下手。学习深度学习的最佳途径是阅读网络的经典论文及其代码，并进行动手实践。然而，许多初学者读不懂论文和代码，往往陷入"代码跑不通"或"只跑了代码但看不懂"的困境。

　　本书作者深感于以上问题，在给研究生开设的计算机视觉及深度学习相关课程的基础上编写了这本书。我们将带领读者学习深度学习的关键知识点和实操工具，学习图像分类、目标检测、语义/实例分割等主题任务中的经典神经网络知识，并以项目实践的形式，一步步带领读者感受和领略深度学习的魅力。

　　本书面向初学者，在全书知识点的选择上不追求大而全，而是选择最关键和最常用的一些知识点并期望把它们讲解透彻，以满足深度学习的入门需求。本书的预备知识仅限于线性代数、微积分、概率等最基本概念，对读者知识背景要求较低。

　　本书的每个主题任务章节都可概括为任务的基本知识、神经网络算法解析和实践项目 3 个部分。基本知识部分讲解任务的基本概念、神经网络算法的发展及预备知识。在神经网络算法解析部分，以时间为主线，讲解经典神经网络的发展和创新，循序渐进地引导读者，避免搭建"空中楼阁"，避免学习过程中的"知其然而不知其所以然"。例如，在第 4 章图像分类中，从最早的 LeNet-5 手写数字识别神经网络讲起，介绍神经网络不断改进和优化的过程，一直到后期性能卓越的 ResNet、SENet 等。在学习中了解先行者的原创性思路和方法，对于我们在今后的学习和工作中借鉴前人思路、解决自己的问题、设计自己的神经网络是非常有帮助的。实践项目部分选择较为常用的神经网络算法,提供了完整的程序源代码,并对主要内容加以解析和详细的实践步骤指导。读者可通过实践部分掌握深度学习项目的环境搭建,以及神经网络模型的训练、测试和部署。

深度神经网络的训练和部署应用需要强大的计算能力(算力)支持。当前,研究者和开发者通常使用 CPU+GPU 的计算平台进行神经网络的训练和测试,而应用部署则可以在低成本、低功耗、小体积、高算力的 TPU 设备上实现。TPU 是 2016 年美国谷歌公司推出的 ASIC 芯片,专用于深度神经网络加速计算。国内华为、寒武纪等公司也紧跟其后,加大发展 TPU 的力度。算能公司至 2022 年已经发展到第 5 代自主知识产权的 TPU 芯片。本书第 2 章介绍了谷歌和算能的 TPU 架构原理,第 4~9 章提供了基于算能 SE5 TPU 平台的算法部署实践。

我们期望本书能够助力读者掌握前沿 AI 算法及前沿 AI 算力设备,助力广大读者抓住人工智能发展机遇,促进人工智能技术更深远广泛的科技创新和场景落地。

本书由郝晓莉总体策划、组织和撰写。第 1 章由郝晓莉和王昌利完成。第 2 章由胡雨、李岑撰写初稿,王昌利和郝晓莉修改完成。第 3 章由郝晓莉、杨建、景辉完成,李丹、藤若予、王学卿、江洁参与了本章的编写工作。第 4 章由郝晓莉、侯亚丽、王昌利完成,凌峰、常天星参与了本章实践项目的开发。第 5 章由王昌利、侯亚丽、郝晓莉完成,常天星、姚昊江、藤若予参与了本章实践项目的开发。第 6 章由郝晓莉、王昌利完成,刘爽和杨玉源参与了本章的编写工作。第 7 章由郝晓莉、侯亚丽、王昌利完成,常天星进行了本章实践项目的开发。第 8 章由王昌利、景辉、郝晓莉完成。第 9 章由郝晓莉、王昌利、杨健完成。申艳在课程开展和写书过程中提供了许多支持。

感谢学生们对本书实验案例做出的贡献。凌峰、刘爽开发了最初版的 PC 端实验案例及 SE3 端的算法移植,杨建、刘爽、常天星、江洁在课程的 SE3 实验平台搭建、调试和答疑中发挥了很大作用。常天星、杨建进一步开发并完善了实验案例及 SE5 端的算法移植,樊志兴、藤若予、李丹参与了所有 PC 端和 SE5 端实验的完善和验证。

感谢算能公司的大力支持,让我们得以为广大读者提供深度学习算法在前沿 AI 算力设备的部署实践指导。李贺、郑伟、张紫祥、王智慧、汤炜炜、陈昊、余良凯等对开设 SE3 实验提供了支持,赵红爱、张晨郦、李清、蒋国跃对本书的写作给予了支持,郭尚霖等对 SE5 实验给予了技术支持并提供了有益的建议。

感谢本书的编辑龙启铭老师,龙老师给予的建议总是简洁、明确而且富有建设性。

本书难免存在一些错误,欢迎广大读者批评指正。在本书的编写过程中,参考了大量的论文、书籍和网络资料,在此感谢这些作者们的无私奉献。如果本书在参考文献中遗漏了您的成果,请联系本书作者予以更正。

编　者

2023 年 1 月

目录

第1章

深度学习基础

1.1 人工智能概述

进入 21 世纪以来,随着数据的积累、算法的不断改进和算力的几何级增长,人工智能领域取得了重大的突破。尤其在 2016 年"人机"围棋大战中,AI 机器人 AlphaGo 战胜了职业围棋九段棋手李世石,让人工智能技术和应用成为了热门话题。伴随着人工智能在互联网、手机、汽车等各个领域的商业应用,人工智能逐步走进了普通人的工作和生活。

1.1.1 人工智能在各领域中的应用

随着人工智能技术在近些年的发展,其应用范围越来越广泛,并在交通出行、医疗健康、金融贸易、安全等领域产生了较为成熟的应用。

在交通出行领域,采集过往车辆的图像,通过车牌识别技术,实现停车管理、交通违法监测。车辆检测、车道线检测、交通标志识别、障碍物检测、行人检测等关键技术,正在逐步使自动驾驶成为现实(如图 1.1 所示)。

扫码查看
彩图

(a) 车道线检测　　　　　　　　　　(b) 车辆检测、行人检测、交通标志识别

图 1.1 人工智能在交通领域的应用

在医疗健康领域,人工智能可以应用在虚拟助理、医学影像、辅助诊疗、疾病风险预测、药物挖掘、健康管理、医院管理、辅助医学研究平台等场景。据报道,中国临床肿瘤学会的 CSCO AI 智能诊疗系统已经在全国 21 个省、近 150 家医院投入使用,其应用已覆盖肺癌、乳腺癌、食管癌、胃癌、结直肠癌等高发癌种。Dean Ho 发表在 *SCIENCE INSIGHTS* 的一篇论文中提到,在药物设计方面强化学习的表现强劲,强化学习使用奖励和惩罚训练算法获得所需药物的结构,成功地在 21 天内设计出一种新的化合物,而传统的时间大约是 1 年。采用了人工智能技术的可穿戴设备,能够持续地监测人体健康水平,可以给出使用者罹患心脏病、高血压甚至阿尔兹海默症状的预警。自 2020 年新型冠状病毒流行以来,国内国外都

陆续出现了采用医学影像＋人工智能技术的新型冠状病毒快速筛查系统,只要将胸部CT影像数据输入筛查系统,就可以全自动、快速、准确地输出诊断结果,从而将早期新型冠状病毒检测由4～5天的时间缩短到2分钟甚至更短,尽管存在一定程度的误判,但在当时的情况下极大地缓解了影像医生紧缺的局面,减轻了医生的工作负荷。

在铁路运输领域,火车站的自动检票机通过摄像头采集通行人员的面部图像与其所持身份证件照片进行比对,自动完成检票功能。在铁路货场的货检业务中,由安装在轨道上方和两侧的线阵摄像机获取货物列车的高清图像,通过人工智能技术检查货物列车货物装载、加固及门窗盖阀的关闭情况。当存在问题时,可以及时向值班人员发出报警信息。钢轨质量状态会直接影响列车运行的平稳性、安全性及乘客乘坐舒适性,钢轨轨检实验车使用线阵摄像机对钢轨进行成像,使用人工智能视觉算法可以有效检出钢轨表面缺陷和扣件脱落等问题(如图1.2所示)。

扫码查看
彩图

（a）高铁检票机

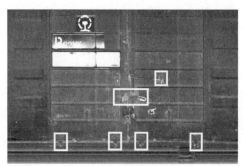

（b）智能货检

（c）轨检实验车

（d）钢轨检测

图 1.2　人工智能在铁路运输领域中的应用

人工智能在金融投资和服务领域的应用广泛。在金融投资领域,有智能投资顾问、反欺诈、异常分析、投资预测等方向的应用。在服务领域,有基于人脸识别和指纹识别的身份识别和智能客服等方向的应用。将人工智能应用于风险控制和金融监管,可以尽可能地降低金融风险,探索更加有效的监管方式。

在网络安全领域,通过人工智能自动化检测技术可以保障大数据安全。利用人工智能技术可以实现自学习应急响应防御,构建并完善主动式安全防御系统。在安全防范领域,有基于人脸识别的门禁系统、基于视频监控的异常行为检测系统及巡检机器人等。

在社交和搜索领域,语音输入、自然语言翻译工具、搜索引擎等都离不开人工智能技术的应用。

人工智能技术还有很多有趣的应用,例如以图搜图、街景识别、服饰搭配、文学艺术创作等。

尽管人工智能技术还存在着很多问题,但从发展的眼光看,人工智能技术完成了传统技术无法实现的工作。人工智能技术在各个领域的应用,解决了很多现实问题,反过来,在解决实际问题的过程中也推动了人工智能技术的发展。

1.1.2 人工智能、机器学习和深度学习

人工智能(Artificial Intelligence,AI)是计算机科学的一个分支,研究开发用于模拟、延伸和扩展人的智能的理论、方法、技术及应用系统的技术科学。

机器学习(Machine Learning,ML)是人工智能的一个分支,指利用算法使机器能够像人一样从大量的历史数据(包括信息和经验)中学习,重组已有的知识结构,使之不断改善自身的性能,目标是让机器在学习过去观察结果的基础上,对新的数据输入做出预测和判断。

例如,我们教幼儿辨识物品时,开始会指着物品告诉幼儿哪个是杯子,哪个是椅子,或是其他的物品,之后反复指认相同或不同的杯子,经过多次训练后,幼儿在看到一个从来没有见过的杯子时,也会正确地判断其为杯子。

与幼儿学习辨识杯子的道理一样,机器学习通过学习样本数据的内在规律和表示层次,使机器能够像人一样具有学习的能力,能够识别文字、图像和声音等。

机器学习解决的主要问题有分类问题、回归问题和聚类问题。

(1)分类问题(classification):根据对象的特征,按照人为定义的标准或规则,把具备相同特征的对象分为一类。例如,我们可以把动物按照鸟类、兽类、鱼类、爬行类等分成几大类;可以将各种不同手写体的数字或字母归入 0～9、A～Z 中;将文章中的词语分为人物、时间、地点、事件。分类问题的输出是离散的数值,表示类别号,可以是二分类或多分类问题。分类问题在现实场景中应用非常广泛,如手写字符识别、物体识别、行为识别等。

(2)回归问题(regression):根据历史数据的分布规律和特征,进行建模和预测。例如,根据历年房屋成交数据,预测房价的涨跌;根据股票的历史数据,预测股票未来走势。回归问题的输出通常是连续的数值。

(3)聚类问题(clustering):根据对象的自然属性和特征在空间上的分布规律,将互相靠近的对象分在一起,处在同一集合中的对象彼此相似,与其他集合中的对象相异。聚类没有事先定义的类别数量和类别名称。

机器学习的主要方式有监督学习、无监督学习、半监督学习和强化学习。

(1)监督学习(supervised learning):主要解决分类或回归问题。通过人为地定义一个分类的规则,然后将样本数据按照这个规则分类并标记。用这些标记好的样本数据去训练一个算法模型,训练好的模型就可以按照我们定义的规则去预测新数据的分类结果。监督学习的分类是基于我们定义的规则进行的。比如,对于汽车分类,我们可以按照汽车的大小作为分类规则,分为大型车、中型车、小型车等类型;也可以按照汽车的颜色作为分类规则,分为红车、蓝车、黑车、白车等类型。分类的规则取决于我们分类的目的。

(2)无监督学习(unsupervised learning):主要解决聚类问题。训练样本集没有进行人为的分类和标记,模型根据样本间的相似性对样本集进行分类,使得类内差距最小化,类间差距最大化。比如,香蕉和苹果,不需要人为去规定两者之间的分类规则,香蕉与香蕉之间的相似度远大于香蕉与苹果之间的相似度,因此可以通过聚类区分香蕉与苹果。

(3)半监督学习(semi-supervised learning):半监督学习在训练阶段结合了大量未标

记的数据和少量标记数据。由于标记数据需要花费大量的人力财力,与使用所有标签数据的监督学习模型相比,使用半监督学习训练集的训练模型在较低的训练成本下仍旧能达到较高的精度。

(4) 强化学习(reinforcement learning):主要解决的是交互问题。强化学习与"猜数字"游戏的原理类似,出题者首先确定一个数字(称为答案),如 15,猜数者猜测一个数字,出题者根据猜数者本次与上一次猜的数字与答案的距离(猜的数字与答案数字差值的绝对值)回答"远"或"近"。例如,猜数者上一次猜数为 10,本次猜数为 13,出题者则回答"近",直至猜数者猜对为止。智能体(agent)作为学习系统,获取外部环境的当前状态信息,然后对环境采取试探性的行为动作,并获取环境对此行为动作的反馈评价和新的环境状态。如果智能体的动作导致了环境中的"奖赏",那么智能体以后产生这个动作的趋势便会加强;反之,智能体产生这个动作的趋势将减弱。在学习系统的控制行为与环境反馈的状态及评价的反复交互作用中,以学习的方式不断修改从状态到动作的映射策略,从而达到优化系统性能目的。

以监督学习为例,机器学习过程通常分为以下 3 个步骤。

(1) 根据需要解决的问题或任务,选择一个合适的模型。通常,模型是一组函数和参数的集合。

(2) 将大量的整理后的数据输入模型,根据模型输出的结果与真实结果的差异反过来优化模型的参数,使得模型输出的结果与真实结果的差异越来越小,当这个差异达到我们所能接受的程度时,我们就得到了一个学习好的模型。从数据中学得模型的过程称为"训练"。用于训练过程的数据称为"训练数据集"。

(3) 得到训练好的模型后,我们把新的数据输入这个模型,模型输出结果的过程通常称为"推理"或"预测"。例如,我们手写一个字符,将这个字符输入训练好的手写字符识别模型,模型就会自动识别出这个字符。

深度学习(Deep Learning,DL)是机器学习的一个分支(如图 1.3 所示),采用多层神经网络进行预测,特别是在计算机视觉、语音识别、自然语言理解等方面表现优异。所谓"深度",是因为之前的神经网络方法都是浅层学习,神经网络层数在 3 层以内,而深度学习神经网络的网络层数则是在 3 层以上。

图 1.3　人工智能、机器学习和深度学习的关系

深度学习是当前人工智能技术的核心方法,本书后续的理论和实践都围绕深度学习展开。

1.2　深度学习的基本原理

研究深度学习的动机在于建立能够模拟人脑进行分析和学习的人工神经网络,通过模仿人脑的机制来解释数据,如图像、声音和文本等。深度学习的概念源于人工神经网络的研究。

人工神经网络(Artificial Neural Networks,ANN)也简称为神经网络(NN)或称为连接模型(connection model)。它是一种模仿动物神经网络行为特征,进行分布式并行信息处理的算法数学模型。这种网络依靠系统的复杂程度,通过调整内部大量节点之间相互连接的关系,从而达到处理信息的目的。

在进行人工神经网络的学习开始之前,我们先介绍一下生物神经元是如何工作的。

1.2.1　神经元

据估算,人脑是由 860 亿个神经元组成的,每个神经元之间又与相邻的神经元组合连接,构成庞大的神经元网络。神经元是一种高度分化的细胞,是神经系统的基本结构和功能单位之一,它具有感受刺激和传导兴奋的功能。神经元通过接受、整合传导和输出信息,实现信息加工和交换。

如图 1.4 所示,典型的神经元是由神经元细胞的细胞体、树突和轴突组成的。每个神经元可以有一个或多个树突,但只有一个轴突。

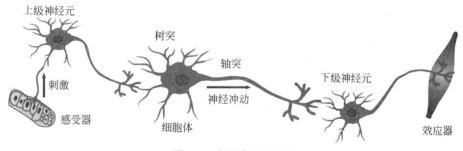

图 1.4　生物神经元结构

神经元树突与感受器或上一级神经元的轴突相连,将刺激或神经冲动以生物电信号的形式传导到细胞体,经过复杂的生物效应,使这些由树突输入的神经冲动信号得到不同程度的增强或减弱,信号在细胞体中进行总和加工,当强度达到门控阈值时就会产生神经冲动,轴突将细胞体产生的神经冲动传导到下一级神经元或是效应器。

简化后的生物神经元的工作原理如图 1.5 所示。

对神经元建立简单的数学模型,就得到了人工神经网络的神经元数学模型,如图 1.6 所示。其中,$x_1,x_2,\cdots,x_n$ 表示神经元的 n 个输入,对应生物神经元的树突;$w_1,w_2,\cdots,w_n$ 表示神经元输入的权重,对应神经冲动信号的增强或减弱;b 是偏置,也就是激活阈值,$-b$ 对应的就是门控阈值。输入向量 x 和权重向量 w 的加权和 $z=x_1w_1+x_2w_2+\cdots+x_nw_n$;$f(z)$ 称为激活函数,其作用是就像一个受控制的阀门,输入 z 小于阈值时阀门关闭表示没有输出,输入达到或超过阈值时阀门打开表示有输出。因此,神经元的数学表达式为

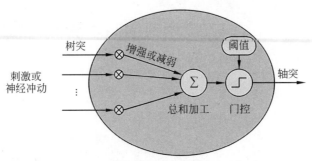

图 1.5　简化后的生物神经元的工作原理

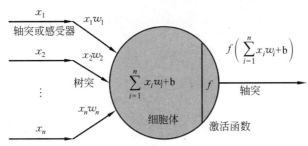

图 1.6　神经元数学模型

$$y(\boldsymbol{x}) = f(z) = f\left(\sum_{i=1}^{n} x_i w_i + b\right) \tag{1.1}$$

如果把神经元的多个输入表示成向量 $\boldsymbol{x} = (x_1, x_2, \cdots, x_n)$，把神经元的多个权重表示成向量 $\boldsymbol{w} = (w_1, w_2, \cdots, w_n)$，则一个神经元的数学模型就可以表示成向量运算表达式

$$y(\boldsymbol{x}) = f(\boldsymbol{x}^\mathrm{T} \boldsymbol{w} + b) \tag{1.2}$$

当自变量 z 大于或等于 0 时激活函数 $f(z)$ 的函数值为 1，小于 0 时函数值为 0，表达式为

$$f(z) = \begin{cases} 1, & z \geqslant 0 \\ 0, & z < 0 \end{cases} \tag{1.3}$$

公式(1.3)表达的激活函数是阶跃函数，因为只有 0 和 1 两个值，无法进行后续人工神经网络反向传播算法所需的导数运算，因此阶跃函数不能作为人工神经网络的激活函数。人工神经网络常用的激活函数有 Sigmoid、Tanh、ReLU、LReLU、PReLU、RReLU、ELU、Softplus、Softsign 等，其函数的公式、图形和特点如表 1.1 所示。

表 1.1　激活函数的公式、图像和特点

名　　称	公　　式	图　　形	特　　点
阶跃函数 Step	$\begin{cases} 1, & z \geqslant 0 \\ 0, & z < 0 \end{cases}$		输出为 0 或 1

续表

名　　称	公　式	图　形	特　点
Sigmoid	$\dfrac{1}{1+e^{-z}}$		输出范围在 $(0,1)$ 之间,单调连续,易求导,但易产生梯度消失。输出不以 0 为中心,降低权重更新的效率。指数函数,运算速度慢
双曲正切函数 Tanh	$\dfrac{e^{z}-e^{-z}}{e^{z}+e^{-z}}$		输出范围在 $(-1,1)$ 之间,以 0 为中心,可以进行标准化,但易产生梯度消失。指数函数,运算速度慢
整流线性单元 ReLU	$\max(0,z)$		可以快速收敛,有效解决了梯度消失问题,运算速度快,但输入小于 0 时,输出为 0,导数为 0,可能会出现神经元死亡,从而使权重无法更新的问题
Leaky ReLU	$\begin{cases} z, & z\geqslant0 \\ \alpha z, & z<0 \end{cases}$		输入小于 0 时,输出为很小的负值,导数不为 0,解决了神经元死亡的问题。在参数 α 取值合适的情况下,表现结果比 ReLU 更好,一般情况下 $\alpha=0.01$
PReLU	$\begin{cases} z, & z\geqslant0 \\ \alpha z, & z<0 \end{cases}$		是 Leaky ReLU 的改进型,可以从数据中自适应地学习参数 α,收敛速度快,错误率低
指数线性单元 ELU	$\begin{cases} z, & z\geqslant0 \\ \alpha(e^{z}-1), & z<0 \end{cases}$		输入小于 0 时,输出为负值,且导数不为 0,解决了神经元死亡的问题,对噪声的鲁棒性强,输出均值趋近于 0,避免网络均值漂移
Softplus	$\log(1+e^{z})$		函数图像接近 ReLU 函数,且在整个范围内,都是连续可导的

续表

名　　称	公　式	图　形	特　点
Softsign	$\dfrac{z}{\mid z\mid +1}$		输出范围在$(-1,1)$之间,以 0 为中心
Swish	$\dfrac{\beta z}{1+e^{-\beta z}}$		β 是常数或可以训练的参数。函数图像接近 ReLU 函数,输入小于 0 时,输出为负值,解决了神经元死亡的问题,且在整个范围内,都是连续可导的
Mish	$z\tanh[\log(1+e^z)]$		Mish 与 Swish 非常相像,性能略优,计算时间略长

1.2.2　人工神经网络

神经元的突触彼此连接,形成复杂的神经通路和网络,实现信息交换和分析功能,使神经系统产生感觉和调节其他系统的活动,以适应内、外环境的瞬息变化。

人工神经网络模仿动物神经网络的行为特征,将一系列的人工神经元通过连接形成网络。图 1.7 展示了一个人工神经网络的基本结构。人工神经网络概括为 3 层,第一层为输入层,这一层是简单地接收输入数据 $x_1,x_2,\cdots,x_n$,而不做任何的计算。中间部分为隐藏层,隐藏层的每一个神经元与输入层的一个或多个神经元连接,获取输入层的一个或多个输入,进行运算处理,并将运算后的结果传送给输出层。隐藏层可以有一层神经元也可以有多

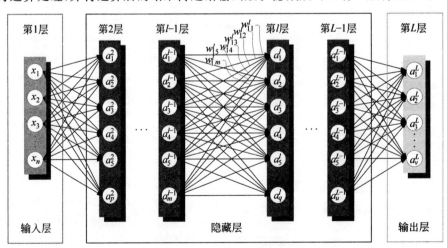

图 1.7　人工神经网络的基本结构

层神经元,由多层神经元构成的网络又称为深度神经网络(Deep Neural Networks,DNN)。最后一层是输出层,输出推理或预测结果 $a_1, a_2, \cdots, a_v$。

在图 1.7 中隐藏层或输出层的任一个神经元的激活前值和输出可表示为

$$z_j^l = \sum_{k=1}^{m} w_{jk}^l a_k^{l-1} + b_j^l$$

$$a_j^l = f(z_j^l) = f\left(\sum_{k=1}^{m} w_{jk}^l a_k^{l-1} + b_j^l \right)$$

其中: l 表示神经元层的索引; L 表示神经网络的总层数; j 表示神经元层中神经元的索引; m 表示上一层神经元的总个数; k 表示上一层神经元的索引,也是本层权重的索引; w_{jk}^l 表示第 $l-1$ 层第 k 个神经元与第 l 层第 j 个神经元之间的连接权重; b_j^l 表示第 l 层第 j 个神经元的偏置; z_j^l 表示第 l 层第 j 个神经元在激活前的值; a_j^l 表示第 l 层第 j 个神经元的输出; f 表示激活函数。

例如:

$$a_2^3 = f(z_2^3) = f(w_{21}^3 a_1^2 + w_{22}^3 a_2^2 + \cdots + b_2^3)$$

其中: a_2^3 即第 3 层第 2 个神经元的输出; w_{22}^3 即第 2 层第 2 个神经元输出 a_2^2 与第 3 层第 2 个神经元 a_2^3 连接所对应的权重; b_2^3 即第 3 层第 2 个神经元的偏置。

也可以用矩阵的形式表示为

$$\begin{aligned} \boldsymbol{z}^l &= \boldsymbol{W}^l \boldsymbol{a}^{l-1} + \boldsymbol{b}^l \\ \boldsymbol{a}^l &= f(\boldsymbol{z}^l) = f(\boldsymbol{W}^l \boldsymbol{a}^{l-1} + \boldsymbol{b}^l) \end{aligned} \tag{1.4}$$

其中: $\boldsymbol{z}^l$ 表示第 l 层神经元层在激活前的向量; $\boldsymbol{a}^l$ 表示第 l 层神经元层的输出向量; $\boldsymbol{W}^l$ 表示第 l 层神经元层的权重矩阵; $\boldsymbol{a}^{l-1}$ 表示第 $l-1$ 层神经元层的输出向量; $\boldsymbol{b}^l$ 表示第 l 层神经元层的偏置向量。

图 1.7 所展示的神经网络的运算是按照输入层→隐藏层→输出层顺序逐层进行的,在隐藏层内部的神经元层也是按顺序进行运算的,这种顺序运算称为神经网络的**前向传播**(Forward Propagation,FP),这个神经网络也称为**前馈神经网络**(Feed-forward Neural Network,FNN)。前馈神经网络的数据是单向流动的,在网络中不会构成循环和回路。由于它没有权值更新的机制,因此不具备学习的能力。

在本书中,我们将学习和实践 3 种神经网络:全连接神经网络、卷积神经网络和循环神经网络。其中,全连接神经网络和卷积神经网络属于前馈神经网络。全连接神经网络指每一层的每个神经元都与前一层的所有神经元相连,如图 1.7 所示。卷积神经网络中卷积层的每个神经元只与前一层局部的神经元相连,将在 1.3 节介绍。循环神经网络是有记忆的神经网络,网络前一时刻的输出与当前时刻的输入共同作为网络当前时刻的输入,在第 9 章中讲解。

以图 1.8 所示三层前馈神经网络为例,具体的前向传播运算如下。注意:本例中所有上标均表示神经元层的索引,而非幂运算。

设:

输入层有 2 个输入,输入向量为

$$\boldsymbol{x} = \begin{bmatrix} x_1 \\ x_2 \end{bmatrix} = \begin{bmatrix} 0.6 \\ 0.8 \end{bmatrix}$$

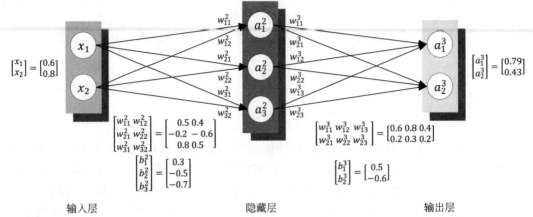

图 1.8　三层前馈神经网络

隐藏层有 3 个神经元,输出向量为

$$\boldsymbol{a}^2 = \begin{bmatrix} a_1^2 \\ a_2^2 \\ a_3^2 \end{bmatrix}$$

输出层有 2 个神经元,输出向量为

$$\boldsymbol{a}^3 = \begin{bmatrix} a_1^3 \\ a_2^3 \end{bmatrix}$$

隐藏层权重矩阵为

$$\boldsymbol{W}^2 = \begin{bmatrix} w_{11}^2 & w_{12}^2 \\ w_{21}^2 & w_{22}^2 \\ w_{31}^2 & w_{32}^2 \end{bmatrix} = \begin{bmatrix} 0.5 & 0.4 \\ -0.2 & -0.6 \\ 0.8 & 0.5 \end{bmatrix}$$

偏置向量为

$$\boldsymbol{b}^2 = \begin{bmatrix} b_1^2 \\ b_2^2 \\ b_3^2 \end{bmatrix} = \begin{bmatrix} 0.3 \\ -0.5 \\ -0.7 \end{bmatrix}$$

输出层权重矩阵为

$$\boldsymbol{W}^3 = \begin{bmatrix} w_{11}^3 & w_{12}^3 & w_{13}^3 \\ w_{21}^3 & w_{22}^3 & w_{23}^3 \end{bmatrix} = \begin{bmatrix} 0.6 & 0.8 & 0.4 \\ 0.2 & 0.3 & 0.2 \end{bmatrix}$$

偏置向量为

$$\boldsymbol{b}^3 = \begin{bmatrix} b_1^3 \\ b_2^3 \end{bmatrix} = \begin{bmatrix} 0.5 \\ -0.6 \end{bmatrix}$$

激活函数 f 为 Sigmoid 函数 σ。

根据公式(1.4),隐藏层神经元激活前的向量为

$$\boldsymbol{z}^2 = \boldsymbol{W}^2 \boldsymbol{x} + \boldsymbol{b}^2 = \begin{bmatrix} w_{11}^2 & w_{12}^2 \\ w_{21}^2 & w_{22}^2 \\ w_{31}^2 & w_{32}^2 \end{bmatrix} \begin{bmatrix} x_1 \\ x_2 \end{bmatrix} + \begin{bmatrix} b_1^2 \\ b_2^2 \\ b_3^2 \end{bmatrix}$$

$$= \begin{bmatrix} 0.5 & 0.4 \\ -0.2 & -0.6 \\ 0.8 & 0.5 \end{bmatrix} \begin{bmatrix} 0.6 \\ 0.8 \end{bmatrix} + \begin{bmatrix} 0.3 \\ -0.5 \\ -0.7 \end{bmatrix}$$

$$= \begin{bmatrix} 0.92 \\ -1.1 \\ 0.18 \end{bmatrix}$$

隐藏层神经元输出向量为

$$\boldsymbol{a}^2 = \boldsymbol{f}(\boldsymbol{z}^2) = \sigma(\boldsymbol{z}^2) = \sigma\left(\begin{bmatrix} 0.92 \\ -1.1 \\ 0.18 \end{bmatrix}\right) = \begin{bmatrix} 0.7150 \\ 0.2497 \\ 0.5449 \end{bmatrix}$$

输出层神经元激活前的向量为

$$\boldsymbol{z}^3 = \boldsymbol{W}^3 \boldsymbol{a}^2 + \boldsymbol{b}^3 = \begin{bmatrix} w_{11}^3 & w_{12}^3 & w_{13}^3 \\ w_{21}^3 & w_{22}^3 & w_{23}^3 \end{bmatrix} \begin{bmatrix} a_1^2 \\ a_2^2 \\ a_3^2 \end{bmatrix} + \begin{bmatrix} b_1^3 \\ b_2^3 \end{bmatrix}$$

$$= \begin{bmatrix} 0.6 & 0.8 & 0.4 \\ 0.2 & 0.3 & 0.2 \end{bmatrix} \begin{bmatrix} 0.72 \\ 0.25 \\ 0.54 \end{bmatrix} + \begin{bmatrix} 0.5 \\ -0.6 \end{bmatrix}$$

$$= \begin{bmatrix} 1.3468 \\ -0.2731 \end{bmatrix}$$

输出层神经元输出向量为

$$\boldsymbol{a}^3 = \boldsymbol{f}(\boldsymbol{z}^3) = \sigma(\boldsymbol{z}^3) = \sigma\left(\begin{bmatrix} 1.35 \\ -0.27 \end{bmatrix}\right) = \begin{bmatrix} 0.7936 \\ 0.4321 \end{bmatrix}$$

本例讲解了前馈神经网络的计算过程,其中权重 $\boldsymbol{W}$ 和偏置 $\boldsymbol{b}$ 都是事先给定的。

对于一个给定权重和偏置参数的前馈神经网络模型,给定一个输入可以输出一个确定的结果,这个过程称为**推理**或**预测**。

1.2.3　反向传播算法

我们无法从一个随机给定权重参数 $\boldsymbol{W}$ 和偏置参数 $\boldsymbol{b}$ 的前馈神经网络模型获得我们想要的结果。如果我们想让一个前馈神经网络模型按照我们的期望进行推理或预测,则这个网络必须具有合适的权重和偏置参数。为此,可以通过对神经网络模型的训练,来确定神经元的权重和偏置参数,从而指导神经网络按照我们的期望进行预测。

如图 1.9 所示,将大量的训练样本数据输入前馈神经网络,这些训练样本具有标注了真实结果的标签值。神经网络根据初始的模型参数权重 $\boldsymbol{W}$ 和偏置 $\boldsymbol{b}$,按照前向传播算法输出训练样本的预测结果。通过损失函数计算预测结果与真实结果之间的差异,并根据差异反向逐层调整神经网络权重 $\boldsymbol{W}$ 和偏置 $\boldsymbol{b}$ 参数,这个过程称为反向传播(Backward Propagation,BP)。不断重复这个过程,使得预测输出与真实结果的误差不断减小,直至在验证集上达到我们能够接受的程度,就训练好了一个符合我们期望的神经网络模型。这时的网络权重 $\boldsymbol{W}$ 和偏置 $\boldsymbol{b}$ 即为我们所求的模型参数。

损失函数(loss function)是用来度量训练样本经过网络所产生的推理预测输出与标签

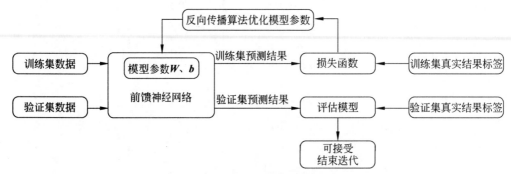

图 1.9 神经网络训练

之间的误差。训练的目标就是通过不断优化权重 W 和偏置 b，使得损失函数值达到最小。在深度神经网络中，最常见的损失函数极小值的求解过程一般是通过梯度下降法来一步步迭代完成的，即沿梯度下降方向不断迭代，逐步逼近权重和偏置的最优解，使得损失函数值最小。

损失函数有很多种，如均方差损失函数（MSE loss function）、交叉熵损失函数（cross-entropy loss function）、对数损失函数（log loss function）、指数损失函数（exponential loss function）等。

以均方差损失函数为例，对于每批训练样本，我们期望最小化下式

$$J(W,b,x,y)=\frac{1}{2}\|a^L-y\|_2^2 \tag{1.5}$$

其中：x 为输入向量；a^L 为网络的输出向量；y 为标签值向量；$\|a^L-y\|_2$ 为向量 a^L-y 的 L2 范数（向量各元素的平方和，然后求平方根），$\|a^L-y\|_2^2$ 也就是向量 a^L-y 的各元素的平方和；$J(W,b,x,y)$ 表示输出值与真实值之间的差距。

下面以均方差为例，介绍使用梯度下降法迭代求解每一层的权重矩阵 W 和偏置向量 b 的反向传播算法。

对于一个深度为 L 层的神经网络，输出层向量为

$$a^L=f(z^L)=f(W^La^{L-1}+b^L)$$

根据输出层的损失函数公式（1.5）定义得

$$J(W,b,x,y)=\frac{1}{2}\|a^L-y\|_2^2=\frac{1}{2}\|f(z^L)-y\|_2^2$$

$$=\frac{1}{2}\|f(W^La^{L-1}+b^L)-y\|_2^2$$

求解 W、b 的梯度 $\dfrac{\partial J(W,b,x,y)}{\partial W^L}$ 和 $\dfrac{\partial J(W,b,x,y)}{\partial b^L}$。

根据链式法则得

$$\frac{\partial J(W,b,x,y)}{\partial W^L}=\frac{\partial J(W,b,x,y)}{\partial z^L}\cdot\frac{\partial z^L}{\partial W^L}$$

其中：

$$\frac{\partial z^L}{\partial W^L}=\frac{\partial(W^La^{L-1}+b^L)}{\partial W^L}=a^{L-1}\text{（计算结果为向量）}$$

$$\frac{\partial J(\boldsymbol{W},\boldsymbol{b},\boldsymbol{x},\boldsymbol{y})}{\partial \boldsymbol{z}^L}=\frac{\partial\left(\dfrac{1}{2}\left\|f(\boldsymbol{z}^L)-\boldsymbol{y}\right\|_2^2\right)}{\partial \boldsymbol{z}^L}$$

$$=(f(\boldsymbol{z}^L)-\boldsymbol{y})\odot f'(\boldsymbol{z}^L)$$

$$=(\boldsymbol{a}^L-\boldsymbol{y})\odot f'(\boldsymbol{z}^L)\text{（计算结果为向量）}$$

式中$\odot$符号表示 Hadamard 积（或称点乘），若有两个维度相同的向量 $\boldsymbol{a}=(a_1,a_2,\cdots,a_n)^{\mathrm{T}}$ 和 $\boldsymbol{b}=(b_1,b_2,\cdots,b_n)^{\mathrm{T}}$，则 $\boldsymbol{a}\odot \boldsymbol{b}=(a_1b_1,a_2b_2,\cdots,a_nb_n)^{\mathrm{T}}$。由于偏导是在向量的各元素上分别进行的，$(\boldsymbol{a}^L-\boldsymbol{y})$和$f'(\boldsymbol{z}^L)$是点乘关系，故采用 Hadamard 积表示。

进而得到矩阵

$$\frac{\partial J(\boldsymbol{W},\boldsymbol{b},\boldsymbol{x},\boldsymbol{y})}{\partial \boldsymbol{W}^L}=(\boldsymbol{a}^L-\boldsymbol{y})\odot f'(\boldsymbol{z}^L)(\boldsymbol{a}^{L-1})^{\mathrm{T}}$$

同样可以得到向量

$$\frac{\partial J(\boldsymbol{W},\boldsymbol{b},\boldsymbol{x},\boldsymbol{y})}{\partial \boldsymbol{b}^L}=\frac{\partial J(\boldsymbol{W},\boldsymbol{b},\boldsymbol{x},\boldsymbol{y})}{\partial \boldsymbol{z}^L}\cdot\frac{\partial \boldsymbol{z}^L}{\partial \boldsymbol{b}^L}=(\boldsymbol{a}^L-\boldsymbol{y})\odot f'(\boldsymbol{z}^L)$$

将两个梯度公式中的公共部分$\dfrac{\partial J(\boldsymbol{W},\boldsymbol{b},\boldsymbol{x},\boldsymbol{y})}{\partial \boldsymbol{z}^L}$提取出来，记为

$$\boldsymbol{\delta}^L=\frac{\partial J(\boldsymbol{W},\boldsymbol{b},\boldsymbol{x},\boldsymbol{y})}{\partial \boldsymbol{z}^L}=(\boldsymbol{a}^L-\boldsymbol{y})\odot f'(\boldsymbol{z}^L) \tag{1.6}$$

则第 L 层输出层 $\boldsymbol{W}^L$ 和 $\boldsymbol{b}^L$ 的梯度公式表示为

$$\frac{\partial J(\boldsymbol{W},\boldsymbol{b},\boldsymbol{x},\boldsymbol{y})}{\partial \boldsymbol{W}^L}=\boldsymbol{\delta}^L(\boldsymbol{a}^{L-1})^{\mathrm{T}}$$

$$\frac{\partial J(\boldsymbol{W},\boldsymbol{b},\boldsymbol{x},\boldsymbol{y})}{\partial \boldsymbol{b}^L}=\boldsymbol{\delta}^L \tag{1.7}$$

接下来使用数学归纳法推导任意层第 l 层的 $\boldsymbol{\delta}^l$。假设第 $l+1$ 层的 $\boldsymbol{\delta}^{l+1}$ 已经求出来了，根据链式法则得

$$\boldsymbol{\delta}^l=\frac{\partial J(\boldsymbol{W},\boldsymbol{b},\boldsymbol{x},\boldsymbol{y})}{\partial \boldsymbol{z}^l}=\frac{\partial J(\boldsymbol{W},\boldsymbol{b},\boldsymbol{x},\boldsymbol{y})}{\partial \boldsymbol{z}^{l+1}}\cdot\frac{\partial \boldsymbol{z}^{l+1}}{\partial \boldsymbol{z}^l}$$

$$=\boldsymbol{\delta}^{l+1}\frac{\partial \boldsymbol{z}^{l+1}}{\partial \boldsymbol{z}^l} \tag{1.8}$$

因为

$$\boldsymbol{a}^l=f(\boldsymbol{z}^l)$$

$$\boldsymbol{z}^{l+1}=\boldsymbol{W}^{l+1}\boldsymbol{a}^l+\boldsymbol{b}^{l+1}=\boldsymbol{W}^{l+1}f(\boldsymbol{z}^l)+\boldsymbol{b}^{l+1}$$

所以

$$\frac{\partial \boldsymbol{z}^{l+1}}{\partial \boldsymbol{z}^l}=\frac{\partial(\boldsymbol{W}^{l+1}f(\boldsymbol{z}^l)+\boldsymbol{b}^{l+1})}{\partial \boldsymbol{z}^l}=(\boldsymbol{W}^{l+1})^{\mathrm{T}}\odot f'(\boldsymbol{z}^l)$$

代入上面 $\boldsymbol{\delta}^{l+1}$ 和 $\boldsymbol{\delta}^l$ 的关系式(1.8)后可以得到任意层 $\boldsymbol{\delta}$：

$$\boldsymbol{\delta}^l=\boldsymbol{\delta}^{l+1}\frac{\partial \boldsymbol{z}^{l+1}}{\partial \boldsymbol{z}^l}=(\boldsymbol{W}^{l+1})^{\mathrm{T}}\boldsymbol{\delta}^{l+1}\odot f'(\boldsymbol{z}^l) \tag{1.9}$$

从公式(1.9)可以看出，$\boldsymbol{W}^{l+1}$ 为已知的权重矩阵，$f'(\boldsymbol{z}^l)$ 可通过前向传播算法计算得到，只要求出相邻的后一层 $\boldsymbol{\delta}^{l+1}$，则本层的 $\boldsymbol{\delta}^l$ 也可以求出。前述公式(1.6)已经求出了神经网络最后一层的 $\boldsymbol{\delta}$，即 $\boldsymbol{\delta}^L=(\boldsymbol{a}^L-\boldsymbol{y})\odot f'(\boldsymbol{z}^L)$，因此第 $L-1$ 层为

$$\boldsymbol{\delta}^{L-1} = (\boldsymbol{W}^L)^{\mathrm{T}} \boldsymbol{\delta}^L \odot f'(\boldsymbol{z}^{L-1})$$

以此类推，第 $L-2$ 层的 $\boldsymbol{\delta}^{L-2}$ 和第 $L-3$ 层的 $\boldsymbol{\delta}^{L-3}$ 等都可以求出，故可以求出任一层的 $\boldsymbol{\delta}$。

由此，可以得到第 l 层 $\boldsymbol{W}^l$ 和 $\boldsymbol{b}^l$ 的梯度为

$$\frac{\partial J(\boldsymbol{W}, \boldsymbol{b}, \boldsymbol{x}, \boldsymbol{y})}{\partial \boldsymbol{W}^l} = \frac{\partial J(\boldsymbol{W}, \boldsymbol{b}, \boldsymbol{x}, \boldsymbol{y})}{\partial \boldsymbol{z}^l} \frac{\partial \boldsymbol{z}^l}{\partial \boldsymbol{W}^l} = \boldsymbol{\delta}^l (\boldsymbol{a}^{l-1})^{\mathrm{T}}$$

$$\frac{\partial J(\boldsymbol{W}, \boldsymbol{b}, \boldsymbol{x}, \boldsymbol{y})}{\partial \boldsymbol{b}^l} = \frac{\partial J(\boldsymbol{W}, \boldsymbol{b}, \boldsymbol{x}, \boldsymbol{y})}{\partial \boldsymbol{z}^l} \frac{\partial \boldsymbol{z}^l}{\partial \boldsymbol{b}^l} = \boldsymbol{\delta}^l$$

(1.10)

整理以上推导结果，在模型训练时可按照如下 5 个步骤进行。

(1) 将各层的权重矩阵 $\boldsymbol{W}$ 和偏置向量 $\boldsymbol{b}$ 初始化为随机数。

(2) 将训练样本 $\boldsymbol{x}^i$ 输入神经网络模型的输入层，依照前向传播的顺序计算各层的激活前值和输出向量 $\boldsymbol{z}^{i,l} = \boldsymbol{W}^{i,l}\boldsymbol{a}^{i,l-1} + \boldsymbol{b}^{i,l}$、$\boldsymbol{a}^{i,l} = f(\boldsymbol{z}^{i,l})$，并且保存下来。

(3) 计算输出层的 $\boldsymbol{\delta}^{i,L}$，由后向前按照反向传播的顺序依次计算出各层的 $\boldsymbol{\delta}^{i,l}$：

$$\boldsymbol{\delta}^{i,l} = (\boldsymbol{W}^{i,l+1})^{\mathrm{T}} \boldsymbol{\delta}^{i,l+1} \odot f'(\boldsymbol{z}^{i,l})$$

(4) 计算出一个批次样本的各层 $\boldsymbol{\delta}$，更新各层的权重矩阵 $\boldsymbol{W}$ 和偏置向量 $\boldsymbol{b}$，计算出第 l 层的 $\boldsymbol{W}^l$ 和 $\boldsymbol{b}^l$：

$$\boldsymbol{W}^l = \boldsymbol{W}^l - \frac{\alpha}{m} \sum_{i=1}^{m} \boldsymbol{\delta}^{i,l} (\boldsymbol{a}^{i,l-1})^{\mathrm{T}}$$

$$\boldsymbol{b}^l = \boldsymbol{b}^l - \frac{\alpha}{m} \sum_{i=1}^{m} \boldsymbol{\delta}^{i,l}$$

(1.11)

其中：m 为一个批次样本的总数量；i 为样本索引；$\boldsymbol{\delta}^{i,l}$ 表示在输入为第 i 个样本下第 l 层的 $\boldsymbol{\delta}$；$\boldsymbol{a}^{i,l-1}$ 表示在输入为第 i 个样本下第 $l-1$ 层的输出；α 为学习率。学习率 α 由人为设定，当 α 设定值较大时，训练特点是粗放，每次迭代更新对 $\boldsymbol{W}$ 和 $\boldsymbol{b}$ 修改比较大，网络可以快速向收敛点靠近，但是精度低，且可能会因为跳动过大而错过了最佳收敛点；当 α 设定值较小时，训练特点是细腻，但收敛速度慢。

(5) 重复第(2)～(4)步，不断迭代更新各层的权重矩阵 $\boldsymbol{W}$ 和偏置向量 $\boldsymbol{b}$，当权重矩阵 $\boldsymbol{W}$ 和偏置向量 $\boldsymbol{b}$ 的变化值都小于设定的阈值、迭代次数超过设定次数、损失函数值小于设定阈值或验证集上的准确率达到要求时，停止迭代。

以图 1.8 的数据为例，进行反向传播算法模型参数优化计算的具体过程如下所示。为简化计算，本例采用一个样本，演示一个迭代过程。注意：本例中所有上标均表示神经元层的索引，而非幂运算。

设该三层神经网络的真实标签值向量 $\boldsymbol{y} = \begin{bmatrix} y_1 \\ y_2 \end{bmatrix} = \begin{bmatrix} 1 \\ 0 \end{bmatrix}$，学习率 $\alpha = 1.0$。

激活函数为 Sigmoid 函数，激活函数的导数为

$$f'(\boldsymbol{z}^l) = \left(\frac{1}{1 + \mathrm{e}^{-z^l}} \right)' = \frac{1}{1 + \mathrm{e}^{-z^l}} \times \frac{\mathrm{e}^{-z^l}}{1 + \mathrm{e}^{-z^l}}$$

$$= f(\boldsymbol{z}^l) \odot (1 - f(\boldsymbol{z}^l)) = \boldsymbol{a}^l \odot (1 - \boldsymbol{a}^l)$$

则输出层激活函数的导数为

$$f'(\boldsymbol{z}^3) = \boldsymbol{a}^3 \odot (1 - \boldsymbol{a}^3)$$

根据公式(1.6),求解输出层的 $\boldsymbol{\delta}^3$ 为

$$\boldsymbol{\delta}^3 = \frac{\partial J(\boldsymbol{W},\boldsymbol{b},\boldsymbol{x},\boldsymbol{y})}{\partial \boldsymbol{z}^3} = (\boldsymbol{a}^3 - \boldsymbol{y}) \odot f'(\boldsymbol{z}^3)$$

$$= (\boldsymbol{a}^3 - \boldsymbol{y}) \odot (\boldsymbol{a}^3 \odot (1 - \boldsymbol{a}^3))$$

$$= \begin{bmatrix} 0.7936 - 1 \\ 0.4321 - 0 \end{bmatrix} \odot \left(\begin{bmatrix} 0.7936 \\ 0.4321 \end{bmatrix} \odot \begin{bmatrix} 1 - 0.7936 \\ 1 - 0.4321 \end{bmatrix} \right)$$

$$= \begin{bmatrix} (0.7936 - 1) \times 0.7936 \times (1 - 0.7936) \\ (0.4321 - 0) \times 0.4321 \times (1 - 0.4321) \end{bmatrix}$$

$$= \begin{bmatrix} -0.0338 \\ 0.1060 \end{bmatrix}$$

根据公式(1.7),可求得输出层的梯度为

$$\frac{\partial J(\boldsymbol{W},\boldsymbol{b},\boldsymbol{x},\boldsymbol{y})}{\partial \boldsymbol{W}^3} = \boldsymbol{\delta}^3 (\boldsymbol{a}^2)^{\mathrm{T}} = \begin{bmatrix} -0.0338 \\ 0.1060 \end{bmatrix} \begin{bmatrix} 0.7150 \\ 0.2497 \\ 0.5449 \end{bmatrix}^{\mathrm{T}}$$

$$= \begin{bmatrix} -0.0242 & -0.0084 & -0.0184 \\ 0.0758 & 0.0265 & 0.0578 \end{bmatrix}$$

$$\frac{\partial J(\boldsymbol{W},\boldsymbol{b},\boldsymbol{x},\boldsymbol{y})}{\partial \boldsymbol{b}^3} = \boldsymbol{\delta}^3 = \begin{bmatrix} -0.0338 \\ 0.1060 \end{bmatrix}$$

根据公式(1.11),可求得输出层优化更新后的权重矩阵 $\boldsymbol{W}^3$ 和偏置向量 $\boldsymbol{b}^3$ 为

$$\boldsymbol{W}^3 = \boldsymbol{W}^3 - \alpha \frac{\partial J(\boldsymbol{W},\boldsymbol{b},\boldsymbol{x},\boldsymbol{y})}{\partial \boldsymbol{W}^3}$$

$$= \begin{bmatrix} 0.6 & 0.8 & 0.4 \\ 0.2 & 0.3 & 0.2 \end{bmatrix} - \alpha \begin{bmatrix} -0.0242 & -0.0084 & -0.0184 \\ 0.0758 & 0.0265 & 0.0578 \end{bmatrix}$$

$$= \begin{bmatrix} 0.6242 & 0.8084 & 0.4184 \\ 0.1242 & 0.2735 & 0.1422 \end{bmatrix}$$

$$\boldsymbol{b}^3 = \boldsymbol{b}^3 - \alpha \frac{\partial J(\boldsymbol{W},\boldsymbol{b},\boldsymbol{x},\boldsymbol{y})}{\partial \boldsymbol{b}^3} = \begin{bmatrix} 0.5 \\ -0.6 \end{bmatrix} - \alpha \begin{bmatrix} -0.0338 \\ 0.1060 \end{bmatrix}$$

$$= \begin{bmatrix} 0.5338 \\ -0.7060 \end{bmatrix}$$

根据公式(1.9),可求得隐藏层的 $\boldsymbol{\delta}^2$ 为

$$\boldsymbol{\delta}^2 = (\boldsymbol{W}^3)^{\mathrm{T}} \boldsymbol{\delta}^3 \odot f'(\boldsymbol{z}^2) = (\boldsymbol{W}^3)^{\mathrm{T}} \boldsymbol{\delta}^3 \odot ((\boldsymbol{a}^2 \odot (1 - \boldsymbol{a}^2)))$$

$$= \begin{bmatrix} 0.6 & 0.8 & 0.4 \\ 0.2 & 0.3 & 0.2 \end{bmatrix}^{\mathrm{T}} \begin{bmatrix} -0.0338 \\ 0.1060 \end{bmatrix} \odot \left(\begin{bmatrix} 0.7150 \\ 0.2497 \\ 0.5449 \end{bmatrix} \odot \begin{bmatrix} 1 - 0.7150 \\ 1 - 0.2497 \\ 1 - 0.5449 \end{bmatrix} \right)$$

$$= \begin{bmatrix} 0.6 & 0.2 \\ 0.8 & 0.3 \\ 0.4 & 0.2 \end{bmatrix} \begin{bmatrix} -0.0338 \\ 0.1060 \end{bmatrix} \odot \begin{bmatrix} 0.7150 \times (1 - 0.7150) \\ 0.2497 \times (1 - 0.2497) \\ 0.5449 \times (1 - 0.5449) \end{bmatrix}$$

$$= \begin{bmatrix} 1.8842\mathrm{e} - 4 \\ 8.9336\mathrm{e} - 4 \\ 1.9\mathrm{e} - 3 \end{bmatrix}$$

根据公式(1.10),可求得隐藏层的梯度为

$$\frac{\partial J(\boldsymbol{W},\boldsymbol{b},\boldsymbol{x},\boldsymbol{y})}{\partial \boldsymbol{W}^2} = \boldsymbol{\delta}^2 (\boldsymbol{x})^{\mathrm{T}} = \begin{bmatrix} 1.8842\mathrm{e}-4 \\ 8.9336\mathrm{e}-4 \\ 1.9\mathrm{e}-3 \end{bmatrix} \begin{bmatrix} 0.6 \\ 0.8 \end{bmatrix}^{\mathrm{T}}$$

$$= \begin{bmatrix} 1.1305\mathrm{e}-4 & 1.5074\mathrm{e}-4 \\ 5.3602\mathrm{e}-4 & 7.1469\mathrm{e}-4 \\ 1.1\mathrm{e}-3 & 1.5\mathrm{e}-3 \end{bmatrix}$$

$$\frac{\partial J(\boldsymbol{W},\boldsymbol{b},\boldsymbol{x},\boldsymbol{y})}{\partial \boldsymbol{b}^2} = \boldsymbol{\delta}^2 = \begin{bmatrix} 1.8842\mathrm{e}-4 \\ 8.9336\mathrm{e}-4 \\ 1.9\mathrm{e}-3 \end{bmatrix}$$

根据公式(1.11),可求得隐藏层优化更新后的权重矩阵 $\boldsymbol{W}^2$ 和偏置向量 $\boldsymbol{b}^2$ 为

$$\boldsymbol{W}^2 = \boldsymbol{W}^2 - \alpha \frac{\partial J(\boldsymbol{W},\boldsymbol{b},\boldsymbol{x},\boldsymbol{y})}{\partial \boldsymbol{W}^2}$$

$$= \begin{bmatrix} 0.5 & 0.4 \\ -0.2 & -0.6 \\ 0.8 & 0.5 \end{bmatrix} - \alpha \begin{bmatrix} 1.1305\mathrm{e}-4 & 1.5074\mathrm{e}-4 \\ 5.3602\mathrm{e}-4 & 7.1469\mathrm{e}-4 \\ 1.1\mathrm{e}-3 & 1.5\mathrm{e}-3 \end{bmatrix}$$

$$= \begin{bmatrix} 0.4999 & 0.3998 \\ -0.2005 & -0.6007 \\ 0.7989 & 0.4985 \end{bmatrix}$$

$$\boldsymbol{b}^2 = \boldsymbol{b}^2 - \alpha \frac{\partial J(\boldsymbol{W},\boldsymbol{b},\boldsymbol{x},\boldsymbol{y})}{\partial \boldsymbol{b}^2} = \begin{bmatrix} 0.3 \\ -0.5 \\ -0.7 \end{bmatrix} - \alpha \begin{bmatrix} 1.8842\mathrm{e}-4 \\ 8.9336\mathrm{e}-4 \\ 1.9\mathrm{e}-3 \end{bmatrix}$$

$$= \begin{bmatrix} 0.2998 \\ -0.5009 \\ -0.7019 \end{bmatrix}$$

根据公式(1.4),在权重矩阵 $\boldsymbol{W}$ 和偏置向量 $\boldsymbol{b}$ 优化更新后,通过前向传播重新计算网络的输出值得

$$\boldsymbol{a}^2 = \sigma(\boldsymbol{W}^2 \boldsymbol{x} + \boldsymbol{b}^2)$$

$$= \sigma \left(\begin{bmatrix} 0.4999 & 0.3998 \\ -0.2005 & -0.6007 \\ 0.7989 & 0.4985 \end{bmatrix} \begin{bmatrix} 0.6 \\ 0.8 \end{bmatrix} + \begin{bmatrix} 0.2998 \\ -0.5009 \\ -0.7019 \end{bmatrix} \right)$$

$$= \begin{bmatrix} 0.7150 \\ 0.2494 \\ 0.5439 \end{bmatrix}$$

$$\boldsymbol{a}^3 = \sigma(\boldsymbol{W}^3 \boldsymbol{a}^2 + \boldsymbol{b}^3)$$

$$= \sigma \left(\begin{bmatrix} 0.6242 & 0.8084 & 0.4184 \\ 0.1242 & 0.2735 & 0.1422 \end{bmatrix} \begin{bmatrix} 0.7150 \\ 0.2494 \\ 0.5439 \end{bmatrix} + \begin{bmatrix} 0.5338 \\ -0.7060 \end{bmatrix} \right)$$

$$= \begin{bmatrix} 0.8037 \\ 0.3842 \end{bmatrix}$$

按照上述步骤进行 3 次迭代优化,模型参数和预测结果总结如表 1.2 所示。

表 1.2 三层神经网络反向传播算法的迭代结果

	初始值	第一次迭代优化	第二次迭代优化	第三次迭代优化
W^2	$\begin{bmatrix} 0.5 & 0.4 \\ -0.2 & -0.6 \\ 0.8 & 0.5 \end{bmatrix}$	$\begin{bmatrix} 0.4999 & 0.3998 \\ -0.2005 & -0.6007 \\ 0.7989 & 0.4985 \end{bmatrix}$	$\begin{bmatrix} 0.5009 & 0.4012 \\ -0.2005 & -0.6007 \\ 0.7989 & 0.4985 \end{bmatrix}$	$\begin{bmatrix} 0.5026 & 0.4034 \\ -0.2001 & -0.6001 \\ 0.7996 & 0.4995 \end{bmatrix}$
b^2	$\begin{bmatrix} 0.3 \\ -0.5 \\ -0.7 \end{bmatrix}$	$\begin{bmatrix} 0.2998 \\ -0.5009 \\ -0.7019 \end{bmatrix}$	$\begin{bmatrix} 0.3015 \\ -0.5009 \\ -0.7019 \end{bmatrix}$	$\begin{bmatrix} 0.3043 \\ -0.5002 \\ -0.7006 \end{bmatrix}$
W^3	$\begin{bmatrix} 0.6 & 0.8 & 0.4 \\ 0.2 & 0.3 & 0.2 \end{bmatrix}$	$\begin{bmatrix} 0.6242 & 0.8084 & 0.4184 \\ 0.1242 & 0.2735 & 0.1422 \end{bmatrix}$	$\begin{bmatrix} 0.6483 & 0.8162 & 0.4353 \\ 0.0592 & 0.2508 & 0.0928 \end{bmatrix}$	$\begin{bmatrix} 0.6667 & 0.8233 & 0.4508 \\ 0.0034 & 0.2314 & 0.0504 \end{bmatrix}$
b^3	$\begin{bmatrix} 0.5 \\ -0.6 \end{bmatrix}$	$\begin{bmatrix} 0.5338 \\ -0.7060 \end{bmatrix}$	$\begin{bmatrix} 0.5310 \\ -0.6909 \end{bmatrix}$	$\begin{bmatrix} 0.5933 \\ -0.8749 \end{bmatrix}$
a^2	$\begin{bmatrix} 0.7150 \\ 0.2497 \\ 0.5449 \end{bmatrix}$	$\begin{bmatrix} 0.7150 \\ 0.2494 \\ 0.5439 \end{bmatrix}$	$\begin{bmatrix} 0.7156 \\ 0.2494 \\ 0.5439 \end{bmatrix}$	$\begin{bmatrix} 0.7168 \\ 0.2497 \\ 0.5446 \end{bmatrix}$
a^3	$\begin{bmatrix} 0.7936 \\ 0.4321 \end{bmatrix}$	$\begin{bmatrix} 0.8037 \\ 0.3842 \end{bmatrix}$	$\begin{bmatrix} 0.8127 \\ 0.3449 \end{bmatrix}$	$\begin{bmatrix} 0.8209 \\ 0.3128 \end{bmatrix}$

从表 1.2 可以看出,随着迭代次数的增加,权值优化更新,神经网络的输出向量 a^3 不断地趋近于真实标签向量 y 的数值,即 a_1^3 不断向 $y_1 = 1$ 接近,a_2^3 不断向 $y_2 = 0$ 接近。按照这个趋势,a^3 与 y 的损失值会越来越小,当损失值基本不再发生变化时,通常认为该网络已经收敛了。上例仅以一个训练样本作为输入讲解了反向传播算法的计算过程,实际应用中是以训练集作为神经网络的输入来训练模型参数的。

梯度下降法使用训练集数据的方法通常可分为批量(batch)、小批量(mini-batch)和随机 3 种方式。

批量梯度下降(Batch Gradient Descent,BGD)指在每一次迭代运算中都使用所有训练样本计算梯度,在这种情况下,公式(1.11)中的 m 等于训练集的所有样本数量。BGD 对异常数据不敏感,能够更好地代表样本总体,但由于每一次迭代的样本量大,因此训练速度慢。

小批量梯度下降(Mini-Batch Gradient Descent,MBGD)指从训练集样本中随机抽取一部分样本组成小批量样本集,小批量样本集的样本数量称为 batch_size,每一次迭代运算只使用一个小批量样本集计算梯度,下一次迭代运算再换一个小批量样本集,公式(1.11)中的 m 等于小批量样本集的样本数量 batch_size。MBGD 可以减少每次迭代的运算量,计算速度较快,收敛效果接近批量梯度下降。

随机梯度下降(Stochastic Gradient Descent,SGD)指每一次迭代运算只使用一个从训练集中随机抽取的样本计算梯度,公式(1.11)中的 $m = 1$。由于每次迭代 SGD 只计算一个样本,因此计算速度比上两种方式快很多,但是对异常数据敏感,损失值容易震荡,不一定收敛到最优解。

前向传播、反向传播等神经网络算法的计算过程是非常烦琐和复杂的,幸运的是这些基础层运算程序已经由 TensorFlow、PyTorch 等开源深度学习框架实现并封装成类或函数,省去了我们从基础层开始编写代码的工作,为神经网络编程提供了很大的便利。在实际应用中,很多时候我们只需要在所选取的框架基础上进行更高层次的编程即可,把精力集中在神经网络的设计上,大大简化了算法开发的流程。

1.2.4 神经网络的数据结构——张量

在神经网络的计算中以张量作为数据的结构形式,所有的数据都可以借助张量的形式来表示。

张量可以简单理解为不同维度的数组,如表 1.3 所示。零阶张量的表现形式为标量,即一个数值,一阶张量为向量,二阶张量为矩阵。一张 RGB 三通道彩色图像就是一个结构为 (C,H,W) 的三阶张量数据,表示该张量数据具有 $C=3$ 个通道,图像的高和宽分别为 H 与 W。若模型训练或测试中的一个批次包含 n 张图像,则是一组结构为 (n,C,H,W) 的四维张量数据。以此类推,n 阶张量就视为 n 维数组。

表 1.3 各阶张量示例

阶	术语	示 例
零阶张量	标量	2
一阶张量	向量	$[2\ \ 1\ \ 1\ \ -1\ \ 0]$
二阶张量	矩阵	$\begin{bmatrix} 1 & 1 & 1 & 1 & 1 \\ -1 & 0 & -3 & 0 & 1 \\ 2 & 1 & 1 & -1 & 0 \\ 0 & -1 & 1 & 2 & 1 \\ 1 & 2 & 1 & 1 & 1 \end{bmatrix}$
三阶张量	三维矩阵	
四阶张量	四维矩阵	

1.3 卷积神经网络

卷积神经网络(Convolutional Neural Networks,CNN)是一种特殊结构的人工神经网络,使用卷积和池化取代了大部分的全连接操作。卷积神经网络适合处理空间数据,主要应用于图像处理领域。一维卷积神经网络也应用于语音处理等序列处理应用领域。

一个典型的卷积神经网络通常由 3 部分构成。第一部分是输入层,第二部分是由多个卷积层、归一化层、激活层和池化层组合构成的隐藏层,第三部分是由一个全连接的多层感知机分类器构成的输出层。图 1.10 所示为典型的卷积神经网络结构。

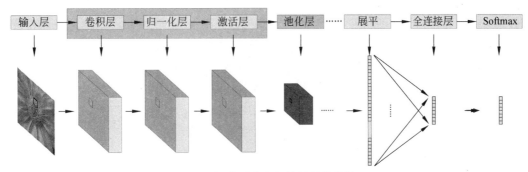

图 1.10 典型的卷积神经网络结构

1.3.1 卷积层

卷积层(convolutional layer)对输入数据和**卷积核**(kernel,又称**滤波器**(Filter))进行卷积运算,其作用是对输入数据进行特征提取。卷积层的输出称为**特征图**(Feature Maps,FM)。如图 1.11 所示,对于图像来说,最开始的卷积层的作用是提取图像的浅层特征,如边缘、颜色、纹理等,后续的卷积层以前面卷积层输出的特征图作为输入数据,进一步提取深层特征。

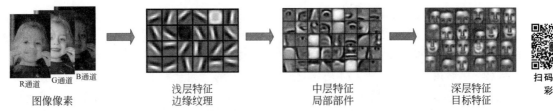

图 1.11 图像的特征层次

(1) 单通道卷积:以二维卷积运算为例,如图 1.12 所示,卷积核在输入矩阵上滑动,卷积核的每个元素与输入矩阵的对应元素相乘并累加,得到的结果作为输出矩阵的一个元素。在图 1.12 中,输出矩阵的第一个元素计算过程为 $1\times1+1\times0+1\times0+(-1)\times0+0\times0+(-3)\times0+2\times0+1\times0+1\times1=2$。

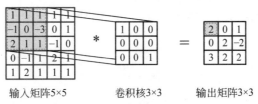

输入矩阵5×5　　卷积核3×3　　输出矩阵3×3

图 1.12 单通道二维卷积运算

卷积核在输入矩阵上每次横向或纵向滑动的元素个数称为**步长**(stride),在图 1.12 的卷积运算中,其步长为 1。卷积核在输入矩阵上横向和纵向滑动的次数就是输出矩阵的列数和行数。经过卷积运算,输出矩阵的行列数通常比输入矩阵的行列数要小。图 1.12 中 5×5 的输入矩阵,与大小为 3×3 的卷积核进行卷积运算后得到 3×3 的输出矩阵。卷积核的滑动步长也会影响输出矩阵的尺寸。如果要使输出尺寸与输入尺寸相同,则需要在卷积运算之前,在输入矩阵四周增加数值为 0 的行和列来扩展输入矩阵的尺寸,这种操作称为**零填充**(zero-padding),如图 1.13 所示。

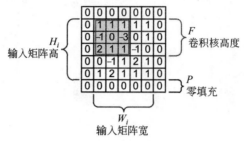

图 1.13 卷积运算参数

卷积运算后输出矩阵的行列数可以采用下面的公式计算

$$W_o = (W_i - F + 2P)/S + 1$$
$$H_o = (H_i - F + 2P)/S + 1$$

其中:W_o 为输出矩阵的列数,H_o 为输出矩阵的行数,W_i 为输入矩阵的列数,H_i 为输入矩阵的行数,F 为卷积核的行列数,P 为零填充的行列数,S 为卷积核的滑动步长。

一个卷积层一般有多个卷积核。一个卷积核在图像或特征图上进行窗口滑动时可以提取出图像或特征图不同位置上的同一种特征,而不同的卷积核可以提取出不同的特征,有多少个卷积核就意味着能提取多少种特征,特征的数量可以称之为特征图的深度或通道数。例如,一个输入为 32×32 的单通道图像,经过由 6 个大小为 5×5、滑动步长为 1、无填充卷积核构成的卷积层,得到 6 个大小为 28×28 的特征图,也可表示为 28×28×6(宽×高×通道)。

(2) 多通道卷积:如图 1.14 所示,输入为 5×5 的 3 通道特征图,与一个大小为 3×3 的卷积核进行卷积运算,该卷积核也应为 3 通道。将输入特征图和卷积核的卷积运算拆分成 3 个输入矩阵与卷积核矩阵的单通道卷积运算,然后将得到的 3 个卷积结果矩阵按元素对应位置叠加,就得到了输出矩阵,其输出为 3×3 的单通道特征图。由于多通道卷积运算是

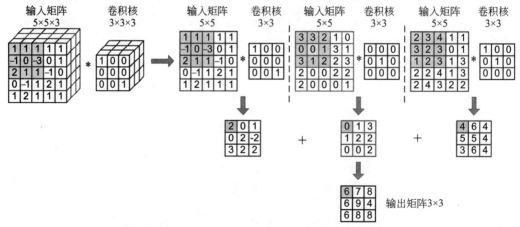

图 1.14 多通道卷积运算

在宽和高两个方向滑动的,而在深度方向没有进行滑动,因此多通道卷积仍属于二维卷积。在卷积层中,卷积核的通道数与输入特征图的通道数是相同的。输入特征图与一个卷积核的输出为单通道特征图,输入特征图与多个核的卷积输出为多通道特征图,卷积层输出特征图的通道数是该层卷积核的个数。

(3) 1×1 卷积:1×1 卷积是一种特殊的卷积方式,其卷积核的通道数与输入特征图的通道数相同,大小为 1×1,即一个通道只有一个元素。1×1 卷积在输入为单通道的二维平面上没有实际意义,因为卷积完成后,输入和输出只是倍数关系。但对于多通道的特征图,1×1 卷积具有调整特征图深度,完成升维或降维的作用,这种应用在卷积神经网络中是比较常见的。本书后续 ResNet 章节(4.2.5 节)讲到的瓶颈结构(bottleneck)就是 1×1 卷积的典型应用,瓶颈结构入口通过 1×1 卷积降维,减少特征图通道的数量,进而减少接下来卷积的参数量和计算量,瓶颈结构出口再通过 1×1 卷积将特征图恢复到需要的通道数量。1×1 卷积遵循多通道卷积算法,卷积输出的特征图大小不变,通道数为卷积核的数量。例如,将 28×28×6 的特征图通过由 16 个 1×1×6 卷积核构成的卷积层,其输出为 28×28×16 的特征图。特征图由原来的 6 通道变成了 16 通道,实现了升维操作。1×1 卷积是跨通道的特征整合,带来通道间的信息交互;在保持特征图大小不变的前提下可以增加非线性表达能力;升维可以用最少的参数拓宽网络的通道数,降维可以大大减少后续网络运算的参数数量。

1.3.2　池化层

池化层(pooling layer)对卷积层的输出进行下采样操作,即按照一定规则合并相邻元素为一个元素。池化方法分为平均值池化和最大值池化。如图 1.15 所示,2×2 的平均值池化是把输入特征图中每相邻的 4 个元素为一组求取平均后的值作为一个元素输出。池化核滑动的元素个数称为**步长**,上例步长为 2。池化后的结果直观来看是减小了输出特征图的大小,减少了数据量。其功能是对卷积层输出的特征图进行降维、特征选择和信息过滤。

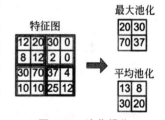

图 1.15　池化操作

池化操作后输出矩阵的行列数可以采用下面的公式计算

$$W_o = (W_i - F)/S + 1$$
$$H_o = (H_i - F)/S + 1$$

其中:W_o 为输出矩阵的列数;H_o 为输出矩阵的行数;W_i 为输入矩阵的列数;H_i 为输入矩阵的行数;F 为池化核的行列数;S 为池化核的滑动步长。

除此之外,卷积神经网络还常常用到全局池化(global pooling)操作。全局池化的作用是提取二维特征图平面的全局特征,将多通道的特征图转化为一个多维向量。具体方法是,提取二维特征图平面中所有元素的最大值或平均值作为操作的输出。

1.3.3　归一化层

随着网络层数的增加,由于梯度消失或梯度爆炸,神经网络模型的训练会变得非常不稳定,从而出现不更新或不收敛的现象。**批量归一化层**(Batch Normalization Layer,BN)的出现正是为了解决上述深度神经网络模型训练的问题。在网络模型进行小批量样本训练时,对神经网络的中间层输出数据做归一化处理,使其均值为 0,方差为 1,从而使整个神经网络在各中间层输出的数值更稳定。相关公式为

$$批量样本均值\ \text{mean}(z) = \frac{1}{m}\sum_{i=1}^{m} z_i$$

$$批量样本方差\ \text{var}(z) = \frac{1}{m}\sum_{i=1}^{m}(z_i - \text{mean}(z))^2$$

$$归一化\ \hat{z}_i = \frac{z_i - \text{mean}(z)}{\sqrt{\text{var}(z) + \varepsilon}}$$

$$变换重构\ y_i = \gamma \hat{z}_i + \beta$$

$$(1.12)$$

其中:m 为批量样本的数量,i 为样本的索引。在网络输入为小批量样本的训练方式下,$\text{mean}(z)$ 为中间层输出数据的平均值,$\text{var}(z)$ 为中间层输出数据的方差,$\hat{z}_i$ 为归一化后的数据,ε 为一个较小的常数,以免 $\text{var}(z)$ 为 0 时出现除 0 错误。γ 和 β 是两个可学习的参数,变换重构是利用优化参数 γ 和 β 来改变方差的大小和均值的位置,使得新的分布更加切合中间层数据的真实分布,保证模型的非线性表达能力。

批量归一化层对网络中间层的数据进行归一化,将原本随机分布的数据 z,转化成具有相同分布的数据 $\hat{z}_i$;可以加快网络模型的训练速度,提高预测精度,增强泛化能力。批量归一化层一般位于卷积层和激活层之间。

此外,由批量归一化还发展出了其他的归一化方法。例如,适用于变长网络(如循环神经网络)的层归一化(layer normalization),适用于图像生成网络的实例归一化(instance normalization),适用于 mini-batch 的组归一化(group normalization),以及计算开销比较小的权重归一化(weight normalization)。

1.3.4　全连接层

全连接层的每一个神经元与上一层的所有神经元相连,是对上一层特征的加权和,其计算方法见本书 1.2.2 节,一般用于输出层。对于分类网络,在全连接层输出向量的所有元素中,值最大的元素所对应的索引即预测类别。

全连接层的输入必须是向量,而此前卷积层的输出都是多通道二维特征图平面。在卷积神经网络发展的早期阶段是采用与输入特征图同尺度的卷积核,通过卷积操作输出 $1 \times 1 \times N$ 的特征图,再转化为向量形式。由于网络结构设计确定后,卷积核尺度是固定的,因此要求卷积神经网络的输入图像尺度也是固定大小的。中后期通常采用全局池化操作将特征图转化为向量。全局池化操作对输入特征图的尺度不做限制,因此对卷积神经网络的输入图像尺度也没有要求。

全连接层的参数量巨大,假设上一层输出为 1024 个神经元,输出层为 10 个神经元,那么全连接层的连接总数为 $1024 \times 10 = 10\,240$ 个,参数总量为权重参数总量+偏置参数总量 $= 10 \times 1024 + 10 = 10\,250$ 个。

1.3.5　Softmax 函数

Softmax 函数位于多分类神经网络的最后一层,将输出向量的所有元素数值压缩到 $(0,1)$ 范围,并且总和为 1。Softmax 函数的输出可以看作各个类别的预测概率。

$$a_i = \frac{e^{z_i}}{\sum\limits_{j=1}^{C} e^{z_j}} \qquad (1.13)$$

其中：z_i 为输出向量的第 i 个元素；C 为输出向量元素的总数；a_i 为输出向量元素在 Softmax 运算后的输出值，输出向量元素的指数 e^{z_i} 除以向量所有元素的指数和，得到 $0 \sim 1$ 的数 a_i。

如图 1.16 所示，左侧输入部分为实数，范围不限，右侧输出部分各元素数值在 $(0,1)$ 范围内，所有元素之和为 1。

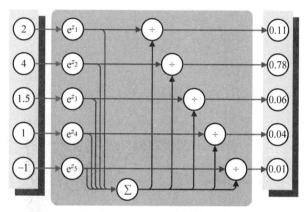

图 1.16　Softmax 函数的实现

1.3.6　损失函数

以多分类单标签网络损失函数为例，通常采用交叉熵损失函数，即

$$J(\boldsymbol{W}, \boldsymbol{b}, \boldsymbol{a}^L, \boldsymbol{y}) = -\sum_{i=1}^{C} y_i \log a_i^L \qquad (1.14)$$

其中：C 为类别总数；L 为网络的总层数；a_i^L 为卷积神经网络最后一层输出向量的第 i 个元素；y_i 为真实标签向量的第 i 个元素。

以图 1.16 的数据为例，假设类别 2 为分类的真实结果，标签值与 Softmax 输出如表 1.4 所示。

表 1.4　标签值与 Softmax 输出

分类	类别 1	类别 2	类别 3	类别 4	类别 5
标签值	0	1	0	0	0
预测值	0.11	0.78	0.06	0.04	0.01

将表 1.4 数据代入公式 (1.14)，可以得到

$$J(\boldsymbol{W}, \boldsymbol{b}, \boldsymbol{a}^L, \boldsymbol{y}) = -(0 \times \log0.11 + 1 \times \log0.78 + 0 \times \log0.06 + 0 \times \log0.04 + 0 \times \log0.01)$$
$$= -\log0.78$$

在此设样本所属的真实类别为类别标签的第 i 个元素，由于真实类别标签值 y_i 为 1，其余类别标签值为 0，故公式 (1.14) 可简化为

$$J(\boldsymbol{W}, \boldsymbol{b}, \boldsymbol{a}^L, \boldsymbol{y}) = -\log a_i^L \qquad (1.15)$$

由于在神经网络最后一层使用 Softmax 函数,则可将公式(1.13)代入公式(1.15),得

$$J(\boldsymbol{W}, \boldsymbol{b}, \boldsymbol{a}^L, \boldsymbol{y}) = \log a_i^L = -\log \frac{\mathrm{e}^{z_i^L}}{\sum\limits_{j=1}^{c} \mathrm{e}^{z_j^L}}$$

其中,z_i^L 为神经网络最后一层 Softmax 运算前的值:

$$z_i^L = \boldsymbol{W}_i^L \boldsymbol{a}^{L-1} + \boldsymbol{b}_i^L$$

经公式推导,可求得 $\boldsymbol{W}_i^L$ 和 $\boldsymbol{b}_i^L$ 的梯度

$$\frac{\partial J(\boldsymbol{W}, \boldsymbol{b}, \boldsymbol{a}^L, \boldsymbol{y})}{\partial \boldsymbol{W}_i^L} = (a_i^L - 1)\boldsymbol{a}^{L-1}$$

$$\frac{\partial J(\boldsymbol{W}, \boldsymbol{b}, \boldsymbol{a}^L, \boldsymbol{y})}{\partial \boldsymbol{b}_i^L} = a_i^L - 1$$

需要注意的是,a_i^L 为第 L 层输出向量的第 i 个元素,$\boldsymbol{a}^{L-1}$ 为第 $L-1$ 层的输出向量,$\boldsymbol{W}_i^L$ 为第 L 层的第 i 个神经元与第 $L-1$ 层的输出向量所对应的权重。

上述损失函数是 Softmax 函数与交叉熵损失函数的结合,故又称 Softmax 损失(softmax loss)函数。

1.3.7 卷积神经网络的特点

卷积神经网络的特点如下:

(1)局部感受野。由于图像的空间特性,像素与邻近像素的相关性强,而与远距离像素的相关性弱,因此每个神经元只需要对局部图像进行感知,而不必对全局图像进行感知。卷积运算实现了局部感受野的作用,局部感受野的大小取决于卷积核的大小。

(2)权值共享。在卷积神经网络中,输入特征图和卷积核进行卷积运算后的结果构成了卷积层的神经元,由于该层神经元的连接参数就是卷积核参数,故同层的每个神经元的连接参数都是一样的,因此可以把每个神经元的连接参数看成共享的,即权值共享。

局部感受野极大地减少了连接数量,权值共享极大地减少了权值参数的数量。如图 1.17 所示,对于一张 1000×1000 像素的图像,在全连接层的情况下,隐藏层每个神经元都要与输入层的每一个像素构成连接,连接参数的数量为 $1000 \times 1000 = 10^6$ 个,并且所有神经元的参数都是不一样的,如果隐藏层有 $1000 \times 1000 = 10^6$ 个神经元,则隐藏层的连接数量和权值参数均为 $10^6 \times 10^6 = 10^{12}$ 个。

而在卷积层局部连接的情况下,如果卷积核大小为 10×10,卷积核的参数数量为 100

扫码查看
彩图

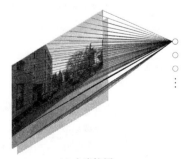 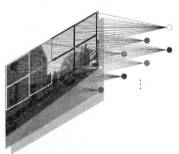

(a) 全连接层　　　　　　　　　　(b) 卷积层

图 1.17　全连接层与卷积层参数数量的对比

个,根据 1.3.1 节卷积层行列数计算公式,卷积后的隐藏层神经元有 $990 \times 990 = 0.98 \times 10^6$ 个,每个隐藏层神经元与 $10 \times 10 = 100$ 个输入层神经元连接,故隐藏层的连接总数为 $0.98 \times 10^6 \times 100 \times 100 = 0.98 \times 10^{10}$ 个,卷积层连接数量约为全连接层的 $1/100$,连接数量的减少可以大大降低乘加计算的数量。因为卷积神经网络权值共享,所有隐藏层神经元的权值参数都一样,无论隐藏层神经元有多少个,该层的参数都为 $100 \times 100 = 10^4$ 个,卷积层权值参数为全连接网络的 $1/10^8$,极大地降低了权值参数的数量,节省了计算设备宝贵的存储空间。

卷积神经网络的优点在于采用了局部感受野、权值共享和下采样,使得模型的参数量和模型的计算量大大减少,提高了学习和推理的速度。

卷积神经网络的多层卷积操作和池化操作使得它在图像处理方面具有位移不变性、尺度不变性和旋转不变性。

1.3.8 卷积神经网络的发展

1998 年由 Yan Lecun 提出了 LeNet-5,这是第一个成功的卷积神经网络应用,用来进行手写数字的识别,被广泛应用于银行 ATM 对支票上手写数字的识别。后来的几种著名卷积神经网络结构都是在 ImageNet ILSVRC(ImageNet Large Scale Visual Recognition Challenge)竞赛中出现的。该竞赛包含几个不同的任务,其中一个是图像分类任务。

AlexNet,2012 年的 ImageNet ILSVRC 图像分类竞赛冠军。AlexNet 由 5 个卷积层和 3 个全连接层组成,它还集成了各种技术,如数据增强、ReLU、局部响应归一化、Dropout、GPU 并行等,显著地降低了错误率。

ZF Net,2013 年的 ImageNet ILSVRC 图像分类竞赛冠军,是 AlexNet 的改良版。ZF Net 采用了反卷积网络的可视化技术,有助于了解深度学习的运作。

GoogLeNet,2014 年的 ImageNet ILSVRC 图像分类竞赛冠军。GoogLeNet 引入了 Inception 模块的概念,在控制参数和计算量的前提下,增加了网络的深度和宽度,网络深度达到 22 层,并显著地减少了网络中参数的数量。

VGGNet,2014 年的 ImageNet ILSVRC 图像分类竞赛第二名。VGGNet 提出了一个标准的网络架构,全部使用 3×3 的小卷积核和 2×2 的池化核。VGGNet16 版本使用了 13 个卷积层、5 个池化层和 3 个全连接层。由于全连接层的原因,VGGNet 参数量很大。

ResNet,残差网络(residual network),2015 年的 ImageNet ILSVRC 图像分类竞赛冠军。ResNet 使用了特殊的跳跃连接和批量归一化,通过残差较好地解决了深度神经网络退化的问题,使得网络层数可以达到更深,其 ResNet152 网络共有 152 层。

SENet,2017 年的 ImageNet ILSVRC 图像分类竞赛冠军。SENet 提出了一个新的结构单元,即 Squeeze-and-Excitation(SE)模块。SE 模块通过额外的分支来获得每个通道的权重,即每个特征通道的重要程度,进而根据权重自适应校正原各通道激活值响应,提升有用通道响应,抑制对当前任务用处不大的通道响应。这样,不仅在一定程度上防止了模型训练的过拟合,同时更有利于对图像特征的描述。

图 1.18 展示了 2010—2017 年 ImageNet ILSVRC 图像分类竞赛优胜者的性能。2012 年以前竞赛胜出者为传统机器学习方法,图像分类错误率在 25% 以上。以 AlexNet 的出现为分界线,2012 年以后卷积神经网络取得了巨大的成功:伴随着卷积神经网络深度的不断

增加,图像分类错误率不断降低。2015 年 ResNet、2017 年 SENet 在 ImageNet 数据集上的图像分类错误率水平均已低于人类,也就是说卷积神经网络的分类能力已经超过了人类。

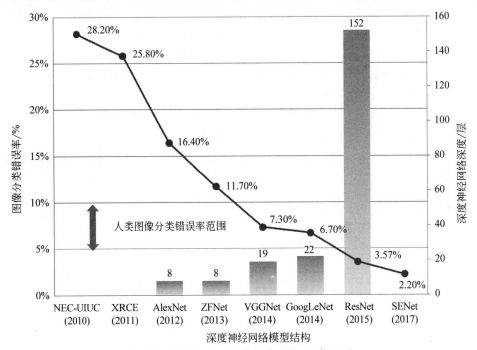

图 1.18　神经网络图像分类错误率和网络深度

1.4　迁移学习

当我们训练一个新的神经网络模型时,如果从零开始,需要经历数据采集、数据标注、数据预处理、模型训练和测试等环节,这其中的每一个环节都需要花费大量的资源。例如,我们要获得一个分类效果比较好的马、牛、羊图像分类模型,就需要采集马、牛、羊每个类别各3000 幅图像甚至更多,之后需要对近万幅图像进行类别标注,再对这些图像样本进行图像处理和扩增,选取分类模型结构,在模型训练前和训练中要设置和不断调整各种超参数以期达到较好的训练效果,训练过程也要消耗大量的训练资源。

如图 1.19 所示,深度神经网络实质上是从大量的输入数据中自动抽取目标的浅层特征,进而形成中层特征,乃至深层特征的过程(图中浅层特征、中层特征、深层特征不对应隐藏层的具体层数,是对隐藏层作用的总体表达),而输出层是可训练的分类器。以图像分类为例,浅层特征提取的是边缘、方向、颜色和纹理,这类特征在图像分类任务中几乎都是通用的,通过浅层特征组合可以得到形状或局部特征,深层特征就是比较具体的对象了。

马、牛、羊分类的浅层特征、中层特征和深层特征与猫、狗分类的特征相似甚至相同。如果恰好有一个经过大量数据训练的效果良好的猫狗分类模型,我们就可以把这个模型的权值参数迁移到目标分类的模型上,然后将原来的猫、狗二分类输出层分类器变更成马、牛、羊三分类输出层分类器,新输出层分类器的参数初始化为随机数。输入少量经过标注的马、牛、羊的图像样本,保持隐藏层模型参数不变或仅做微调,训练新的输出层分类器。在训练

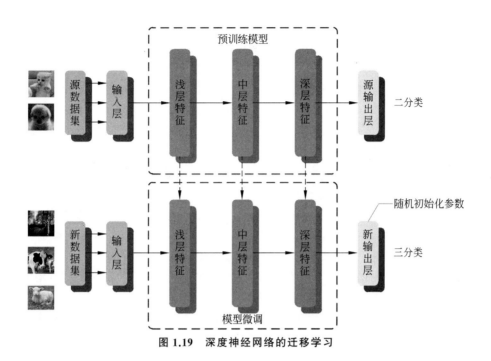

图 1.19　深度神经网络的迁移学习

时,隐藏层的学习率设置得小一些,如 0.001 或 0,使其模型参数仅做微调或保持不变,而输出层的学习率设置得大一些,如 0.01,使其快速向新分类收敛,达到分类效果。这样只需要少量的新分类对象训练集就可以获得效果良好的新分类模型。

迁移学习(transfer learning)是运用已有的知识来学习新的知识,其中已有的知识称为**源域**(source domain),要学习的新知识称为**目标域**(target domain),迁移学习的基础是源域和目标域的相似性。通过迁移学习可以使我们充分地利用成熟的模型,降低对数据集和训练资源的要求。

1.5　模型训练超参数

在深度学习中模型参数指的是权重矩阵 W 和偏置向量 b,这些参数在模型训练过程中由深度学习算法自动更新,不需要人工参与调整,模型训练结束后,这些参数就固定下来,作为模型的一部分与模型的架构一起完成推理或预测。模型超参数指的是影响模型架构、模型训练效率和效果的参数,如隐藏层数量、激活函数、小批量样本数量、学习率等,这些参数在训练前由人工进行设置,在训练过程中可根据训练效果手动调整,在训练结束后就与模型无关了。

（1）隐藏层数量(number of hidden layers):对于全连接神经网络,隐藏层数在 3 层以上就难以训练了,但对于卷积神经网络而言,通常隐藏层数越多性能就越好。

（2）隐藏层的神经元数(number of hidden layer units):通常隐藏层的神经元数越多,模型的学习能力就越强,但模型参数和计算量也会随之增大。神经元数量过多还会导致模型过拟合,影响模型的泛化能力。

（3）激活函数(activation function):如表 1.1 所示,不同的激活函数拥有不同的特点,其中 ReLU 函数是使用最多的激活函数,运算速度快且解决了梯度消失的问题。

（4）mini-batch SGD 批次大小（batch-size）：小批量随机梯度下降的训练样本数量。batch-size 的设置要依据训练集的大小和内存空间的大小,过大会消耗更多的内存,训练时间也会延长,过小则模型难以收敛。

（5）迭代次数/轮次（number of iterations/epochs）：在模型训练过程中,更新一次模型参数为一次迭代,当遍历一遍训练集中的所有样本时为一个轮次。一个轮次的迭代次数＝训练集样本总数/批次大小。在完成一个轮次的训练后,使用验证集对模型参数的优化效果进行验证评估,以便调整模型的超参数。"early stopping"即早期停止,当验证误差连续 10～20 个轮次内不再下降时,则停止训练。

（6）学习率（learning rate）：在模型训练过程中使用梯度去更新模型参数的比率,在本书前述公式（1.11）中的 α 就是学习率。在训练开始时,设置较大的学习率能够加快模型的学习速度,在训练过程中,逐步减小小学习率,使模型稳定收敛。

（7）正则化（regularization）：模型在训练过程中误差很小,而在真实场景应用中误差却较大,这种现象称为过拟合。为了防止过拟合,可通过加入 L1、L2 正则化限制模型复杂度。加入 L1 正则化的目的是加强权值的稀疏性,让更多值接近于 0,而加入 L2 正则化则是为了减小每次权重的调整幅度,避免模型训练过程中出现较大抖动。此外,正则化的方法还包括数据集扩增、归一化、Dropout 等。

（8）优化器（optimizer）：优化器是更新模型权值参数的算法。常见的优化器有 SGD、Adagrad、Adadelta、RMSProp、Adam、Adammax、Nadam 等。

1.6　深度学习在计算机视觉中的典型应用

自从 2012 年 AlexNet 在 ImageNet 的图像分类竞赛中大幅度取胜传统机器学习方法后,深度学习得到了迅速发展,在计算机视觉和自然语言处理等领域中取得了巨大的成功。在计算机视觉领域,本书将围绕以下几个基础应用技术展开。

图像分类（image classification）：图像中只有一个目标,将图像中的目标归入预先定义好的分类类别。例如,如图 1.20（a）所示,给定分类类别为猫、狗,将猫狗图像分类到猫类或是狗类。典型图像分类网络有 LeNet、AlexNet、VGGNet、GoogLeNet、ResNet、DenseNet、SENet 等,图像分类技术是其他图像技术的基础技术。

目标检测（object detection）：如图 1.20（b）所示,将图像中的目标分类,并确定其在图像中的坐标位置。深度学习的目标检测网络有 R-CNN、Fast R-CNN、Faster R-CNN、YOLO 系列、SSD 等。

语义分割（semantic segmentation）：如图 1.20（c）所示,将图像中所有同一类别目标的每个像素都与类别标签相关联。例如,一幅街景图像中包含有天空、建筑、道路、行人、车辆、植物等类别的目标,将这幅图像中的所有建筑的像素都标注为建筑标签,同样将图像中的其他像素分别标注所属类别。语义分割网络有 FCN、U-Net、SegNet、PSPNet、DeepLab 系列等。

实例分割（instance segmentation）：如图 1.20（d）所示,把图像中即使是同一类别中的每个目标,也要独立标注。常用的实例分割网络有 Mask-RCNN、RetinaMask、PANet、

YOLACT、CenterMask 等。

　　图像识别（image recognition）：最常见的图像识别应用是人脸识别，将人脸图像预处理后通过特征提取器提取人脸特征，把特征与特征库中存储的特征样本进行比对判断，从而确定是"谁"。人脸识别网络有 FaceNet、ArcFace 等。

扫码查看
彩图

（a）图像分类

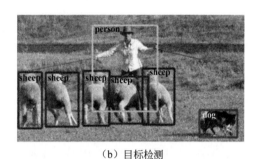

（b）目标检测

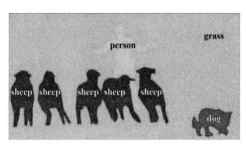

（c）语义分割

（d）实例分割

图 1.20　深度学习在计算机视觉中的典型应用

1.7　数　据　集

　　数据集（data set）是包含特征的数据的集合，贯穿深度学习的整个过程。根据深度学习的应用场景，数据集可以是数字化的图像、语音、文本，或是股票、房市的历年交易数据。体现在计算机中的形式就是各种格式的图像文件、Excel 表格、文本文件、数据库等，如图 1.21所示。

（a）图像数据集

扫码查看
彩图

	A	B	C	D	E	F	G	H	I	J
1	index_code	date	open	close	low	high	volume	money	change	label
2	sh000001	1990/12/20	104.3	104.39	99.98	104.39	197000	85000	0.044109	109.13
3	sh000001	1990/12/21	109.07	109.13	103.73	109.13	28000	16100	0.045407	114.55
4	sh000001	1990/12/24	113.57	114.55	109.13	114.55	32000	31100	0.049666	120.25
5	sh000001	1990/12/25	120.09	120.25	114.55	120.25	15000	6500	0.04976	125.27
6	sh000001	1990/12/26	125.27	125.27	120.25	125.27	100000	53700	0.041746	125.28
7	sh000001	1990/12/27	125.27	125.28	125.28	125.28	66000	104600	7.98E-05	126.45
8	sh000001	1990/12/28	126.39	126.45	125.28	126.45	108000	88000	0.009339	127.61
9	sh000001	1990/12/31	126.56	127.61	126.48	127.61	78000	60000	0.009174	128.84
10	sh000001	1991/1/2	127.61	128.84	127.61	128.84	91000	59100	0.009639	130.14
11	sh000001	1991/1/3	128.84	130.14	128.84	130.14	141000	93900	0.01009	131.44

（b）股票交易数据集

图 1.21　数据集示例

　　数据集所包含的数据应该具有代表性，理想情况下应该包含场景应用中的所有不同样本。

1.7.1　数据集的划分

根据数据所起的作用,将其分为训练集、验证集和测试集,如图 1.22 所示。

图 1.22　数据集的划分

训练集(train set):在模型训练的过程中使用,用于优化模型参数,即权重矩阵 W 和偏置向量 b,找出最优解,使得模型输出与训练集样本真实结果的差异最小。

验证集(validation set):用来调整模型的超参数(如网络深度、激活函数、各层神经元的个数、学习率、正则化方式和系数等)和对模型性能的初步评估,决定继续或停止训练。

测试集(test set):用于检验所选模型优化后的最终效果,测试模型的泛化能力,防止训练后的模型过拟合。

如果把深度学习的整个训练过程看作高中阶段的学习,那么可以把训练集的使用比作平时的作业或练习题,这方面的学习就是巩固知识、查漏补缺,从不会到会,从低分到高分的过程(模型优化),涉及的题型当然是越多、越全面越好(训练集样本的多样性和均衡性);验证集的使用可以比作大考前的模拟考试(验证集上的模型性能指标评估),用来检验和评估我们的学习成绩达到了一个什么样的水平,是否能够达到我们所心仪学校的成绩标准(模型的指标要求),如果成绩不理想还可以通过改变解题思路、调整学习方法(调整训练超参数)来改进,如此反复,使成绩得到提高;测试集的使用可以比作最后的高考(测试集上的模型性能指标评估),最终确定能否进入所期望的学校,如果碰到平时学习没有遇到的题型,或解题思路单一,不能做到以不变应万变(模型的泛化能力),那么即使平常学习成绩好,高考成绩也会很糟糕(模型过拟合)。

数据集的划分比例不固定,大部分的数据应该用于训练。一般情况下,训练集占数据集总样本的 60%～80%,验证集和测试集各占 10%～20%,在海量数据的情况下,训练集的占比可以更高,如百万级别的数据,训练集占比可以到 90%以上。

1.7.2　数据集的预处理

采集到的原始数据集可能存在数据类型不规范或不可辨认、数据缺失或混入了噪声等问题,这些数据如果不做清洗或预处理,就可能将模型训练导向错误的方向。因此,在模型训练之前对原始数据集进行清洗和预处理是非常必要的。

例如,一个手机经销店的手机销售记录原始样本集如表 1.5 所示。表中第 2 条样本数据缺少"内存"特征项,第 6 条样本数据缺少"价格/元"特征项。

在对原始数据集清洗之前,应了解各特征项和数据的特点、意义等,对缺失项的处理方式要根据数据集的实际情况而定。

(1) 在特征项对预测结果影响不大或无关的情况下,可以将缺失数据标记为默认值,甚至可以将数据集的这个特征项删除。

表 1.5　手机销售记录

序号	品牌	内存	颜色	保修/年	价格/元
1	Peach	16GB	红色	1	2500
2	Peach		绿色	1	2400
3	Peach	16GB	黑色	1	2400
4	Rice	32GB	蓝色	3	3400
5	Rice	32GB	金色	3	3300
6	Rice	32GB	金色	3	
7	Rice	32GB	金色	3	3100
…	…	…	…	…	…

（2）如果是数字类型的特征项,可以将缺失项数据修改为同类样本的均值、中位值或众数。例如,第 6 条样本数据与第 5、7 条样本是同类型样本,故可以将缺失数据修订为这两条样本"价格/元"特征项数据的平均值,即将第 6 条样本的"价格/元"特征项修订为 3200 元。

（3）如果数据集数量很大,缺失数据的样本占总样本数量的比例很小,则可以直接将这些样本删除。在数据集数量较小的情况下,删除样本的处理方式需要慎重,因为这样会减少训练样本的总量。

（4）对于属性类型的数据项缺失,可以选择出现频率高的数据,如第 2 条样本,Peach 品牌"内存"特征项的数据都是 16GB,故可以将第 2 条样本的"内存"特征项修订为 16GB。

在表 1.5 中我们看到"品牌""颜色"特征项的数值都是文本类型的属性信息,为了能够进行模型训练,必须把这些属性信息编码成为数字类型的数据。以"颜色"特征项为例,有红色、绿色、黑色、蓝色、金色,我们可以依次编码为 1、2、3、4、5 来代表上述颜色,但这样编码就有了大小值之分,而事实上不同颜色取决于消费者的喜好,其影响应该是平等的。解决这个问题的方法就是采用 One-Hot 编码的方式,即用"红色""绿色""黑色""蓝色""金色"5 种颜色分别作为 5 个特征项替换掉"颜色"特征项。例如,手机颜色为红色时,将"红色"特征值置为 1,而其余 4 种颜色的特征值置为 0,即 One-Hot 编码为 10000,以此类推,设置其他样本的颜色,这样做就没有数值大小的问题了。而在表中的"内存"特征项,16GB 和 32GB 虽然看上去像是文本项,是可供消费者选择的两种不同型号,但实际上该特征项的值之间存在倍数关系,应该按照大小不同的数字对待。

在表 1.5 中我们还看到"保修/年"特征项和"价格/元"特征项均为连续的数值类型,"保修/年"特征项的数值范围集中在 1～3 年,而"价格/元"特征项的数值范围集中在 2500～3400 元,"价格/元"特征项的取值远大于"保修/年"特征项的取值,这意味着在模型训练中"价格/元"特征项将占据主导地位,而忽略"保修/年"特征项的作用。我们采用**特征缩放**的方法将两个特征项统一到同一量纲下,使得两个特征项均衡。表 1.6 列出了常用的特征缩放方法。

表 1.6　常用的特征缩放方法

方　　法	公　　式	变化后数值范围	分布
最小最大归一化	$\dfrac{x_i - \min(x)}{\max(x) - \min(x)}$	$[0,1]$	改变

续表

方　　法	公　　式	变化后数值范围	分布
均值归一化	$\dfrac{x_i-\text{mean}(x)}{\max(x)-\min(x)}$	$[-1,1]$	改变
标准化	$\dfrac{x_i-\text{mean}(x)}{\text{std}(x)}$	没有范围	未改变
中心化	$x_i-\text{mean}(x)$	没有范围	未改变

综合上述方法，我们对表 1.5 的数据进行清洗和预处理，结果如表 1.7 所示。

表 1.7　手机销售记录

序号	品牌	内存	红	绿	黑	蓝	金	保修	价格
1	Peach	−1.069	1	0	0	0	0	−1.069	−0.894
2	Peach	**−1.069**	0	1	0	0	0	−1.069	−1.118
3	Peach	−1.069	0	0	1	0	0	−1.069	−1.118
4	Rice	0.802	0	0	0	1	0	0.802	1.118
5	Rice	0.802	0	0	0	0	1	0.802	0.894
6	Rice	0.802	0	0	0	0	1	0.802	**0.671**
7	Rice	0.802	0	0	0	0	1	0.802	0.447
…	…	…	…	…	…	…	…	…	…

数据集的清洗和预处理可能会耗费大量的时间和精力，在开源 Scikit-learn、Pandas 基础库中提供了相应的函数帮助进行清洗和预处理，使得我们的工作变得更简单。

对于图像样本的预处理主要包括裁剪、拉伸、去噪、对比度调整等传统图像处理方法和样本扩增。在进行图像预处理时，我们可以使用 OpenCV。OpenCV 是一个强大的图像处理开源函数库，包含了几乎所有的传统图像处理函数。表 1.8 列示了典型的传统图像预处理方法。

表 1.8　典型的传统图像预处理方法

预处理方法	作　　用
尺度缩放	对图像的尺寸放大或缩小，使数据集图像尺寸统一
直方图均衡	对比度进行调整，使亮度更好地在直方图上分布，从而使过亮或过暗的图像亮度变得更加均衡
灰度变换	使图像动态范围增大，对比度得到扩展，使图像清晰、特征明显，是图像增强的重要手段之一
图像平滑	用于消除图像中的噪声
图像锐化	使边缘等细节信息变得清晰

样本扩增的主要目的是使样本多样化和增加训练集样本的数量。对样本预处理后，将新样本添加到训练集里。样本扩增的主要方法有：

（1）几何变换：包括缩放、上下或左右镜像翻转、裁剪、平移、旋转。

（2）色彩增强：HSV（色度、饱和度、亮度）增强。

（3）模糊处理：采用高斯滤波、中值滤波等，增强模型对模糊图像的泛化能力。

（4）彩色到灰度图像转换：把 RGB 三通道图像转换为一通道的灰度图像。

（5）随机裁剪：在图像上随机抽取一个区域，再将其放大到原始图像大小。

（6）Cutout：在图像上随机选定一个区域，将区域内的像素点数值填充为 0，模拟目标被遮挡的情况，提高泛化能力。

（7）CutMix：在图像上随机选定一个区域，用训练集的其他图像的部分像素填充这个区域，在分类标签上为两个类别分配一定的比例。

（8）Mixup：采用均值或插值处理的方式将两幅图像重叠成一幅图像，在分类标签上为两个类别分配一定的比例。

（9）Mosaic：将 4 幅图片拼接为一幅图像，在分类标签上为 4 个类别分配一定的比例，相当于一次计算 4 个样本。

深度学习开源框架 TensorFlow 提供了丰富的图像预处理函数，如 resize（改变图像大小）、random_crop（随机裁剪）、random_flip_left_right（随机左右镜像翻转）、random_flip_up_down（随机上下镜像翻转）、random_brightness（随机改变亮度）、random_contrast（随机改变对比度）、cast（改变数据类型）等。

1.7.3 数据集的标注

在监督学习的方式下，深度学习数据集的每一个样本都需要标注标签。数据标注的范围包括图像、语音、自然语言等领域。

就图像而言，图像单标签分类任务的标注比较简单，一幅图像只有一个类别，按照分类类别建立文件夹，然后把图像文件按照类别归入相应的文件夹，再编写一个简单的程序，将图像文件路径和类别标签存放到一个表格中就可以了。

目标检测任务的标注是将图像中目标用边界框框定，并赋予类别标签。一幅图像中可包含一个或多个目标，一个目标的标签包括类别名称和边界框坐标（左上角 x 轴坐标、左上角 y 轴坐标、宽、高）。如图 1.23 所示，图中表格左侧第一列是标签类别名称，第 2～3 列为边界框左上角的坐标，第 4～5 列分别为边界框的宽度和高度。

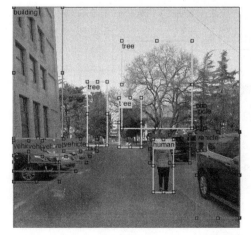

label	TopLeft_x	TopLeft_y	wide	height
human	1833	1675	278	703
building	1	1	648	1678
vehicle	1	1729	609	505
vehicle	1	1703	824	397
vehicle	200	1709	763	276
vehicle	382	1709	626	204
vehicle	540	1698	518	161
vehicle	668	1684	435	161
vehicle	1792	1635	532	359
vehicle	2411	1600	566	1096
tree	975	957	262	812
tree	1393	1164	289	628
tree	1429	554	922	1137
pole	2429	1265	92	573

扫码查看
彩图

图 1.23 目标检测标注

图像分割任务的标注工作量就大多了,它要求对图像中的每一个像素都进行类别的标注,通常是使用标注软件沿分类对象的轮廓描画出多边形框,然后将轮廓框内的像素赋予类别标签,一个图像文件对应一个标签文件。

如图 1.24 所示,语义分割标签文件的数据是一个与原始图像长宽相等的矩阵,矩阵元素与图像像素一一对应,其数值为类别代码。

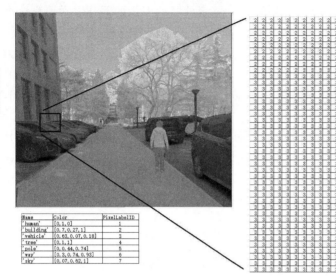

Name	Color	PixelLabelID
'human'	[0, 1, 0]	1
'building'	[0.7, 0.27, 1]	2
'vehicle'	[0.63, 0.07, 0.18]	3
'tree'	[0, 1, 1]	4
'pole'	[0, 0.44, 0.74]	5
'way'	[0.3, 0.74, 0.93]	6
'sky'	[0.07, 0.62, 1]	7

图 1.24　语义分割标注

在互联网上可以搜索到很多免费的标注工具,如 LabelImg、LabelMe、OpenCV/CVAT、RectLabel、ITKsnap 等。

MATLAB 也提供了非常专业的图像标注工具箱,其中 Image Labeler 用于标注图像(图 1.25),Video Labeler 用于标注视频,Lidar Labeler 用于标注激光雷达的点云图,Audio

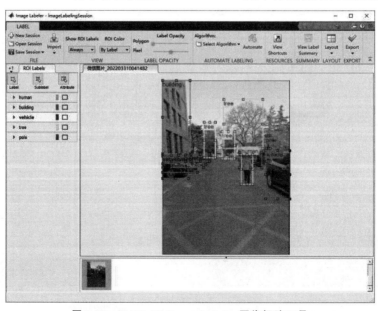

图 1.25　MATLAB Image Labeler 图像标注工具

Labeler 用于标注音频，Ground Truth Labeler 用于标注自动驾驶的数据。MATLAB 的标注工具可以实现自动化标注。此外，也有一些互联网企业提供数据集标注外包服务。

1.7.4 常用数据集

数据集在深度学习中占据着重要的地位，它是人工智能发展的三大要素（数据、算力、算法）之一。数据集的采集、标注、清洗都需要大量的人力和物力，无论是自己标注还是购买标注服务，所需花费的成本都是巨大的。所幸互联网上提供了很多的公开数据集可供使用，我们可以在这个基础上根据需要增补数据来训练自己的模型。

1. MNIST 手写数字图像识别数据集

MNIST 来自美国国家标准与技术研究所（National Institute of Standards and Technology，NIST），是深度学习实践入门的基础数据集之一。数据集包含"0～9"10 组不同书写风格的手写阿拉伯数字的图像和图像对应的标签，用于图像分类网络中手写数字识别的模型训练和评估。数据集大小为 21.00MB，其网址为 http://yann.lecun.com/exdb/mnist/。

MNIST 包括 60 000 个训练样本、10 000 个测试样本，图片的分辨率为 28×28 的灰度图像，数据为图像的像素点值。图 1.26 显示了数据集中的部分样本。

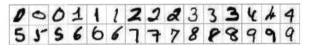

图 1.26　MNIST 数据集中的部分样本

这些数字已经过预处理，尺寸标准化并且数字位于图像中心，图像为固定大小（28×28像素）。以数字 9 为例，其图像和对应像素格式如图 1.27 所示，像素值为 0～255，像素灰度越深像素值越大。标签以一维数组的 One-Hot 编码形式给出，如数字 9 对应的 One-Hot 标签为(0,0,0,0,0,0,0,0,0,1)。

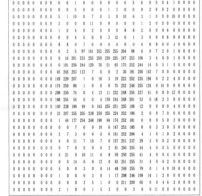

图 1.27　样本图像与对应的像素值

因为每张图像都是 28×28 的矩阵，将图像按列或按行展开后就成为 28×28＝784 维的向量。MNIST 训练数据集就是一个形状为 60 000×784 的张量，第一个维度数字用来索引图片，第二个维度数字用来索引每张图片中的像素点，训练集标签是一个 60 000×10 的张量。

2. CIFAR-10/100 数据集

CIFAR-10/100 由加拿大高级研究所（Canadian Institute for Advanced Research, CIFAR）资助，Alex Krizhevsky、Vinod Nair 和 Geoffrey Hinton 收集整理，是麻省理工学院 800 万小图像数据集（已撤销）的子集。数据集由经过标注的 32×32 像素的彩色图像构成，主要用于图像分类网络的模型训练和评估。其网址为 http://www.cs.utoronto.ca/~kriz/cifar.html。

CIFAR-10 数据集包含 60 000 幅图像，分为完全互斥的 10 个类别，分别为飞机、汽车、鸟、猫、鹿、狗、蛙、马、船、卡车，如图 1.28 所示。每个类别包含 6000 幅图像，其中 5000 幅图像为训练集，1000 幅图像为测试集，数据集大小为 163MB。

扫码查看
彩图

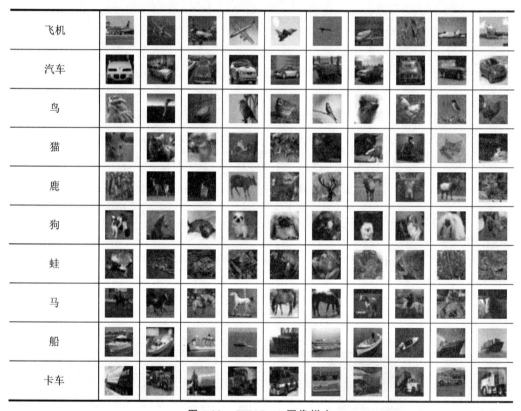

图 1.28　CIFAR-10 图像样本

CIFAR-100 数据集分为 100 个类别，每个类别包含 600 幅图像，其中 500 幅为训练集，100 幅为测试集。CIFAR-100 中的 100 个类分为 20 个超类，每个超类包含 5 个类，如表 1.9 所示。每个图像都带有一个"精细"标签（图像所属的类）和一个"粗略"标签（图像所属的超类）。数据集大小为 161MB。

3. PASCAL VOC 数据集

PASCAL VOC（Pattern Analysis, Statical Modeling and Computational Learning Visual Object Classes）挑战赛始于 2005 年，止于 2012 年，是一个世界级的计算机视觉挑战赛。PASCAL VOC 的数据集聚焦于日常生活中的各类场景，每幅图像会出现若干被复杂背景包围的前景目标。PASCAL VOC 数据集用于图像分类、目标检测、图像分割、人体动作分类和人体部位的模型训练与评估。其网址为 http://host.robots.ox.ac.uk/pascal/VOC/。

表 1.9 CIFAR-100 的超类和类

超　　类	类
水生哺乳动物	海狸、海豚、水獭、海豹、鲸鱼
鱼	水族箱鱼、比目鱼、鳐鱼、鲨鱼、鳟鱼
花	兰花、罂粟、玫瑰、向日葵、郁金香
食品容器	瓶、碗、罐、杯子、盘子
水果和蔬菜	苹果、蘑菇、橙子、梨、甜椒
家用电器	时钟、键盘、灯、电话、电视
家用家具	床、椅子、沙发、桌子、衣柜
昆虫	蜜蜂、甲虫、蝴蝶、毛虫、蟑螂
大型食肉动物	熊、豹、狮子、老虎、狼
大型人造户外事物	桥梁、城堡、房屋、道路、摩天大楼
大型自然户外场景	云、森林、山、平原、海
大型杂食动物和食草动物	骆驼、牛、黑猩猩、大象、袋鼠
中型哺乳动物	狐狸、豪猪、负鼠、浣熊、臭鼬
非昆虫无脊椎动物	螃蟹、龙虾、蜗牛、蜘蛛、蠕虫
人	婴儿、男孩、女孩、男人、女人
爬行动物	鳄鱼、恐龙、蜥蜴、蛇、乌龟
小型哺乳动物	仓鼠、小鼠、兔子、鼩、松鼠
树	枫树、橡树、棕榈树、松树、柳树
车辆1	自行车、公共汽车、摩托车、皮卡、火车
车辆2	割草机、火箭、有轨电车、坦克、拖拉机

　　PASCAL VOC 的数据集涵盖人类、家具、动物、交通 4 个大类,在其下还有分支,便于扩展。分类结构如图 1.29 所示,预测时只输出最底层的 20 个类别,即图中粗体字部分。

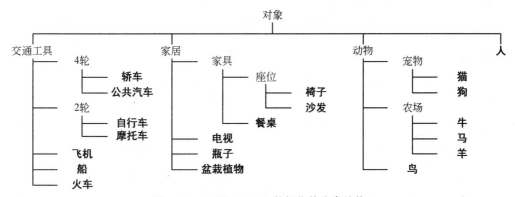

图 1.29　PASCAL VOC 数据集的分类结构

VOC 2007 和 VOC 2012 是 PASCAL VOC 的两个非常重要的数据集,分别产生于 2007 年和 2012 年的 PASCAL VOC 竞赛。其中,VOC 2012 数据集收集了 2008—2012 年竞赛所有的图像数据,仅包含了极少量的 VOC 2007 年竞赛图像,这两个数据集在训练和评估时可以联合使用。

VOC 2007 的训练集有 2501 幅图像,6301 个目标。验证集有 2510 幅图像,6307 个目标。测试集有 4952 幅图像,12 032 个目标。训练和验证集下载地址为 http://host.robots. ox.ac.uk/pascal/VOC/voc2007/VOCtrainval_06-Nov-2007.tar,测试集下载地址为 http:// host.robots.ox.ac.uk/pascal/VOC/voc2007/VOCtest_06-Nov-2007.tar。

VOC 2012 的训练集有 5717 幅图像,13 609 个目标。验证集有 5823 幅图像,13 841 个目标。测试集未公开。训练和验证集下载地址为 http://host.robots.ox.ac.uk/pascal/ VOC/voc2012/VOCtrainval_11-May-2012.tar。

下面以 VOC 2012 为例进行说明。数据集解压缩后,生成如下 5 个文件夹。

(1) JPEGImages 文件夹:存放训练集和验证集的 JPG 格式图像文件。文件命名规则: 年份_序号.jpg,年份从 2007—2012 年,如"2008_000287.jpg",如图 1.30(a)所示。

扫码查看
彩图

(a) 原始图像　　　　　　(b) 语义分割标签图像　　　　　(c) 实例分割标签图像

图 1.30　VOC 2012 数据集原始图像、语义分割及实例分割

(2) ImageSets 文件夹:存放训练集、验证集划分的索引文件,包括 4 个文件夹,即 Action 用于人体动作分类、Layout 用于人体部位分类、Main 用于目标分类任务、 Segmentation 用于分割任务。

(3) Annotations 文件夹:存放用于目标检测任务的标签文件,每一个标签文件对应数据集的一幅图像,使用 XML 标注。例如,标签文件 2008_000287.xml 的内容如下。

```
<annotation>
    <folder>VOC 2012</folder>                          #数据集版本: VOC 2012
    <filename>2008_000287.jpg</filename>               #图像文件: 2008_000287.jpg
    <source>                                            #来源于
        <database>The VOC 2008 Database</database>     #VOC 2008 数据集
        <annotation>PASCAL VOC 2008</annotation>
        <image>flickr</image>
    </source>
    <size>
        <width>500</width>                              #图像宽: 500
        <height>340</height>                            #图像高: 340
        <depth>3</depth>                                #图像通道数: 3
    </size>
    <segmented>1</segmented>                            #是否用于分割: 是
```

```
        <object>                              #第一个目标
            <name>pottedplant</name>          #目标类别：pottedplant
            <pose>Unspecified</pose>          #拍摄角度：未说明
            <truncated>0</truncated>          #是否被截断：否
            <occluded>0</occluded>            #是否被遮挡：否
            <bndbox>                          #边界框
                <xmin>285</xmin>              #左上横坐标：285
                <ymin>100</ymin>              #左上纵坐标：100
                <xmax>426</xmax>              #右下横坐标：426
                <ymax>321</ymax>              #右下中坐标：321
            </bndbox>
            <difficult>0</difficult>          #是否为难识别目标：否
        </object>
        <object>                              #第二个目标
            <name>pottedplant</name>          #目标类别：pottedplant
            <pose>Unspecified</pose>          #拍摄角度：未说明
            <truncated>0</truncated>          #是否被截断：否
            <occluded>0</occluded>            #是否被遮挡：否
            <bndbox>                          #边界框
                <xmin>3</xmin>                #左上横坐标：3
                <ymin>27</ymin>               #左上纵坐标：27
                <xmax>226</xmax>              #右下横坐标：226
                <ymax>303</ymax>              #右下中坐标：303
            </bndbox>
            <difficult>0</difficult>          #是否为难识别目标：否
        </object>
    </annotation>
```

图像文件包含两个目标：盆栽植物,标签文件给出了这两个目标的边界框坐标。

（4）SegmentationClass 文件夹：存放用于语义分割任务的标签图像文件,两个目标同属一类,目标像素用同一种颜色填充,如图 1.30(b)所示。

（5）SegmentationObject 文件夹：存放用于实例分割任务的标签图像文件,两个目标像素用不同颜色填充,如图 1.30(c)所示。

4. ImageNet 数据集

ImageNet 数据集是一个计算机视觉数据集,由美国斯坦福大学李飞飞团队于 2007 年创建,至今共有 14 197 122 幅图像,21 841 个同义词集合(synset)类别索引,如各种动物、植物、器具、覆盖物、装置、织物、食物、家具、地质构造、乐器、运动、结构、工具、器具、车辆、人等。2010—2017 年每年举办一届的大规模视觉识别挑战赛(ImageNet Large Scale Visual Recognition Challenge,ILSVRC),使用的数据集就是 ImageNet 的子集,竞赛项目包括图像分类和目标定位、目标检测、视频目标检测。其网址为 http://image-net.org。

ImageNet 是一个按照 WordNet(基于认知语言学的英语词典)名词层次结构组织的图像数据库,其中层次结构的每个节点都由成百上千幅图像来描述。在 ILSVRC2012 版数据集中,总共有大约 120 万幅训练图像,5 万幅验证图像,以及 15 万幅测试图像。图像分类和定位任务定义 1000 个类别,目标检测任务 200 个类别,训练集大小为 138GB。视频目标检测任务定义了 30 个类别,训练集大小为 728MB。全部任务的验证集大小为 6.3GB,测试集大小为 13GB。

在 ImageNet 举办的 8 届竞赛中,涌现出的 AlexNet、OverFeat、Clarifai、GoogLeNet、VGGNet、ResNet、Trimps-Soushen、SENet 算法对神经网络在计算机视觉中的发展起到了非常重要的作用。

5. MS COCO 数据集

MS COCO(Common Object in Context)是由微软公司创建和维护的一个大规模图像数据集。它包含大量的室内外日常场景和自然环境下的常见物体,可进行目标检测、人体关键点检测、语义分割、全景分割、密集姿态估计和图像描述等机器视觉任务的模型训练和评估。其网址为 http://cocodataset.org/。

MS COCO 数据集包括 2014、2015 和 2017 共 3 个版本。COCO2017 包含 118 287 张图像的训练集,5000 张图像的验证集和 40 670 张图像的测试集。训练集、验证集和测试集总共标注了 91 类物体,用于目标检测和分割任务的是其中 80 个类别,如表 1.10 所示。

表 1.10   MS COCO2017 数据集类别

0:人	1:自行车	2:汽车	3:摩托车	4:飞机
5:公共汽车	6:火车	7:卡车	8:船	9:信号灯
10:消防栓	11:停车标志	12:停车计费器	13:长凳	14:鸟
15:猫	16:狗	17:马	18:羊	19:牛
20:大象	21:熊	22:斑马	23:长颈鹿	24:背包
25:雨伞	26:手提包	27:领带	28:手提箱	29:飞盘
30:双板滑雪板	31:单板滑雪板	32:运动球	33:风筝	34:棒球棒
35:棒球手套	36:滑板	37:冲浪板	38:网球拍	39:瓶子
40:高脚杯	41:茶杯	42:叉子	43:刀子	44:勺子
45:碗	46:香蕉	47:苹果	48:三明治	49:橙子
50:西兰花	51:胡萝卜	52:热狗	53:比萨	54:甜甜圈
55:蛋糕	56:椅子	57:沙发	58:盆栽植物	59:床
60:餐桌	61:卫生间	62:电视机	63:笔记本电脑	64:鼠标
65:遥控器	66:键盘	67:电话	68:微波炉	69:烤箱
70:烤面包机	71:水槽	72:冰箱	73:书	74:闹钟
75:花瓶	76:剪刀	77:泰迪熊	78:吹风机	79:牙刷

所有目标实例都提供了目标边界框和实例像素级的标注,像素级的标注如图 1.31 所示。

扫码查看
彩图

图 1.31　MS COCO 数据集图片标注示例

COCO 数据集主要由图像和标注文件组成,对应 image 文件夹和 annotations 标注文件夹。目前有 3 种标注类型:目标实例(object instances)、目标上的关键点(object keypoints)、图像描述(image captions),每种类型的标注文件均使用 JSON 文件格式存储。

instances_train2017.json 文件存储的是 COCO2017 训练集所有图像的目标检测和像素级分割的标注信息。该 JSON 文件包含 5 个数据表信息,即 info、license、images、annotations 和 categories。

其中,images 表包含所有图像的基本信息,每一条记录为一幅图像信息,每幅图像包括的字段信息如下:

```
"images":[
    { "license": 4,
      "file_name": "000000397133.jpg",           #图像文件名
      "height": 427,                              #图像的高
      "width": 640,                               #图像的宽
      "date_captured": "2013-11-14 17:02:52",     #拍摄时间
      "id": 397133,                               #图像索引号
    ···}
    ···
]
```

annotations 表包含所有目标边框和轮廓的标注信息,每一条记录为一个目标,每个目标的字段信息如下:

```
"annotations":[
    { "segmentation": [[224.24,297.18,228.29,···,225.34,297.55]],    #目标轮廓描述
      "area": 1481.3806499999994,                 #目标面积
      "iscrowd": 0,                               #单实例/密集实例
      "image_id": 397133,                        #图像索引号
      "bbox": [217.62,240.54,38.99,57.75],        #目标边界框(x,y,w,h)
      "category_id": 39,                          #目标类别
      "id": 82445,                               #目标索引号
    ···}
    ···
]
```

categories 表包含 80 个分类类别的信息,每一条记录为一个类别,每个类别的字段信息如下:

```
"categories":[
    { "supercategory": "kitchen",        #该类别的超类
      "id": 39,                          #该类别的索引号
      "name": "bottle"}                  #该类别的名称
    ...
    ]
```

使用 COCO 数据集做目标检测任务或分割任务时,只需要分别提取 annotations 表中相应字段的标注信息即可。

与 PASCAL VOC 和 ImageNet 数据集相比,COCO 数据集每幅图像上的目标类别或实例数更多。PASCAL 数据集平均每幅图像包含 1.4 个类别和 2.3 个实例目标,ImageNet 包含 1.7 和 3.0 个,而 COCO 数据集平均每幅图像包含 3.5 个类别和 7.7 个实例目标。

6. ADE20K 数据集

ADE20K 数据集是美国麻省理工学院于 2016 年开放的场景理解数据集,涵盖了多样的室内场景、街道场景和自然场景等,可用于语义分割、实例分割和零部件分割(part segmentation)。其网址为 https://groups.csail.mit.edu/vision/datasets/ADE20K。

该数据集包含 150 个类别,训练集包含 25 574 张图像、验证集包含 2000 张图像,测试集包含 3000 张图像。对所有图像的对象进行了密集标注,如图 1.32 所示,许多对象还具有零部件(part)标注,每一个对象都含有是否被遮挡等附加信息。

扫码查看
彩图

(a)原始图像　　　　　　　(b)像素级标注　　　　　　　(c)零部件标注

图 1.32　ADE20K 数据集标注

ADE20K 比 PASCAL VOC 数据集和 MS COCO 数据集的类别更多,每张图像平均有 19.5 个目标和 10.5 个类别。

7. YouTube-Objects 数据集

YouTube-Objects 数据集是在 YouTube 上查询 Pascal VOC 的 10 种目标类别的名称而收集到的视频。这 10 种目标类别为飞机、鸟、船、汽车、猫、牛、狗、马、摩托车和火车,每个类别具有 9~24 个视频,每个视频的持续时间为 30s~3min。视频是弱标注的,仅确保每个视频包含对应类别的一个对象。2012 年的原始数据集用于目标检测任务,不包含像素级标注。2014 年,Jain 等手动标注了 10 167 张图像帧,分辨率为 480×360,用于分割任务。其网址为 https://data.vision.ee.ethz.ch/cvl/youtube-objects/。

8. CamVid 数据集

CamVid(Cambridge-driving Labeled Video Database)发布于 2007 年,主要关注道路场景数据,是最早的自动驾驶语义分割数据集。其原始数据是由安装在汽车仪表盘的摄像机

拍摄的视频,拍摄视角基本为驾驶视角。共计 701 帧图像从一段 10min 的视频中抽出被人工进行像素类别标注,并经过第二个人的检查确认。图像分辨率为 960×720 像素。标注类别共计 32 类,如表 1.11 所示。另外,该数据集每一帧图像都包含相应的相机内参和计算得来的相机 3D 姿态信息。其网址为 http://mi.eng.cam.ac.uk/research/projects/VideoRec/CamVid/。

表 1.11 CamVid 数据集类别

组	类 别
移动对象	动物、行人、儿童、手推车/行李车/婴儿车、自行车、摩托车、轿车、SUV/皮卡、卡车/公共汽车、火车、杂项
道路	道路、路肩、车道线、禁行
顶部	天空、隧道、拱门
固定对象	楼房、围墙、树、植被、围栏、人行道、停车区、柱子/杆、锥桶、桥、交通标志、指示牌、交通信号、其他

9. KITTI 数据集

KITTI 数据集由德国卡尔斯鲁厄理工学院(Karlsruhe Institute of Technology,KIT)和丰田工业大学芝加哥分校(Toyota Technological Institute at Chicago,TTI-C)于 2012 年建立并不断更新,用于针对自动驾驶的计算机视觉和移动机器人算法的评测,包括 2D/3D 目标检测及跟踪、语义分割和实例分割等。其网址为 https://www.cvlibs.net/datasets/kitti/index.php。

其数据采集车的采集平台使用了多种数据采集工具,包括 2 个 140 万像素的彩色相机组成的双目相机、2 个 140 万像素的灰度相机组成的双目相机、1 个 64 线 3D 激光雷达、1 个全球定位及惯性导航系统(GPS/IMU)等,采集了市区、乡村和高速公路的交通场景图像、激光雷达扫描点的坐标和反射率值、每帧 30 个 GPS/IMU 数据的数据采集平台地理坐标(包括海拔高度、全球方位、速度、加速度、角速率、精度和卫星信息等)。

对于图像中的动态对象,定义了"汽车""货车""卡车""行人""坐着的人""骑自行车的人""有轨电车"和"其他"(例如,拖车、Segway 电动平衡车)的类别,进行了 2D 边界框和 3D 边界框轨迹的标注。

KITTI 数据集的目标检测数据集包括 7481 张训练图像和 7518 张测试图像及相应的激光雷达点云数据,总共包含 80 256 个标记目标,为行人、自行车、汽车,具有 2D、3D 和鸟瞰(俯视)图 3 种方式。3D 目标标注和鸟瞰图如图 1.33(a)和图 1.33(b)所示。

KITTI 数据集包含像素级标注的 200 张训练集图像和 200 张测试集图像,图像数据格式与 Cityscapes 数据集格式一致,可用于语义分割和实例分割任务。另外,KITTI 数据集还包含道路分割数据集,其中训练图像 289 张,测试图像 290 张。标注图像如图 1.33(c)所示。

KITTI 数据集还包含 21 个训练视频和 29 个测试视频,对行人和车辆进行密集像素级标注,用于多目标追踪和分割任务。标注图像如图 1.33(d)所示。

(a) 3D目标标注　　　　　　　　　(b) 鸟瞰图　　　　　　(c) 道路分割标注

(d) 多目标跟踪和分割标注

图 1.33　KITTI 数据集示例

10. Cityscapes 数据集

Cityscapes 数据集是一个大型的像素级城市街景数据集,发布于 2016 年。数据集的图像来自德国、法国、瑞士等国家和地区 50 个不同的城市,使用双目相机拍摄,采集时间跨越春、夏、秋三季,主要采集场景为白天,包含良好和中等的天气状况。Cityspaces 数据集可以用于语义分割、实例分割和全景分割任务的训练和评估。其网址为 https://www.cityscapes-dataset.com/。

Cityscapes 数据集将图像分为 8 组 30 个类别,如表 1.12 所示。

表 1.12　Cityscapes 数据集类别

组	类　别
平面	道路、人行道、停车场、轨道
人类	人、骑手
交通工具	轿车、卡车、公共汽车、电车/火车、摩托车、自行车、大篷车、拖车
建筑物	楼房、围墙、围栏、护栏、桥梁、隧道
物体	杆、杆组、交通标志、交通信号
自然	植被、地形(草坪、沙地等无法行驶区域)
天空	天空
其他	地面(人车共享等区域)、动态目标、静态目标

Cityscapes 数据集从 27 个城市选择了 5000 幅图像进行了像素级语义和实例的精细标注,如图 1.34(a)所示。其中,训练集图像 2975 幅,验证集图像 500 幅,测试集图像 1525 幅,用于支持全监督深度学习。从剩余的 23 个城市选择了 20 000 幅图像进行了语义和实例的粗略标注,即对单个对象进行多边形标注,如图 1.34(b)所示,用于支持弱监督深度学习。

经过对 Cityscapes 数据集图像的统计,不同类别的像素所占比例及分布情况如图 1.35 所示,其中部分类别的像素数过于稀少,因此不用于数据集的评估基准(如图中标记上标 2 的类别),故只有 19 个语义类别用于测试评估。

Cityscapes 数据集的标签文件名与图像文件名对应,使用 XML 进行标注,标签文件内容如下所示:

（a）精细标注图片

（b）粗略标注图片

图 1.34　Cityscapes 数据集精细标注图片和粗略标注图片示例

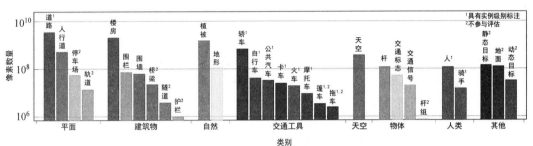

图 1.35　精细标注的类别（x 轴）和相应的像素数目（y 轴）

```
{
    "imgHeight": 1024,              #图像高：1024
    "imgWidth": 2048,              #图像宽：2048
    "objects":[                     #以下是目标标签
        {
            "label": "road",        #标签：道路
            "polygon":[             #以下数据为“道路”轮廓多边形的坐标
                [
                    0,
                    769
                ],
                [
                    290,
                    574
                ],
                [
                    93,
                    528
                ],……
        },
        {
            "label": "sidewalk",    #标签：人行道
            "polygon":[             #以下数据为“人行道”轮廓多边形的坐标
```

```
           [
              2047,
              532
           ],
           [
              1911,
              537
           ],......
        },
      ......
       ]
    }
```

11. ApolloScape 数据集

ApolloScape 是 2018 年百度公司开放的自动驾驶场景数据集,是比 KITTI 和 Cityscapes 交通场景更复杂、数据量规模更大、标注更丰富精准的数据集,可用于 2D/3D 语义分割、实例分割、车道标记分割等算法研究。数据采集系统由 2 个高精度激光雷达扫描仪、6 或 7 个高精度摄像机和 1 个 GPS/IMU 系统组成,其中 2 个前向摄像头的图像采集分辨率为 3384×2710。采集环境为北京、上海、深圳等城市。其网址为 https://apolloscape.auto。

ApolloScape 的场景解析数据集包含 14 万张图像帧和点云数据,每一张图像均具有像素级标注,可移动物体(车辆和行人)的数量平均每张图像十几个至一百多个。数据集中定义了共 26 个语义类别,其中 8 类为车辆和行人(小汽车、公共汽车、卡车、自行车、摩托车、三轮车、行人、骑车人),其余类别为天空、道路、建筑、路灯、交通标志、交通灯等对象,与 Cityscapes 的语义类别大同小异。14 万张语义标注的图像帧中有 89 430 张图像对可移动目标有实例级标注。

ApolloScape 的 3D 汽车实例数据集标注了 5277 张图像,大多数图像包含 10 个以上车辆,车辆类型涵盖轿车、跑车、小型货车、SUV 等 34 款实车,为每种车型定义了 66 个标注关键点(如车门拐角、大灯等)。

ApolloScape 的车道标记分割数据集包含了 27 种像素级语义标签的道路路面标记,包括不同颜色和样式的车道线(黄/白、虚/实、单/双线)、斑马线、停止线、车道导向标记(左转、右转、掉头)等。图 1.36 为 ApolloScape 数据集的标注示例。

扫码查看
彩图

（a）场景解析标注　　　　（b）3D汽车实例标注　　　　（c）道路路面标注

图 1.36　ApolloScape 数据集的标注示例

公开的数据集还有很多,这里不再一一列举,读者可在互联网上搜索自己所需要的数据集。

1.8　深度学习框架

　　深度学习框架是一些机构的研究者或开发者把深度学习开发中常用算法和工具(如卷积、自动求导等)的代码包装成标准函数,建立开源的函数库,放到网上供研究和开发者免费使用。这些框架让研究和开发者节省了很多编写和调试基础代码的时间,使得他们能够把时间和精力集中在理论和算法方面。深度学习框架的出现,降低了人们学习、探索和使用深度神经网络的门槛,为深度学习的发展做出了很大的贡献。

　　常用的深度学习框架有 TensorFlow、Caffe、Theano、MXNet、Torch、PyTorch、PaddlePaddle 和 MindSpore 等。目前也有一些商业化深度学习框架可供使用,性能和完备性都有提高,如 MATLAB、TensorFlow Enterprise 等。

　　TensorFlow 是 Google 公司开发的开源深度学习框架,其特点是提供数据流图(data flow graph),使得数据计算的可视化更好,模型以图形化的方式呈现,计算过程中的状态数据也可以实时体现,交互操作性好。

　　Caffe(Convolutional Architecture for Fast Feature Embedding)由贾扬青于加州大学伯克利分校开发,是一个清晰而高效的开源深度学习框架,主要应用在计算机视觉领域,后升级到 Caffe2,现已停止更新。在 2018 年 3 月 Caffe2 并入 PyTorch,成为 PyTorch 的一部分。早期很多竞赛和论文都采用了 Caffe 框架,在网上有大量的开源代码可供参考。

　　Theano 由加拿大蒙特利尔理工学院 LISA 实验室开发,是一个提供给开发者用于定义、优化和计算涉及多维数组数学表达式的 Python 库,基于这个库又开发出来很多开源深度学习库,包括 Blocks、Lasagne 和 Keras。由于主要开发人员的离职,Theano 已经不再更新了。

　　MXNet 由当时正在卡内基梅隆大学求学的李沐和同事共同开发,后来成为了亚马逊公司的深度学习库。MXNet 能够支持 8 种开发语言;混合前端在 Gluon eager 模式和符号模式之间可以无缝转换;能够实现可扩展的分布式训练和性能优化。

　　Torch 是 Facebook 公司开发的机器学习算法库,后来开源了大量 Torch 的深度学习模块和扩展模块。Torch 使用 Lua 作为编程语言,因此难以大范围推广,后来 Torch 的开发团队重写了代码,支持 Python、C++ 和 Java 编程,这个版本就是 PyTorch。PyTorch 的主要特性是使用 TorchScript 可以在 eager 模式和图模式之间无缝转换,并使用 TorchServe 加快产出速度;采用分布式后端实现了可扩展的分布式训练和性能优化;丰富的工具和库扩展了PyTorch 的能力,支持在计算机视觉、自然语言处理等领域的开发;能够很好地支持云平台。

　　飞桨(PaddlePaddle)是我国百度公司开发的开源产业级深度学习平台,拥有大量的官方模型库,适配多种类硬件芯片,尤其是国产芯片。

　　目前,TensorFlow 和 PyTorch 应用最广泛。对于快速入门、小项目及学术研究采用PyTorch 更容易上手,而对于大项目、产业界应用采用 TensorFlow 框架居多。

1.9　深度学习的计算特点

　　历史上人工智能的发展经历了两次繁荣和衰落,目前正处于第三次研究浪潮中。当前人工智能得以复苏和蓬勃发展,成为炙手可热的领域,得益于三大驱动力,即海量的数据,复杂的算法模型和较强的计算机计算能力(算力)。

在实际应用场景中,神经网络经常作为边缘设备的信息处理单元运行。例如,在自动驾驶中,神经网络就需要检测道路中的信号灯、车道线等指导车辆的运行方向。所以除了对于神经网络精度的要求之外,对于神经网络的推理速度也提出了更高的要求。根据神经网络的运算特点,可以使用一些优化手段,显著提高神经网络的推理速度。

1. 大量矩阵运算

神经网络分为全连接神经网络、卷积神经网络、循环神经网络等几种类型。在这些相对高级的概念的底层,实际上都是由一个个矩阵乘法等相关运算构成。例如,一次卷积运算,就是卷积核同输入特征的矩阵乘法。因此,优化矩阵乘法可以加快神经网络的推理速度。

2. 大量的重复运算可以并行

为了得到丰富的特征表达,神经网络通常采用多个卷积核对同一输入进行卷积计算,得到多个特征图作为下一层的输入。这种操作只是卷积核不同,运算过程完全相同,因此可以使用并行处理来加快计算速度。另外,由于神经网络常用于大数据的运算,针对每一批不同的输入,采用的网络是完全相同的,该过程同样可以并行处理加速计算。

3. 线性层＋非线性层的基本设计思路

神经网络通常采用基本模块搭建而成。这些模块基本遵从线性层＋非线性层的设计思想。例如,经典网络 ResNet50 的基本模块便采用了卷积层＋批量归一化＋ReLU 激活函数的设计。利用这个特点,我们可以设计良好的流水线减少数据搬运的损耗,以提高系统的吞吐量。

第 2 章

深度学习的计算平台

深度神经网络应用于实际场景,需要经历两个阶段:开发阶段和部署阶段。

开发阶段的主要任务是选择合适的神经网络模型架构,使用训练集数据对神经网络模型的参数进行优化,使用验证集数据对优化后的神经网络模型进行评估,使用测试集数据验证模型的泛化能力。在模型训练过程中,需要反复地对模型结构进行修改和参数优化,使模型的预测能力能够满足实际应用场景的精度和速度指标。除此之外,开发阶段还包括实际场景数据的输入输出接口、人机交互界面及数据库等开发工作。开发阶段需要考虑的是如何快速地开发出符合场景应用需求的神经网络模型。

部署阶段的主要任务是将训练好的、参数已经固定的神经网络模型安装到实际的运行系统中,读入实际场景数据,通过神经网络模型推理,返回处理结果。部署后的系统主要目标是使场景应用系统能够高效、稳定和低成本地运行。因此,系统成本、功耗、数据的吞吐量、实时性成为部署阶段需要考虑的问题。

深度学习的开发和部署主要基于 3 种平台。

(1)基于深度学习的服务器。如图 2.1 所示,硬件包括计算机主板、GPU 卡或 TPU 卡、大容量存储硬盘、显示器等;软件包括操作系统(常用 Linux 操作系统)、编程语言(如 Python、C/C++)、深度学习框架(如 TensorFlow、PyTorch 等)、第三方库等。这种硬件平台的算力和存储能力有限,适用于小型网络模型的训练和部署。

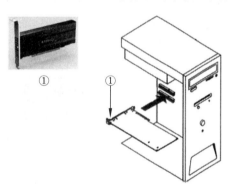

图 2.1　深度学习服务器

(2)基于算力租借的云计算平台。云计算平台提供 GPU、TPU、CPU 等计算设备和数据存储设备,以及包括深度学习框架、数据标注和清洗等在内的开发工具、预置模型,可以实现数据处理、算法开发、模型训练、AI 应用管理、部署的深度学习全流程工作。图 2.2 为云计算平台结构示意图。

目前国内云计算平台主要有华为云、阿里云、百度云、算能 SOPHGO TEAM-云开发平台等,国外主要有 Amazon 公司的 AWS、谷歌公司的 GCP、微软公司的 Azure 等。

云计算平台拥有强大的算力和海量存储空间,因此适用于大型网络模型的训练和部署,能大大缩短模型的开发时间。其通常按次数收费或按使用时间长度收费,用户无须购置固定资产、无须租借设备机房,能够降低用户的运营费用,因此也适用于一般的应用需求。

由于现场采集的数据需要传输到云计算平台进行处理,会造成一定的延时,因此云计算平台不适用于对实时响应要求高的应用场景。此外,用户要将数据和模型置于云平台上,因

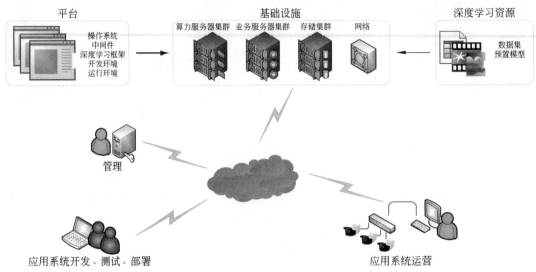

图 2.2　云计算平台结构示意图

此需要考虑数据和算法模型的安全问题。

（3）基于边缘计算设备。这些设备放置在传感器附近或产生数据的位置,具有互联网络、存储、计算、业务应用能力,如图 2.3 所示。边缘计算设备能够就近提供数据处理和分析服务,快速响应服务请求,其优点是低延时、网络带宽要求低。由于算力和存储的限制,边缘设备一般仅用于部署应用,如智能摄像头、停车场收费系统、考勤系统等。

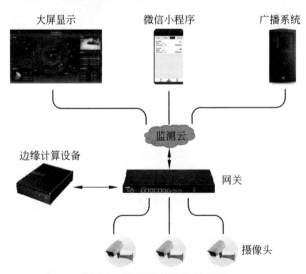

图 2.3　边缘计算设备的应用

国内的边缘计算设备,主要有算能公司的 Sophon SE5、寒武纪公司的思元 MLU、华为公司的 Altas、晶晨公司的 NeuBoard 智能盒子等,国外主要有 NVIDIA 公司的 Jetson、特斯拉公司的 Dojo D1 等。边缘设备适用于缺乏稳定网络条件的应用环境或对实时性要求较高的需求,相对于部署在云计算平台按机时或次数收费的模式,还具有一次投资终生免费的优势。

在本书后续章节的深度学习实践环节中,神经网络模型的训练可基于服务器或云计算平台进行,而模型的部署基于算能公司的 Sophon SE5 设备进行。在模型部署实践时,读者可以采用两种方式,一种方式是基于 Sophon SE5 的实体设备;另外一种方式是基于算能公司的 SOPHGO TEAM-云开发平台。算能云开发平台网络地址为 https://cloud.sophgo.com。

2.1　神经网络计算加速芯片

2.1.1　神经网络的计算特点

从第 1 章的学习中可以得知,神经网络模型的训练和推理过程中包含大量的矩阵乘法和加法运算,而这些运算又是由大量的乘加运算构成的。

首先,以一个简单的全连接神经网络为例。如图 2.4 所示,手写字符的图像为 28×28 像素的灰度图,将其转换为 $28\times28=784$ 个元素的向量 x,以该向量作为神经网络的输入,输出层有 10 个神经元,依次代表 $0\sim9$ 共 10 个数字,构成具有 10 个元素的输出向量 y。将每个输出神经元与所有的输入神经元连接,构成一个全连接神经网络,网络的每个输出神经元的值为所有输入神经元的值乘以权重的总和,这些权重就构成了一个 784×10 的矩阵 W,且输出向量 $y=Wx$。这个简单的神经网络运算包含了 7840 次乘法运算和 7830 次加法运算。

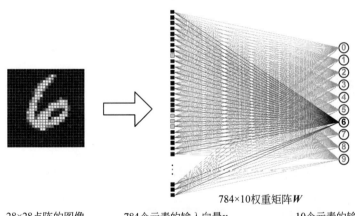

图中标注:784×10权重矩阵 W；28×28点阵的图像；784个元素的输入向量 x；10个元素的输出向量 y

图 2.4　全连接运算

此例仅为小尺寸图像输入和单层全连接神经网络,如果是高分辨图像输入和多层神经网络,其包含的乘加运算数量将是非常巨大的。

接下来,我们来看卷积神经网络。卷积神经网络是目前广泛应用的主流神经网络之一,卷积运算是卷积神经网络的核心运算。以图 2.5 为例,卷积运算的计算规则为,卷积核在输入特征图中从左向右、从上到下顺序滑动,进行 4 次点乘求和运算,得到输出特征图。

卷积运算可以转换为矩阵运算,如图 2.6 所示。将 3×3 的输入特征图按照此运算顺序转换为 4×4 的输入特征矩阵。将 2×2 的卷积核转换为 4×1 的权重矩阵。经矩阵乘法运算就可以得到 4×1 的输出矩阵,经过简单变换就可以得到相应的输出特征图。

由上述两例可见,无论全连接神经网络还是卷积神经网络,本质上都是数据和权重的矩

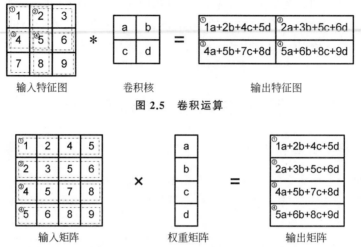

图 2.5 卷积运算

图 2.6 卷积运算转换为矩阵乘法运算

阵乘法运算,基本计算是乘加运算。

神经网络的规模与其性能有着直接关系。随着神经网络的规模越来越大,网络中包含的乘加运算数量也越来越庞大。例如,AlexNet 具有 8 层网络结构,其中有 5 个卷积层和 3 个全连接层,推理过程包含约 7 亿次乘加运算;ResNet50 具有 49 层卷积层和 1 层全连接层,推理过程包含约 35 亿次乘加运算。而模型的训练包含多次的前向传播和反向传播过程,因此需要更加强大的计算能力。所以,深度神经网络的训练和推理需要高性能的硬件计算设备的支持。而优化矩阵乘法计算单元可以大大加快神经网络的训练和推理速度。

2.1.2 神经网络的计算芯片

1. CPU 计算芯片

深度学习算法在最初阶段的主要计算平台是中央处理器(Central Processing Unit,CPU)。CPU 通用性好,硬件框架很成熟,对于程序员编程非常友好。其核心是:统一存储程序和数据,顺序执行指令。CPU 的结构如图 2.7 所示,主要包括算术逻辑单元(Arithmetic and Logic Unit,ALU)、控制单元(Control Unit,CU)、寄存器(Register)、高速缓存器(Cache)和它们之间通信的数据、控制及状态的总线。

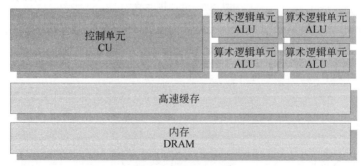

图 2.7 CPU 的架构

由于 CPU 需要很强的通用性来处理各种不同的数据类型,同时又要支持复杂通用的逻辑判断,因此会引入大量的分支跳转和中断处理。这些都使得 CPU 的内部结构异常复杂,ALU 的数量占比很小。

神经网络计算主要由大量的乘加运算构成,这些运算的类型比较单一,并且可以并行计算。在 CPU 平台上,ALU 只能按顺序以串行方式一个接一个地进行乘法或加法运算,并且每一次计算都需要访问内存进行数据的读写,这种架构限制了数据计算的总体吞吐量,并需要消耗大量的能源。当深度学习算法对运算能力的需求越来越大时,使用 CPU 就无法满足计算对效率的要求了。

2. GPU 计算芯片

图形处理器(Graphics Processing Unit,GPU)是个人计算机、工作站、手机、平板电脑中专用于图像和图形运算的微处理器。如图 2.8 的 GPU 芯片架构所示,GPU 由数量众多的计算单元和超长的流水线结构构成,特别适合处理大量同一类型的数据,如图像、矩阵等。

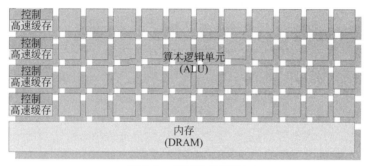

图 2.8　GPU 芯片架构

CPU 和 GPU 的主要区别在于并行性。GPU 具有高并行结构,在处理图形数据和复杂算法方面拥有比 CPU 更高的效率。CPU 大部分的芯片面积为控制器和寄存器,与之相比,GPU 拥有更多的 ALU 算术逻辑单元用于数据处理,而非数据高速缓存和流控制,这样的结构适合对密集型数据进行并行处理。CPU 执行计算任务时,一个时刻只执行一个数据计算任务,不存在真正意义上的并行计算,而 GPU 具有多个 ALU,可在同一时刻执行多个数据计算任务,实现比 CPU 高得多的数据计算吞吐量。

虽然 GPU 是为图形处理应用开发的,但由于它能够进行大规模的并行计算,因此还被广泛用于科学计算、密码破译、数值分析、深度学习等领域。在深度学习领域,当前神经网络模型的训练通常都基于 GPU 进行。但 GPU 价格高、功耗大,而且 GPU 仍属于通用处理器,并不是专门针对深度学习而设计的。

3. TPU 计算芯片

张量处理单元(Tensor Processing Unit,TPU)是一种专门针对神经网络计算特点而设计的处理单元。谷歌公司于 2014 年设计出一款神经网络专用加速器来加速神经网络的计算,这是谷歌第一代 TPU。在 2015 年 Alphago 与李世石的围棋比赛中,谷歌 TPU 为 Alphago 提供了算力支持。2016 年谷歌在开发者大会上公开 TPU。谷歌初代 TPU 仅限于神经网络的推理阶段,并不支持神经网络训练,其算力与通用 GPU 相比也有着不小的差距。第三代 TPU 处理器可全面应用于神经网络的学习和推理阶段,性能与 GPU 相抗衡。而 2021 年推出的第四代 TPU 的算力是第三代 TPU 的两倍。除谷歌 TPU 外,国内也出现越来越多的神经网络加速芯片。例如,算能公司的 BM168x 系列 AI 推理芯片、寒武纪公司

深度学习算法与实践

TPU 是专用于神经网络工作负载的矩阵处理器，在这个处理器上放置了数万个乘法器和加法器并将它们直接连接起来，构建能够完成矩阵乘法的物理阵列。TPU 在时钟脉冲的驱动下，进行大规模的乘加运算和数据流动，这种架构称为脉动阵列（systolic array）架构。在大量计算和数据传递的整个过程中，不需要执行任何的内存访问操作。

TPU 可以直接进行神经网络算法的矩阵运算，计算速度非常快、功耗非常小且物理空间的占用也很小。表 2.1 比较了 CPU、GPU 和 TPU 在神经网络计算方面的性能。

表 2.1　CPU、GPU 和 TPU 在神经网络计算方面的性能比较

	主　要　功　能	通用性	计算单元数目	功耗	运行神经网络性能
CPU	解释并执行计算机指令，处理计算机软件中的数据	很强	少	高	弱
GPU	做图像和图形相关运算工作	强	多	很高	强
TPU	执行神经网络运算	无，专用	多	低	很强

2.2　TPU 架构与原理

神经网络计算的显著特点，就是其大部分运算都是矩阵的乘法运算，因此神经网络专用芯片实质上就是针对矩阵乘法进行优化设计的芯片。

目前，针对矩阵乘法优化设计大致可以分为两种并行化处理架构，即基于时序的和基于空间的，如图 2.9 所示。

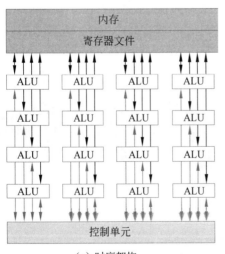
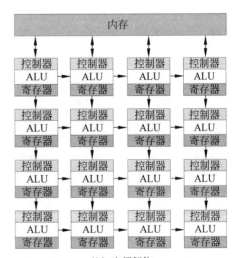

（a）时序架构　　　　　　　　　　（b）空间架构

图 2.9　两种加速计算架构示意图

图 2.9(a)是基于时序的架构设计示意图。一个中央控制器控制着大量的算术逻辑单元 ALU 同时执行相同的运算操作。首先将数据从内存读入寄存器文件，然后 ALU 各自独立完成乘法或加法运算，再将运算结果写入寄存器文件。通过多个 ALU 同时处理不同的数据以完成并行化的计算。

图 2.9(b)是基于空间的并行处理架构。其特点是每一个 ALU 除了可以计算外还有自己的寄存器。通过数据流动的设计,使得数据在 ALU 计算完成后,将数据和计算结果传递给下一个 ALU 的寄存器,减少了数据在内存间交换的时间损耗,从而加速了运算。由于不需要频繁地访问内存,矩阵运算的规模越大,基于空间的架构相对于基于时序的架构执行速度越快,因此神经网络专用芯片大都采用这种架构设计。

谷歌 TPU 架构、寒武纪 NPU 架构等本质上都可以看作一种基于空间的并行处理架构,对于矩阵运算都有着极大的优势。算能的 TPU 架构集成了多个 NPU,是一种空间并行和时序并行的混合架构设计。

下面以 3×3 的矩阵乘法运算为例,介绍基于空间并行架构的谷歌 TPU 设计原理以及基于时序和空间混合架构的算能 TPU 设计原理。图 2.10 是一个 3×3 的矩阵乘法计算示意图,其中 Mat1 为神经网络的输入特征矩阵,Mat2 为神经网络的权重矩阵,计算结果 Mat3 的元素值对应于虚线右侧的计算法则。

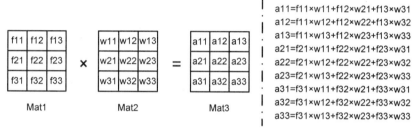

图 2.10　矩阵乘法示意图

矩阵乘法通过乘加运算(Multiply-Accumulate Calculation,MAC)来完成,使用 CPU 进行 MAC 的过程如图 2.11 所示。从内存中将矩阵 Mat1 的 f11 读入寄存器 1,将矩阵 Mat2 的 w11 读入寄存器 2,将上次 MAC 结果读入寄存器 3,寄存器 1 与寄存器 2 通过乘法器进行乘法运算,运算结果 f11×w11 输出到寄存器 4,寄存器 3 与寄存器 4 通过加法器进行加法运算,运算结果输出到寄存器 5,将寄存器 5 的数值写回内存,这样就完成了一次 MAC 运算,3×3 的矩阵乘法运算需要执行 27 次 MAC 运算。每次 MAC 运算的数据都要从内存读入和写回,由于这个过程包含了大量的 I/O 操作,导致了执行矩阵乘法运算的时间大大延长。

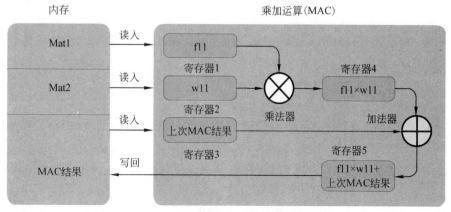

图 2.11　CPU MAC 操作示意图

2.2.1　谷歌 TPU 架构与原理

谷歌 TPU 是神经网络计算的专用芯片,其核心的计算单元为矩阵乘法单元(Matrix Multiply Unit,MMU)。矩阵乘法单元由 256×256 个完全相同的 MAC 单元组成,每一个 MAC 单元都可以执行 8 位的乘加运算。作为一种基于空间的并行处理架构设计,其核心是 MAC 乘加运算功能和数据流动功能的设计。图 2.12 为谷歌 TPU 的 MAC 单元结构。

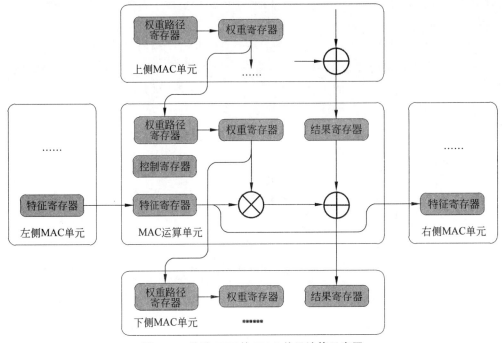

图 2.12　谷歌 TPU 的 MAC 单元计算示意图

MAC 乘加运算功能由权重寄存器、特征寄存器、结果寄存器及乘法器和加法器来实现,权重寄存器的值与特征寄存器的值相乘后,所得乘积再与结果寄存器的值相加,这个过程就完成了一次乘加运算。

数据流动是指 MAC 单元中权重寄存器的值、特征寄存器的值及结果寄存器的值是如何流动的。在矩阵乘法计算开始之前,TPU 通过 MAC 单元的权重路径寄存器将权重矩阵加载到各 MAC 单元的权重寄存器中并固定下来。在矩阵乘法计算时,特征寄存器的值和结果寄存器中的值随着时钟脉冲进行更新,在当前的 MAC 单元运算完成后,其特征寄存器的值传递到右侧 MAC 单元的特征寄存器,其乘加运算结果传递到下侧 MAC 单元的结果寄存器中。在若干个时钟脉冲周期后,最下侧 MAC 单元中结果寄存器的值就是最终的矩阵乘法计算结果。

与 CPU 架构的乘加运算相比,谷歌 TPU 的数据以流水线的方式流动,在时钟脉冲的驱动下,特征数据沿水平方向传递到右侧 MAC 单元,乘加运算结果沿垂直方向传递到下侧 MAC 单元,这种架构减少了大量的内存数据读写 I/O 操作,提高了乘加运算的效率。

以图 2.10 Mat1 与 Mat2 的矩阵乘法为例,谷歌 TPU 矩阵乘法运算需要用到 3×3 阵列共 9 个 MAC 单元,按照 MAC1~MAC9 编号,如图 2.13 所示。矩阵乘法运算的最终计算结果输出到下一行 MAC10～MAC12 单元的结果寄存器中。

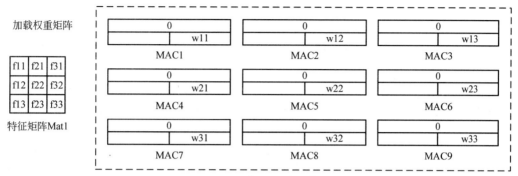

图 2.13　权重矩阵加载

图中每个 MAC 单元的上部方框表示结果寄存器,左下框表示特征寄存器,右下框表示权重寄存器。如图 2.13 所示,运算开始时,先将特征矩阵 Mat1 转置,TPU 将权重矩阵 Mat2 从内存读入权重队列缓冲区,然后再加载到 MAC 阵列的相应 MAC 单元权重寄存器中并固定下来。

如图 2.14 所示,在第一个时钟周期中,特征矩阵 Mat1 的元素 f11 加载到 MAC1 单元的特征寄存器中,与权重寄存器中的 w11 相乘,乘积 f11×w11 更新到 MAC4 单元的结果寄存器。

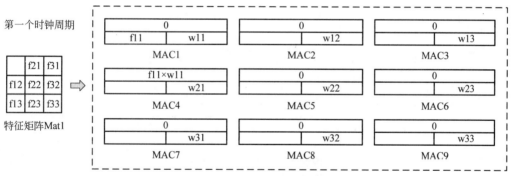

图 2.14　第一个时钟周期

如图 2.15 所示,在第二个时钟周期中,f11 由 MAC1 的特征寄存器向右移动到 MAC2 的特征寄存器,特征矩阵 Mat1 的元素 f21 加载到 MAC1 的特征寄存器,f12 加载到 MAC4

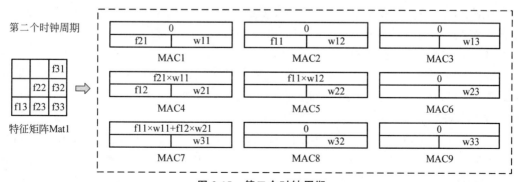

图 2.15　第二个时钟周期

的特征寄存器。MAC4 的特征寄存器与权重寄存器值相乘,乘积 f12×w21 与 MAC4 结果寄存器的值(第一时钟周期的计算结果)相加,得到 f11×w11+f12×w21 更新到 MAC7 的结果寄存器。MAC1 的特征寄存器与权重寄存器值相乘,乘积 f21×w11 更新到 MAC4 的结果寄存器。MAC2 的特征寄存器与权重寄存器值相乘,乘积 f11×w12 更新到 MAC5 的结果寄存器。

　　如图 2.16 所示,在第三个时钟周期中,第一行 MAC 单元的特征寄存器值依次右移,特征矩阵 Mat1 的元素 f31 加载到 MAC1 的特征寄存器,第二行 MAC 单元的特征寄存器值依次右移,特征矩阵 Mat1 的元素 f22 加载到 MAC4 的特征寄存器,特征矩阵 Mat1 的元素 f13 加载到 MAC7 的特征寄存器。MAC7 的特征寄存器与权重寄存器值相乘,乘积 f13×w31 与 MAC7 结果寄存器值(第二时钟周期的计算结果)相加,得到 f11×w11+f12×w21+f13×w31 更新到 MAC10 的结果寄存器,这样就得到了矩阵乘法运算结果矩阵 Mat3 的第一个值。按照计算规则,MAC7 的结果寄存器更新为 f21×w11+f22×w21,MAC4 的结果寄存器更新为 f31×w11,MAC8 的结果寄存器更新为 f11×w12+f12×w22,MAC5 的结果寄存器更新为 f21×w12,MAC6 的结果寄存器更新为 f11×w13。

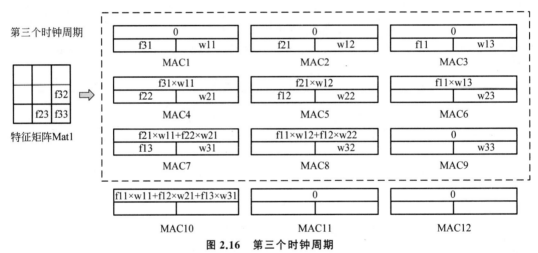

图 2.16　第三个时钟周期

　　如图 2.17 所示,在第四个时钟周期中,按照计算规则,由 MAC10 和 MAC11 的结果寄存器得到结果矩阵 Mat3 的第二和第三个值,即 f21×w11+f22×w21+f23×w31 和 f11×w12+f12×w22+ f13×w32。

　　如图 2.18 所示,在第五个时钟周期中,按照计算规则,由 MAC10、MAC11 和 MAC12 的结果寄存器得到结果矩阵 Mat3 的 3 个值,即 f31×w11+f32×w12+f33×w31、f21×w12+f22×w22+f23×w32、f11×w13+f12×w23+f13×w33。

　　如图 2.19 所示,在第六个时钟周期中,按照计算规则,由 MAC11 和 MAC12 的结果寄存器得到结果矩阵 Mat3 的两个值,即 f31×w12+f32×w22+f33×w32、f21×w13+f22×w23+f23×w33。

　　如图 2.20 所示,在第七个时钟周期中,按照计算规则,由 MAC12 的结果寄存器得到结果矩阵 Mat3 的最后一个值,即 f31×w13+f32×w23+f33×w33。至此,经过 7 个时钟周期,结果矩阵 Mat3 的所有 9 个值就都计算出来了。

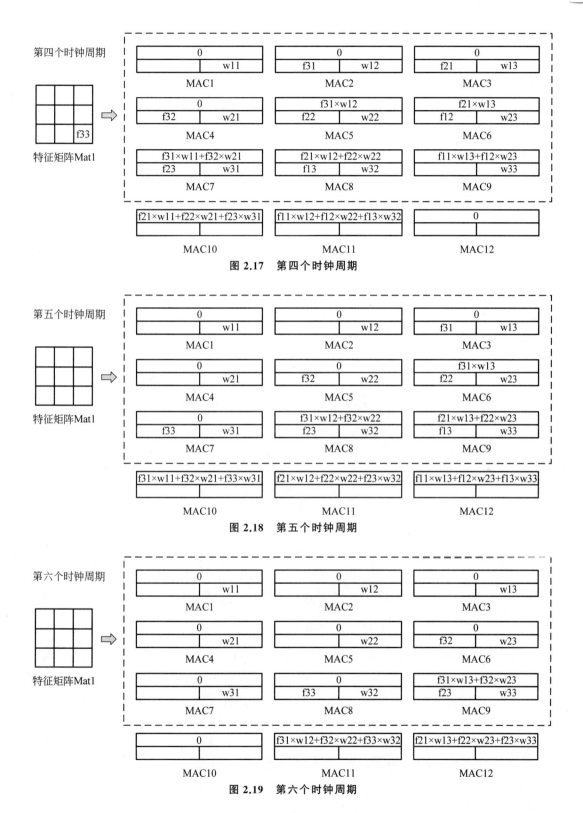

图 2.17　第四个时钟周期

图 2.18　第五个时钟周期

图 2.19　第六个时钟周期

第七个时钟周期

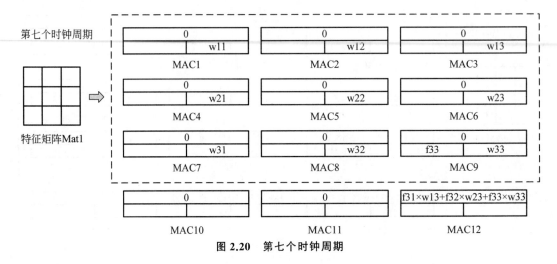

图 2.20　第七个时钟周期

谷歌第一代 TPU(TPUv1)仅用于推理计算,其架构如图 2.21 所示,除矩阵乘法外,还包括了神经网络计算所需的激活、归一化/池化等模块。

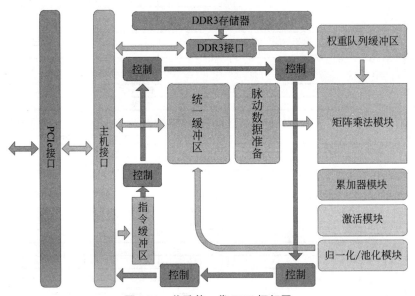

图 2.21　谷歌第一代 TPU 框架图

　　TPU 通过 PCIe 挂载到主机上,来自 CPU 的指令通过主机接口总线传送到指令缓冲区,TPU 从片外内存读取权重矩阵到权重队列缓冲区,然后加载权重到矩阵乘法模块,从系统内存读取特征数据存放到统一缓冲区,矩阵计算开始后,将统一缓冲区的特征数据输入矩阵乘法模块,通过累加器模块收集计算结果,并将其输入激活模块进行非线性激活,激活操作可以选择 ReLU、Sigmoid 等函数,激活后的值通过归一化/池化操作后,存储到统一缓冲区,这样就完成了一次矩阵乘法和非线性激活的神经元层计算,存储到统一缓冲区的结果数据可以作为下一神经元层的特征输入数据继续进行计算。反复执行上述计算流程,直到整个神经网络计算完成,TPU 再将结果从统一缓冲区返回到系统内存中。

　　谷歌第二代和第三代 TPU 既可以用于神经网络模型的训练,又可以用于推理。从

图 2.22 中可以看到谷歌第二代/第三代 TPU（TPUv2/TPUv3）相对于 TPUv1 的架构改变：①TPUv2/TPUv3 采用向量计算模块替代 TPUv1 中的激活模块，从而可以支持训练过程中更加灵活的激活函数。②TPUv2/TPUv3 将内部内存统一为一个向量内存，不再分激活函数存储器和数据收集器两种类型。③TPUv2/TPUv3 采用了高带宽存储器（High Bandwidth Memory，HBM）代替 TPUv1 中的 DDR3 存储器，从而实现更大的数据传输带宽。④训练过程通常需要多卡协同工作，TPUv2/TPUv3 增加了核间互连接口，实现了 TPU 间的通信。TPUv3 相对于 TPUv2 没有太大架构的变化，更多的是为了整体计算效率做出的调整，主要是增加了一个矩阵乘法单元，时钟频率提高到 1.35 倍。

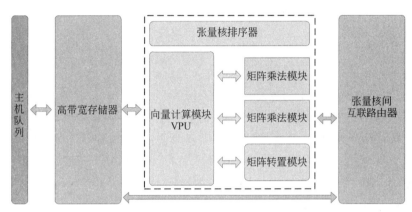

图 2.22　谷歌第二代/第三代 TPU 框架图

谷歌第四代 TPU 分为用于推理的 TPUv4i 和用于训练的 TPUv4 两种，两者的主要差别在于计算核心的数量，TPUv4i 使用一个计算核心，而 TPUv4 使用两个计算核心。TPUv4 的算力（FLOPS/W）是 TPUv3 的 3 倍。

2.2.2　算能 TPU 架构与原理

如图 2.23 所示，算能 TPU 芯片上集成了进阶精简指令集处理器（Advanced RISC Machine，ARM），用于通用计算和神经网络处理器（Neural-network Processing Units，NPU）、内存等其他硬件资源的控制。具体而言，ARM 控制指令译码器对存储在内存中的指令进行解码后，控制 NPU 执行相应的动作。

扫码查看
彩图

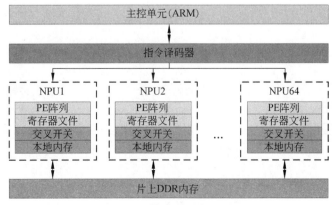

图 2.23　算能 TPU 架构图

算能 TPU 的核心计算单元由 64 个 NPU 构成,NPU 并行地执行计算过程,每个 NPU 都对应着一块大小为 512KB 的 NPU 本地内存(local memory)用于存储数据。通常将具有自己本地内存的 ALU 称为处理引擎(Processing Engine,PE)。处理引擎阵列(PE array)是 NPU 中负责计算的单元,由向量阵列和矩阵阵列两部分构成。向量阵列由 16 个执行单元(Execution Unit,EU)构成,一次可以并行地执行 16 个数的数学运算,每个 EU 内部含有结果寄存器用于保存计算结果,结果寄存器在计算完成后将结果返回 NPU 本地内存中。矩阵乘加阵列由一个 64×4 的 MAC 阵列构成。

算能 TPU 采用基于广播的单指令多数据流(Single Instruction Multiple Data,SIMD)指令架构,一条指令可以控制所有的 NPU 同时执行操作,指令系统可以划分为用于数据搬运的 GDMA 指令集和用于计算的 BDC 指令集。运行时,主控单元(ARM)发送的指令经过片上的 BDC/GDMA 指令解码器,控制 NPU 读取数据或执行运算。当 NPU 收到从控制总线发送的数据存取信号时,进行片上 DDR 内存与 NPU 本地内存之间的数据搬运。当 NPU 收到计算相关指令时,通过交叉开关(CrossBar)选取数据位置,然后从 NPU 本地内存中读取数据向量存放到寄存器文件中,PE 阵列读取寄存器文件中的数值进行并行计算。

以图 2.10 Mat1 与 Mat2 的矩阵乘法为例,需要使用 3 个 NPU 完成运算,每个 NPU 上的矩阵阵列由 3×1 的 EU 阵列构成。计算开始之前,将输入矩阵 Mat1 的每一行和权重矩阵 Mat2 的每一行分别分配到每一个 NPU 本地内存上,如图 2.24 所示。

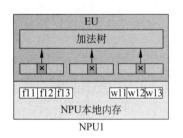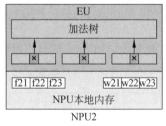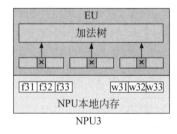

图 2.24　将输入矩阵和权重矩阵分配到 NPU 本地内存

如图 2.25 所示,在进行实际计算时,NPU 首先将输入矩阵 Mat1 的值放置到 EU 阵列寄存器中,随后第一拍将 NPU1 中的权重矩阵 Mat2 的元素 w11 广播到 NPU1、NPU2、NPU3 的第一个权重寄存器中,分别完成 f11×w11、f21×w11、f31×w11 的乘法计算;第二拍将 NPU2 中的权重元素 w21 广播到 NPU1、NPU2、NPU3 的第二个权重寄存器中,分别完成 f12×w21、f22×w21、f32×w21 的乘法运算;第三拍将 NPU3 中的权重元素 w31 广播到 NPU1、NPU2、NPU3 的第三个权重寄存器中,分别完成 f13×w31、f23×w32、f33×w31 的乘法运算。经过三拍的广播和乘法运算,三次乘积在 NPU 各自的加法树中完成加法运

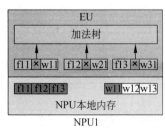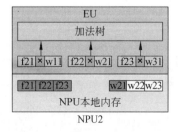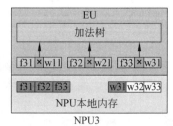

图 2.25　广播 NPU 第一列权重

算,就得到了 f11×w11＋f12×w21＋f13×w31,f21×w11＋f22×w21＋f23×w31,f31× w11＋f32×w21＋f33×w31,也就是结果矩阵 Mat3 的第一列数据。

如图 2.26 所示,以此类推,得到结果矩阵 Mat3 的第二列数据。

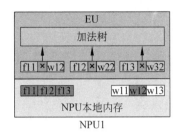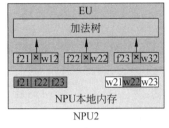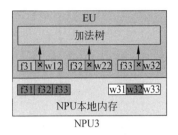

图 2.26　广播 NPU 第二列权重

如图 2.27 所示,得到结果矩阵 Mat3 的第三列数据,至此完成了矩阵乘法的全部运算过程。

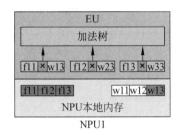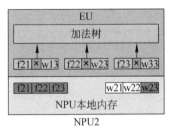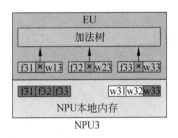

图 2.27　广播 NPU 第三列权重

2.3　算能 TPU 硬件架构及产品形态

2.3.1　算能 TPU 的芯片硬件架构

算能的 BM1684 AI 芯片是　颗专用于加速神经网络运算的微型系统级芯片,芯片自身可以完成视频图像解码、预处理、模型推理、图像编码等一整套 AI 应用流程。系统架构如图 2.28 所示。

该芯片采用高级微控制总线架构(Advanced Microcontroller Bus Architecture, AMBA)。AMBA 是用于 ARM 架构下系统芯片(System on a Chip,SoC)设计中的一种总线架构。芯片上的应用处理器子系统、张量处理子系统、视频子系统、高速外设接口、外围接口、内存接口、安全引擎等通过 AMBA 总线连接在一起。

应用处理器子系统是芯片上的主控单元,负责进行系统资源的调度,由 8 个 ARM A53 CPU 核构成。

张量处理子系统就是 TPU,为神经网络加速计算单元,完成矩阵乘法、激活、池化等运算。

视频子系统由视频解码器、视频预/后处理器和 MJPEG 图像编解码器构成。BM1684 将视频子系统和 TPU 子系统集成到一起,减少了数据传输损耗,提升性能的同时降低了成本。

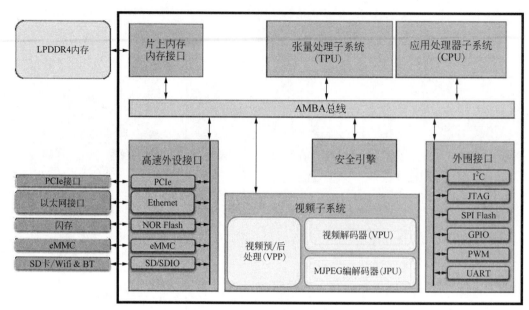

图 2.28　BM1684 芯片架构图

视频解码器（Video Process Unit，VPU）支持最高分辨率 1920×1080 像素下 H.264 BP/MP/HP、VC-1 SP/MP/AP、MPEG-1/2、MPEG-4 SP/ASP、H.263P3、DivX/XviD、AVS（包括 AVS＋）、RV-8/9/10、VP8、MVC、Theora 等多种视频格式的解码。

BM1684 集成了 JPEG 处理单元（JPEGP Process Unit，JPU），使芯片具备 JPEG 和 MJPEG 的硬件解码能力。对于 1080p JPEG 格式的图片，BM1684 每秒可解码 480 帧。

视频预/后处理器（Video Pre/post-Processor，VPP）可以将视频解码器的 YUV 格式输出转换为 RGB 格式，还可以对图像进行缩放、裁剪、色域转换等图像预处理操作。

该芯片上还集成了保护用户数据和算法模型的安全引擎，以及许多外围接口，如内存接口、以太网接口、SD 卡接口等，如表 2.2 所示。

表 2.2　BM1684 主要性能参数

子　系　统	配　　置	BM1684
张量处理子系统（TPU）	总算力	2.2TFLOP(FP32)，17.6TOPS(INT8)
	NPU 规格	64 个 NPU，每个 NPU 包含 16 个 EU
	NPU 缓存	512KB
	NPU 主频	550MHz
应用处理器子系统	CPU	8×ARM A53，主频 2.3GHz
	缓存	32KB L1 Cache，1MB L2 Cache
内存接口	最高频率	LPDDR4(4266Mbps)，4 通道
	最高扩展	16GB
视频子系统	视频解码器	960 帧/秒 H.264 1080p，960 帧/秒 H.265 1080p
	最高分辨率	8192×8192，支持 8K
	图片解码器	最高 480 帧/秒

子　系　统	配　　置	BM1684
外围接口	高速外设接口	PCIe、Ethernet 100/1000、eMMC 4.5/5.1、SD 卡
	外设接口	I²C、JTAG、UART、PWM、GPIO

备注：TOPS（Tera Operations Per Second），1TOPS 代表处理器每秒可进行一万亿次（10^{12}）运算。FLOPS（FLoating-point Operations Per Second），每秒所执行的浮点运算次数，1TFLOPS（Tera FLOPS）等于每秒一万亿（10^{12}）次的浮点运算。

2.3.2　算能 TPU 的产品形态

算能 TPU 芯片有高速串行总线 PCIe（Peripheral Component Interconnect express）和片上系统两种产品形态。

在 PCIe 形态下，TPU 芯片与辅助电路一起作为计算机的加速卡存在，称为 SC 系列产品，如图 2.29（a）所示。加速卡通过 PCIe 接口插入主机或服务器的扩展插槽上。TPU 芯片与主机或服务器之间通过 PCIe 交互，接收指令和数据，执行神经网络模型的推理计算。SC5 搭载了 BM1684 芯片。

　　（a）PCIe接口模式的计算机板卡SC5　　　　　（b）SoC模式的微型服务器SE5

图 2.29　算能 TPU 的两种产品形态

在 SoC 形态下，TPU 芯片与辅助电路、接口、机壳等构成一个独立运行的系统设备，称为 SE 系列产品，如图 2.29（b）所示。在这种工作模式下，TPU 芯片及其他的外设资源如电源、内存等集成在一个电路板上，形成一个小型的神经网络模型推理设备，上电后，芯片上的 ARM 主控单元调度整个小型机的程序、存储、计算、接口等资源，执行系统加载、自检、通信、模型推理等任务。SE 产品通过以太网与主机交互，以终端模式进行模型的部署和测试。部署完成后，SE 产品独立运行应用系统。SE5 也搭载了 BM1684 芯片。

2.4　算能 TPU 软件架构

神经网络模型的训练一般是在服务器或云计算平台上进行的，这些计算设备普遍采用 GPU 作为模型训练的加速器，在这样的软硬件环境下得到的网络模型不能直接部署到 TPU 设备上运行。这就需要将程序和网络模型转换到可以在 TPU 设备上运行的代码。这种转换任务是通过 TPU 神经网络软件开发工具包来完成的。

BMNNSDK（Bit Main Neural Network Software Development Kit）是算能公司为 BM168x TPU 系列芯片开发的深度学习软件开发工具包。BMNNSDK 除了支持神经网络

模型在芯片上的推理加速外,还为基于深度学习算法的部署和系统应用提供了一整套易用、高效的解决方案。

2.4.1 实时视频流处理方案

BMNNSDK 支持实时视频流处理,其方案如图 2.30 所示。视频流处理系统通过网络摄像头获取视频流,对视频流的内容进行分析处理,根据分析结果做进一步的业务处理。视频流处理的流程分为拉流/解码、预处理、模型推理、后处理 4 个阶段。每个阶段都有相应的软件库支持,调用芯片上的资源实现处理的硬件加速,极大地加快了处理的速度。

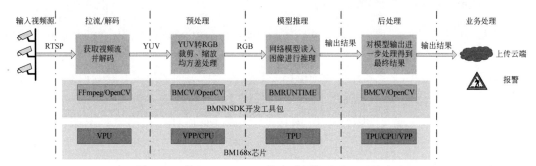

图 2.30 基于 BMNNSDK 的实时视频流处理系统方案

网络摄像头对视频进行采集,然后对视频流进行压缩和传输协议的封装,形成实时流传输协议(Real Time Streaming Protocol,RTSP)的视频流格式,发送到网络中。RTSP 是 TCP/IP 体系中的一个应用层协议,该协议定义了一对多应用程序如何有效地通过 IP 网络传送多媒体数据。

神经网络推理设备通过网络拉流获取,然后对视频流解封装和解码,BMNNSDK 通过 FFmpeg 完成上述操作。FFmpeg 用于记录音视频内容、转换音视频格式、流化媒体数据、调用芯片上的视频处理单元(VPU)加速编解码过程。

解码后的视频帧进入图像预处理阶段。首先将 YUV 格式转换为 RGB 格式,然后根据需要进行图像缩放、裁剪、填充等操作,使输入图像与神经网络模型的输入尺寸保持一致,并对图像进行归一化操作。通常在 PC 的图像预处理操作是借助 OpenCV 函数来实现的,使用 CPU 作为硬件支持。BMNNSDK 基于 TPU 芯片上的专用图像处理硬件——视频预/后处理器(VPP)——设计了 BMCV 图形运算硬件加速接口库,并将 BMCV 封装进了 OpenCV 函数库,通过调用 TPU 芯片上的 VPP 实现图像预处理操作。BMCV 通过 TPU 芯片的 VPP 模块,可以完成色彩空间转换、尺度变换、仿射变换、透射变换、线性变换、画框、JPEG 编解码、BASE64 编解码、非极大值抑制、排序、特征匹配等操作,极大地加速了预处理和后处理过程的运算速度。

预处理后的视频帧进入模型推理阶段。基于 PC 平台训练的神经网络模型不能直接在 TPU 芯片上运行,需要在部署前将模型转换为 TPU 模型格式,这一转换过程被称为模型转换,是由 BMNNSDK 中的深度学习编译工具链完成的。它将模型翻译为 TPU 芯片上的指令,并保存成文件。在模型推理时,BMRUNTIME 读取该文件中的计算指令,驱动 TPU 进行计算,获得输出结果。

在目标检测和图像分割等许多任务中,对模型推理后得到的输出结果还需要进行后处理操作。例如,人脸检测模型得到的人脸有多个候选框,因此需要使用后处理操作消除多余的候选框,找到最佳的人脸位置。

通过以上流程得到最终的处理结果,进入下一阶段进行与业务相关的处理。

2.4.2　深度学习软件开发工具包

深度学习软件开发工具包 BMNNSDK 由两部分组成:在 PC 端的编译器(compiler)和在 SC5/SE5 端的运行库(library),如图 2.31 所示。

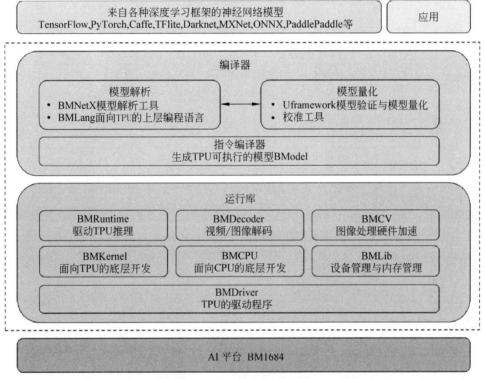

图 2.31　BMNNSDK 软件包

编译器运行在 PC 端,负责对训练得到的神经网络模型进行离线编译和优化,生成TPU 芯片所需要的模型文件,称为 BModel。编译器支持对 Caffe、Darknet、MXNet、ONNX、PyTorch、PaddlePaddle、TensorFlow 等主流深度学习框架的模型进行编译。另外,编译器还可以对模型进行 8bit 整型量化,从而大大提高了模型的运算速度。BM1684 执行32 位浮点数运算的算力为 2.2TFLOPS,而执行 INT8 整型运算的算力提高到了 17.6TOPS。量化后的推理精度会略有下降。

运行库运行在 SC5/SE5 端,包含 BM-Decoder、BM-OpenCV、BMCV、BMRuntime、BMLib 等库,用来驱动 TPU 芯片的 VPP、VPU、JPU、TPU 等硬件,完成视频图像编解码、图像处理、张量运算、模型推理等操作。

BMNNSDK 的相关术语如表 2.3 所示。

表 2.3   BMNNSDK 的相关术语

术　语	含　义
BMCompiler	用于深度神经网络优化的编译器,可以将深度学习框架中定义的各种深度神经网络转化为 TPU 上运行的指令流
Uframework	自定义的基于 Caffe 的深度学习推理框架,用于将模型与原始框架解耦以便验证模型转换精度和完成量化
BMLang	面向 TPU 的上层编程语言,用户开发时无须了解底层 TPU 硬件信息,适用于编写深度学习、图像处理、矩阵运算等算法程序
BModel	面向算能 TPU 处理器的深度神经网络模型文件格式,其中包含目标网络的权重、TPU 指令流等
BMRuntime	TPU 推理接口库,用来驱动 TPU 加载 Bmodel 并进行模型推理
BMCV	图形运算硬件加速接口库,用来驱动 TPU 上的硬件单元进行张量计算和图像处理
BMKernel	基于 TPU 芯片指令集封装的开发库,需熟悉芯片架构、存储细节
BMCPU	是对 BMLang 的补充。当算子不适合使用 TPU 计算时需要借助 CPU 来进行计算
BMLib	在内核驱动之上封装的一层底层软件库,用于设备管理和内存管理等,控制 TPU 与主机的内存交互
BMDriver	TPU 芯片的驱动程序

2.4.3 离线模型转换

如上所述,编译器将来自各种深度学习框架的模型转换为 TPU 芯片支持的 BModel 文件。当模型转换不成功时,原因可能是当前的编译器不支持模型中的算子。因此了解编译器内部的转换流程对解决模型转换的问题是很有必要的。

由图 2.32 可以看到,编译器内部是由前端解析工具(各种 BMNetX)和指令编译器(BMCompiler)两部分构成。

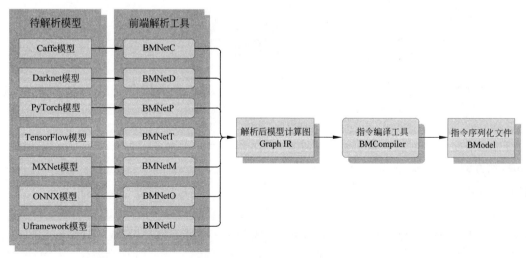

图 2.32   模型编译流程图

首先,前端解析工具将不同框架的模型计算图解析为中介图表示(Graph Intermidate Representation,Graph IR)。对于使用者而言,编译器对外表现为各种 BMNetX 编译器形态,BMNetC 对应 Caffe 模型,BMNetD 对应 Darknet 模型,以此类推。使用者只需要根据不同模型框架,选择不同的编译器即可。例如,对于 TensorFlow 模型,使用者需要选择 BMNetT,指定相应的参数,来完成模型的转换。Uframework 是算能自定义的基于 Caffe 的深度学习推理框架,用于将模型与原始框架解耦以便验证模型转换精度和完成量化。

前端解析工具将各种深度学习框架的模型表示方法转换为统一的形式 Graph IR,这样实现了模型前端和硬件后端的隔离,硬件设备就无须关注深度学习框架的不同。得到深度神经网络的中间图表示 Graph IR 之后,指令编译器 BMComplier 会对 Graph IR 中可以合并的操作进行合并,并翻译为 TPU 能够执行的指令流,序列化地保存在 BModel 文件中。

2.4.4 在线模型推理

编译器生成 BModel 后,就可以在 TPU 上进行模型的推理。TPU 执行在线推理的过程如图 2.33 所示。BMRuntime 运行时库读取 BModel 模型,当数据输入时,根据 BModel 中的指令,调度 TPU 进行计算,并将结果数据从 TPU 返回到内存中。

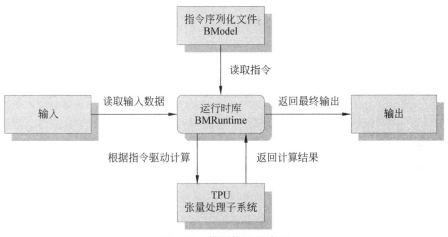

图 2.33 模型推理示意图

2.4.5 自定义算子

如前所述,模型转换不成功的原因可能是当前的编译器不支持模型中的算子。在图 2.32 中,模型经过前端工具被解析为一个个算子,BMCompiler 在后端定义好的算子函数库查找对应的算子,模型是否能够被编译成功取决于模型的算子是否已经在算子函数库中实现。神经网络模型发展过程中,新算子不断涌现,编译器不可能第一时间提供最新算子函数,在这种情况下需要使用者采用自定义算子的方式自行实现新算子。目前 BMNNSDK 支持以下几种实现自定义层或算子的方式。

基于 BMLang 开发:BMLang 是面向 TPU 的高级编程模型,用户开发时无须了解底层。BMLang 将输入数据和输出数据抽象为一种名为 Tensor 的张量数据结构,并且为 Tensor 数据结构提供了加、减、乘、除、移位等基础操作和卷积、矩阵乘法等高级操作。使用者只需要将数据转换为 Tensor 的数据结构,然后利用 Tensor 上定义的操作就可以实现自定义的算子。BMLang 提供了基于 C++ 和基于 Python 的两种接口。

基于 BMCPU 开发:BMCPU 是对 BMLang 的补充。当算子不适合使用 TPU 计算时,可借助 CPU 进行计算。BMCPU 提供了一种使用 CPU 实现算子的软件接口。

基于 BMKernel 开发:BMKernel 是对 TPU 芯片底层指令集的封装。使用 BMKernel 进行算子开发,用户需要自己调度数据,分配内存和调用封装指令进行计算。由于贴近硬件,使用 BMKernel 开发算子可以最大程度利用芯片的算力。但使用 BMKernel 开发需要熟悉芯片的硬件架构和指令集,而且指令集描述相对低级,开发者往往需要花费更多的精力。

2.4.6　模型量化加速

为了实现芯片算力最大程度的利用,用户可以使用编译器提供的模型量化工具对模型进行量化加速。量化工具 Quantization-Tools 通过解析各种已训练好的 32 位浮点网络模型,生成 8 位整型网络模型。在 Sophon 运算平台上,网络各层输入、输出、系数都用 8 位来表示,从而在保证网络精度满足需要的基础上,大幅减少功耗、内存和传输延迟,大幅提高运算速度。

模型量化是在 Uframework 框架上进行的。如图 2.34 所示,模型首先经过 Uframework 的解析工具生成 FP32 格式的 UModel 模型,随后量化工具会利用准备好的校准数据集(lmdb 数据集)将 FP32 格式的 UModel 模型转变为 INT8 的 UModel 模型,然后编译器 BMNetU 会将 INT8 格式的 UModel 模型转换为 BModel 格式,供推理时 BMRuntime 调用,这样就完成了整个量化过程。

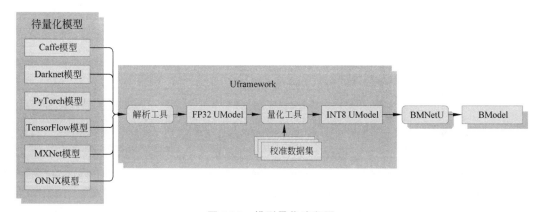

图 2.34　模型量化流程图

2.4.7　高级接口编程库

用户算法程序包括 5 部分功能:输入、预处理、模型推理、后处理、输出。为了帮助用户将算法快速移植到 TPU 上,BMNNSDK 还提供了一套高级接口编程库(sophon artificial intelligent library,SAIL)。SAIL 封装了 BMNNSDK 中的 BMRuntime、BMDecoder、BMCV、BMLib 库,提供了 Python 和 C++ 接口以及示例程序。如图 2.35 所示,Sail::Decoder 实现了视频/图像解码功能,是对 FFMPEG 功能的封装。Sail::Bmcv 实现了预处理和部分后处理和编码的功能,是对 BMCV、OpenCV、FFmpeg 部分功能的封装。Sail∷Engine 实现了模型推理功能,是对 BMRuntime 的封装。SAIL 模块中所有的类、枚举、函数都在 Sail 名字空间下。

图 2.35　高级编程接口

使用 SAIL 只需调用简单的 Python 或 C++ 接口,就可以实现 VPU 图像和视频解码、TPU 图像处理、BModel 模型加载及 TPU 推理等功能,从而快速完成算法的移植。

第 3 章

深度学习编程环境操作基础

初学者一定希望立刻上手进行深度学习的编程,实践网络模型的训练、测试和部署。工欲善其事,必先利其器。在此之前,我们需要在自己的计算机上搭建深度学习的开发环境,学习和掌握基本的系统操作命令和开发工具的使用方法,才能如鱼得水地进行深度学习实践。本章内容包括 Linux 操作系统、Python 编程语言开发工具、常用 Python 库、TensorFlow 和 PyTorch 深度学习框架及 SE5 平台的安装和操作,引导零基础读者快速入门深度学习的开发环境。有基础的读者可跳过本章。

3.1　Linux 入门

Linux 操作系统发行版本众多,常用的包括 Ubuntu、CentOS、Debian、Deepin、Fedora等系统。Linux 系统的操作模式分为桌面模式和终端模式。桌面模式是图形化界面,与 MS Windows 系统类似,简单易学。终端模式即 Terminal,通过输入命令行来执行任务。

本书推荐使用 Ubuntu 操作系统。由于 Ubuntu 系统持续更新,安装方法也有所不同,因此本书仅简述 Ubuntu 的安装步骤,读者可自行网上搜索最新安装教程。

3.1.1　Linux 系统的安装简介

在 PC 上可选择 3 种方式中的一种进行 Linux 操作系统的安装:

(1) Ubuntu 单操作系统。

(2) Windows 和 Ubuntu 双操作系统,在开机时选择需要进入的操作系统。

(3) 在 Windows 系统中建立 Ubuntu 虚拟机。

访问 Ubuntu 官网 https://ubuntu.com/download/desktop,下载 Ubuntu 桌面版镜像文件。将镜像文件制作成自启动 U 盘。安装前请注意:

(1) 备份 PC 内的资料。

(2) 确保网络连接正常。

PC 开机,按下 F2 键进入 BIOS,选择使用 U 盘启动。按照系统提示进行操作。

(1) 选择安装方式: Normal installation(正常安装)。

(2) 选择安装类型: Install Ubuntu alongside Windows Boot Manager(双操作系统并存,在开机时选择进入哪个操作系统);

Erase disk and install Ubuntu(删除现 PC 所有文件,只安装 Ubuntu 系统);

Something else(用户自己创建或调整分区安装 Ubuntu)。

建议初学者选择 Windows 和 Ubuntu 双系统安装类型。

（3）按照安装界面提示继续完成 Ubuntu 的安装。

安装完成后，重新开机，按照 GNU GRUB 提示选择进入 Windows 或 Ubuntu 操作系统。

虚拟机安装步骤如下所示。

（1）访问 VMware 官网 https://www.vmware.com/cn/products/workstation-pro/workstation-pro-evaluation.html，下载安装包，安装 VMware 软件。注意：VMware 为商业软件，需购买许可证。免费版有 30 天使用期限。

（2）运行虚拟机，选择【打开虚拟机】，进入虚拟机目录，选择 Ubuntu64 位.vmx 扩展名的文件打开。在【设备】菜单中配置虚拟机的物理内存（一般为 8GB 及以上）、硬盘等。

（3）单击【继续运行此虚拟机】按钮开启 Ubuntu 虚拟机。Ubuntu 桌面图形界面进入可以使用状态。

除以上 3 种 Ubuntu 安装方式外，Windows 10 也有自带的 Ubuntu 系统，感兴趣的读者可以自行安装尝试，本书不再赘述。

3.1.2　Linux 系统的常用命令

在 Linux 系统中单击终端图标或使用快捷键 Ctrl＋Alt＋T 进入终端模式。在终端模式下，显示命令行的提示符及含义如图 3.1 所示。

图 3.1　命令行提示符含义

Linux 下基本命令的使用格式为：命令［-选项］［参数］。但并非所有命令都严格遵循这种格式。

（1）创建、切换和显示目录相关命令，如表 3.1 所示。

表 3.1　创建、切换和显示目录相关命令

命　　令	命 令 格 式	功　　能
mkdir	mkdir［目录名］	make directories：创建单级目录
	mkdir -p［目录名］	递归创建多级目录
cd	cd［目录名］	change directory：进入指定目录
	cd..	切换到上一级目录
	cd /	切换到根目录
	cd ～	切换到当前用户目录
ls	ls	list：默认方式显示当前目录文件/文件夹列表
	ls -a	显示所有文件，包括隐藏文件
	ls -l	显示文件的详细信息
	ls -lh	以人性化方式显示文件大小
	ls［目录名］	显示指定目录的内容
tree	tree	以树状图方式列出目录的内容
pwd	pwd	print working directory：显示当前工作目录的完整路径

创建、切换和显示目录命令操作实例如表 3.2 所示。

表 3.2　创建、切换和显示目录命令操作实例

命　　令	解　　释
ngit@ubuntu：～ $ mkdir linux_learn	创建目录 linux_learn
ngit@ubuntu：～ $ mkdir -p linux_learn/myfile/file	递归创建多级目录
ngit@ubuntu：～ $ cd linux_learn/	进入目录 linux_learn
ngit@ubuntu：～/linux_learn $　mkdir python	在当前路径下创建目录 python
ngit@ubuntu：～/linux_learn $ ls myfile python	显示目录文件
ngit@ubuntu：～/linux_learn $　tree ├── myfile │　　└── file └── python 3 directories，0 files	以树状图列出目录的内容

（2）复制、移动和删除文件或目录命令，如表 3.3 所示。

表 3.3　复制、移动和删除文件或目录命令

命令	命　令　格　式	功　　能
cp	cp -i	copy：复制文件或目录时，覆盖文件前提示用户是否覆盖
	cp -r	复制该目录下所有子目录和文件
	cp -p	保留文件属性不变
mv	mv［原文件或目录］［目标文件或目录］	move：移动、重命名文件/目录
rm	rm -r［文件或目录］	remove：删除文件或目录下的所有内容
	rm -f［文件或目录］	强制删除，忽略不存在的文件，无须提示

（3）常用的压缩和解压缩命令，如表 3.4 所示。

表 3.4　常用的压缩和解压缩命令

命令	功　　能	命　令　格　式	文　件　格　式
zip	压缩文件或目录	zip［选项］［压缩后文件名］［文件或目录］； -r 压缩目录	压缩后文件格式：.zip
unzip	解压.zip 压缩文件	unzip［压缩文件］	
tar	gz 压缩	tar -zcvf［file.tar.gz］［file］	压缩成.tar.gz 格式
	bz2 压缩	tar -jcvf［file.tar.bz2］［file］	压缩成.tar.bz2 格式
	gz 格式解压缩	tar -zxvf［file.tar.gz］	
	bz2 格式解压缩	tar -jxvf［file.tar.bz2］	

（4）常用的权限和下载相关命令，如表 3.5 所示。

表 3.5　常用的权限和下载相关命令

命令	命令格式	功　能
sudo	sudo ＋ 命令	superuser do：以管理员权限执行命令，执行只有 root 权限才能执行的命令
pip	pip install Python 包名 pip uninstall Python 包名	package installer for python：Python 包管理，用于查找、下载、安装、升级、卸载 Python 包
wget	wget http：//...	world wide web get：从网络上自动下载文件

（5）改变文件/目录权限的命令，如表 3.6 所示。

表 3.6　改变文件/目录权限的命令

不同角色的象征性表示	不同权限的符号表示	用 法 举 例
u：user(用户)	r：读取权限	（1）为用户提供执行权限：sudo chmod u＋x file （2）删除用户的读写权限：sudo chmod u－rx file （3）为所有人提供执行权限：sudo chmod a＋x file （4）用逗号分隔多个权限集：sudo chmod u＋r,g＋x file
g：group(组)	w：写入权限	
o：others(其他人)	x：执行权限	
a：all(所有人,包括用户、组、其他人)	＋：添加权限 －：删除权限	

3.1.3　Linux 的文本编辑器

gedit 是 Linux 下的一个纯文本编辑器，简单易用。在终端模式下输入命令：gedit test.py，便可新建并打开 test.py 文件。gedit 编辑器的工具栏包括新建、打开、保存、打印、撤销、复制、粘贴、搜索等功能，如图 3.2 所示。

图 3.2　gedit 编辑器工具栏

3.2　Python 入门

本节介绍使用 Anaconda 进行 Python 环境的安装、Python 解释器的使用及 PyCharm 软件的安装和使用，并示范在 PyCharm 集成开发环境下进行 Python 编程、调试和运行。

3.2.1　Python 环境的安装和使用

1. Anaconda 安装

Anaconda 是一款 Python 集成环境安装包。执行 Anaconda 后自动安装 Python、IPython 和众多的包和模块。Anaconda 的安装步骤如下所示。

（1）下载 Anaconda。在终端模式下，进入 home 目录，执行 wget 下载命令：

```
ngit@ubuntu:~$ cd ~
ngit@ ubuntu: ~$ wget https://mirrors.tuna.tsinghua.edu.cn/anaconda/archive/
Anaconda3-5.1.0-Linux-x86_64.sh
```

输入 ls 可以查看到下载的 Anaconda3-5.1.0-Linux-x86_64.sh 脚本文件。

（2）安装 Anaconda。在 home 目录下，执行该脚本文件进行安装：

```
ngit@ubuntu:~$ bash Anaconda3-5.1.0-Linux-x86_64.sh
```

在 Anaconda 安装过程中，按照安装提示，按 Enter 键或输入 yes 继续安装过程。安装完成后输入 ls 命令，显示如下：

```
ngit@ubuntu:~$ ls
anaconda3                          CNN-Saliency-Map  examples.desktop
Anaconda3-5.1.0-Linux-x86_64.sh  data  data        libevent-2.0.20-stable
```

（3）配置环境变量。安装完成后，执行如下命令配置环境变量：

```
ngit@ubuntu:~$ echo 'export PATH="~/anaconda3/bin:$PATH"' >> ~/.bashrc
ngit@ubuntu:~$ source ~/.bashrc
```

2. Python 解释器的使用

在终端命令行中输入 python3 命令启动 Python 交互式编程，出现 Python 提示符>>>。在 Python 提示符后输入程序语句，按 Enter 键执行：

```
ngit@ubuntu:~$ python3
Python 3.6.4 |Anaconda, Inc.| (default, Jan 16 2018, 18:10:19)
[GCC 7.2.0] on linux
Type "help", "copyright", "credits" or "license()" for more information.
>>> 5+3
8
>>> print("hello world")
hello world
```

Python 解释器是以命令行的方式执行 Python 语句，非常不方便。本书推荐使用 PyCharm 软件作为 Python 的集成开发环境。PyCharm 可以进行代码的编辑、Python 环境的配置、程序运行和断点调试，以及远程连接服务器的方式调试运行代码（仅限专业版）。

3.2.2　PyCharm 集成开发环境的安装和使用

1. PyCharm 环境搭建

（1）下载 PyCharm 安装包。

进入 JetBrains 官网 https://www.jetbrains.com/pycharm/download/，下载 Professional（付费专业版）或 Community（免费社区版）。

（2）安装 PyCharm。

下载完成后，执行解压命令（由于版本号随时更新，读者在执行下列命令时，要先查看下

载的文件名,用下载的文件名替换掉该命令中的文件名):

```
ngit@ubuntu:~$ tar -zxvf pycharm-community-2022.3.tar.gz
```

解压完成进入 bin 目录,输入命令：sh pycharm.sh,便可直接启动 PyCharm。

2. 新建 Python 项目和设置解释器

(1)进入【文件】菜单,选择【新建项目】。

(2)如图 3.3 所示,在"创建项目"对话框【位置】处输入新建项目的文件夹目录,【基础解释器】处选择 Python 解释器版本。单击【创建】按钮,完成新项目的创建。

图 3.3　"创建项目"对话框

3. 编写程序

右击 PyCharm 左侧树状图的新建项目名称,选择【新建】→【Python 文件】,输入文件名,如 try,创建 try.py 文件,然后在右侧的编辑窗口中编写源代码。例程如下:

```
import cv2                              #导入 OpenCV 库
img = cv2.imread("D:/dg.jpg", 1)       #读入图像
img_fr = cv2.flip(img,1)               #翻转图像
pix = img[100, 200, 0]                 #获取原图像(100,200)处 B 通道的像素值
pix1 = img[100, 200]                   #获取原图像(100,200)处的像素值
print(pix, pix1)                       #打印两个像素值
img_fr = cv2.resize(img_fr,(200,200))  #缩放到 200×200
cv2.imshow('Original', img)            #显示原始图像
cv2.imshow('Flip & Resize', img_fr)    #显示翻转和缩放后的图像
cv2.waitKey(0)                         #保持图像,按任意键退出
cv2.destroyAllWindows()                #释放所有创建窗口
```

注意：在项目文件夹下事先放置一张图像,命名为 dg.jpg。#符号为 Python 语言的注释符号。

4. 安装运行库

本例程使用了 OpenCV 库，因此在运行 Python 程序前先进行 OpenCV 库的安装。OpenCV 是 Open source Computer Vision 的缩写，它提供了 Python、MATLAB 等语言的接口，实现了高级图形用户接口、计算机视觉等算法。程序中读取图像、图像翻转、图像缩放和显示都要使用 OpenCV 的库函数。

OpenCV-Python 安装：单击 PyCharm 最下方状态栏的【终端】按钮进入终端模式，输入命令：

```
pip install opencv-python -i https://pypi.tuna.tsinghua.edu.cn/simple
```

5. 运行程序

将鼠标放在程序编辑窗口内右击，在弹出的菜单中选择【运行'try'（U）】。运行结果如图 3.4 所示，程序生成两个图像窗口，并在"运行"窗口显示像素值。

图 3.4　程序运行结果

6. 断点调试程序

断点调试能清楚地看到代码运行的过程及每一步的变量值，便于对代码问题进行跟踪。

（1）添加断点：在代码区要进行调试的代码行左侧单击添加断点调试符号，如图 3.5 所示为"断点"所指向的位置。当删除断点时，只需再次单击断点处即可。

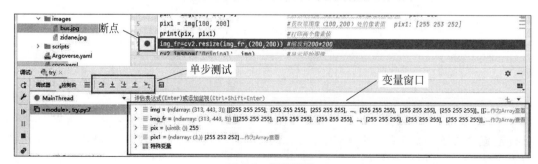

图 3.5　调试模式

（2）断点调试状态下运行代码：在右上角工具栏区单击【调试'try'】图标按钮，或使用快捷键【Shift＋F9】，或右击源文件或代码区内部，在弹出菜单中选择【调试'try'（D）】。

程序进入调试状态，如图 3.5 所示，可以在"变量窗口"查看变量的类型和计算结果。

（3）单步调试：如图 3.5 的"单步调试"所示，从左到右的 5 个箭头图标对应单步调试方式，其含义如表 3.7 所示。

表 3.7　单步调试命令及快捷按键

调 试 命 令	快 捷 按 键	功　　　能
Step Over	F8	单步执行代码，遇到子函数时，一步执行完子函数，不进入子函数内部单步执行语句
Step Into	F7	单步执行代码，遇到子函数时，进入子函数内部单步执行语句
Step Into My Code	Alt＋Shift＋F7	单步执行代码，只进入自己编写的子函数内部
Step Out	Shift＋F8	一步执行完子函数，回到调用子函数代码的下一行代码
Run to Cursor	Alt ＋F9	运行到当前光标位置

3.2.3　常用 Python 库

Python 包含非常丰富的库函数，降低了学习和使用的门槛。Python 语言库分为 Python 标准库和 Python 第三方库，Python 标准库的相关信息及使用指南请查阅 https://docs.python.org/zh-cn/3/。Python 有很多功能强大的第三方库，如专门用于科学计算的函数库 Numpy，基于 Numpy 构建的高性能数据分析工具 Pandas，绘制图形的工具库 Matplotlib，机器视觉库 OpenCV 等。

1. NumPy

NumPy 是 Numerical Python 的缩写，是进行科学计算和数据分析的基础软件包，针对数组运算提供了大量的数学函数库，具有强大的数学与矩阵运算能力。同时，NumPy 集成了 C/C++ 和 FORTRAN 代码的工具，具有强大的线性代数、傅里叶变换和随机数等功能。

更多 NumPy 信息及使用教程可阅读 NumPy 官网：https://numpy.org/。

2. Matplotlib

Matplotlib 是 Python 的绘图库，是非常好的数据可视化工具。我们可以使用短短几行代码方便地绘制散点图、曲线图、直方图、柱状图，也可以对高维数据进行可视化观察，直观地感受数据，对分析和处理数据非常有帮助。

更多 Matplotlib 信息及使用教程可阅读 Matplotlib 官网：https://matplotlib.org/。

3. OpenCV

我们在上面例子中已经使用了 OpenCV 库，在本书的深度学习实践中，将多次使用 OpenCV 函数实现图像预处理和后处理功能。

3.2.4　Python 虚拟环境

不同的 Python 应用程序可能使用了不同版本的 Python 及第三方库，这意味着仅安装一种 Python 版本或库可能无法满足每个应用程序的要求。例如,应用程序 A 需要特定模块的 1.0 版本,但应用程序 B 需要 2.0 版本,仅安装版本 1.0 或 2.0 将导致某一个应用程序无法运行。这个问题可以通过创建 Python 应用程序各自的虚拟环境来解决,虚拟环境允许为不同的项目安装配置各自的 Python 环境,而不是安装到整个系统,从而避免环境冲突。例如,应用程序 A 可以拥有自己的安装了 1.0 版本的虚拟环境,而应用程序 B 则拥有安装了 2.0 版本的另一个虚拟环境。如果应用程序 B 要求将某个库升级到 3.0 版本,也不会影响应用程序 A 的虚拟环境。

在本书的实践项目中使用了 3 个版本的深度学习框架。项目文件夹命名"XXX-TF1",使用 TensorFlow 1.x 版本;项目文件夹命名"XXX-TF2",使用 TensorFlow 2.x 版本;项目文件夹命名"XXX-Pytorch",使用 PyTorch 深度学习框架。读者需要根据实践项目所使用的框架构建各自的虚拟环境。

Anaconda 可以用于虚拟环境的创建。如果使用 PyCharm 集成环境进行项目开发,则可以直接使用 PyCharm 的 Python 解释器配置虚拟环境。

1. 使用 Anaconda 创建和使用 Python 虚拟环境

(1) 创建并安装 Python 虚拟环境:

```
conda create -n your_env_name python=3.6
```

your_env_name 是用户自定义的虚拟环境名称,python=3.6 指定了本虚拟环境对应的 Python 版本,若不指定版本则选用当前环境变量中配置的 Python 版本。若环境变量中没有配置,则下载最新版本。创建的虚拟环境在 anaconda3/envs 目录下,即/anaconda3/envs/your_env_name。

(2) 进入和退出虚拟环境:

```
conda activate your_env_name 或 source activate your_env_name       #进入
conda deactivate your_env_name 或 source deactivate your_env_name   #退出
```

(3) 为虚拟环境安装、删除包:

```
conda install -n your_env_name [package]       #安装
conda remove --name your_env_name [package]    #删除
```

(4) 移除和重建虚拟环境:

```
conda remove -n your_env_name --all            #移除
conda create -n your_env_name python=3.6       #重建
```

2. 在 PyCharm 中配置虚拟环境

(1) 进入【文件】菜单,选择【设置】。如图 3.6 所示,在"设置"对话框中,先单击左侧的【Python 解释器】,右侧会显示出该项目的环境配置。

(2) 单击对话框右侧的【Python 解释器】下拉框,选择指定的 Python 版本。

(3) 单击【+】或【-】添加或删除指定的软件包。

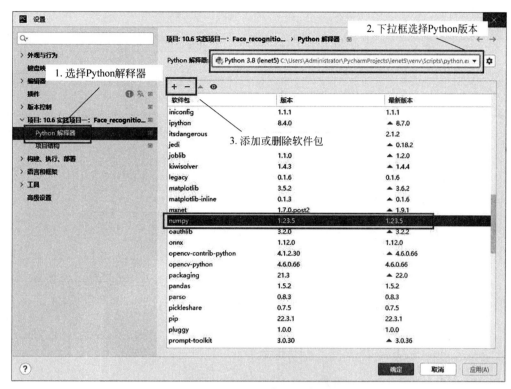

图 3.6　PyCharm 虚拟环境配置

3.3　TensorFlow 入门

TensorFlow 由 Google Brain 实验室开发和维护，是目前最优秀的深度学习框架之一。它的底层 API 基于 C/C++ 语言开发，为 Python、C++、Java、Go 等多种语言提供上层调用 API 接口，其中对 Python 的支持最全面、最完善。

相比 TensorFlow 1.x 版本，TensorFlow 2.x 版本显著提高了简洁易用性。首先，TensorFlow 2.x 版本重新整合了 1.x 中的许多 API，使 API 接口更加精简整洁。其次，TensorFlow 2.x 版本内置了深度学习框架 Keras，Keras 简单易用，仅用几行程序就可以构造出一个神经网络。此外，TensorFlow 2.x 版本还使用了动态图机制（eager execution），使用户编写调试代码更加方便，也让新用户的学习更加容易。

TensorFlow 旨在为深度学习工业化提供更好的支持，在深度学习的算法训练、推理、跨平台部署等工业化全链路环节都有很好的工具支持，因此在工业化应用场景颇受用户欢迎。

有关 TensorFlow 的更多信息与指南，可阅读 TensorFlow 官网 https://tensorflow.google.cn/guide/basics。

3.3.1　TensorFlow 的安装

使用 Python 包管理器 pip 或 Anaconda 包管理器 conda 安装 TensorFlow。其中，conda 源的通用性更强但版本更新较慢，难以第一时间获得最新 TensorFlow 版本。

以下是使用国外镜像源指定安装 TensorFlow 2.10.0 版本的 pip 命令。在不指定版本的情况下,系统安装 pip 源中的最新版本:

```
ngit@ubuntu:~$ pip install tensorflow==2.10.0
```

也可以使用国内(清华)镜像源安装 TensorFlow,安装速度更快,命令如下:

```
ngit@ubuntu:~$ pip install tensorflow==2.10.0 -i https://pypi.tuna.tsinghua.
edu.cn/simple/
```

若 PC 配置了 GPU 硬件,并已安装 NVIDIA 的通用并行计算架构 CUDA 和深度神经网络的 GPU 加速库 CUDNN,则可以安装 GPU 版 TensorFlow:

```
ngit@ubuntu:~$ pip install tensorflow-gpu==2.10.0 -i https://pypi.tuna.
tsinghua.edu.cn/simple/
```

完成 TensorFlow 安装之后,进入 Python 环境,检查 TensorFlow 是否正确安装:

```
ngit@ubuntu:~$ python3
>>> import tensorflow
```

若没有报错,则表示 TensorFlow 安装成功。

3.3.2 TensorFlow 的基本操作

在 TensorFlow 中,张量分为常量和变量两大类,支持几乎所有的数据类型。例如,数值数据类型(tf.uint8、tf.int32、tf.float32 等)、布尔数据类型(tf.bool)和字符串数据类型(tf.string)等。此外,TensorFlow 还自创了一些数据类型,如用于张量类型转换的 tf.cast 等。

有关 TensorFlow 中张量的更多使用,请阅读 TensorFlow 官网教程 https://tensorflow.google.cn/guide/tensor。

1. 常量的定义和使用

在 TensorFlow 中,常量型张量可以用 tf.constant 来生成。

```
#1. 导入 TensorFlow 库
import tensorflow as tf
#2. 定义一个常量(零阶张量),数据类型默认为 int32
tensor_0 = tf.constant(1)
print(tensor_0)
#3. 定义一个浮点型常量(一阶张量),数据类型为 float32
tensor_1 = tf.constant([3.0, 1.0, 5.0, 2.0])
print(tensor_1)
#4. 定义一个常量(二阶张量),数据类型设置为 float16
tensor_2 = tf.constant([[1, 2], [3, 4]], dtype=tf.float16)
print(tensor_2)
#5. 定义一个常量(三阶张量),数据类型默认为 int32
tensor_3 = tf.constant([[[0, 1, 2],[3, 4, 5],[6, 7, 8]],[[9, 10, 11],[12, 13, 14],
[15, 16, 17]],[[18, 19, 20],[21, 22, 23],[24, 25, 26]]])
print(tensor_3)
```

输出结果如下。张量具有值(value)、维度属性(shape)和数据类型属性(dtype)。同时 TensorFlow 还提供了许多修改数据维度的函数，如 reshape()、resize()等。

```
tf.Tensor(1, shape=(), dtype=int32)              #1. 零阶张量
tf.Tensor([3.1.5.2.], shape=(4,), dtype=float32)  #2. 一阶张量
tf.Tensor(                                        #3. 二阶张量
    [[1.2.]
     [3.4.]], shape=(2, 2), dtype=float16)
tf.Tensor(                                        #4. 三阶张量
    [[[ 0  1  2]
      [ 3  4  5]
      [ 6  7  8]]
     [[ 9 10 11]
      [12 13 14]
      [15 16 17]]
     [[18 19 20]
      [21 22 23]
      [24 25 26]]], shape=(3, 3, 3), dtype=int32)
Process finished with exit code 0
```

2. 变量的定义和使用

变量型张量用 tf.Variable()来生成。

```
import tensorflow as tf
#1. 使用 tf.Variable()定义一个变量 w1,设定初始值,数据类型及名称
w1 = tf.Variable(initial_value=[[3,2],[4,5]],dtype=tf.float32,name='w1')
#2. 查看该变量的数据类型及形状,并导出至 Numpy
print(w1.dtype)
print(w1.shape)
print(w1.numpy())
```

输出结果为：

```
<dtype: 'float32'>    #1. 数据类型为 32 位浮点数
(2, 2)                #2. 矩阵的长和宽均为 2
[[3.2.]
 [4.5.]]              #3. 数据导出至 Numpy
```

继续上面的程序，对变量进行运算：

```
#3. 定义一个常量 x,为 1*2 的矩阵
x =tf.constant(value=[[2,3]],dtype=tf.float32,name='x')
#4. 定义一个变量 b,由于设定初始值为 32 位浮点数,故无须指定数据类型
b = tf.Variable(initial_value=[1.2,3.5],name='b')
#5. TensorFlow 中包含许多操作,我们以矩阵间的运算为示例
result_mul = tf.matmul(x,w1)              #矩阵乘法运算
result_add = tf.add(result_mul,b)         #矩阵加法运算
#6. 实现最终结果 result_add = x * w1+b
print("result_matmul:{}".format(result_mul))
print("result_add:{}".format(result_add))
```

结果为:

```
result_matmul:[[18. 19.]]
result_add:[[19.2 22.5]]
```

如果需要对变量进行更新和迭代操作,可以通过循环来实现:

```
import tensorflow as tf
#1. 定义变量 epochs
epochs = tf.Variable(initial_value=0,dtype=tf.int32,name='epochs')
#2. 变量的更新
for i in range(5):
        epochs=epochs+1
print(format(epochs))
```

结果为:

```
5
```

3. 自动微分和梯度

自动微分是深度学习算法(如神经网络训练的反向传播过程)的关键组成部分,TensorFlow 为自动微分提供了 tf.GradientTape API 函数,根据某个函数的输入变量来计算梯度。

```
#1. 导入 TensorFlow 库
import tensorflow as tf
#2. 定义需要计算梯度的变量 x
x = tf.Variable(3.0)
with tf.GradientTape() as tape:
  y = x * 2+5
#3. 计算 y=2x+5 在 x=3 时关于变量 x 的导数
dy_dx = tape.gradient(y, x)
print(dy_dx)
```

输出结果为:

```
tf.Tensor(2.0, shape=(), dtype=float32)
```

tf.GradientTape 可以应用于任何维度的张量。除此之外,GradientTape 的资源在调用一次 gradient 函数之后就会被释放,如果需要多次计算,需要将 persistent = True 属性开启。

```
#1. 导入 TensorFlow 库
import tensorflow as tf
#2. 定义一个二维随机矩阵 w,以及一个二维全 0 矩阵 b
w = tf.Variable(tf.random.normal((3, 2)), name='w')   #定义一个服从正态分布的随机
                                                      #3 行 2 列矩阵
```

```
#定义一个全零变量,数据类型为 32 位浮点数
b = tf.Variable(tf.zeros(2, dtype=tf.float32), name='b')
x = [[1., 2., 3.]]
#3.分别计算 loss 关于变量 w 和变量 b 的梯度
with tf.GradientTape(persistent=True) as tape:  #开启 persistent=True 属性
  y = tf.add(tf.matmul(x,w),b)
  loss = tf.reduce_mean(y * * 2)  #tf.reduce_mean 用于计算张量沿着某一维度的平均值
[dl_dw, dl_db] = tape.gradient(loss, [w, b])
print(w)
print(dl_dw)
```

输出结果为:

```
<tf.Variable 'w:0' shape=(3, 2) dtype=float32, numpy=
array([[-1.6353815,  0.8802248],
       [ 1.5613909,  1.5711588],
       [ 0.8008925, -1.1357195]], dtype=float32)>
tf.Tensor(
    [[ 3.8900778   0.61538386]
     [ 7.7801557   1.2307677 ]
     [11.670234    1.8461516 ]], shape=(3, 2), dtype=float32)
```

3.3.3　使用 TensorFlow 实现手写数字识别

本节通过 TensorFlow 框架构建一个只包含两层全连接层的神经网络模型,实现了 MNIST 手写数字识别,使读者能够对 TensorFlow 的使用有一个大致的了解,并能够快速上手。读者可以从 www.tup.com.cn 下载本实验的完整源代码。

1. 加载 MNIST 数据集

本实践项目使用 TensorFlow 2.0 的 tf.keras 库进行算法设计。代码原型来自 TensorFlow 官网 https://tensorflow.google.cn/tutorials/quickstart/beginner。

tf.keras 提供了 MNIST 数据集的函数封装,通过下面的代码可完成数据集的加载和准备:

```
import tensorflow as tf
#1.声明使用 MNIST 数据集,TensorFlow 内置 MNIST 数据集
mnist = tf.keras.datasets.mnist
#2.训练和测试数据集加载
(x_train, y_train), (x_test, y_test) = mnist.load_data()
#3.数据归一化
x_train, x_test = x_train / 255.0, x_test / 255.0
```

2. 构建神经网络模型

手写数字识别网络具有两个全连接层,输入层为 784 个神经元,对应输入的 784 维向量。隐藏层为 128 个神经元,与输入层构成第一个全连接层,输出 128 维特征向量。输出层为 10 个神经元,与隐藏层构成第二个全连接层,输出 0～9 的 10 个数字分类的预测值。网络模型可表示为

$$z = \text{dropout}(\text{ReLU}(\boldsymbol{W}_1 \boldsymbol{x} + \boldsymbol{b}_1))$$

$$\boldsymbol{y} = \boldsymbol{W}_2 \boldsymbol{z} + \boldsymbol{b}_2$$

式中：$\boldsymbol{x}$ 为 784 维的输入向量,即一张展开后的 MNIST 图像;$\boldsymbol{W}_1$ 为第一个全连接层的权重矩阵,大小为 784×128;$\boldsymbol{b}_1$ 为 128 维的偏置向量;$\boldsymbol{z}$ 为第一个全连接层的输出;ReLU 为激活函数,dropout 层防止网络过拟合;$\boldsymbol{W}_2$ 为第二个全连接层的权重矩阵,大小为 128×10;$\boldsymbol{b}_2$ 为 10 维的偏置向量;$\boldsymbol{y}$ 为第二个全连接层的输出,是一个 10 维向量,向量的值表示该图像属于每类的预测值,最大预测值的索引为该手写字符的类别。

通过堆叠层来构建 tf.keras.Sequential 模型:

```
model = tf.keras.models.Sequential([
        #1. 将输入图像数据从二维数组[28,28]展开为 784 维向量
        tf.keras.layers.Flatten(input_shape=(28, 28)),
        #2. 全连接层,将 784 维向量映射为 128 维向量,使用 ReLU 函数激活
        tf.keras.layers.Dense(128, activation='relu'),
        #3. Dropout 层
        tf.keras.layers.Dropout(0.2),
        #4. 全连接层,将 128 维向量映射为 10 维向量输出,对应 10 个类别
        tf.keras.layers.Dense(10)
        ])
```

3. 定义损失函数

本例为多分类问题,使用交叉熵损失函数:

$$\text{LOSS} = -\frac{1}{n} \sum_{i=1}^{C} \hat{y}_i \log y_i \tag{3.1}$$

式中：y_i 是模型预测结果向量 y 的元素;$\hat{y}_i$ 是真实标签向量 $\hat{y}$ 的元素。实现代码如下:

```
#声明交叉熵损失函数
loss_fn = tf.keras.losses.SparseCategoricalCrossentropy(from_logits=True)
```

4. 训练模型

训练前使用 model.compile 配置优化器、损失函数和评估指标。将优化器(optimizer)设置为 adam,将 loss 设置为前面声明的 loss_fn 函数,将 metrics 参数设置为 accuracy 来指定模型的评估指标:

```
model.compile(optimizer='adam',
              loss=loss_fn,
              metrics=['accuracy'])
```

使用 model.fit 方法训练迭代,优化模型参数并最小化损失:

```
model.fit(x_train, y_train, epochs=5)
```

训练过程的输出如下:

```
Epoch 1/5 1875/1875 [====] - 20s 8ms/step - loss: 0.2920 - accuracy: 0.9151
Epoch 2/5 1875/1875 [====] - 15s 8ms/step - loss: 0.1414 - accuracy: 0.9581
```

```
Epoch 3/5 1875/1875 [====] - 15s 8ms/step - loss: 0.1079 - accuracy: 0.9678
Epoch 4/5 1875/1875 [====] - 14s 8ms/step - loss: 0.0874 - accuracy: 0.9724
Epoch 5/5 1875/1875 [====] - 15s 8ms/step - loss: 0.0739 - accuracy: 0.9768
```

5. 评估模型

使用 model.evaluate 方法在测试集上评估模型的准确率。代码如下：

```
model.evaluate(x_test,  y_test, verbose=2)
```

模型的评估输出如下：

```
313/313 - 1s - loss: 0.0740 - accuracy: 0.9765 - 1s/epoch - 3ms/step
```

本例在 MNIST 数据集的准确率达到 97.65％。

6. 保存和加载推理模型

TensorFlow 支持多种保存模型的方式，这里介绍其中的两种保存方式。第一种为保存整个模型的结构信息和参数信息，代码如下：

```
model.save('model.h5')
#对应的模型加载方式
tf.keras.models.load_model('model.h5')
```

第二种为仅保存模型的参数，代码如下：

```
model.save_weights('model.h5')
#对应的模型加载方式
reinitialized_model.load_weights('model.h5')
```

3.4　PyTorch 入门

PyTorch 是 Facebook AI Research 用 Python 语言开发的深度学习框架。PyTorch 是个简洁且高效快速的框架，编程风格更贴近 Python 习惯，易于理解和上手，因此深受科研人员的欢迎。在 2022 年的 AI 顶级会议论文中，使用 PyTorch 作为训练框架的占比超过 80％。但使用 PyTorch 训练的模型，在进行跨平台部署等环节仍需要将模型转换为其他框架，其在工业界的应用便捷度不如 TensorFlow 训练的模型。

3.4.1　PyTorch 的安装

PyTorch 支持 CPU 和 GPU 两种硬件类型，默认安装方式是 CPU 方式。使用国外镜像源的安装方式如下：

```
ngit@ubuntu:~$ pip install torch torchvision
```

也可以使用国内（清华）镜像源安装 PyTorch，安装速度更快，安装命令如下：

```
ngit@ubuntu:~$ pip install torch torchvision -i https://pypi.tuna.tsinghua.
edu.cn/simple/
```

若 PC 上已经安装 GPU 硬件,并已安装 NVIDIA 的通用并行计算架构 CUDA 和深度神经网络的 GPU 加速库 CUDNN,则可以安装 GPU 版 PyTorch。以 CUDA 11.3 版本为例,安装方式如下:

```
ngit@ubuntu:~$ pip install torch torchvision --extra-index-url https://
download.pytorch.org/whl/cu113
```

完成 PyTorch 安装之后,进入 PyThon 环境,检查 PyTorch 是否正确安装:

```
ngit@ubuntu:~$ python3
>>> import torch
```

若没有报错,则表示 PyTorch 安装成功。

3.4.2 PyTorch 的基本操作

1. 创建一个张量

张量(Tensor)是 PyTorch 里的基本运算单位,类似于 Numpy 的 ndarray,与 ndarray 最大的区别在于 Tensor 能使用 GPU 加速,而 ndarray 只能用在 CPU 上。其中 Tensor 与 Numpy 之间转换方法为:

将 Tensor 转换成 Numpy,调用 numpy()进行转换;

将 Numpy 转换成 Tensor,调用 torch.from_numpy()进行转换。

```
#1. 导入 torch 库
import torch
#2. 构建一个随机初始化的矩阵
a = torch.rand(3, 2)
print(a)
#3. 将 tensor 转换成 numpy
numpy_a = a.numpy()
print(numpy_a)
#4. 将 numpy 转换成 tensor
b = torch.from_numpy(numpy_a)
print(b)
```

输出结果如下:

```
tensor([[0.2232, 0.7406],          #1. 随机初始化矩阵 a
        [0.7256, 0.3646],
        [0.8887, 0.6180]])
[[0.22317886 0.740585  ]          #2. 将 tensor a 转换成 numpy 格式
 [0.72564596 0.36462945]
 [0.88874906 0.61796373]]
```

```
tensor([[0.2232, 0.7406],           #3. 将 numpy 格式为 tensor
        [0.7256, 0.3646],
        [0.8887, 0.6180]])
```

2. 自动微分和梯度

Autograd 包为张量上的所有操作提供了自动求导。如果设置 requires_grad 为 True，那么将会追踪所有对于该张量的操作。当完成计算后通过调用 backward，自动计算所有的梯度，这个张量的所有梯度将会自动积累到 grad 中。

```
#1. 导入 torch 库
import torch
#2. 创建一个张量 x，设置 requires_grad=True，跟踪张量 x 上的计算
x = torch.ones(2, 2, requires_grad=True)
#3. 张量计算
y = x + 2
z = y * y * 3
out = z.mean()
#4. 简单的反向传播可以直接计算。复杂的则需要指定输入的值
out.backward()
print(x.grad)           #反向传播计算出的梯度值 d(out)/dx
```

输出结果为：

```
tensor([[1., 1.],
        [1., 1.]], requires_grad=True)
tensor([[4.5000, 4.5000],
        [4.5000, 4.5000]])
```

如果不需要在某个计算过程中累积梯度，可以调用 detach 方法将其与计算历史记录分离，并禁止跟踪将来的计算记录。在模型评估等过程中，不需要对变量进行梯度计算，可在代码外层使用 with torch.no_grad()。

3. 神经网络包 nn

Autograd 实现了反向传播功能，但是直接用来写深度学习的代码在很多情况下还是稍显复杂，torch.nn 是专门为神经网络设计的模块化接口，构建于 Autograd 之上，可用来定义和运行神经网络，包含了很多有用的功能：神经网络层、损失函数、优化器等。

nn.Module 是 nn 中最重要的类之一，用于构建神经网络，包含网络各层定义及 forward 方法，调用 forward(input) 方法，可返回前向传播的结果。

nn 包下有几种不同的损失函数。例如，nn.MSELoss 用来计算均方误差，nn.CrossEntropyLoss 用来计算交叉熵损失。

torch.optim 实现了深度学习绝大多数的优化方法，如 SGD、Nesterov-SGD、Adam、RMSProp 等。

3.4.3　使用 PyTorch 实现手写数字识别

本节将通过 PyTorch 框架构建与 3.3.3 节 TensorFlow 实验中相同的神经网络模型，实

现 MNIST 手写字体识别,使读者能够对 PyTorch 的使用有一个大致的了解,快速上手。读者可以从 www.tup.com.cn 下载本实验的完整源代码。

1. 加载 MNIST 数据集

使用 torchvision 加载 MNIST。

```python
import torch
import torch.utils.data as data
import torchvision.transforms as transforms
import torchvision
from tqdm import tqdm
#1. 配置数据格式转换,把数据从 Image 转为 torch.Tensor
transform = transforms.Compose([transforms.ToTensor()])
#2. 下载并加载训练集
train_dataset = torchvision.datasets.MNIST(root='./mnist/', train=True,
transform=transform, download=True)
#3. 下载并加载测试集
test_dataset = torchvision.datasets.MNIST(root='./mnist/', train=False,
transform=transform, download=False)
#4. 将训练集放到数据加载器中,设置样本批量 batch_size=128,shuffle=True 随机组建训
练批次,drop_last=True 当数据集不是 batch_size 的整倍数时,抛弃最后一组数据
train_loader = data.DataLoader(train_dataset, batch_size=128, shuffle=True,
drop_last=True)
#5. 将测试集放到数据加载器中
test_loader = data.DataLoader(test_dataset, batch_size=128, shuffle=False,
drop_last=False)
```

2. 构建神经网络模型

在 PyTorch 中可以使用 nn.Sequential 作为网络模块的容器,快速构建模型,模型会按照放入的顺序进行模型计算。还可以通过继承 nn.Module 实现自己的模型类。使用 nn.Sequential 定义神经网络的代码如下:

```python
import torch.nn as nn
model = nn.Sequential(
        #1. 将输入图像数据从二维数组[28,28]展开为 784 维向量
        nn.Flatten(),
        #2. 全连接层,将 784 维向量映射为 128 维向量,使用 ReLU 函数激活
        nn.Linear(784,128),
        nn.ReLU(),
        #3. Dropout 层
        nn.Dropout(0.2),
        #4. 全连接层,将 128 维向量映射为 10 维向量输出,对应 10 个类别
        nn.Linear(128,10)
)
```

3. 定义损失函数

使用与 TensorFlow 实验中相同的交叉熵损失函数,相应的实现代码如下:

```python
from torch.optim import lr_scheduler
#定义交叉熵损失函数
criterion = torch.nn.CrossEntropyLoss()
```

4. 训练模型

使用 Adam 优化器,初始学习率为 0.01,每个 epoch 对学习率进行衰减更新。代码如下:

```
#1. 定义优化器,定义初始学习率 0.01
optimizer = torch.optim.Adam(model.parameters(), lr=0.01)
#2. 定义学习率调整策略,每个 epoch 更新学习率,lr_new=lr_last * gamma
scheduler = lr_scheduler.ExponentialLR(optimizer, gamma=0.5)
#3. 训练 5 个 epoch
for epoch in range(5):
    total_correct = 0
    for images, labels in tqdm(train_loader):
        optimizer.zero_grad()
        #3.1 正向传播
        outputs = model(images)
        #3.2 统计预测正确的样本数
        _, predicted = torch.max(outputs.data, dim=1)
        total_correct += torch.eq(predicted, labels).sum().item()
        #3.3 计算损失
        loss = criterion(outputs, labels)
        #3.4 反向传播
        loss.backward()
        #3.5 权重更新
        optimizer.step()
    print('epoch:{} loss:{}'.format(epoch,loss))
    print('训练集正确率: {}'.format(total_correct/60000))
    scheduler.step()
```

输出结果为:

```
epoch:0 loss:0.11254709959030151 训练集正确率: 0.9163666666666667
epoch:1 loss:0.03629797324538231 训练集正确率: 0.9612
epoch:2 loss:0.1316099762916565 训练集正确率: 0.97155
epoch:3 loss:0.0818803608417511 训练集正确率: 0.9776333333333334
epoch:4 loss:0.1215408593416214 训练集正确率: 0.97985
```

5. 评估模型

由于不需要计算梯度,所以测试网络的代码在 torch.no_grad() 下完成。代码如下:

```
#测试
total_correct = 0
with torch.no_grad():
    for images, labels in tqdm(test_loader):
        #正向传播
        outputs = model(images)
        #统计预测正确的样本数
        _, predicted = torch.max(outputs.data, dim=1)
        total_correct += torch.eq(predicted, labels).sum().item()
#预测正确率=预测正确样本数/总测试样本数
print('测试集正确率: {}'.format(total_correct/10000))
```

输出的结果为：

```
测试集正确率：0.9703
```

使用 MNIST 数据集和一个包含两个全连接层的简单神经网络模型，PyTorch 训练的准确率达到 97.03%，与 TensorFlow 训练准确率基本一致。

6. 保存和加载推理模型

PyTorch 使用 torch.save 保存模型的结构和参数，有两种方式。第一种为保存整个模型的结构信息和参数信息，代码如下：

```
torch.save(model , './model.pth ')
#对应读取模型的方式
model = torch.load('model.pth')
```

第二种为仅保存模型的参数，代码如下：

```
torch.save(model.state_dict(), './model_state.pth')
#对应读取模型的方式
model.load_state_dict(torch.load('model_state.pth'))
```

3.5　SE5 平台开发环境

3.5.1　SE5 应用系统开发的硬件环境

SE5 是一个 SoC 嵌入式系统，需要借助 PC 进行开发。如图 3.7 所示，该架构为一个典型图像识别系统的开发环境，由 PC、SE5、网络摄像头和路由器构成。PC、SE5、IP 摄像头都有各自的独立 IP 地址，通过网线与路由器构成局域网络。摄像头用于场景视频图像的采集，经过网络传输到 PC 或 SE5。PC 负责代码开发、模型训练和测试、SE5 代码移植及交叉编译工作。SE5 用于应用程序的部署。在部署完成后，SE5 脱离 PC 独立运行。

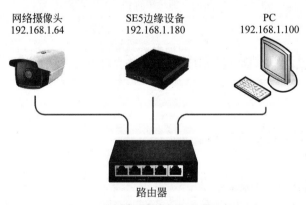

图 3.7　SE5 系统开发环境硬件架构

3.5.2　SE5 应用系统开发的软件环境

SE5 应用系统的开发涉及两个平台,即 PC 平台和 SE5 平台。

由于 SE5 的内存、算力和人机交互功能的限制,不便于直接在 SE5 上进行应用系统的开发,故在 PC 平台上进行应用系统开发和测试,在成熟后经过模型转换和程序移植,再部署到 SE5 平台上。

SE5 预装嵌入式 Debian Linux 操作系统,使用配置文件 gate2boxImg_xx.tgz 可以将系统转换为开发者模式,以便进行二次开发。在 PC 平台上使用 ssh 命令远程登录 SE5。

如图 3.8 所示,应用系统的开发和部署流程如下:

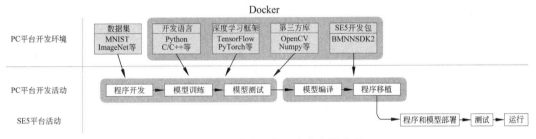

图 3.8　SE5 应用系统开发和部署流程

(1)应用程序开发。包括应用系统的输入输出、人机接口、数据传输、神经网络结构定义、模型训练、模型测试的设计和编码。

(2)模型训练。使用训练集对网络进行训练,不断调整学习超参数、优化网络模型,得到模型权重文件。

(3)模型测试。使用测试集对训练后的网络模型进行指标测试,评估网络模型的性能是否达到系统设计要求。

(4)模型编译和对比验证。将训练好的网络模型转换成能够在 SE5 下执行的模型格式,并将 PC 平台的模型推理结果和转换后的模型推理结果进行对比,确保转换无误。

(5)应用程序移植。由于 PC 平台与 SE5 平台的硬件结构不同、模型加载方式不同,需要对基于 PC 平台的应用程序代码按照 SE5 提供的库函数进行修改移植,使之能够在 SE5 平台上运行。

(6)程序和模型的部署。将转换后的模型和移植后的程序复制到 SE5 平台。

(7)应用程序和模型测试。在 SE5 平台上运行应用程序进行测试,检测系统的性能指标是否达到设计要求。

(8)上线运行。经过测试的 SE5 应用系统安装上线正式运行。

开发流程的步骤(1)～(3)在 PC 平台上执行,需要数据集、开发语言环境、深度学习框架环境及第三方库环境的支持。步骤(4)和(5)也在 PC 平台上执行,需要 SE5 的开发包 BMNNSDK2 环境支持。以上在 PC 平台上的开发环境可以使用算能公司提供的 Docker 来进行搭建,省去了配置复杂环境的过程。Docker 是一项环境配置虚拟化技术,开发者可以将其在开发过程中使用的软件环境配置打包为一个 Docker 镜像,使用者通过加载 Docker 即可建立一个相同的虚拟环境。

开发流程的步骤(6)～(8)在 SE5 平台上执行。

Docker 的安装和使用步骤如下。

（1）下载 BMNNSDK2 开发包到 PC 上（建议放在目录"/home/bmnnsdk2"），下载地址为 https://developer.sophgo.com/site/index/material/23/all.html。

下载 DockerImage 镜像，下载地址为 https://developer.sophgo.com/site/index/material/25/all.html。

（2）安装 Docker。

Docker 环境已经替用户安装了 gcc 工具链及依赖的第三方库，用户可以直接使用 Docker 环境编译 bmnnsdk 软件。使用如下命令在 Ubuntu 上安装 Docker：

```
root@ubuntu:~$ sudo apt-get install docker.io
root@ubuntu:~$ sudo usermod -aG docker $USER
```

Docker 安装结果如下：

```
Created symlink /etc/systemd/system/multi-user.target.wants/docker.service→
/lib/systemd/system/docker.service.
Created symlink /etc/systemd/system/sockets.target.wants/docker.socket→ /
lib/systemd/system/docker.socket.
Setting up git (1:2.34.1-1ubuntu1.5)...
Processing triggers for man-db (2.10.2-1)...
```

（3）加载 Docker Image。

Image 是一个虚拟文件系统，在运行时与宿主机的内核共同构成 Linux 的虚拟环境，在构建 Docker 环境时需要加载和运行 DockerImage，进入 Docker 所在的 bmnnsdk2 目录运行如下命令：

```
root@ubuntu:~$ cd bmnnsdk2/
root@ubuntu:~/bmnnsdk2$ sudo docker load -i bmnnsdk2-bm1684-ubuntu.docker
```

加载 Docker Image 结果如下：

```
b8c891f0ffec: Loading layer 120MB/120MB
33db8ccd260b: Loading layer15.87kB/15.87kB
......
7c0fd785c71d: Loading layer2.56kB/2.56kB
Loaded image: bmnnsdk2-bm1684/dev:ubuntu16.04
```

（4）运行 Docker Image。

解压 bmnnsdk 环境。

```
root@ubuntu:~/bmnnsdk2$ tar zxvf bmnnsdk2-bm1684_v2.7.0.tar.gz
```

解压结果如下：

```
......
bmnnsdk2-bm1684_v2.7.0/bmlang/examples/test_bmlang_reshape.cpp
bmnnsdk2-bm1684_v2.7.0/bmlang/examples/test_bmlang_arg.cpp
```

进入 bmnnsdk 环境，运行 Docker Image。

```
root@ubuntu:~/bmnnsdk2$ cd bmnnsdk2-bm1684_v2.7.0/
root@ubuntu:~/bmnnsdk2/bmnnsdk2-bm1684_v2.7.0$ sudo ./docker_run_bmnnsdk.sh
```

运行结果如下：

```
bmnnsdk2-bm1684/dev:ubuntu16.04
docker run --network=host --workdir=/workspace --privileged=true -v /home/
fzx/bmnnsdk2/bmnnsdk2-bm1684_v2.7.0:/workspace -v /dev/shm --tmpfs /dev/shm:
exec -v /etc/localtime:/etc/localtime -e LOCAL_USER_ID=0 -it bmnnsdk2-
bm1684/dev:ubuntu16.04 bash
root@ubuntu:/workspace#
```

至此进入 Docker 虚拟环境，系统提示符为 root@ubuntu:/workspace♯。

（5）配置 Docker Container 的环境变量。

```
root@ubuntu:/workspace#cd /workspace/scripts/
root@ubuntu:/workspace/scripts#./install_lib.sh nntc
```

配置结果如下：

```
linux is Ubuntu16.04.5LTS\n\l
bmnetc and bmlang USING_CXX11_ABI=1
Install lib done !
```

继续执行：

```
root@ubuntu:/workspace/scripts#source envsetup_cmodel.sh
```

环境配置成功，结果如下：

```
……
Successfully installed Flask-2.2.2 Werkzeug-2.2.2 click-8.1.3 dash-2.7.0 dash
-bootstrap-components-1.2.1 dash-core-components-2.0.0 dash-cytoscape-0.3.
0 dash-draggable-0.1.2 dash-html-components-2.0.0 dash-split-pane-
1.0.0 dash-table-5.0.0 ipykernel-5.3.4 itsdangerous-2.1.2
```

至此环境配置成功，以后每次进入 Docker 环境，只需运行如下命令即可。

```
root@ubuntu:~/bmnnsdk2/bmnnsdk2-bm1684_v2.7.0$ sudo ./docker_run_bmnnsdk.sh
root@ubuntu:/workspace/scripts#source envsetup_cmodel.sh
```

第4章

图 像 分 类

4.1　图像分类任务介绍

图像分类是计算机视觉研究的一个重要话题。该任务的目标就是将不同的图像,划分到预先定义好的几个类别之中,实现最小的分类误差。

图像分类任务的难点及挑战在于:

(1) 类内差异。图像采集中目标本身的大小、比例、姿态、拍摄视角等都会造成图像中同类目标间的较大差异。

(2) 背景干扰。拍摄光照的多样化,自然场景中背景的复杂度,都会为分类任务带来较大的干扰。

(3) 相互遮挡。日常图像中常常出现物体被背景物遮挡,或物体间相互遮挡的情况。仅局部可见导致图像中仅能提供物体的部分线索,为准确的图像分类带来了挑战。

(4) 类别不均衡。类别不均衡指图像分类任务中不同类别的目标样本数相差较大的情况。不同类别样本数量的较大差异会对模型的学习造成一定影响,导致分类算法的性能变差。

图像分类算法主要包括特征提取和分类两个模块。特征提取是从原始图像像素中提炼更高级的特征,以便更好地捕捉到不同类别之间的特征差异,进而指导分类器进行有效的分类。分类器以提取的特征为输入,联合图像的对应类别标签进行分类训练。传统分类方法的特征提取通过人工设计完成,特征设计的好坏严重影响了整个分类方法的性能。不同分类任务往往需要针对性地设计不同的特征,需要设计者具有足够的经验和技巧。近年来,基于神经网络的分类方法将特征提取与分类模块综合起来,通过对大量数据的学习同时实现特征的自动提取和分类器的整体优化,避免了手工设计特征的复杂性。在各个基准数据集上,基于卷积神经网络的图像分类方法都表现出了卓越的性能,成为了学术界的研究热点,也吸引了来自工业界的热切关注。

卷积神经网络通过局部连接、权值共享及空间下采样等策略达到一定程度的平移、尺度、旋转和视角不变性。卷积神经网络在图像处理相关的任务应用中有诸多优点:

(1) 特征提取和模式分类同时进行,并同时在训练过程中产生;

(2) 卷积神经网络的拓扑结构与输入图像相吻合;

(3) 局部连接及层次结构更接近实际的生物视觉机制;

(4) 权值共享可以减少网络的训练参数,使神经网络结构变得更简单,适应性更强。

4.2　典型分类网络解析

用于图像分类的经典卷积神经网络从 LeNet-5 开始,经历了 AlexNet、VGGNet、GoogLeNet、ResNet、DenseNet、SENet 等网络的发展过程。

4.2.1　LeNet-5 手写数字识别神经网络

LeNet-5 源自 Yann LeCun 于 1998 年发表的论文 *Gradient-based learning applied to document recognition*,是一种用于识别手写数字的高效的卷积神经网络。曾广泛应用于银行对支票上手写数字的识别和邮局的邮政编码识别。LeNet-5 网络虽然很小,但是包含了卷积神经网络的基本模块:卷积层、池化层、全连接层,是现代卷积神经网络的基础。

LeNet-5 的网络结构如图 4.1 所示。网络的输入层是 32×32 大小的图像,隐藏层包含 3 个卷积层,两个池化层和两个全连接层,输出层为 10 个神经元的输出向量,代表 0~9 的 10 个数字,所有层都包含可训练的权重。

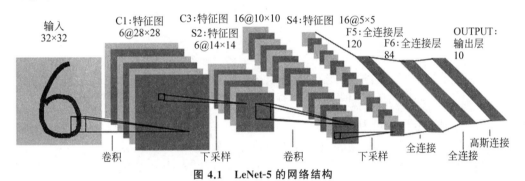

图 4.1　LeNet-5 的网络结构

LeNet-5 网络通过卷积层(包括卷积运算、叠加偏置运算和非线性激活运算)和池化层运算相互交替进行,提取图像的浅层、中层和深层特征,最后通过全连接层进行分类,形成 0~9 共 10 个类别的得分,得分最小的即为最终的类别。

最初的 LeNet-5 使用 MNIST 数据集进行模型训练。将该数据集的 28×28×1(图像的高×宽×通道数)图像四周进行零填充,形成 32×32×1 的图像,这样做的目的是在后续的卷积运算中不丢失手写数字的边缘、顶点、拐点信息。

C1 卷积层:输入图像为 32×32×1,卷积核尺寸为 5×5×1(高×宽×通道数),滑动步长为 1,不做零填充,卷积核偏置 1 个,卷积核数 6 个,激活函数为 Sigmoid,输出特征图为 28×28×6(高×宽×通道数)。C1 层将输入由 1 个特征图扩展为 6 个特征图,提取局部特征。

C1 层可训练参数数量为 (5×5×1+1)×6=156,连接数量为 (5×5×1+1)×6×28×28=122 304。

S2 池化层:输入特征图为 28×28×6,池化尺寸为 2×2,步长为 2,输出特征图为 14×14×6。LeNet-5 的池化层与 1.3.2 节最大池化和平均池化有所不同,其 S2 层每个神经元与输入特征图相邻的 4 个神经元相连,乘以可训练的参数,再加上 1 个可训练偏置,之后再通过 Sigmoid 函数激活。可训练参数和偏置控制 Sigmoid 函数的非线性影响。如果参数值很小,则该单元以准线性模式工作,池化层仅起到模糊输入的作用。如果参数值很大,池化层可以被视为执行"噪声或"或"噪声与"功能,具体取决于偏置值。在后续的实战章节,将采用最大池化代替该算法。S2 层输出与输入相比,特征图的行、列数各缩减一半,进一步减少后续计算量。

S2 层可训练参数数量为 $(1+1)\times6=12$,连接数量为 $(2\times2+1)\times6\times14\times14=5880$。

C3 卷积层:输入特征图为 $14\times14\times6$,卷积核尺寸为 5×5,滑动步长为 1,无零填充,卷积核偏置 1 个,卷积核数 16 个,激活函数为 Sigmoid,输出特征图为 $10\times10\times16$。C3 层将输入由 6 个特征图扩展为 16 个特征图。

如图 4.2 所示,C3 的特征图是由不同组合的 S2 特征图通过卷积运算得到的。例如,C3 的通道 1 特征图是由 S2 的通道 1、2、3 的特征图通过与一个 3 通道卷积核卷积运算得到的。这种非完全连接的卷积方式打破了网络对称,有利于提取多种组合特征,同时减少了网络连接和参数。

	0	1	2	3	4	5	6	7	8	9	10	11	12	13	14	15
0	×				×	×	×			×	×	×	×		×	×
1	×	×				×	×	×			×	×	×	×		×
2	×	×	×				×	×	×			×		×	×	×
3		×	×	×			×	×	×	×			×		×	×
4			×	×	×			×	×	×	×		×	×		×
5				×	×	×			×	×	×	×		×	×	×

图 4.2　每列 C3 特征图是由标记的 S2 特征图通过卷积组合得到的

C3 层可训练参数数量为 $(5\times5\times3+1)\times6+(5\times5\times4+1)\times9+(5\times5\times6+1)\times1=1516$,连接数量为 $1516\times10\times10=151\,600$。

S4 池化层:与 S2 池化层相似,其输入特征图为 $10\times10\times16$,池化尺寸为 2×2,步长为 2,输出特征图为 $5\times5\times16$。特征图行、列数各缩减一半。

S4 层可训练参数数量为 $(1+1)\times16=32$,连接数量为 $(2\times2+1)\times16\times5\times5=2000$。

C5 卷积层:输入特征图为 $5\times5\times16$,卷积核尺寸为 $5\times5\times16$,卷积核偏置 1 个,卷积核数 120 个,激活函数为 Sigmoid。由于输入特征图和卷积核尺寸一样,因此卷积运算后,特征图的尺寸为 1×1,输出特征图为 $1\times1\times120$,这时每个特征图缩减为一个神经元,输出可以看作一个 120 维的向量。

C5 层可训练参数数量为 $(5\times5\times16+1)\times120=48\,120$,连接数量为 $(5\times5\times16+1)\times120=48\,120$。

F6 全连接层:输入 120 个神经元,输出 84 个神经元,输入与输出之间为全连接,每个输出神经元有 120 个权重和 1 个偏置,经 tanh() 函数激活后输出为

$$x_i = f(a_i) = A\tanh(Sa_i) \tag{4.1}$$

其中:a_i 表示 F6 层第 i 个神经元的权重向量与输入向量的点积和再加上偏置;tanh 双曲正切函数输出范围在 $(-1,1)$ 之间;常数 A 为函数的振幅;常数 S 为函数在原点的斜率。

F6 层输出神经元的个数是根据 ASCII 编码比特图来确定的。如图 4.3 所示,ASCII 编码比特图为 7×12 的黑白图像,将它按行展开就得到一个 $7\times12=84$ 维的目标向量,故将 F6 层输出的神经元数量设计为 84 个。将目标向量表示为 w_{ij},其中 i 表示 $0\sim9$ 的数字,j 表示目标向量的元素索引,w_{ij} 对应 ASCII 编码比特图按行展开的像素,元素取值 -1 表示

白色,1 表示黑色。

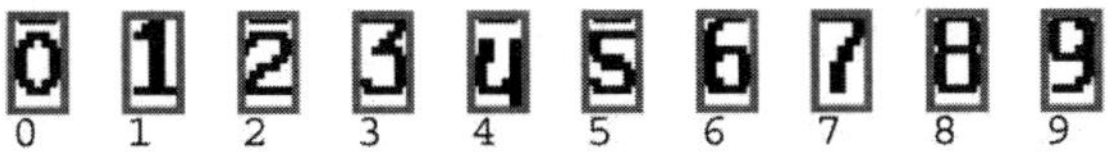

图 4.3　ASCII 编码比特图

F6 层可训练参数数量为$(120+1)\times84=10\ 164$,连接数量为$(120+1)\times84=10\ 164$。

OUTPUT 输出层:输入 84 个神经元,输出为 10 个神经元,对应 $0\sim9$ 共 10 个数字的识别结果,输入与输出之间为全连接。输出层由欧几里得径向基函数(Euclidean Radial Basis Function,ERBF)组成:

$$y_i = \sum_{j=0}^{83} (x_j - w_{ij})^2 \tag{4.2}$$

其中: x_j 表示 OUTPUT 层输入向量的元素,j 表示输入向量元素的索引,对应 $0\sim83$;y_i 表示输出向量的元素,i 表示输出向量元素的索引,对应 $0\sim9$。当 ERBF 计算得到的输出向量中 y_i 值越小时,表示输入向量与 i 所对应的 ASCII 编码比特图就越接近。故输出向量中数值最小的元素值所对应的序号就是分类结果。

OUTPUT 层参数数量为 $84\times10=840$,连接数量为 $84\times10=840$。

LeNet-5 的网络结构如表 4.1 所示。

表 4.1　LeNet-5 的网络结构

网　络　层	输　入	卷积核	卷积核数	激活函数	输　出	可训练参数	连接数量
输入层	$32\times32\times1$						
C1 卷积层	$32\times32\times1$	$5\times5\times1$	6	Sigmoid	$28\times28\times6$	156	122 304
S2 池化层	$28\times28\times6$	2×2		Sigmoid	$14\times14\times6$	12	5880
C3 卷积层	$14\times14\times6$	$5\times5\times3$ $5\times5\times4$ $5\times5\times16$	6 9 1	Sigmoid	$10\times10\times16$	1516	151 600
S4 池化层	$10\times10\times16$	2×2		Sigmoid	$5\times5\times16$	32	2000
C5 卷积层	$5\times5\times16$	$5\times5\times16$	120	Sigmoid	$1\times1\times120$	48 120	48 120
F6 全连接层	1×120			Tanh	1×84	10 164	10 164
OUTPUT 输出层	1×84				1×10		840

LeNet-5 网络层数较少,并且卷积核大小单一。LeNet-5 当时在 MNIST 的错误率仍然停留在 0.7% 的水平,不及同时期最好的传统分类方法。但随着网络结构的发展,基于卷积神经网络方法很快超过了传统方法,错误率甚至达到了接近 0 的水平。

本章 4.3 节**实践项目一:LeNet 神经网络手写数字识别**是 LeNet-5 在 TensorFlow 2.x 框架下的软件实现,感兴趣的读者可以直接跳转到该章节开展实战操作。

4.2.2　AlexNet 图像分类网络

LeNet-5 解决的是比较简单的 $0\sim9$ 手写数字识别任务,使用了 6 万张 28×28 的手写数字图片,这些图片都经过精心的预处理,无噪声、调光照、字符位于图片中心。

而对现实世界的自然图像进行分类则困难得多。现实世界中的物体类别庞大，而且表现出相当多的变化，如位置、姿势、比例、光照、遮挡等，所以要学会识别它们，就必须使用更大的训练集。

ImageNet 数据集拥有超过 1400 万幅已标记的高分辨率图像，涵盖超过 2 万类的常见物体。图像都是从网上搜集而来，并由人工进行了物体类别的标注。2010 年，ImageNet 大型视觉识别挑战赛 ILSVRC 启动，以后每年举办一次，直至 2017 年停止。ILSVRC 使用的是 ImageNet 的一个子集，包含 1000 个类别，每个类别大约有 1000 个图像。总共有大约 120 万张训练图像，5 万张验证图像和 15 万张测试图像。

在 ImageNet 数据集上，图像分类任务的常用评估标准通常分为前 1(Top-1)错误率、前 5(Top-5)错误率两种。Top-1 指对一幅图像进行分类预测，只有预测概率最大的类别是正确答案时，才认为预测正确；Top-5 指对一幅图像进行分类预测，预测概率前五名中，只要有一个为正确答案，即认为预测正确。错误率指预测错误的图片数量占预测样本总数的比例。AlexNet 参加了 2012 年的 ILSVRC 比赛，在测试集上取得了 37.5％和 17.0％的 Top-1 和 Top-5 的错误率，这个结果大幅超过当时最先进的传统方法的结果，引起学术界的强烈关注。

如图 4.4 所示，最上面是 ImageNet 测试集的 5 张图像，正确的标签写在每一张图像下面，最下面是 AlexNet 网络给出的预测概率最大的 5 个分类结果，正确标签用红色条框显示。第一、二、五张图像达到 Top-1 准确，第三、四张图片为 Top-5 准确。

扫码查看
彩图

图 4.4   ImageNet 测试集的 5 张图像和 AlexNet 网络给出的 Top-5 分类结果

AlexNet 是第一个真正意义上的深度网络，模型结构如图 4.5 所示。网络模型的输入图像为 224×224×3，包括 8 个可学习层，由 5 个卷积层和 3 个全连接层构成，最后的全连接层输出 1000 维向量，经过 Softmax 函数产生 1000 个类的预测。

AlexNet 在第 1、2 个卷积层后使用了一个特殊的归一化层，局部响应归一化层（Local Response Normalization layer，LRN），对当前层的输出结果进行平滑处理。在所有 LRN 层和第 5 层卷积后使用了最大池化层。在每个卷积层和全连接层后使用了 ReLU 激活函数。

C1 卷积块：输入图像为 224×224×3，经预处理得到 227×227×3。使用 96 个 11×11×3（高×宽×通道数）的卷积核，滑动步长为 4。输出特征图为 55×55×96。

卷积层使用了 ReLU 激活函数，之后使用 LRN 层平滑处理，再使用尺寸为 3×3、步长为 2 的最大池化层 2 倍下采样，输出特征图为 27×27×96。

C2 卷积块：输入特征图为 27×27×96，使用 256 个 5×5×96 的卷积核，零填充为 2，滑动步长为 1，输出特征图为 27×27×256。

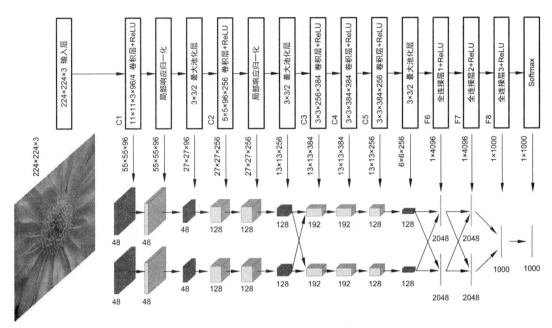

图 4.5　AlexNet 网络模型结构

池化层使用 3×3 最大池化核,步长为 2,输出特征图为 13×13×256。

C3、C4 和 C5 卷积层彼此连接,中间没有池化或归一化层。C3 层的输入特征图使用 384 个 3×3×256 的卷积核,零填充为 1,步长为 1,输出特征图为 13×13×384。C4 层和 C5 层的运算与 C3 层相似,只是卷积核分别为 384 个和 256 个,C4 层输出特征图为 13×13×384,C5 层输出特征图为 13×13×256。

C5 层后使用 3×3 最大池化层,步长为 2,输出特征图为 6×6×256。

F6 层为全连接层,其输入特征图为 6×6×256,输出神经元为 4096,每个输出神经元由 6×6×256 的核与输入特征图进行乘加运算而得到。

F7 层和 F8 层分别包含 4096 和 1000 个输出神经元,使用类似 F6 层的操作,最终得到 1000 维特征向量,通过 Softmax 输出层得到 1000 个类别的概率得分。

AlexNet 网络的特点如下所示。

1. 使用 2 块 GPU 进行分布式并行训练

AlexNet 网络规模受限于当时 GPU 上可用的内存量以及可接受的训练时间。当时单个 GTX 580 GPU 只有 3GB 内存,限制了网络在 GPU 上训练的最大尺寸。因此,将网络分成两块分布在两个 GPU 上并行训练,并且 GPU 只在某些层间进行通信。例如,图 4.5 中输入层之后的第一个卷积层 C1 分成上下两块,第二个卷积层 C2 上面的 128 个特征图由第一个卷积层上面的 48 个特征图卷积计算获得,第二个卷积层下面的 128 个特征图由第一个卷积层下面的 48 个特征图卷积计算获得。只有第三层 C3 的神经元连接到第二层 C2 的所有神经元。采用这样的方案,使训练的计算量达到可接受的程度,提高了训练的速度,以及数据和网络的使用规模。

2. 使用 ReLU 激活函数

AlexNet 在每个卷积层和全连接层后使用了 ReLU 激活函数,替代了传统的 Sigmoid

和 Tanh 激活函数。Sigmoid 和 Tanh 激活函数的问题是当输入过大或过小时,输出平坦,斜率非常小趋于 0。对于网络的训练而言,过小的梯度使得梯度下降法更新参数的速度极为有限,严重降低了网络的训练速度。ReLU 的函数式为 $\max(0,x)$,在 x 的正半轴斜率恒为 1,负半轴为 0。使用 ReLU 替换传统的 Tanh 和 Sigmoid 激活函数,解决了传统激活函数在网络层数加深时出现的梯度弥散问题,使网络的收敛速度快了数十倍。

3. 数据预处理和数据增强方法

ImageNet 数据集包含不同分辨率的图像,而卷积神经网络的全连接层决定了网络需要固定的图像输入尺寸。因此,作者将图像下采样到 256×256 的固定分辨率。具体方法是,给定一个矩形图像,首先重新缩放图像,使得短边长度为 256,然后从结果中裁剪出中心的 256×256 的图片。

AlexNet 网络拥有 6000 万参数,训练这么多参数容易过拟合。因此,AlexNet 网络使用了数据增强技术防止过拟合。AlexNet 的数据增强采用了两种方式。第一种方式是图像随机裁剪,从 256×256 图像中随机裁剪 224×224 的图像块并进行水平翻转,使训练集的规模增加了 $(256-224)\times(256-224)\times2=2048$ 倍。在测试时,裁剪输入图像的 4 个角块和中心块得到 5 个 224×224 的图像块并进行水平翻转,再将得到的 10 个子图均送入网络进行预测,取 10 个预测结果的均值作为这张图片的最终预测结果。第二种数据增强方式是数据归一化,即将一幅图像的每个像素中减去整个训练集的像素均值,以改变图像的灰度,使原始图像的一些重要属性不受光照强度和颜色变化的影响。

4. Dropout 技术

除了数据增强技术外,AlexNet 在前两个全连接层使用了 Dropout 技术避免模型过拟合,训练时使用 Dropout 随机忽略一些神经元。

如图 4.6 所示,Dropout 技术以一定比例将隐藏层的神经元输出置为 0,以这种方法被置 0 的神经元不参与网络的前向和反向传播。因此,每次给网络提供了输入后,神经网络都会采用一个不同的结构,但是这些结构的权重不变。由于神经元无法依赖于其他特定的神经元而存在,这种技术减少了神经元的复杂适应性。因此,神经元被迫学习更强大更鲁棒的功能,使得这些神经元可以与其他神经元的许多不同的随机子集结合使用。

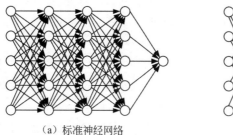

　　（a）标准神经网络　　　　　　　　　　　（b）Dropout后的神经网络

图 4.6　标准神经网络和 Dropout 后的神经网络

4.2.3　VGGNet 图像分类网络

VGGNet 是由牛津大学的视觉几何组（Visual Geometry Group）和 Google 旗下 DeepMind 团队的研究员共同研发的,获得了 ILSVRC 2014 图像分类竞赛的第二名,其论文为 *Very deep convolutional networks for large-scale image recognition*（网址: https://

arxiv.org/pdf/1409.1556.pdf)。

1. VGGNet 的特点

（1）结构整齐简洁，由 5 个以池化层分割的卷积块、3 个全连接层和 1 个 Softmax 层构成。

（2）除部分 1×1 卷积核外，VGGNet 全部使用 3×3 的小卷积核和 2×2 的最大池化核，简化了卷积神经网络的结构。

在 AlexNet 网络中使用了包括 3×3、5×5、11×11 在内的多尺度卷积核，而 VGGNet 提出，通过 3×3 卷积核以串联方式堆叠，可以实现 5×5、7×7、11×11 等多尺度卷积核同样的感受野，并且参数更少，减少了内存消耗和计算时间。非线性映射次数更多，增强了模型的表达能力。

如图 4.7 所示，在特征图上经过第一个 3×3 卷积核的卷积层运算，得到 3×3 卷积的感受野，经过第二次 3×3 卷积核的卷积层运算后，得到 5×5 卷积的感受野，经过第三次 3×3 卷积核的卷积层运算后，得到 7×7 卷积的感受野，并且每一层卷积运算都进行一次 ReLU 非线性映射。

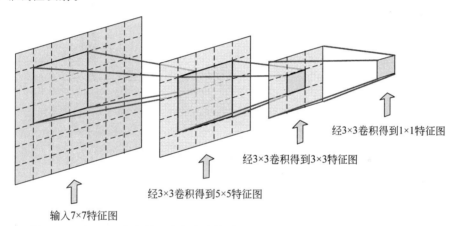

经3×3卷积得到1×1特征图

经3×3卷积得到3×3特征图

经3×3卷积得到5×5特征图

输入7×7特征图

图 4.7　3 个 3×3 卷积核以串行方式堆叠可以实现与 7×7 卷积核相同的感受野

与较大卷积核相比，由 3×3 卷积核以串联方式构成的操作具有同样大小的感受野，其参数数量比直接用较大卷积核操作要少很多。以输入为 C 个通道特征图，卷积后输出特征图通道数不变为例，7×7 卷积核的参数数量为 $7 \times 7 \times C \times C = 49C^2$，3 个 3×3 卷积核的参数数量为 $3 \times 3 \times C \times C + 3 \times 3 \times C \times C + 3 \times 3 \times C \times C = 27C^2$，参数量大幅减少。

（3）VGGNet 在 AlexNet 网络架构的基础上，通过简单增加网络层数，加深了网络的深度，提高了模型的预测准确率。VGGNet 探索了网络深度与性能之间的关系，引发了人们对网络深度和宽度的更深入研究。

（4）与 AlexNet 相比，VGGNet 的通道数更多，从 64 通道、128 通道、256 通道一直到 512 通道。通道数量多，可以提取到更多的特征信息。

2. VGGNet 的网络结构

VGGNet 网络的基本组成方式与 AlexNet 类似，仍然是卷积池化堆叠的基本模式。网络的输入仍然为 $224 \times 224 \times 3$ 的 RGB 图像。VGGNet 有很多个版本，各版本的网络配置和网络参数如表 4.2 所示。

表 4.2　VGGNet 各版本网络构成

网络层	输出尺寸	VGG11	VGG13	VGG16A	VGG16B	VGG19
输入层	224×224×3					
卷积块 1	224×224×64	[3×3×3]×64	[3×3×3]×64 [3×3×64]×64	[3×3×3]×64 [3×3×64]×64	[3×3×3]×64 [3×3×64]×64	[3×3×3]×64 [3×3×64]×64
最大池化层 1	112×112×64	[2×2]×64	[2×2]×64	[2×2]×64	[2×2]×64	[2×2]×64
卷积块 2	112×112×128	[3×3×64]×128	[3×3×64]×128 [3×3×128]×128	[3×3×64]×128 [3×3×128]×128	[3×3×64]×128 [3×3×128]×128	[3×3×64]×128 [3×3×128]×128
最大池化层 2	56×56×128	[2×2]×128	[2×2]×128	[2×2]×128	[2×2]×128	[2×2]×128
卷积块 3	56×56×256	[3×3×128]×256 [3×3×256]×256	[3×3×128]×256 [3×3×256]×256	[3×3×128]×256 [3×3×256]×256 [1×1×256]×256	[3×3×128]×256 [3×3×256]×256 [3×3×256]×256	[3×3×128]×256 [3×3×256]×256 [3×3×256]×256 [3×3×256]×256
最大池化层 3	28×28×256	[2×2]×256	[2×2]×256	[2×2]×256	[2×2]×256	[2×2]×256
卷积块 4	28×28×512	[3×3×256]×512 [3×3×512]×512	[3×3×256]×512 [3×3×512]×512	[3×3×256]×512 [3×3×512]×512 [1×1×512]×512	[3×3×256]×512 [3×3×512]×512 [3×3×512]×512	[3×3×256]×512 [3×3×512]×512 [3×3×512]×512 [3×3×512]×512
最大池化层 4	14×14×512	[2×2]×512	[2×2]×512	[2×2]×512	[2×2]×512	[2×2]×512
卷积块 5	14×14×512	[3×3×3]×512 [3×3×3]×512	[3×3×3]×512 [3×3×3]×512	[3×3×512]×512 [3×3×512]×512 [1×1×512]×512	[3×3×512]×512 [3×3×512]×512 [3×3×512]×512	[3×3×512]×512 [3×3×512]×512 [3×3×512]×512 [3×3×512]×512
最大池化层 5	7×7×512	[2×2]×512	[2×2]×512	[2×2]×512	[2×2]×512	[2×2]×512
全连接层 1	1×4096					
全连接层 2	1×4096					
全连接层 3	1×1000					
Softmax 层	1000					

VGGNet 的卷积层使用 3×3 卷积核,步长为 1,边界零填充为 1,以保持卷积后特征图尺寸不变,激活函数为 ReLU。池化层使用 2×2 池化核,步长为 2,最大池化算法,池化后特征图尺寸减半。在卷积层后面使用 3 个全连接层,前 2 个全连接层各自包含 4096 个神经元,第 3 个全连接层包含 1000 个神经元,以对应目标分类的 1000 个类别,最后接 Softmax 层。VGG16A 在第 7、10、13 卷积层使用 1×1 卷积,VGG16B 全部使用 3×3 卷积。使用 1×1 卷积可以在不影响感受野大小和不减少非线性映射次数的情况下,减少参数数量。但实践证明使用 3×3 卷积的 VGG16B 的误差率比使用 1×1 卷积的 VGG16A 更小,我们通常所说的 VGG16 指 VGG16B。此外,大多数版本没有使用局部响应归一化 LRN 层,因为实验测试中发现该归一化并不能明显提升网络在 ImageNet 数据集上的表现,同时会导致内存消耗和计算时间增加。

以 VGG16 为例,其网络架构图如图 4.8 所示。

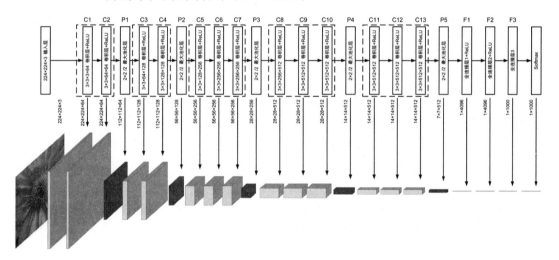

图 4.8　VGG16 网络架构图

(1) 输入层:图像大小为 224×224×3(高×宽×通道)。

(2) 卷积层 C1:64 个 3×3×3 卷积核,stride=1,padding=1。

输出特征图:224×224×64(高×宽×通道)。

激活函数:ReLU。

参数数量:(3×3×3+1)×64=1792。

卷积层 C2~卷积层 C13 与卷积层 C1 的设置类似,区别在于卷积核的个数不同。

(3) 最大池化层 P1:kernel size=2,stride=2,padding=0。

输出特征图:112×112×64。

参数数量:0。

最大池化层 P2~P5 与最大池化层 P1 的设置相同。

(4) 全连接层 F1:训练时使用 Dropout,激活函数:ReLU。

输出向量:1×4096。

参数数量:7×7×512×4096=102 760 448。

（5）全连接层 F2：训练时使用 Dropout，激活函数：ReLU。

输出向量：1×4096。

参数数量：$4096 \times 4096 = 16\,777\,216$。

（6）全连接层 F3：1000 个神经元对应 1000 个分类类别。

输出向量：1×1000。

参数数量：$4096 \times 1000 = 4\,096\,000$。

（7）输出层（Softmax）：输出识别结果，输出值最大的神经元所对应类别即为预测类别。

VGGNet 的参数数量比较大，VGG16 含有 138 兆个参数。它的参数数量主要是由分类器的 3 个全连接层所产生的，这 3 个分类器大约占参数总量的 90%，而卷积层的参数仅占10% 左右。在最初的 Caffe 框架版本中，在 4 个 GPU（NVIDIA Titan Black GPUs）系统上，单个网络的训练需要 2～3 周。

卷积神经网络的深度增加和小卷积核的使用对 VGGNet 的最终分类识别效果有很大的作用，VGGNet 通常被用作特征提取器使用。

4.2.4 GoogLeNet 图像分类网络

GoogLeNet 是 Google 提出的 22 层卷积神经网络，获得了 ILSVRC 2014 图像分类竞赛的冠军，相关论文为 *Going deeper with convolutions*（网址：https://arxiv.org/pdf/1409.4842.pdf），GoogLeNet 的表现证明更多的卷积、更深的层次可以得到更好的网络性能。

1. GoogLeNet 的特点

1）GoogLeNet 引入 Inception 模块，融合不同尺度的特征信息

Inception 模块通过多个卷积核提取图像不同尺度的信息并进行融合，以得到对图像的更好的表征。这是由于在图像中目标可能有大有小，通过不同尺度的感受也有利于提取不同大小目标的特征。如图 4.9(a)所示，Inception 模块由 1×1 卷积、3×3 卷积、5×5 卷积、3×3 最大池化 4 个并行分支构成，1×1 卷积可以提取局部小感受野的浅层特征，而 3×3 卷积、5×5 卷积可以提取更大感受野和更深层的特征。经过 4 个分支生成的多通道特征图在通道方向拼接，形成具有不同感受野的特征图，如图 4.10(a)所示，所谓拼接就是将各分支的结果简单地堆放在一起，相互之间无任何计算。Inception 模块输出特征图的通道数是各分支输出特征图通道数的总和。

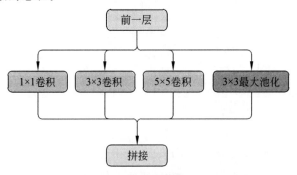

（a）原始Inception模块

图 4.9　Inception 模块结构

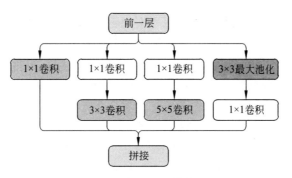

（b）降维Inception模块

图 4.9　（续）

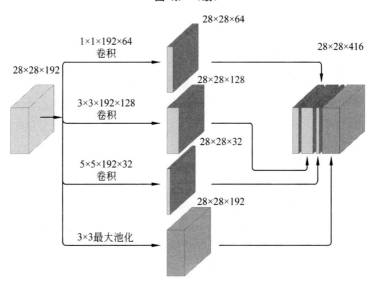

（a）原始Inception模块

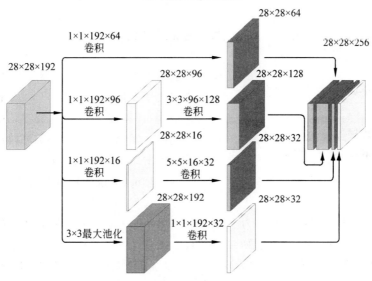

（b）降维Inception模块

图 4.10　Inception 模块的拼接操作

拼接操作要求各分支输出特征图尺寸在高和宽方向保持相等。Inception 模块是通过设置卷积或池化操作的参数来实现这一要求的,分别设置 1×1 卷积的参数为 stride＝1,padding＝0;3×3 卷积的参数为 stride＝1,padding＝1;5×5 卷积的参数为 stride＝1,padding＝2;3×3 最大池化的参数为 stride＝1,padding＝1。在这样的设置条件下,4 个分支的输出特征图与输入特征图的高和宽尺寸相等。

　　2）使用 1×1 卷积进行降维以及映射处理

　　原始 Inception 模块输出的通道会越来越多。这是因为 Inception 模块输出特征图的通道数是 4 个分支输出通道数的总和,其中最大池化分支的输出通道数与输入特征图相同,其他卷积分支的输出通道数也比较大。GoogLeNet 是由多个 Inception 模块串联在一起的,如果不做处理,输出通道数量会逐级放大,到网络末端输出通道数量将是巨大的,由此产生的参数和计算量也将是巨大的。

　　为了解决这个问题,Inception 模块在 3×3 卷积、5×5 卷积和最大池化分支引入了 1×1 卷积,如图 4.9(b)所示。在 1.3.1 节中介绍了 1×1 卷积具有降维和减少后续运算参数和计算量的作用,1×1 卷积的输出通道数取决于 1×1 卷积核的个数,因此将各分支的 1×1 卷积核的个数控制在合适的数量就可以控制 Inception 模块输出通道的数量。1×1 卷积除了以上作用外,还带来了跨通道信息融合、增加非线性特性、减少计算量的作用。

　　以图 4.10(a)Inception 模块为例,输入特征图为 $28\times28\times192$(高×宽×通道数),原始 Inception 模块的参数量为 $1\times1\times192\times64+3\times3\times192\times128+5\times5\times192\times32=387\ 072$,在使用 1×1 卷积降维后,如图 4.10(b)所示,改进的 Inception 模块参数量为 $1\times1\times192\times64+(1\times1\times192\times96+3\times3\times96\times128)+(1\times1\times192\times16+5\times5\times16\times32)=157\ 184$,参数量减少了一半多。同样,在对最大池化层后增加 1×1 卷积后,输出通道数由 192 减少到 32。原始 Inception 模块的输出通道数为 $64+128+32+192=416$,改进 Inception 模块的输出通道数为 $64+128+32+32=256$,Inception 模块的输出通道数得到了控制,大大减少了后续模块的计算量。

　　3）添加两个辅助分类器帮助训练

　　为了防止梯度消失,GoogLeNet 在网络的中部增加了两个辅助分类器,用于注入额外的梯度。损失函数值＝末端损失函数值＋$0.3\times$辅助分类器 1 损失值＋$0.3\times$辅助分类器 2 损失值。即使末端分类器 Softmax 传播回来的梯度消失了,前面两个辅助分类器 Softmax 仍可进行梯度反传的辅助。辅助分类器只在训练阶段使用。

　　辅助分类器的结构如图 4.11 所示。

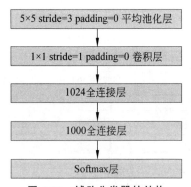

图 4.11　辅助分类器的结构

　　第一层是平均池化层,池化核为 5×5,stride＝3,padding＝0,输入尺寸为 14×14,输出尺寸为 4×4,通道数不变。

　　第二层是卷积层,卷积核大小为 1×1,stride＝1,padding＝0,卷积核个数是 128,激活函数 ReLU,用于降维。输入尺寸为 $4\times4\times$通道数,输出尺寸为 $4\times4\times128$。

　　第三层是全连接层,输入尺寸为 $4\times4\times128$,输出尺寸为 1×1024,使用 40％比例的 Dropout,激活函数 ReLU。

　　第四层是全连接层,输入尺寸为 1×1024,输出尺寸为 1×1000,对应类别个数。

第五层是 Softmax 损失函数。

4）使用全局平均池化层(global average pooling)取代全连接层,大大减少模型的参数

GoogLeNet 的最后一个 Inception 模块的输出是 $7 \times 7 \times 1024$,通过 7×7 的池化核将输入特征图进行全局平均池化操作,得到 1×1024 的特征向量。这种方式不同于 AlexNet 将特征图矩阵展平成向量,GoogLeNet 计算出每个通道特征图所有元素的平均值,代表特征图全局特征,组成 1024 维特征向量。这种方式使得特征向量变得更短,从而使全连接层的连接数和权值参数更少。从全连接层到全局平均池化层的转变,使网络 Top-1 的准确率提高了 0.6%。

2. GoogLeNet 的网络结构

图 4.12 给出了 GoogLeNet 的结构图。可以看到,GoogLeNet 使用了 9 个 Inception 模块堆积的方法。

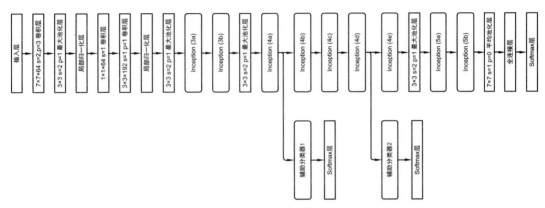

图 4.12 GoogLeNet 的结构图

GoogLeNet 提出的 Inception 模块,将分支的思想成功引进了深度学习网络结构。与 VGGNet 相比,GoogLeNet 模型架构在精心设计的 Inception 结构下,模型更深而参数更少,计算效率更高。表 4.3 给出了 GoogLeNet 的详细参数设置,输入图像为 $224 \times 224 \times 3$。鉴于图像深层特征将越为复杂抽象,随着网络的变深,卷积核的个数也在不断增加。

表 4.3 GoogLeNet 的详细参数设置

操作类型	核大小/步长	输出尺寸	深度	#1×1	#3×3 reduce	#3×3	#5×5 reduce	#5×5	pool proj	参数数量	连接数量
卷积	7×7/2	112×112×64	1							9.2k	118M
最大池化	3×3/2	56×56×64	0								
卷积	3×3/1	56×56×192	2		64	192				112k	360M
最大池化	3×3/2	28×28×192	0								
inception(3a)		28×28×256	2	64	96	128	16	32	32	159k	128K
inception(3b)		28×28×480	2	128	128	192	32	96	64	380k	304M
最大池化	3×3/2	14×14×480	0								
inception(4a)		14×14×512	2	192	96	208	16	48	64	364k	73M
inception(4b)		14×14×512	2	160	112	224	24	64	64	437k	88M

续表

操 作 类 型	核大小/步长	输出尺寸	深度	♯1×1	♯3×3 reduce	♯3×3	♯5×5 reduce	♯5×5	pool proj	参数数量	连接数量
inception(4c)		14×14×512	2	128	128	256	24	64	64	463k	100M
inception(4d)		14×14×528	2	112	144	288	32	64	64	580k	119M
inception(4e)		14×14×832	2	256	160	320	32	128	128	840k	170M
最大池化	3×3/2	7×7×832	0								
inception(5a)		7×7×832	2	256	160	320	32	128	128	1072k	54M
inception(5b)		7×7×1024	2	384	192	384	48	128	128	1388k	71M
平均池化	7×7/1	1×1×1024	0								
dropout(40%)		1×1024	0								
全连接		1×1000	1							1000k	1M
Softmax		1×1000	0								

表 4.3 中"♯1×1""♯3×3""♯5×5"分别表示 1×1、3×3、5×5 卷积核的数量;"♯3×3 reduce""♯5×5 reduce"分别表示在 3×3 卷积之前和 5×5 卷积之前的 1×1 卷积降维层的卷积核数量。"pool proj"表示最大池化层经 1×1 卷积降维后的通道数,也是 1×1 卷积核的数量。

GoogLeNet 自 V1 版后,陆续发展出 BN-Inception、Inception-V2、V3、V4、Inception-ResNet、Xception 等各版本。

4.2.5　ResNet 残差图像分类网络

从 AlexNet 到 VGGNet 再到 GoogLeNet,深度卷积神经网络为图像分类带来一系列突破。深度网络以端对端的多层方式集成了浅层、中层、深层特征提取和分类器,并且特征的级别可以通过堆叠层数(深度)来丰富。可以说,网络的层数越多,网络的性能就越好。然而,随着网络层数的增加,网络的训练也越来越困难。这是因为网络深度的增加带来了梯度消失或梯度爆炸的问题,使得网络在训练时难以收敛。虽然使用批量归一化等方法在一定程度上解决了这个问题,使网络深度一度达到二十多层,但更深的几十层网络依旧会出现网络退化(degradation)的问题。如图 4.13 所示,20 层网络拟合出了较优的模型,训练误差和测试误差都达到了较好的水平,而 56 层网络反而比 20 层网络的训练误差和测试误差更大。

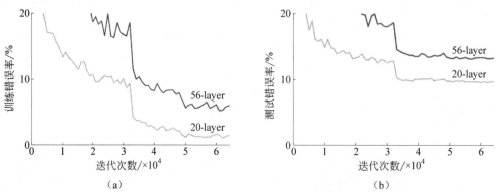

图 4.13　普通 20 层网络与 56 层网络的训练误差率和测试误差率比较

2015 年何恺明在论文 *Deep residual learning for image recognition*(网址：https://arxiv.org/pdf/1512.03385.pdf)中提出的残差网络(Residual Network，ResNet)有效地解决了这一问题。

如图 4.14 所示，其思想是构建一个由浅层网络与恒等映射(identity mapping)构成的深层神经网络架构，这种构建解决方案，使得深层模型至少不应该比浅层模型产生更高的训练误差。这种结构可以使网络的深度更深，性能更好，且易于训练。

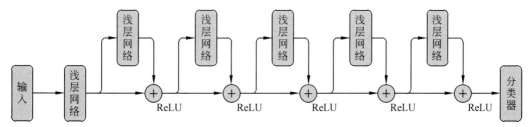

图 4.14　残差网络架构

残差网络的核心是残差学习模块(residual learning module)。图 4.15(a)是由非线性层堆叠构成的普通网络单元，其输入和输出分别为 x 和 $H(x)$。图 4.15(b)是残差网络单元，其特点是输入 $F(x)$ 分别通过普通网络(激活前)连接路径和跨层连接的直通路径后合并输出。直通路径的输出就是输入 x，称为恒等映射。

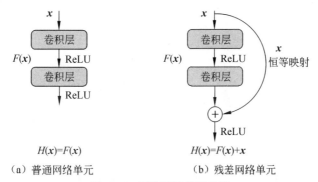

(a) 普通网络单元　　　　(b) 残差网络单元

图 4.15　两种网络单元比较

残差单元输出如公式(4.3)所示，输出 $H(x)$ 为普通网络 $F(x)$ 与恒等映射 x 的和，由公式(4.3)得到公式(4.4)，$F(x)$ 称为残差函数，是网络的优化目标。

$$H(x) = F(x) + x \tag{4.3}$$

$$F(x) = H(x) - x \tag{4.4}$$

在极端情况下 $F(x)$ 为 0，即残差部分没有学习到东西，则网络便构成了一个恒等映射 $H(x) = x$。网络学习图 4.15(b)的 $F(x) = H(x) - x = 0$ 比学习图 4.15(a)的 $H(x) = F(x)$ 容易得多。ResNet 的网络结构使得即使层与层之间的输出变化很小，函数的总梯度依然在 1 附近徘徊，从而有效地解决了神经网络层数加深之后所带来的梯度消失问题。

恒等映射既没有增加额外的参数，又没有增加计算复杂度，残差网络在两条路径汇合处的加法运算所带来的计算量几乎可以忽略不计，整个网络仍然可以由反向传播算法的 SGD 进行端到端的训练。

为了减少网络加深后带来的时间耗费，在深层 ResNet 网络(如 ResNet50/101 等)中的基本残差单元并非如图 4.16(a)所示,而是如图 4.16(b)所示。

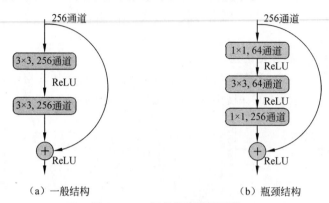

（a）一般结构   （b）瓶颈结构

图 4.16   一般结构和瓶颈结构

图 4.16(b)结构称为瓶颈结构,其特点是使用 1×1 卷积层改变输入输出通道数。残差部分的第一层通过 1×1 卷积层将输入的通道数缩减至 64(降维),而残差部分的第三层再次通过 1×1 卷积层恢复特征图的通道数。例如,当输入特征图的通道数是 256 时,瓶颈结构的残差单元参数数量为 $1×1×256×64+3×3×64×64+1×1×64×256=69\,632$,而图 4.16(a)中的残差单元参数数量为 $3×3×256×256×2=1\,179\,648$,两种残差单元参数数量相差 16.94 倍。因此,使用瓶颈结构的残差单元可以减少网络参数,提升网络速度。

公式 4.3 中 $F(x)$ 与 x 的加法运算是按通道顺序对两者相对应的特征图进行点对点的简单加法运算。因此在加法运算前,必须保证残差部分 $F(x)$ 与直通路径 x 的通道数相等,特征图尺寸相等。目前有 3 种残差模块连接方式。

方式一:网络全部由恒等映射组成,如图 4.17(a)所示。当输入与残差单元输出通道数相等时,直接对输入 x 与残差输出 $F(x)$ 进行加法运算。当输入与残差输出通道数不相等时,将输入 x 通道数扩展到与残差输出相同,用 0 填充扩展的通道。

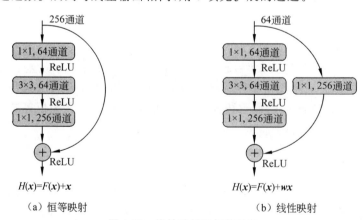

$H(x)=F(x)+x$ $H(x)=F(x)+wx$

（a）恒等映射   （b）线性映射

图 4.17   线性映射和恒等映射

方式二:网络全部由线性映射组成:通过 1×1 卷积改变输入 x 的通道数(升维)使之与输出通道数一致,如图 4.17(b)所示。

方式三:网络由线性映射和恒等映射混合组成,当输出特征图通道数需要改变时,使用线性映射以匹配通道数,当输出特征图通道数不变时则使用恒等映射。

这 3 种方式网络精度相差不大,方式一精度略低,方式二精度较高,但由于使用了大量的线性映射,方式二的模型复杂度较高。方式三实现了精度和复杂性的平衡。ResNet 采用了方式三线性映射和恒等映射混合的方式构建残差神经网络。

表 4.4 是 5 种不同深度的 ResNet 网络结构参数,输入图像为 $224 \times 224 \times 3$。C1 阶段均为卷积层,通过 64 通道的 7×7 卷积核,步长为 2,卷积后输出 64 通道的 112×112 特征图。

表 4.4　不同深度的 ResNet 网络结构参数

阶段	输出尺寸	ResNet18 18 层	ResNet34 34 层	ResNet50 50 层	ResNet101 101 层	ResNet152 152 层
C1	112×112	$7\times7,64$,stride=2,padding=3,卷积				
C2	56×56	3×3,stride=2,padding=1,最大池化				
		$\begin{bmatrix}3\times3,64\\3\times3,64\end{bmatrix}\times2$	$\begin{bmatrix}3\times3,64\\3\times3,64\end{bmatrix}\times3$	$\begin{bmatrix}1\times1,64\\3\times3,64\\1\times1,256\end{bmatrix}\times2$	$\begin{bmatrix}1\times1,64\\3\times3,64\\1\times1,256\end{bmatrix}\times3$	$\begin{bmatrix}1\times1,64\\3\times3,64\\1\times1,256\end{bmatrix}\times3$
C3	28×28	$\begin{bmatrix}3\times3,128\\3\times3,128\end{bmatrix}\times2$	$\begin{bmatrix}3\times3,128\\3\times3,128\end{bmatrix}\times4$	$\begin{bmatrix}1\times1,128\\3\times3,128\\1\times1,512\end{bmatrix}\times4$	$\begin{bmatrix}1\times1,128\\3\times3,128\\1\times1,512\end{bmatrix}\times4$	$\begin{bmatrix}1\times1,128\\3\times3,128\\1\times1,512\end{bmatrix}\times8$
C4	14×14	$\begin{bmatrix}3\times3,256\\3\times3,256\end{bmatrix}\times2$	$\begin{bmatrix}3\times3,256\\3\times3,256\end{bmatrix}\times6$	$\begin{bmatrix}1\times1,256\\3\times3,256\\1\times1,1024\end{bmatrix}\times6$	$\begin{bmatrix}1\times1,256\\3\times3,256\\1\times1,1024\end{bmatrix}\times23$	$\begin{bmatrix}1\times1,256\\3\times3,256\\1\times1,1024\end{bmatrix}\times36$
C5	7×7	$\begin{bmatrix}3\times3,512\\3\times3,512\end{bmatrix}\times2$	$\begin{bmatrix}3\times3,512\\3\times3,512\end{bmatrix}\times3$	$\begin{bmatrix}1\times1,512\\3\times3,512\\1\times1,2048\end{bmatrix}\times3$	$\begin{bmatrix}1\times1,512\\3\times3,512\\1\times1,2048\end{bmatrix}\times3$	$\begin{bmatrix}1\times1,512\\3\times3,512\\1\times1,2048\end{bmatrix}\times3$
池化	1×1	对输入进行全局平均池化,得到 $1\times1\times n$ 的特征图,转换为 n 维向量				
全连接	1000 维	输入 n 维向量,输出 1000 维向量				
Softmax	1000 维	1000 个测试类别的概率				
FLOP		1.8×10^9	3.6×10^9	3.8×10^9	7.6×10^9	11.3×10^9

C2 阶段首先经过 3×3,步长为 2 的最大池化层,实现下采样,特征图尺寸减半,输出 $56 \times 56 \times 64$ 的特征图。接着经过重复堆叠的残差单元卷积层,表中每个方括号为一个残差单元,其中的数字是卷积核的尺寸和通道数,方括号后乘的数字表示残差单元重复堆叠的次数。在 C2 阶段中,第一个残差单元的输入为 64 通道,ResNet18 和 ResNet34 的残差单元输出也为 64 通道,输入输出通道数相同,故它们的第一残差单元为恒等映射。ResNet50、ResNet101 和 ResNet152 的残差模块输出为 256 通道,与输入通道数 64 不等,故它们的第一残差单元为线性映射,通过 1×1 卷积对输入特征图升维,使之与输出通道数相等。剩余残差单元的输入与输出的通道数相等均为 256,故为恒等映射。

C3、C4、C5 阶段的第一个残差单元,由于输入输出通道数不同,此时残差单元为线性映射,同时残差单元的第一个 3×3 卷积和线性映射 1×1 卷积的步长设定为 2,实现下采样,特征图尺寸减半,此后的残差单元均为恒等映射。

C5 阶段的输出为 7×7 的特征图,对每个通道特征图进行全局平均池化,即求得每通道特征图所有元素的平均值,得到 $1 \times 1 \times n$(通道数)的特征图,转为 n 维特征向量,与 1000 维输出层向量构成全连接。

ResNet101 的网络结构如图 4.18 所示,图中虚线为线性映射,实线为恒等映射。残差模块上方的"×"后数字为残差模块的重复次数。

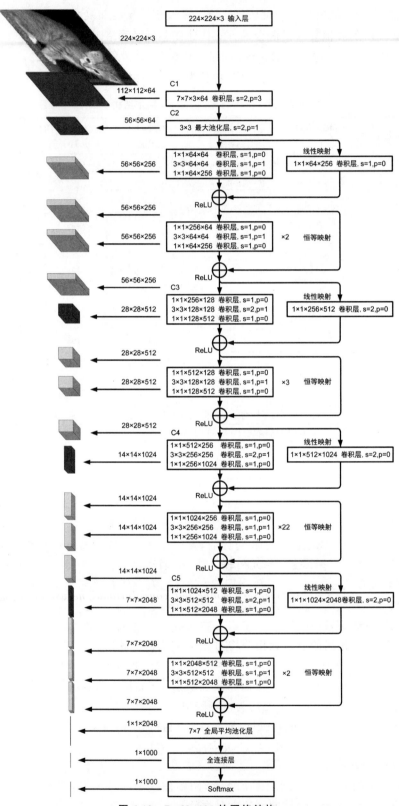

图 4.18 ResNet101 的网络结构

　　与普通网络相比,残差网络可以向更深层发展,性能随着网络层数的增加也得到了提升。图 4.19(a)所示为 18 层和 34 层的普通网络,在图中 34 层的普通网络发生了网络退化,训练误差和验证误差均高于 18 层普通网络。图 4.19(b)为 18 层和 34 层残差网络,在图中 34 层残差网络的训练误差和验证误差均低于 18 层残差网络。这表明随着网络深度的增加,残差网络的性能优于普通网络。比较图 4.19(a)和(b),在同样的迭代次数下,残差网络和普通网络收敛趋势相似,残差网络的误差比普通网络更小,而在同等误差水平上,残差网络训练的迭代次数比普通网络更少,更易于训练。

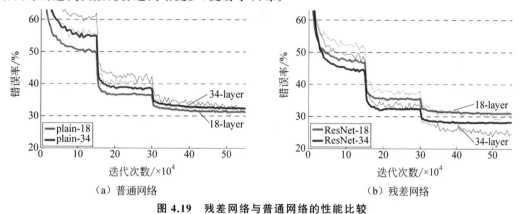

扫码查看
彩图

（a）普通网络　　　　　　　　　（b）残差网络

图 4.19　残差网络与普通网络的性能比较

　　ResNet 在 2015 年取得了 ILSVRC 图像分类竞赛的冠军,最深的模型达到了 152 层,以 3.57% 的 Top-5 分类错误率表现超过了人类的识别水平。

　　残差网络的出现并不意味着网络的深度可以无限度加深,正如何恺明所说,网络深度只是设计网络中需要考虑的一个因素,深度越深意味着计算量的消耗越大。因此需要去权衡网络的深度和宽度,只单纯地加深模型,并不是最经济的方式。同时其也验证了在同样的训练集下 1202 层的残差网络甚至比 110 层的网络更差,原因可能在于更深层的网络需要更大的训练集。本章 4.4 节 **实践项目二:基于 ResNet 神经网络的猫狗分类** 是 ResNet18 在 PyTorch 框架下的软件实现,感兴趣的读者可以直接跳转到该章节开展实战操作。

4.2.6　DenseNet 密集连接卷积网络

　　2017 年 CVPR 最佳论文 *Densely connected convolutional networks*(网址:https://arxiv.org/pdf/1608.06993.pdf)提出 DenseNet 网络。该网络在前馈过程中采用密集连接,将网络中的每一层都作为后面各层的输入,强化了特征传播和特征的复用,缓解了梯度消失的问题。

　　DenseNet 网络由若干个级联的密集连接模块(DenseBlock)和过渡层(Transition Layer)构成。如图 4.20 所示,DenseBlock 模块之间由 Transition Layer 连接,起到通道降维和特征图尺寸缩减的作用。

1. DenseBlock 模块

　　如图 4.21 所示,DenseBlock 模块由若干个基本单元构成。基本单元是按照以下方式组合而成的:批量归一化层+ReLU 激活层+1×1 卷积层+批量归一化层+ReLU 激活层+3×3 卷积层,其中 1×1 卷积层构成瓶颈结构,起到通道方向降维,减少模型参数的作用。

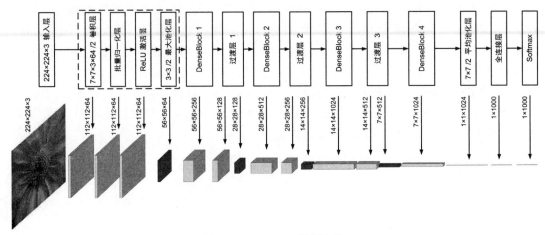

图 4.20   DenseNet 网络结构

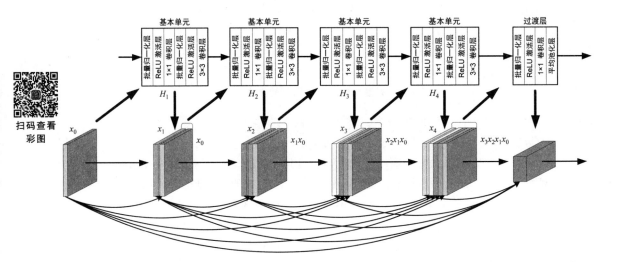

图 4.21   DenseBlock 模块结构

在图 4.21 中,x_0 是 DenseBlock 模块的输入特征图,$x_1,x_2,\cdots,x_{l-1}$ 分别是各个基本单元的输出,定义 $H_l(\cdot)$ 为基本单元的组合函数:批量归一化层＋ReLU 激活层＋1×1 卷积层＋批量归一化层＋ReLU 激活层＋3×3 卷积层,第 l 个基本单元的输出为

$$x_l = H_l([x_0,x_1,x_2,\cdots,x_{l-1}]) \tag{4.5}$$

由公式(4.5)可以看出,一个基本单元的输入是由 DenseBlock 模块的输入和之前所有基本单元的输出沿通道方向拼接(concatenate)而成,即每一个基本单元都可以获取前面所有的特征图。

由于特征图通道方向的拼接要求特征图的尺寸必须保持一致,因此基本单元的所有操作都不能改变特征图的尺寸。批量归一化层与 ReLU 激活层的计算特性都不改变特征图尺寸。1×1 卷积层的参数设定 stride＝1,padding＝0;3×3 卷积的参数设定 stride＝1,padding＝1,保证了所有层操作的输出都与基本单元的输入尺寸相同。

对于一个包含 L 个基本单元的 DenseBlock 模块,共包含 $L×(L＋1)/2$ 个连接。在

DenseBlock 模块中每个基本单元输出的特征图通道数 k 都是相等的,通道数 k 在 DenseNet 中称为增长率(growth rate),是一个超参数。设 DenseBlock 的输入通道数为 k_0,则第 l 层基本单元输入的通道数为 $k_0+k(l-1)$。这样越往后基本单元的输入特征图通道数就越大,如果直接进行 3×3 卷积计算,则参数量和运算量都很大,因此在基本模块中通过 1×1 卷积构成瓶颈结构,先降低特征图的通道数,再进行 3×3 卷积操作,从而减少后续 3×3 卷积的运算量。

过渡层的构成为批量归一化层＋ReLU 激活层＋1×1 卷积层＋平均池化层。过渡层中 1×1 卷积是为了进一步压缩模型通道数,减少过渡层的参数和计算量。1×1 卷积的参数 stride=1,padding=0。过渡层通过平均池化层 2 倍下采样,输出特征图尺寸减半。平均池化层的参数为 2×2 池化核,stride=2。

2. DenseNet 网络结构

DenseNet 网络结构如图 4.20 所示,网络的输入图像为 $224\times224\times3$,先进行初步的卷积和池化,接着经过 4 个 DenseBlock 和过渡层,再通过全连接分类。表 4.5 展示了 4 种 DenseNet 网络结构参数,DenseNet-121 指 DenseNet 网络深度为 121 层。表中每个方括号为一个基本单元,其中的数字是卷积核的尺寸,方括号后乘的数字表示该单元重复堆叠的次数。

表 4.5　DenseNet 的网络结构和参数

网络层	输出尺寸	DenseNet-121	DenseNet-169	DenseNet-201	DenseNet-264
卷积层	112×112	$7\times7,64$,stride=2,padding=3,卷积			
池化层	56×56	3×3,stride=2,padding=1,最大池化			
DenseBlock1	56×56	$\begin{bmatrix}1\times1\\3\times3\end{bmatrix}\times6$	$\begin{bmatrix}1\times1\\3\times3\end{bmatrix}\times6$	$\begin{bmatrix}1\times1\\3\times3\end{bmatrix}\times6$	$\begin{bmatrix}1\times1\\3\times3\end{bmatrix}\times6$
过渡层 1	56×56	1×1,stride=1,padding=0,卷积			
	28×28	2×2,stride=2,平均池化			
DenseBlock2	28×28	$\begin{bmatrix}1\times1\\3\times3\end{bmatrix}\times12$	$\begin{bmatrix}1\times1\\3\times3\end{bmatrix}\times12$	$\begin{bmatrix}1\times1\\3\times3\end{bmatrix}\times12$	$\begin{bmatrix}1\times1\\3\times3\end{bmatrix}\times12$
过渡层 2	28×28	1×1,stride=1,padding=0,卷积			
	14×14	2×2,stride=2,平均池化			
DenseBlock3	14×14	$\begin{bmatrix}1\times1\\3\times3\end{bmatrix}\times24$	$\begin{bmatrix}1\times1\\3\times3\end{bmatrix}\times32$	$\begin{bmatrix}1\times1\\3\times3\end{bmatrix}\times48$	$\begin{bmatrix}1\times1\\3\times3\end{bmatrix}\times64$
过渡层 3	14×14	1×1,stride=1,padding=0,卷积			
	7×7	2×2,stride=2,平均池化			
DenseBlock4	7×7	$\begin{bmatrix}1\times1\\3\times3\end{bmatrix}\times16$	$\begin{bmatrix}1\times1\\3\times3\end{bmatrix}\times32$	$\begin{bmatrix}1\times1\\3\times3\end{bmatrix}\times32$	$\begin{bmatrix}1\times1\\3\times3\end{bmatrix}\times48$
池化	1×1	对输入进行全局平均池化,得到 1×1 的特征图			
全连接	1000 维	输出 1000 维向量			
Softmax	1000 维	1000 个测试类别的概率			

以 DenseNet-121 为例，$k=32$。

（1）输入层（Input）：图像大小为 $224 \times 224 \times 3$。

（2）卷积层：卷积层＋批量归一化层＋ReLU 激活层，64 个 $7 \times 7 \times 3$ 卷积核，stride＝2，padding＝3，输出特征图为 $112 \times 112 \times 64$（高×宽×通道数）。

（3）池化层：3×3 池化核，stride＝2，padding＝1，最大池化，输出特征图为 $56 \times 56 \times 64$（高×宽×通道数）。

（4）DenseBlock1：输出特征图为 $56 \times 56 \times (64+32 \times 6)=56 \times 56 \times 256$。

DenseBlock1 由 6 个基本单元密集连接构成。

每个基本单元由批量归一化层＋ReLU 激活层＋1×1 卷积层（128 个 $1 \times 1 \times 64$ 卷积核）＋批量归一化层＋ReLU 激活层＋3×3 卷积层（32 个 $3 \times 3 \times 128$ 卷积核，stride＝1，padding＝1）构成。

每个基本单元的输出特征图为 $56 \times 56 \times 32$，与 DenseBlock1 的输入及前面的基本单元的输出在通道方向拼接，作为下一个单元的输入。最后一个基本单元的输出作为过渡层的输入。

（5）过渡层 1：输出特征图为 $28 \times 28 \times 128$。

过渡层由批量归一化层＋ReLU 激活层＋1×1 卷积层（128 个 $1 \times 1 \times 256$ 卷积核）＋平均池化层（2×2 池化核，stride＝2）构成。

（6）DenseBlock2～DenseBlock4 与 DenseBlock1 构成方式相似，区别在于基本单元的堆叠次数不同和 1×1 卷积层的通道数不同。

过渡层 2、过渡层 3 与过渡层 1 相似。

DenseBlock4 输出特征图为 $7 \times 7 \times 1024$。

（7）分类层。

平均池化：7×7 池化核，stride＝1，padding＝0，输出特征图为 $1 \times 1 \times 1024$，展平成 1024 维向量。

全连接层：输出 1000 个分类。

输出层（Softmax）：输出分类结果，得数最大的神经元所对应的类别即为预测类别。

3. DenseNet 的优点

（1）特征复用。DenseBlock 中的每个基本单元都会接受其前面所有基本单元的输出作为额外的输入，特征图沿通道方向进行拼接，形成密集的连接方式，使得特征可以被网络的任何基本单元利用，包括过渡层。

（2）密集连接。密集连接方式使得梯度更新更稳定，网络更容易训练；由于每一层都可以直达最后的误差信号，实现了隐含的深度监督。

（3）参数更少。在 DenseBlock 和过渡层中设计的瓶颈结构，使特征图的通道数量减少，参数的利用率很高，降低了冗余信息。

（4）正则化：DenseNet 具有正则化作用，即使在小数据集上训练，也可以缓解过拟合。

DenseNet 相较于 ResNet 所需的内存和计算资源更少，且能达到更好的性能。事实上，DenseNet 可以看作 ResNet 中短路连接的升级。ResNet 的短路连接通过元素相加的形式组合特征，一定程度上阻碍了网络中的信息流。DenseNet 通过拼接的方式组合各特征图，且密集连接所有层，使得信息流最大化，提升了网络的鲁棒性，加快了学习的速度。

4.2.7　SENet 压缩-激励图像分类网络

2017 年是 ILSVRC 图像分类竞赛的最后一年,国内自动驾驶创业公司 Momenta 提出的 SENet 获得了竞赛的冠军。SENet 在通道维度增加了注意力机制,从特征通道之间的关系改进网络结构。(论文 *Squeeze-and-Excitation networks*,网址: https://arxiv.org/pdf/1709.01507.pdf)。

SENet 提出了一种新的结构单元,即 Squeeze-and-Excitation(SE)模块。如图 4.22 所示,SE 模块通过额外的分支来得到每个通道的权重,即每个特征通道的重要程度,进而根据权重自适应校正原各通道激活值,提升有用通道,抑制对当前任务用处不大的通道。其中,Squeeze 操作将一个通道的整个空间特征编码为一个全局特征,可以使用全局平均池化等算法实现。Excitation 操作提炼各个通道之间的关系,并得到不同通道的权重。最后将权重与原来的特征图相乘得到最终特征图。

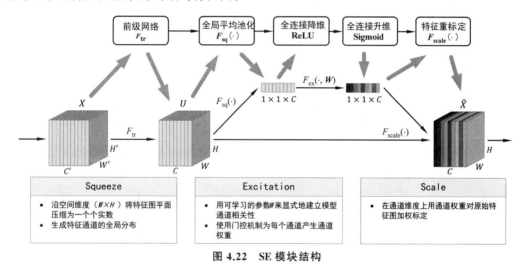

图 4.22　SE 模块结构

图 4.22 中,在 SE 模块插入位置之前,输入 $\boldsymbol{X}$ 的高×宽×通道数为 $H'\times W'\times C'$,经过前级网络的卷积运算得到 $H\times W\times C$ 的特征图 $\boldsymbol{U}$,如公式(4.6)所示,其中 F_{tr} 为卷积核:

$$\boldsymbol{U}=F_{tr}*\boldsymbol{X} \tag{4.6}$$

(1)首先对 $\boldsymbol{U}$ 进行 Squeeze 操作,将每个通道的 2D 特征图平面挤压成一个实数,生成通道描述。Squeeze 操作是通过全局平均池化的方式实现的,如公式(4.7)所示

$$z_k=F_{sq}(\boldsymbol{u}_k)=\frac{1}{H\times W}\sum_{i=1}^{H}\sum_{j=1}^{W}u_{k(i,j)} \tag{4.7}$$

其中:k 表示通道号;$u_{k(i,j)}$ 表示输入特征图 $\boldsymbol{U}$ 的第 k 个通道的特征图平面的元素;z_k 表示将这个通道特征图全局池化后的结果,全局池化操作实际上是对各通道求取特征图元素平均值的操作。这样由 2D 特征图的所有值压缩出来的实数,在某种程度上来说具有全局的感受野。经过全局池化后,特征图由原来的 $H\times W$ 的平面矩阵压缩了 1×1 的标量,C 个通道的特征图就压缩成了 C 维特征向量。

(2)对 C 维特征向量 z 进行 Excitation 操作,生成每一个通道的权重值。Excitation 操作是由两个全连接层组成的瓶颈结构来实现的,以此构建通道间的相关性。如公式(4.8)

所示

$$s = F_{ex}(z, W) = \sigma(W_2 \delta(W_1 z)) \tag{4.8}$$

先将输入特征向量 z 通过第一个全连接操作 $\delta(W_1 z)$ 构建通道间相关性,并降维以减少后续全连接操作的参数量和计算量,其中 W_1 为第一个全连接层的权重矩阵,δ 表示该全连接层的激活函数 ReLU。

接着通过第二个全连接层继续构建通道间相关性,并升维恢复到 C 个通道。其中 W_2 为第二个全连接层的权重矩阵,σ 表示该全连接层的激活函数 Sigmoid,激活后的取值范围为 $(0,1)$,可以实现简单的门控机制,起到响应重要信息,抑制不重要信息的作用。

经过 Excitation 操作,SENet 模块就输出了一个具有通道相关性的特征图权重向量 s,这个特征图权重向量代表了各个通道的重要性。在两次全连接层中的升维和降维设计降低了参数量和计算量,设 r 为降维比例,第一个全连接层的神经元数量为 C/r 个,则该全连接层权重数量为 $C \times C/r$,第二个全连接层的神经元数量恢复到 C 个,其全连接层权重数量为 $C/r \times C$,两个全连接层权重总数为 $2C^2/r$。如果不进行升维降维设计,则两个全连接层权重总数为 $2C^2$。以 $r=16$ 为例,经过升维降维设计,Excitation 操作的权重数量和连接数量降低到原来的 $1/16$。

(3) 对输入特征图 U 进行特征重新标定。将特征图 U 按照通道顺序,与特征图权重向量 s 相乘,如公式(4.9)所示

$$\tilde{x}_k = F_{scale}(u_k, s_k) = s_k u_k \tag{4.9}$$

其中:s_k 为第 k 个通道的权重系数;u_k 为在第 k 个通道上的特征图 U 元素;$\tilde{x}_k$ 为第 k 个通道重新标定后的特征图元素。

通过上述操作实现了特征图的每一个通道都有一个权重系数,完成了在通道维度上引入注意力机制的目标。

经过 SE 模块的特征图,其通道数和特征图尺寸都不会发生变化。SE 模块可以嵌入到多种网络架构中,使用很方便。图 4.23 给出了加入 SE 操作的 Inception 模块和 ResNet 残差模块。同样地,SE 模块也可以应用在其他网络结构上,如 VGG、MobileNet、ShuffleNet 等。

SENet 网络的创新点在于关注通道之间的关系,自动学习各通道的重要程度。本质上,可以说是一种在通道维度上的注意力机制。模型可以更加关注信息量大的通道特征,而抑制不重要的通道特征。同时,SE 模块计算量小,对模型复杂度和计算负担影响不大。ResNet-50 在输入为 $224 \times 224 \times 3$ 大小图像时,运算操作需要 3.86 GFLOPS,而添加 SE 模块的 SE-ResNet-50 仅需要 3.87 GFLOPS,其错误率更是低于 ResNet-101。

4.3 实践项目一:基于 LeNet-5 神经网络的手写数字识别

4.3.1 实践项目内容

本实践项目在 MNIST 数据集上对结构微调的 LeNet-5 神经网络进行训练和测试,实现 0~9 手写数字图像分类,并将训练后的 LeNet-5 网络模型部署到 SE5 进行测试。

有关 MNIST 数据集的介绍见本书 1.7.4 节。

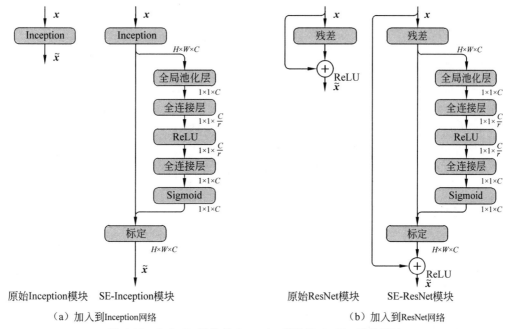

图 4.23 加入 SE 操作的 Inception 模块和 ResNet 残差模块

4.3.2 微调的 LeNet-5 网络结构

本实验中对原 LeNet-5 神经网络进行了调整,表 4.6 是调整后的结构。调整包括:

(1) MNIST 数据集的图像为 $28 \times 28 \times 1$,调整图像尺寸为 $32 \times 32 \times 1$。

(2) 使用 ReLU 激活函数代替原 Sigmoid 激活函数。

(3) 原网络的带可训练参数的平均池化方式改为当前主流的最大池化方式。

(4) 输出层采用 Softmax 函数,输出分类概率,概率最大值对应的索引即为预测类别。

表 4.6 微调后 LeNet-5 神经网络结构

层	输入	卷积核	输出	激活函数
输入层	$32 \times 32 \times 1$			
卷积层 C1	$32 \times 32 \times 1$	$5 \times 5 \times 1 \times 6$	$28 \times 28 \times 6$	ReLU
池化层 S2	$28 \times 28 \times 6$	2×2	$14 \times 14 \times 6$	
卷积层 C3	$14 \times 14 \times 6$	$5 \times 5 \times 6 \times 16$	$10 \times 10 \times 16$	ReLU
池化层 S4	$10 \times 10 \times 16$	2×2	$5 \times 5 \times 16$	
卷积层 C5	$5 \times 5 \times 16$	$5 \times 5 \times 16 \times 120$	$1 \times 1 \times 120$	
展平	$1 \times 1 \times 120$		1×120	
全连接层 F6	1×120		1×84	
全连接层 F7	1×84		1×10	
输出层	1×10		1×10	Softmax

4.3.3 TensorFlow 2.x 框架下程序实现

LeNet-5 神经网络在 MNIST 数据集上的实现过程分为 4 个步骤。

(1) 下载 MNIST 数据集,分配训练集和测试集。

(2) 在前向传播中,完成对网络中权重和偏置参数的初始化、卷积结构和池化结构的定义、前向传播过程的定义。

(3) 在反向传播中,定义网络超参数,完成对神经网络参数的训练。

采用准确率为性能评价指标,其公式为

$$准确率 = \frac{预测正确的样本数目}{总的样本数目}$$

采用交叉熵损失函数(CrossEntropyLoss)。

(4) 在测试过程中,使用训练好的模型对手写数字图像进行预测,得到预测类别和预测概率。

读者可以在 http://www.tup.com.cn 下载本实践章节完整源代码的工程文件夹 LeNet5-TF2。文件夹结构如下所示:

```
root@ubuntu:~/lenet5-tf$ tree -L 2
├── data
│   └── 0.jpg
├── model
│   └── lenet5.pb
├── SE5
│   └── bmodel
│   └── 5.jpg
│   └── test_SE5.py
├── bmodel.py
├── test.py
└── train.py
```

(1) 在 PC 端执行的模型训练和测试。

./data:测试用手写数字图像。

./model:训练好的模型。

train.py:PC 端的 LeNet-5 模型训练源代码。

test.py:PC 端的 LeNet-5 模型测试源代码。

bmodel.py:PC-SE5 模型转换源代码,用于将 PC 端模型转换成 SE5 端可执行的 bmodel 模型。

(2) 在 SE5 端执行的模型测试。

./SE5:在 SE5 上执行的 bmodel 模型、测试程序及手写测试图片,部署时将此文件夹下载到 SE5 端。

./SE5 文件夹下包括:

/bmodel:SE5 端的模型文件;

5.jpg:测试用手写数字图像;

test_SE5.py:SE5 端的测试程序。

1. 模型训练代码解析

模型训练包括数据集加载、网络结构定义、模型训练过程。完整代码见 train.py。

（1）数据集加载：

```python
def load_mnist():
    (x_train, y_train), (x_test, y_test) = keras.datasets.mnist.load_data(path
='data')
    x_train = np.array([cv2.resize(src, (32, 32)) for src in x_train])
    x_test = np.array([cv2.resize(src, (32, 32)) for src in x_test])
    return (x_train - 127.5)/127.5, y_train, (x_test - 127.5)/127.5, y_test
```

（2）网络结构定义：

```python
def lenet5():
    model = keras.models.Sequential()
    model.add(Conv2D(filters = 6, kernel_size = (5, 5), activation = 'relu',
padding='valid', input_shape=(32, 32, 1)))
    model.add(MaxPool2D(pool_size=(2, 2)))
    model.add(Conv2D(filters = 16, kernel_size = (5, 5), activation = 'relu',
padding='valid'))
    model.add(MaxPool2D(pool_size=(2, 2)))
    model.add(Conv2D(filters=120, kernel_size=(5, 5), padding='valid'))
    model.add(Flatten())
    model.add(Dense(84))
    model.add(Dense(10, activation='softmax'))
    return model
```

（3）模型训练：

```python
def main():
    #1.加载数据集
    x_train, y_train, x_test, y_test = load_mnist()
    #2.构建模型结构
    model = lenet5()
    model.summary()
    #3.定义损失函数
    loss_fn = keras.metrics.sparse_categorical_crossentropy
    #4.定义优化器
    optimizer = keras.optimizers.SGD(learning_rate=0.01, momentum=0.9)
    #5.配置训练过程
    model.compile(optimizer=optimizer,
                  loss=loss_fn,
                  metrics=['accuracy'])
    #6.设置回调函数参数:打印评估指标,保存性能最好的模型
    checkpoint = keras.callbacks.ModelCheckpoint(filepath='model/lenet5.h5',
                                     monitor='val_accuracy',
                                     mode='max',
                                     verbose=1,
                                     save_best_only=True)
```

```
#7.模型训练
model.fit(x=x train,
          y=y_train,
          batch_size=32,
          epochs=5,
          verbose=1,
          validation_data=(x_test, y_test),
          callbacks=[checkpoint])
```

2. 模型测试代码解析

模型测试包括图像预处理、模型测试、图像后处理。完整代码见 test.py。

（1）图像预处理：

```
def preprocess(img):
    img = cv2.resize(src=img, dsize=(32, 32))
    img = cv2.adaptiveThreshold(img, 255, cv2.ADAPTIVE_THRESH_MEAN_C, cv2.
THRESH_BINARY_INV, 3, 10)          #二值化
    img = img.astype(np.float32)
    img -= 127.5
    img *= 2 / 255.          #归一化
    img = np.expand_dims(img, axis=-1)
    img = np.expand_dims(img, axis=0)
    return img
```

（2）图像后处理：

```
def postprocess(outputs):
    pred_idx = outputs.argmax()          #输出最大值的索引(类别 ID)
    pred_conf = outputs.max()          #输出最大值(预测概率)
    return pred_idx, pred_conf
```

（3）图像预测：

```
#1.加载模型
model = keras.models.load_model(model_path)
#2.以灰度方式读取图像
img = cv2.imread(filename=input_path, flags=cv2.IMREAD_GRAYSCALE)
#3.图像预处理
input_numpy = preprocess(img)
#4.模型推理
outputs = model.predict(input_numpy)
#5.后处理
pred_idx, pred_conf = postprocess(outputs)
#6.输出结果
print("输入图像={}：预测数字={}，置信度={:.
2f}".format(input_path, pred_idx, pred_conf))
```

4.3.4　LeNet-5 模型训练和测试过程

（1）进入工程文件夹 LeNet5-TF2。

（2）在 Terminal 模式或 PyCharm 环境中运行 train.py 代码，PC 加载 MNIST 数据集进行 LeNet-5 的模型训练，在运行状态窗口输出：

```
root@ubuntu:/workspace/LeNet5-TF2$ python3 train.py
……
Epoch 5/5
1875/1875 [====] - ETA: 0s - loss: 0.0379 - accuracy: 0.9877
Epoch 5: val_accuracy did not improve from 0.98540
1875/1875 [====] - 41s 22ms/step - loss: 0.0379 - accuracy: 0.9877 - val_loss:
0.0597 - val_accuracy: 0.9821
……
```

以上的运行结果表示模型训练了 5 个轮次，第 5 轮次的训练损失为 0.0379，训练精度为 0.9877，验证损失为 0.0597，验证精度为 0.9821。程序选择 5 个轮次中取得最好成绩时的模型进行保存。

训练程序运行结束后，模型文件 lenet.pb 存储到工程文件夹下的 ./model 文件夹中。

（3）准备测试图像。

首先拍摄一个手写数字，尽量与 MNIST 数据集中的图像保持一样的风格。将照片裁剪后放入 ./data 文件夹。

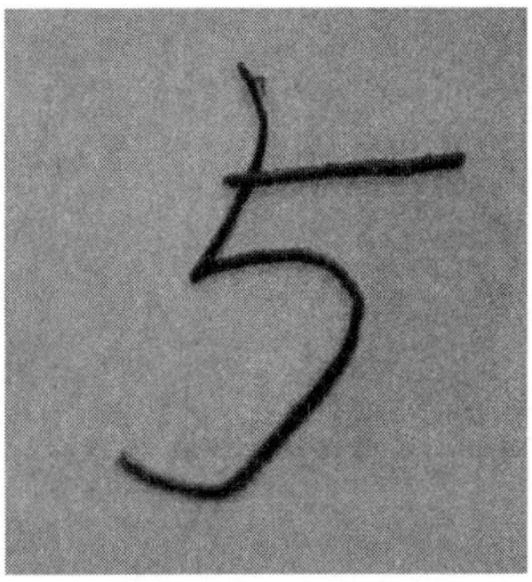

图 4.24　示例图像

注意：MNIST 数据集是经过处理的数据集，测试图像要符合一定的规格，如数字需要居中，数字大小和粗细要合适，图像形状为方形等，如果上传的图像不符合规格，就可能出现预测错误的情况。示例图像如图 4.24 所示。

（4）在 Terminal 模式或 PyCharm 环境中运行 test.py 代码。

程序读入手写数字图像 ./data/5.jpg，开始预测，在运行状态窗口输出：

```
root@ubuntu:/workspace/LeNet5-TF2$ python3 test.py
1/1 [==============================] - 1s 1s/step
输入图像=./data/5.jpg: 预测数字=5, 置信度=0.97
```

预测结果为 5，置信度 0.97。

读者可以自己手写数字，拍照后保存为 JPG 格式，大小不限，放入 ./data/ 目录下，把测试程序中的文件名修改成自己的文件名，运行测试程序进行预测实践。

接下来，通过 BMNNSDK2 将模型文件 lenet.pb 部署在边缘计算设备 SE5 上，使用 SE5 进行手写数字的预测。

4.3.5　LeNet-5 网络模型在 SE5 上的部署

1. 模型编译

在 BMNNSDK2 上进行网络模型编译需要使用到 BMNetT，它是针对 TensorFlow 框架的模型编译器,创建与硬件设备无关的 graph,编译成 SE5 所需的文件。在编译 graph 的同时,将 SE5 模型计算结果和 PC 模型的计算结果进行对比,以保证正确性。

(1) 进入 Docker 虚拟环境(方法详见本书 3.5.2 节)。

(2) BMNetT 安装。

BMNetT 使用 Python 语言编写,SDK 中包含安装包,使用如下命令安装。

```
root@ubuntu:/workspace/bmnet/bmnett#pip install bmnett-2.7.0-py2.py3-none-
any.whl
```

成功安装 BMNetT 结果如下:

```
Looking in indexes: https://mirrors.aliyun.com/pypi/simple
Processing ./bmnett-2.7.0-py2.py3-none-any.whl
......
Successfully installted bmnett-2.7.0
```

(3) BMNetT 使用。

输入以下命令调用编译器工具 BMNetT 的编译函数 compile 将 lenet.pb 模型文件编译为 SE5 支持的 bmodel 模型文件。

```
root@ubuntu:/workspace/LeNet5-TF2#export LD_LIBRARY_PATH=$LD_LIBRARY_PATH:/
workspace/lib/bmcompiler/
root@ubuntu:/workspace/LeNet5-TF2#python3 -m bmnett \
--model="./model/lenet.pb " \
--shapes=[1,32,32,1]\
--net_name="lenet5" \
--outdir="./SE5/bmodel" \
--target="BM1684" \
--input_names=["Input"]
```

BMNetT 命令的参数介绍如表 4.7 所示。

表 4.7 BMNetT 命令参数

入　参	类型	说　明
mode	必选	• compile:编译 float 模型,为默认值 • GenUmodel:生成 BITMAIN 定义的统一 model,可后续通过 BITMAIN 定点化工具进行 INT8 定点化生成 INT8 model。此时参数 opt、dyn、target、cmp 将没有意义,无须指定 • summay/show:显示网络 graph
dyn	必选	• false:静态编译,model 编译后,在 runtime 时只能运行编译所设置的 shapes • true:动态编译,runtime 时可以运行任意 shapes,只要实际 shapes 小于等于编译所设置 shapes 一般来说,动态编译后神经网络在芯片上的性能要小于等于静态编译。所以一般建议动态编译用于实际网络的 shapes 会大范围变化的情况,如果 shapes 固定或只需要几种 shapes,建议采用静态编译。关于静态编译下如何支持若干种 shapes,见 bmodel 说明

续表

入　　参	类型	说　　　　　明
model	必选	待转换模型的路径
shapes	必选	输入 shapes，格式如[x，x，x，x]，[x，x]，…，对应 input_names 参数中的输入顺序
net_name	必选	网络的名字
outdir	必选	模型文件输出文件夹
target	可选	目标芯片种类，可选 BM1682，BM1684，默认 BM1682
opt	可选	优化等级。合法等级：0、1、2，默认为 1
cmp	可选	在编译网络的同时，和原生 TensorFlow 对比每层的计算结果。默认为 true

为了便于执行编译，本实践项目已将以上命令写入 bmodel.py 程序文件，直接在
Python 环境下运行 bmodel.py 即可将 lenet.pb 编译为 bmodel 模型文件。

```
root@ubuntu:/workspace/LeNet5-TF2#python3 bmodel.py
```

编译成功的标志如下所示：

```
======================================================
*** Store bmodel of BMCompiler...
======================================================
BMLIB Send Quit Message
Compiling succeeded.
```

出现提示信息"Compiling succeeded"，表明模型编译完成。在生成的./SE5/bmodel 文
件夹中可以看到生成的 bmodel 文件：

```
root@ubuntu:/workspace/LeNet5-TF2/SE5/bmodel#ls
compilation.bmodel input_ref_data.dat io_infodat.dat output_ref_data.dat
```

其中，compilation.bmodel 是可在 SE5 端进行加载运行的 bmodel 网络模型文件。
（4）结果比对。

bmodel 生成之后，通过测试工具 bmrt_test 进行检测，比对 PC 端模型与仿真 SE5 模型
的推理结果是否一致，代码如下所示。如果比对结果一致，则表示该模型可在 SE5 端正常
运行，可进行后续的部署等操作。

```
root@ubuntu:/workspace/bin/x86# export LD_LIBRARY_PATH=$LD_LIBRARY_PATH:/
workspace/lib/bmnn/cmodel/
root@ubuntu:/workspace/bin/x86#./bmrt_test --context_dir=/workspace/LeNet5
-TF/SE5/bmodel
```

如下所示，出现"+++ The network [lenet5] stage [0] cmp success +++"，则表示模型
验证成功。

```
[BMRT][bmrt_test:1038] INFO:==>comparing #0 output...
[BMRT][bmrt_test:1043] INFO:+++The network[lenet5] stage[0] cmp success +++
......
BMLIB Send Quit Message
```

2. 代码移植

由于 SE5 平台与 PC 平台的硬件结构不同,PC 平台的程序代码不能直接在 SE5 平台上运行。除需要将权重模型转换为 bmodel 文件外,还需要进行程序代码的移植。SE5 平台代码与 PC 平台代码的主要差异在于模型加载和推理方面。在 SE5 平台加载 bmodel 模型文件进行推理预测时,需使用 BMNNSDK2 开发包的接口 Sophon Python API 函数。

本节中粗体字代码为 SE5 平台与 PC 平台代码有区别的部分。移植后的 SE5 端完整代码见 test_SE5.py。

```python
import cv2
import numpy as np
import sophon.sail as sail
#图像预处理:归一化
def preprocess(img):
    ......
    return img
#图像后处理
def postprocess(outputs):
    outputs = list(outputs.values())[0]
    pred_idx = outputs.argmax()
    pred_conf = outputs.max()
    return pred_idx, pred_conf


def main(input_path, model_path):
    #1. 加载模型
    model = sail.Engine(model_path, 0, sail.IOMode.SYSIO)
    graph_name = model.get_graph_names()[0]              #获取网络名称
    input_name = model.get_input_names(graph_name)[0]    #获取网络输入节点名
    #2. 以灰度方式读取图像
    img = cv2.imread(filename=input_path, flags=cv2.IMREAD_GRAYSCALE)
    #3. 图像预处理
    input_array = preprocess(img)
    #4. 模型推理
    input_data = {input_name: input_array}              #获取输入数据
    outputs = model.process(graph_name, input_data)     #运行推理网络
    #5. 后处理
    pred_idx, pred_conf = postprocess(outputs)
    #6. 输出结果
    print("输入图像={}: 预测数字={}, 置信度={:.2f}".format(input_path, pred_idx, pred_conf))
if __name__ == '__main__':
    model_path = './bmodel/compilation.bmodel'
    input_path = '5.jpg'
    main(input_path, model_path)
```

3. SE5 端模型测试

（1）用手机拍摄手写数字照片。

（2）建立测试文件夹。

将准备好的手写数字照片、SE5 端预测程序 test_SE5.py 和生成的 bmodel 文件夹放入同一个文件夹并命名为 SE5（本实践项目已经在工程文件夹中创建了./SE5 文件夹和所需文件，读者可直接使用该文件夹）。

（3）将./SE5 文件夹复制到 SE5 设备中。自此以下的命令中 YOUR_SOC_IP 指读者使用的 SE5 的 IP 地址。

```
root@ubuntu:/workspace# scp - r /workspace/LeNet5 - TF2/SE5 linaro@ YOUR_SOC_
IP:/home/linaro/
```

按照系统提示要求输入密码：linaro。

（4）新建终端，用 ssh 命令登录 SE5：

```
root@ubuntu:~$ ssh linaro@YOUR_SOC_IP
```

按照系统提示要求输入密码：linaro。

成功登录 SE5 后出现提示符 linaro@BM1684-180：$。执行 ls 命令查看复制后的文件：

```
linaro@BM1684-180:$ ls
SE5
```

（5）查看 SE5 固件版本。

查看 SE5 固件版本，以确保固件版本与 SDK 版本一致：

```
linaro@BM1684-180:~$ cat /system/data/buildinfo.txt
BUILD TIME: 20211009_142725
VERSION: V5R7C02_99c8037
MWVersion: 2.5.0_20210912_042200
SDKVersion: V5R7C02_0521ffc
```

如上粗体字所示，需要保证 VERSION 和 SDKVersion 的前 7 位数字和字母保持一致。

（6）进行测试：

```
linaro@BM1684-180:~$ cd /SE5/
linaro@BM1684-180:~/SE5$ python3 test_SE5.py
```

执行的最后结果如下所示：

```
……
[BMRT][load_bmodel:787] INFO:pre net num: 0, load net num: 1
Open /dev/jpu successfully, device index = 0, jpu fd = 18, vpp fd = 19
输入图像=5.jpg：预测数字=5，置信度=0.97
```

4.4 实践项目二：基于 ResNet 神经网络的猫狗分类

4.4.1 实践项目内容

本实践项目在 Dogs vs. Cats 数据集上训练由 18 层卷积构成的 ResNet18 模型，实现猫狗图像分类，并将训练后的 ResNet 网络模型部署到 SE5 进行测试。

4.4.2 Dogs vs. Cats 数据集简介

Kaggle 成立于 2010 年，是一个全球著名的数据科学竞赛平台。由企业或研究者提出需要解决的问题，将项目描述、数据集、期望指标公布到 Kaggle 平台发起比赛，参赛者在规定时间内上传解决方案获得比赛排名。Kaggle 平台不仅吸引了全球众多专家学者的关注，也为刚入门的学生提供了学习交流和参赛练习的机会。

Dogs vs. Cats 数据集来自 2014 年 Kaggle 平台的一次猫狗图像分类比赛。猫狗分类对于人类不是问题，然而 2014 年时对于计算机还是一个困难的任务。该数据集由 25 000 张训练图像和 12 500 张测试图像组成，图像尺寸不一，其中训练集包含猫和狗各 12 500 张图像，图像的命名格式为类别(cat/dog)加数字序号如图 4.25 所示。测试集包含未标注的猫狗图像共 12 500 张，图像以数字序号命名。

图 4.25　猫狗数据集图像

4.4.3 ResNet18 网络结构

ResNet18 网络结构图如图 4.26 所示，输入为 224×224 的 3 通道彩色图像。

第一部分：通过 64 个 7×7×3 卷积核，stride＝2，padding＝3，卷积得到 64 通道的 112×112 的特征图，再通过步长为 2 的最大池化得到 64 个 56×56 的特征图。

第二部分：第一模块 block1 和第二模块 block2 均为恒等映射的残差模块：输入 64 通道 56×56 特征图，输出 64 通道 56×56 特征图。

第三部分：

(1) 第一模块 block3 为线性映射残差模块，输入 64 通道 56×56 特征图，输出 128 通道 28×28 特征图，由于输入输出的通道数和特征图维度都不同，故采用线性映射，通过 1×1 卷积核，stride＝2，将直通路径的通道数降维与输出一致。

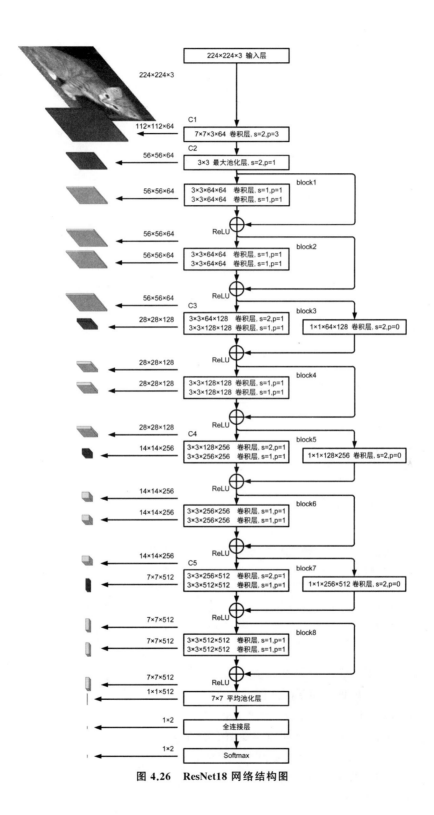

图 4.26　ResNet18 网络结构图

（2）第二模块 block4 为恒等映射残差模块，输入 128 通道 28×28 特征图，输出 128 通道 28×28 特征图。

第四部分：

（1）第一模块 block5 为线性映射残差模块，输入 128 通道 28×28 特征图，输出 256 通道 14×14 特征图。

（2）第二模块 block6 为恒等映射残差模块，输入 256 通道 14×14 特征图，输出 256 通道 14×14 特征图。

第五部分：

（1）第一模块 block7 为线性映射残差模块，输入 256 通道 14×14 特征图，输出 512 通道 7×7 特征图。

（2）第二模块 block8 为恒等映射残差模块，输入 512 通道 7×7 特征图，输出 512 通道 7×7 特征图。

第六部分：通过平均池化，将特征图降维为 512 维向量。

第七部分：全连接层分类器，输入 512 维向量，输出 2 维向量，实现二分类。

4.4.4 PyTorch 框架下程序实现

读者可以在 http://www.tup.com.cn 下载本实践章节完整源代码的工程文件夹 ResNet18－Pytorch，文件夹结构如下所示：

```
root@ubuntu:~/bmnnsdk2/bmnnsdk2-bm1684_v2.7.0/ResNet18-Pytorch$ tree -L 2
├── data
│   └── CatDog
├── SE5
│   └── bmodel
│   └── test_SE5.py
├── model
├── bmodel.py
├── preprocess_dataset.py
├── split_dataset.py
├── net.py
├── test_image.py
├── test_dataset.py
└── train.py
```

（1）在 PC 端执行的模型训练和预测。

./data：用于存放训练和预测的图像数据集。

./model：用于存放训练日志和训练好的模型文件。

split_dataset.py：划分训练和预测集图像的程序。

preprocess_dataset.py：数据集预处理程序。

net.py：ResNet18 模型网络结构。

train.py：训练程序。

test_image.py：预测一张图像的程序。

test_dataset.py：使用整个测试集评估模型准确率的程序。

bmodel.py：转换成在 SE5 端执行的 bmodel 模型源代码。

（2）在 SE5 端执行的模型预测。

./SE5：在 SE5 上执行的 bmodel 模型、测试程序及测试用图像，部署时将此文件夹下载到 SE5 端。

./SE5 文件夹下包括：

/bmodel：SE5 端的模型文件。

test_SE5.py：SE5 端的测试程序。

1. 网络结构代码解析

完整代码见 net.py。

（1）残差模块定义。

Res_block 表示一个残差块。如果输入输出通道相同，残差连接采用恒等映射。如果输入输出通道不同，则残差连接采用线性映射。当第一个 3×3 卷积的 stride＝2 时，实现下采样。

```python
def __init__(self, ch_in, ch_out, stride1, stride2) -> None:
    super(Res_block, self).__init__()
    self.blk = nn.Sequential(
        nn.Conv2d(ch_in, ch_out, kernel_size=3, stride=stride1, padding=1),
        nn.BatchNorm2d(ch_out),
        nn.ReLU(),
        nn.Conv2d(ch_out, ch_out, kernel_size=3, stride=stride2, padding=1),
        nn.BatchNorm2d(ch_out)
    )
    self.extra = nn.Identity()
    #输入输出通道数不同,采用线性映射
    if ch_in != ch_out:
        self.extra = nn.Sequential(
            nn.Conv2d(ch_in, ch_out, kernel_size=1, stride=2, padding=0),
            nn.BatchNorm2d(ch_out)
        )
#残差模块与连接求和后,采用 ReLU 函数激活
def forward(self, x):
    out = F.relu(self.blk(x) + self.extra(x))
    return out
```

（2）ResNet18 网络定义：

```python
class ResNet18(nn.Module):
    def __init__(self, num_classes=1000) -> None:
        super(ResNet18, self).__init__()
        #第一部分: 7 * 7 conv + maxpool 输入 224 * 224 * 3 输出 56 * 56 * 64,4 倍下采样
        self.preconv = nn.Sequential(
            nn.Conv2d(3, 64, kernel_size=7, stride=2, padding=3),
```

```
        nn.MaxPool2d(kernel_size=3, stride=2, padding=1)
    )
    #Res_block 参数意义：输入通道,输出通道,残差块中第一层卷积步长,残差块中第二
    #层卷积的步长。卷积步长为 2 时,实现下采样,输出尺寸减半
    #第二部分：残差块 1,输入 56 * 56 * 64 输出 56 * 56 * 64
    self.block1 = Res_block(64, 64, 1, 1)
    #残差块 2 输入 56 * 56 * 64 输出 56 * 56 * 64
    self.block2 = Res_block(64, 64, 1, 1)
    #第三部分：残差块 3 输入 56 * 56 * 64 输出 28 * 28 * 128,2 倍下采样
    self.block3 = Res_block(64, 128, 2, 1)
    #残差块 4 输入 28 * 28 * 128 输出 28 * 28 * 128
    self.block4 = Res_block(128, 128, 1, 1)
    #第四部分：残差块 5 输入 28 * 28 * 128 输出 14 * 14 * 256,2 倍下采样
    self.block5 = Res_block(128, 256, 2, 1)
    #残差块 6,输入 14 * 14 * 256 输出 14 * 14 * 256
    self.block6 = Res_block(256, 256, 1, 1)
    #第五部分：残差块 7,输入 14 * 14 * 256 输出 7 * 7 * 512,2 倍下采样
    self.block7 = Res_block(256, 512, 2, 1)
    #残差块 8 输入 7 * 7 * 512 输出 7 * 7 * 512
    self.block8 = Res_block(512, 512, 1, 1)
    #第六部分：平均池化 7 * 7 * 512-> 1 * 1 * 512
    self.avgpool = nn.AdaptiveAvgPool2d(output_size=(1, 1))
    #第七部分：全连接层 512,1 -> 1,2
    self.fc = nn.Linear(512, num_classes)
```

2. 模型训练代码解析

加载训练集并进行图像预处理,定义损失函数、设置超参数、训练网络并保存权重。完整代码见 train.py。

```
def main():
    #1: 查看 torch 版本、设置 device
    print('Pytorch Version = ', torch.__version__)
    device = torch.device("cuda" if torch.cuda.is_available() else "cpu")
    #2: 准备数据集
    #图像预处理函数组合：转换到 PILImage 格式、缩放到 224 * 224、转换成张量
    train_transform = transforms.Compose([
        transforms.ToPILImage(),
        transforms.Resize((224, 224)),
        transforms.ToTensor()
    ])
    #训练集加载和图像预处理
    train_data = predataset.DogCatDataset(root_path = os.path.join('./data/
train_set'),transform=train_transform)
    train_dataloader = DataLoader(dataset=train_data, batch_size=64, shuffle
=True)
    #3: 初始化模型
    model = ResNet_model(num_classes=2)
    model.to(device)
```

```
#4：交叉熵损失函数
criterion = nn.CrossEntropyLoss()
#5：选择优化器
LR = 0.001
optimizer = optim.SGD(model.parameters(), lr=LR, momentum=0.9)
#6：设置学习率下降策略
scheduler = torch.optim.lr_scheduler.StepLR(optimizer, step_size=2, gamma
=0.8)
#7：训练网络
model.train()
MAX_EPOCH = 10          #设定最大训练轮次
for epoch in range(MAX_EPOCH):
    loss_total = 0
    total_sample = 0
    accuracy_total = 0
    with tqdm(train_dataloader, desc=f'Epoch {epoch + 1}/{MAX_EPOCH}',
    postfix=dict, mininterval=0.3) as pbar:
        for iteration, data in enumerate(train_dataloader):
            img, label = data
            img, label = img.to(device), label.to(device)
            #7.1 预测输出
            output = model(img)
            #7.2 损失计算和优化
            optimizer.zero_grad()
            loss = criterion(output, label)
            loss.backward()
            optimizer.step()
            #7.3 分类结果输出
            _, predicted_label = torch.max(output, 1)
            #7.4 评估指标输出：总损失、准确率、学习率
            total_sample += label.size(0)
            accuracy_total += torch.mean((predicted_label == label).type
            (torch.FloatTensor)).item()
            loss_total += loss.item()
            pbar.set_postfix(**{'total_loss': loss_total / (iteration + 1),
                            'accuracy': accuracy_total / (iteration + 1),
                            'lr': optimizer.param_groups[0]['lr']})
            pbar.update(1)
    #更新学习率
    scheduler.step()
#8：存储权重
print('train finish! ')
traced_module = torch.jit.trace(model.cpu().eval(), torch.rand(1, 3, 224,
224))
torch.jit.save(traced_module, './model/resnet18.zip')
model.to(device)
```

3. 模型测试代码解析

加载图像并进行预处理，加载模型，输出猫狗的预测概率。完整代码见 test_image.py。

```
def main():
    start_time = time.time()
    #1.读取图像
    img = cv2.imread('./data/cat2.jpg')
    #2.图像预处理：转换到 PILImage 格式、缩放到 224 * 224、转换成张量
    img_tensor = preprocess(img)
    #3.加载网络模型
    model = torch.jit.load('./model/resnet18.zip')
    #4.模型推理
    prediction = model(img_tensor)
    end_time = time.time()
    timer = end_time - start_time
    #5.输出预测结果
    print("----------------------------------")
    print('The probability of CATS: %.5f' % prediction[:, 0])      #预测为猫的概率
    print('The probability of DOGS: %.5f' % prediction[:, 1])      #预测为狗的概率
    print("Time consuming: %.5f sec" % timer)                       #预测用时
    print("----------------------------------")
```

修改 test.py 第 21 行代码可更换分类图像。

4.4.5　ResNet18 模型训练和测试过程

（1）进入工程文件夹 ResNet18-Pytorch。

（2）在 Terminal 模式或 PyCharm 环境中运行 split_dataset.py 代码划分训练集和测试集。在./data/CatDog 文件夹下有 25 000 张猫狗图像，split_dataset.py 程序将 cat0.jpg～cat9999.jpg 和 dog0.jpg～dog9999.jpg 共 20 000 张图像放入./data/train_set 文件夹中，将 cat10000.jpg～cat12499.jpg 和 dog10000.jpg～dog12499.jpg 共 5000 张图像放入./data/test_set 文件夹。

（3）运行 train.py 进行模型的训练，PC 加载./data/train_set 文件夹下的猫狗训练集进行 ResNet18 的模型训练，在运行状态窗口输出：

```
Pytorch Version =   1.4.0
Epoch 1/10: 100%|█████████████| 79/79 [02:23<00:00, 1.81s/it,
accuracy=0.6, lr=0.001, total_loss=0.662]
......
Epoch 10/10: 100%|█████████████| 79/79 [02:22<00:00, 1.80s/it,
accuracy=0.855, lr=0.00041, total_loss=0.457]
train finish!
```

以上结果表示模型训练了 10 个轮次，最后一轮的模型精度为 0.855，学习率为 0.00041，一个轮次的总损失为 0.457。训练结束后，程序将模型文件 resnet18.zip 保存在./model 文件夹下。

（4）运行 test_dataset.py 进行网络模型的测试评估。test_dataset.py 程序加载./data/test_set 文件夹下的猫狗测试集进行分类预测，与测试集的分类标签进行比较，输出平均分

类准确率。

```
Pytorch Version = 1.4.0
test accuracy is 0.8421875
```

（5）运行 test_image.py 对单张图像进行分类预测，输出是猫或狗的概率。

在./data 文件夹下有 3 张猫和 3 张狗的图像，读者可通过修改 test_image.py 第 21 行的图像名称来选择需要测试的图像。预测结果输出：

```
------------------------------------
The probability of CATS: 0.99901
The probability of DOGS: 0.00099
Time consuming: 3.36708 sec
------------------------------------
```

4.4.6　ResNet18 网络模型在 SE5 上的部署

1. 模型编译

在 BMNNSDK2 上进行网络模型编译需要使用到 BMNetP，它是针对 Pytorch 框架的模型编译器，创建与硬件设备无关的 graph，编译成 SE5 所需的文件。在编译 graph 的同时，将 SE5 模型计算结果和 PC 模型的计算结果进行对比，以保证正确性。

（1）进入 Docker 虚拟环境（方法详见本书 3.5.2 节）。

（2）BMNetP 安装。

BMNetP 使用 Python 语言编写，SDK 中包含安装包，请使用如下命令安装。

```
root@ubuntu:/workspace/bmnet/bmnetp#pip install bmnetp-2.7.0-py2.py3-none-
any.whl
```

成功安装 BMNetP 结果如下：

```
Looking in indexes: https://mirrors.aliyun.com/pypi/simple
Processing ./bmnetp-2.7.0-py2.py3-none-any.whl
......
Successfully installted bmnetp-2.7.0
```

（3）BMNetP 使用。

输入以下命令调用编译器工具 BMNetP 的编译函数 compile 将 resnet18.zip 模型文件编译为 SE5 支持的 bmodel 模型文件。

```
root@ubuntu:/workspace/ResNet18-Pytorch#export LD_LIBRARY_PATH=$LD_LIBRARY_
PATH:/workspace/lib/bmcompiler/
root@ubuntu:/workspace/ResNet18-Pytorch#python3 -m bmnetp \
--model="./model/resnet18.zip",
--shapes=[[1, 3, 224, 224]],
--net_name="resnet18",
```

```
--outdir="./SE5/bmodel",
--target="BM1684",
--opt=2
```

BMNetP 命令的参数介绍如表 4.8 所示。

表 4.8　BMNetP 命令的参数

入参	类型	说　明
mode	必选	• compile：编译 float 模型，为默认值 • GenUmodel：生成 BITMAIN 定义的统一 model，可后续通过 BITMAIN 定点化工具进行 INT8 定点化生成 INT8 model。此时参数 opt、dyn、target、cmp 将没有意义，无须指定 • summay/show：显示网络 graph
dyn	必选	• false：静态编译，model 编译后，在 runtime 时只能运行编译所设置的 shapes • true：动态编译，runtime 时可以运行任意 shapes，只要实际 shapes 小于等于编译所设置 shapes 一般来说，动态编译后神经网络在芯片上的性能要小于等于静态编译。所以一般建议动态编译用于实际网络的 shapes 会大范围变化的情况，如果 shapes 固定或只需要几种 shapes，建议采用静态编译。关于静态编译下如何支持若干种 shapes，见 bmodel 说明
model	必选	待转换模型的路径
shapes	必选	输入 shapes，格式如[x,x,x,x]，[x,x]，…，对应 input_names 参数中的输入顺序
net_name	必选	网络的名字
outdir	必选	模型文件输出文件夹
target	可选	目标芯片种类，可选 BM1682、BM1684，默认 BM1682
opt	可选	优化等级。合法等级：0、1、2，默认为 1
cmp	可选	在编译网络的同时，和原生 Pytorch 对比每层的计算结果。默认为 true

为了便于执行编译，本实践项目已将以上命令写入 bmodel.py 程序，直接在 Python 环境下运行 bmodel.py 即可将 resnet18.zip 编译为 bmodel 模型文件。

```
root@ubuntu:/workspace/ResNet18-Pytorch#python3 bmodel.py
```

编译成功的标志如下所示：

```
=======================================================
*** Store bmodel of BMCompiler...
=======================================================
BMLIB Send Quit Message
Compiling succeeded.
```

出现提示信息"Compiling succeeded"，表明模型编译完成。在生成的./SE5/bmodel 文件夹中看到生成的 bmodel 文件：

```
root@ubuntu:/workspace/ResNet18-Pytorch/SE5/bmodel#ls
compilation.bmodel input_ref_data.dat io_infodat.dat output_ref_data.dat
```

其中,compilation.bmodel 是可在 SE5 端进行加载运行的 bmodel 网络模型文件。

(4) 结果比对。

bmodel 生成之后,通过测试工具 bmrt_test 进行检测,比对 PC 端模型与仿真 SE5 模型的推理结果是否一致。如果比对结果一致,则表示该模型可在 SE5 端正常运行,可进行后续的部署等操作。

```
root@ubuntu:/workspace/bin/x86# export LD_LIBRARY_PATH=$LD_LIBRARY_PATH:/
workspace/lib/bmnn/cmodel/
root@ubuntu:/workspace/bin/x86#bmrt_test --context_dir=/workspace/ResNet18
-Pytorch/SE5/bmodel/
```

如下所示,出现"+++ The network [resnet18] stage [0] cmp success +++",则表示模型验证成功。

```
[BMRT][bmrt_test:1038] INFO:==>comparing #0 output...
[BMRT][bmrt_test:1043] INFO:+++The network[resnet18] stage[0] cmp success +++
......
BMLIB Send Quit Message
```

2. 代码移植

由于 SE5 平台与 PC 平台的硬件结构不同,PC 平台的程序代码不能直接在 SE5 平台上运行。除需要将权重模型转换为 bmodel 文件外,还需要进行程序代码的移植。SE5 平台代码与 PC 平台代码的主要差异在于模型加载和推理方面。在 SE5 平台加载 bmodel 模型文件进行推理预测时,需使用 BMNNSDK2 开发包的接口 Sophon Python API 函数。

本节中粗体字代码为 SE5 平台与 PC 平台代码有区别的部分。移植后的 SE5 端完整代码见 test_SE5.py。

```
#导入 sophon.sail 库
import sophon.sail as sail
#图像预处理函数
def preprocess(img):
    image = Image.fromarray(img)
    resized_img = np.array(image.resize((224, 224), resample=2))
    out = np.array(resized_img / 255., dtype=np.float32)
    return out.transpose((2, 0, 1))

def main():
    start_time = time.time()
    #1. 读取图像
    img = cv2.imread('cat3.jpg')
    #2. 图像预处理:转换到 PILImage 格式、缩放到 224 * 224、转换成张量
    img_array = preprocess(img)
```

```
#3.加载网络模型
model= sail.Engine('./bmodel/compilation.bmodel', 0, sail.IOMode.SYSIO)
graph_name = model.get_graph_names()[0]              #获得网络名称
input_names = model.get_input_names(graph_name)      #输入节点名列表
output_names = model.get_output_names(graph_name)    #输出节点名列表
input_data = {input_names[0]: np.expand_dims(img_array, axis=0)}
#4.模型推理,推理结果为字典,字典的 key 值分别是输出节点名
prediction = model.process(graph_name, input_data)
end_time = time.time()
timer = end_time - start_time
#5.输出预测结果
……
```

修改 test_SE5.py 第 18 行代码可更换分类图像。

3. SE5 端模型测试

（1）建立测试文件夹。

将准备好的猫狗测试图像、SE5 端预测程序 test_SE5.py 和生成的 bmodel 文件夹放入同一个文件夹并命名为 SE5(本实践项目的工程文件夹中已经创建了./SE5 文件夹和所需文件,读者可直接使用该文件夹)。

（2）将./SE5 文件夹复制到 SE5 设备中。自此以下的命令中 YOUR_SOC_IP 指读者使用的 SE5 的 IP 地址。

```
root@ubuntu:/workspace/ResNet18-Pytorch# scp -r /SE5 linaro@YOUR_SOC_IP:/
home/linaro/
```

按照系统提示要求输入密码：linaro。

（3）新建终端,用 ssh 命令登录 SE5。

```
root@ubuntu:~$ ssh linaro@YOUR_SOC_IP
```

按照系统提示要求输入密码：linaro。

成功登录 SE5 后出现提示符 linaro@BM1684-180：$ 。执行 ls 命令可以查看复制后的文件：

```
linaro@BM1684-180:$ ls
SE5
```

（4）查看 SE5 固件版本,以确保固件版本与 SDK 版本一致。

```
linaro@BM1684-180:~$ cat /system/data/buildinfo.txt
BUILD TIME: 20211009_142725
VERSION: V5R7C02_99c8037
MWVersion: 2.5.0_20210912_042200
SDKVersion: V5R7C02_0521ffc
```

如上粗体字所示,需要保证 VERSION 和 SDKVersion 的前 7 位数字和字母保持一致。

（5）进行测试：

```
linaro@BM1684-180:~$ cd /SE5/
linaro@BM1684-180:~/SE5$ python3 test_SE5.py
```

执行的最后结果如下所示：

```
Open /dev/jpu successfully, device index = 0, jpufd = 4, vpp fd = 5
……
[BMRT][load_bmodel:823] INFO:pre net num: 0, load net num: 1
The probability of CATS:0.99927
The probability of DOGS:0.00073
Time consuming: 0.08503 sec
---------------------------------------------------------
linaro@SE5:~/SE5$
```

第 5 章

目 标 检 测

5.1 目标检测任务介绍

5.1.1 目标检测任务

目标检测是计算机视觉的一个热门研究方向,广泛应用于智能视频监控、机器人导航、工业检测、航空航天等诸多领域,通过目标检测可以减少对人力资本的消耗,具有重要的现实意义。目标检测还是目标跟踪、人脸识别、人流统计、目标实例分割等任务的基础,对这些问题的解决起着至关重要的作用。

如图 5.1(a)所示的图像分类解决的是图像中的目标是什么的问题,图像中只有一个目标。图 5.1(b)图像分类和定位解决的是图像中的目标是什么及在图像中的位置,同样图像中只有一个目标。图 5.1(c)目标检测解决的是图像中都有哪些目标,各属于哪种分类及在图像中的位置的问题。在目标检测的图像中一般会有多个目标,目标相互间的尺寸差异可能很大。目标检测可以看作是多个目标的定位和分类任务。图像中的目标也称为前景,其他的部分称为背景。

(a) 分类　　　　　　　(b) 分类+定位　　　　　　　(c) 目标检测

图 5.1　图像识别和目标检测

目标检测任务可以概括为两个方面。

(1)目标位置预测。目标位置通常用外接矩形表示,称为边界框(Bounding Box,BBox)。边界框的参数包括中心坐标和宽高 (x,y,w,h),也有按照左上角和右下角 $(x_{\text{lt}},y_{\text{lt}},x_{\text{rb}},y_{\text{rb}})$ 来确定边界框的。

(2)目标类别预测。类别预测可分为单标签分类和多标签分类。单标签分类的类别之间是互斥的关系,目标只能属于一种类别,如猫、狗、电视等。分类时一般采用 Softmax 分类器,计算出目标属于各个类别的概率,各类别概率之和为 1,其中概率得分最大的类别就是目标所属类别。多标签分类的类别之间可能存在从属关系,如人、男人、女人。分类时一般采用二分类器,计算出目标对每一个类别的是或否的概率,目标可能属于一个或多个类别。

目标检测任务最早是采用传统的图像处理算法来完成的,经历了 VJ 检测算法、HOG检测算法、DPM 检测算法。如图 5.2 所示,伴随着 AlexNet 等分类网络的出现,基于卷积神经网络的目标检测算法近年来也开始蓬勃发展。

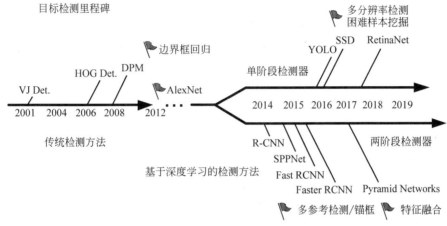

图 5.2 目标检测算法发展里程碑

基于卷积神经网络的主流目标检测算法框架分为两阶段目标检测算法(Two-Stage)与单阶段目标检测算法(One-Stage)。两阶段目标检测算法的代表有 R-CNN 系列、SPPNet、FPN 等,起步略早,单阶段目标检测算法的代表有 YOLO 系列、SSD、RetinaNet 等。两阶段目标检测算法如图 5.3 所示,第一步生成目标区域候选框,第二步进行候选区域的目标分类与定位。单阶段目标检测算法只需要一个步骤就可以完成目标分类和定位。

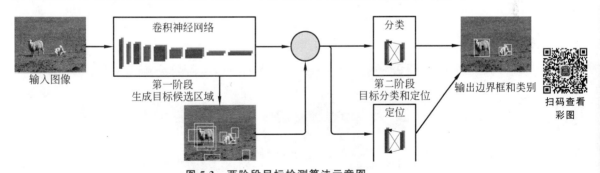

图 5.3 两阶段目标检测算法示意图

由于图像中的目标往往具有不同姿态、不同视角、不同大小、天气光照等条件复杂多样,即使在技术相对发达的今天,目标检测这一视觉任务仍然是非常具有挑战性的课题。

5.1.2 预备知识

1. 交并比(Intersection over Uion,IoU)

交并比表示预测边界框(prediction)与真实边界框(ground truth,训练样本的标注数据)的重合程度,即二者的交集和并集的比值。IoU 值越大,表示两者的重合程度越高。在理想情况下,当预测边界框与真实边界框完全重合时,IoU 为 1;当两边界框没有交集时,IoU 为 0,如图 5.4 所示。

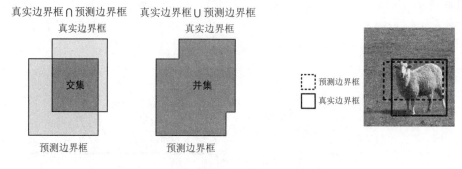

$$IoU_{pred}^{truth} = \frac{真实边界框 \cap 预测边界框}{真实边界框 \cup 预测边界框}$$

图 5.4　IoU 计算方法

2. 非极大值抑制(Non Maximum Suppression,NMS)

在目标检测的过程中,算法对同一个目标可能预测出多个重叠的边界框,使用 NMS 非极大值抑制算法对预测边界框进行筛选,消除冗余的预测边界框,得到最终预测边界框。

以图 5.5 目标检测为例,图中两只鸽子为检测目标,分别有 3 个和 2 个预测边界框,每个预测边界框都有置信度得分,置信度得分用于评估目标在边界框内可能性,置信度得分越高的预测边界框越接近真实边界框。通过 NMS 算法去除每个目标的冗余预测边界框,保留置信度最大的预测边界框。NMS 的计算过程如下:

(1)将所有预测边界框按照置信度或概率得分排序。

(2)图 5.5 中 A 的置信度得分 0.9 为最高,计算 A 与所有剩余预测边界框 B、C、D、E 的 IoU,剔除 IoU≥0.5 的预测边界框 B、C,剩余预测边界框 D、E,此时 A 成为 NMS 筛选得到的第一个结果。

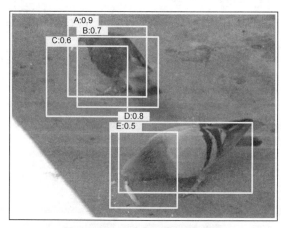

图 5.5　NMS 非极大值抑制算法

(3)找出下一个置信度最大的预测边界框,D 的置信度得分 0.8,计算 D 与剩余预测边界框 E 的 IoU,剔除 IoU≥0.5 的候选框 E,此时 E 成为 NMS 筛选得到的第二个结果。

（4）按照过程（3）的规则不断迭代，直至没有剩余的预测边界框。

本例中，预测边界框 A、D 为 NMS 边界框筛选后的结果。

3. 上采样（upsampling）

在卷积神经网络中，池化操作会缩小特征图的尺寸，实现特征选择和信息过滤的目的，这个过程称为下采样（downsampling）或降采样（subsampling）操作。在目标检测和图像分割算法中，需要将深层的小尺寸特征图放大到中、浅层特征图或原图的尺寸，来实现特征融合或映射的目的，这样的过程是上采样（upsampling）操作。上采样操作可以通过传统插值、反采样、反池化、转置卷积等方法实现。

传统插值方法一般有最近邻插值（nearest）、双线性插值（bilinear）等算法。传统插值方法、反采样、反池化等方法是预先定义好的操作，计算简单，没有可学习参数。转置卷积与插值法不同，需要学习一些参数，更能体现神经网络学习的优点。

1）最近邻插值法（nearest）

最近邻插值法指在待求元素的所有近邻元素中，将距离待求元素最近的邻元素值赋给待求元素。最近邻插值法会造成插值后生成的图像在灰度上不连续，有明显的锯齿现象。

2）双线性插值法（bilinear）

利用待求元素的 4 个邻元素的值在两个方向上作线性内插，如图 5.6 所示。

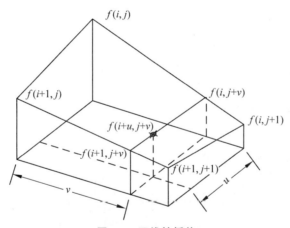

图 5.6　双线性插值

其中：$f(i,j)$、$f(i,j+1)$、$f(i+1,j)$、$f(i+1,j+1)$ 为 4 个已知元素的值；$(i+u,j+v)$ 为插入元素的坐标；u,v 为插入元素距 (i,j) 元素的距离，取值范围在 $0\sim1$。双线性插值的计算方法如公式（5.1）所示。双线性插值法虽然算法较为复杂，但得到的插入值连续、平滑，在上采样算法中应用较为广泛。

$$f(i+u,j+v)=(1-u)(1-v)f(i,j)+v(1-u)f(i,j+1)+$$
$$u(1-v)f(i+1,j)+uvf(i+1,j+1) \tag{5.1}$$

3）反采样法（unsampling）

反采样法就是直接将特征图的元素复制在扩充的特征图空白区块上，如图 5.7 所示。

4）反池化法（unpooling）

反池化法是将特征图元素复制到下采样之前特征图各区块原先最大值的位置，其他位置用"0"填充，反池化是对最大池化操作结果进行的上采样操作，需要在最大池化操作时记

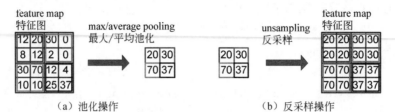

图 5.7　池化和反采样操作

录区块最大值的位置,如图 5.8 所示。

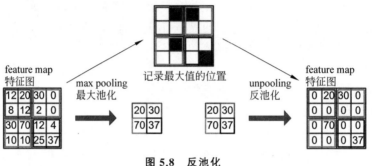

图 5.8　反池化

5）转置卷积法(transposed convolution)

转置卷积能够起到上采样的作用,需要注意的是转置卷积不是卷积的逆运算,而是一种卷积。在网络中,转置卷积的卷积核不是预先设定的,而是与其他卷积核一样,是通过学习得到的。

转置卷积的运算步骤如图 5.9 所示:

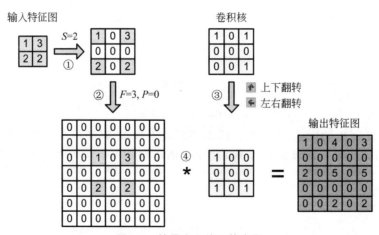

图 5.9　转置卷积的运算步骤

（1）在输入特征图元素之间插入($S-1$)行和列,填充值为 0,S 为步长。

（2）在输入特征图四周扩展($F-P-1$)行和列,填充值为 0,F 为卷积核大小,P 为零填充。

（3）将卷积核参数上下、左右翻转。

（4）做步长为 1 的正常卷积运算。

转置卷积运算后得到的输出特征图宽和高为

$$W_o = S \times (W_i - 1) + F - 2 \times P$$
$$H_o = S \times (H_i - 1) + F - 2 \times P$$

其中：W_i、H_i 为输入特征图的宽和高；W_o、H_o 为输出特征图的宽和高；S 为步长；P 为填充；F 为卷积核高和宽。

转置卷积法的计算过程比较烦琐，感兴趣的读者可以参阅论文 *A guide to convolution arithmetic for deep learning*（论文地址：https://arxiv.org/pdf/1603.07285.pdf）。

深度学习框架提供了转置卷积的 API 函数。

（1）TensorFlow 的转置卷积函数：conv2d_transpose(x,kernel,output_shape,strides,padding)。

（2）PyTorch 的转置卷积函数：ConvTranspose2d(in_channels,out_channels,kernel_size,stride,bias)。

5.1.3　评估准则

正样本：在所有检测样本中，与目标的真实样本对应的样本为正样本。例如：猫狗分类中，在统计猫的数量时，所有的真实为猫的样本为正样本；在目标检测任务中，目标预测边界框与真实样本边界框的 IoU 超过设定阈值时确定为正样本。

负样本：在所有检测样本中，与目标的真实样本不同的样本为负样本。例如：猫狗分类中，在统计猫的数量时，所有的真实类别为狗的样本为负样本；在目标检测任务中，目标预测边界框与真实样本边界框的 IoU 小于设定阈值时确定为负样本。

混淆矩阵的判断方法如表 5.1 所示。

表 5.1　混淆矩阵的判断方法

样本的真实属性	预测/判断/检测的样本类别	
	判断为正样本	判断为负样本
正样本	真正例	假负例
负样本	假正例	真负例

真正例（**True Positives**，**TP**）：将正样本判断成正样本，判断是正确的。在目标检测中，预测样本与真实样本的边界框 IoU 大于设定阈值（一般为 0.5）的边界框为真正例。

假正例（**False Positives**，**FP**）：将负样本判断成正样本，判断是错误的。在目标检测中，预测样本与真实样本的边界框 IoU 小于设定阈值的边界框（即将背景预测为目标）为假正例。

真负例（**True Negatives**，**TN**）：将负样本判断成负样本，判断是正确的。

假负例（**False Negatives**，**FN**）：将正样本判断成负样本，判断是错误的。在目标检测中，未检测出的目标为假负例。

为便于理解，以目标检测为例：在一张图像中，有 3 只猫和 7 条狗，要求检出图片中所有的猫，即猫为检测对象，是正样本，狗为负样本。预测结果有 6 只猫，其中真实类别为猫的有 2 只，真实类别为狗的有 4 只。

在上例中，真正例 TP＝2，假正例 FP＝4，真负例 TN＝3，假负例 FN＝1。

1. 准确率（Accuracy）

准确率指在所有的检测样本中，正确检测出的样本总数占总检测样本数的比例。公式为

$$Accuracy = \frac{正确检测出的样本总数}{总检测样本数} = \frac{TP+TN}{TP+FN+FP+TN}$$

上例预测的准确率为

$$Accuracy = \frac{2+3}{2+1+4+3} = 50\%$$

2. 精度（Precision）

精度（又称查准率）是指在所有检测出的正样本中，正确检测出的正样本所占的比例。公式为

$$Precision = \frac{正确检测出的正样本数量}{所有检测出的正样本数量} = \frac{TP}{TP+FP}$$

上例预测猫的精度为

$$Precision = \frac{2}{2+4} = 33.3\%$$

3. 召回率（Recall）

召回率（又称查全率）是指正确检测出的正样本占正样本总数的比例。公式为

$$Recall = \frac{正确检测的正样本}{所有真实正样本的数量} = \frac{TP}{TP+FN}$$

上例预测猫的召回率为

$$Recall = \frac{2}{2+1} = 66.7\%$$

召回率越高，漏检的样本就越少。

4. 平均精度（Average Precision，AP）

如前所述，目标检测的正、负样本是由预测边界框与真实边界框的 IoU 来确定的。当两者 IoU 大于阈值时，预测边界框被确定为正样本，否则确定为负样本。如果一个真实边界框存在多个预测边界框与其 IoU 大于阈值，则选取两者 IoU 最大的预测边界框为正样本，其余为负样本。IoU 阈值不同，得到的正负样本数量不同，由此得到的精度和召回率也不同。在性能评估中，IoU 阈值通常取 0.5 或 0.75。

如图 5.10 所示，对 5 张图像中的目标进行检测，实线框为真实样本的边界框，虚线框为检测样本的预测边界框。5 张图像中共有 11 个真实样本，预测输出 19 个检测样本，即 TP＋FP＝19。预测边界框的顶部标签为预测边界框号＋置信度。以 0.5 为 IoU 阈值可得 DB1、DB2、DB5、DB7、DB9、DB10、DB12、DB13、DB16、DB18 预测边界框为正样本，正确检测出的真实样本数为 10 个，即 TP＝10，未检测出的真实样本数为 1 个，即 FN＝1，TP＋FN＝11。

将所有检测出的预测边界框按照置信度降序排序，并计算 TP 累计、FP 累计、精度和召回率。如表 5.2 所示。

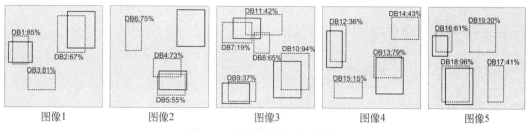

图 5.10　检测样本与真实样本

表 5.2　精度、召回率计算

图像	预测边界框	置信度	TP	FP	TP 累计	FP 累计	精度 Precision	召回率 Recall	预测框累计数
图像 5	DB18	96%	1		1	0	1.00	0.09	1
图像 3	DB10	94%	1		2	0	1.00	0.18	2
图像 1	DB1	85%	1		3	0	1.00	0.27	3
图像 1	DB3	81%		1	3	1	0.75	0.27	4
图像 4	DB13	79%	1		4	1	0.80	0.36	5
图像 2	DB6	75%		1	4	2	0.67	0.36	6
图像 2	DB4	73%		1	4	3	0.57	0.36	7
图像 1	DB2	67%	1		5	3	0.63	0.45	8
图像 3	DB8	65%		1	5	4	0.56	0.45	9
图像 5	DB16	61%	1		6	4	0.60	0.55	10
图像 2	DB5	55%	1		7	4	0.64	0.64	11
图像 4	DB14	43%		1	7	5	0.58	0.64	12
图像 3	DB11	42%		1	7	6	0.54	0.64	13
图像 5	DB17	41%		1	7	7	0.50	0.64	14
图像 3	DB9	37%	1		8	7	0.53	0.73	15
图像 4	DB12	36%	1		9	7	0.56	0.82	16
图像 5	DB19	30%		1	9	8	0.53	0.82	17
图像 3	DB7	19%	1		10	8	0.56	0.91	18
图像 4	DB15	15%		1	10	9	0.53	0.91	19

在表 5.2 中"TP 列"和"FP 列",当 TP＝1 时表示预测边界框为真正例,FP＝1 时表示预测边界框为假正例。"TP 累计"列和"FP 累计"列表示按照行顺序累计 TP 和 FP 的数量。"精度 Precision"列和"召回率 Recall"列的计算是一个不断累计的过程,而不是每个预测框独立计算的。每行中精度 Precision＝该行的 TP 累计/该行的预测框累计数,每行中召回率 Recall＝该行的 TP 累计/真实样本数。

PR 曲线(Precision-Recall)是以召回率为横轴、以精度为纵轴绘制的曲线,根据表 5.2 的数据绘制 PR 曲线如图 5.11(a)所示。

平均精度 AP 是对一个类别目标的检测精度的平均值,是 PR 曲线下的面积。PR 曲线

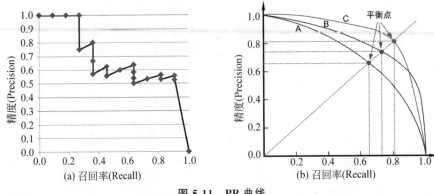

图 5.11　PR 曲线

下的面积越大,AP 值越高,检测效果越好。在实际应用中,需要先对 PR 曲线进行平滑处理,然后再计算 AP 的值。

如图 5.11(b)所示,如果由检测模型 B 得到的 PR 曲线外包围检测模型 A 的曲线,则模型 B 的平均精度优于模型 A。当两个模型的 PR 曲线发生交叉时,如图中模型 C 和模型 B,则由曲线原点开始绘制斜率为 1(P＝R)的直线,直线与模型 PR 曲线的交点称为平衡点(BEP),平衡点越大的模型平均精度 AP 越高,图中模型 C 的 AP 值高于模型 B。

对于同一个检测模型,IoU 阈值设置不同时,得到的 AP 也不同,在 MS COCO 数据集中采用 IoU 阈值＝0.5 和 0.75 来计算 AP 值,分别为评估指标AP_{50}和AP_{75},评估指标 AP 是 IoU 阈值从 0.5~0.95 按照间隔 0.05 计算出各个 IoU 阈值下的 AP 值后再取平均得到,除此之外还有针对大、中、小目标的AP_L、AP_M、AP_S,如图 5.12 所示。

	backbone	AP	AP_{50}	AP_{75}	AP_S	AP_M	AP_L
Faster R-CNN+++ [5]	ResNet-101-C4	34.9	55.7	37.4	15.6	38.7	50.9
Faster R-CNN w FPN [8]	ResNet-101-FPN	36.2	59.1	39.0	18.2	39.0	48.2

图 5.12　目标检测模型的平均精度指标

5. 多类别平均精度(mean Average Precision,mAP)

综合衡量检测效果,是所有类别 AP 值的平均值。值的大小在[0,1]上,越大越好。

6. 帧率(Frame Per Second,FPS)

每秒处理图像的数量,反映了模型算法的速度。

5.2　两阶段目标检测算法

两阶段目标检测算法以 R-CNN 系列为代表,包括 R-CNN、Fast R-CNN、Faster R-CNN,除此之外还有 SPPNet、Pyramid Network 等。这类算法在第一阶段需要通过区域建议(region proposal)先在图像上产生一些可能包含目标的候选区域,第二阶段对每个候选区域使用 CNN 网络进行分类与回归,得到目标的类别和精细边界框。

5.2.1　R-CNN

R-CNN 将区域建议算法与 CNN 相结合,将 CNN 从图像分类任务扩展到目标检测任务,确定了候选区域生成＋分类定位的两级目标检测网络结构。

如图 5.13 所示,R-CNN 算法流程分为 5 个步骤:

(1) 在待测图像上采用 Selective Search 传统算法,产生 1000～2000 个可能包含目标的候选区域图像。

(2) 将每一个候选区域图像缩放为 227×227 固定尺寸,输入到已训练好的卷积神经网络模型进行特征提取。网络包括卷积层、池化层和 2 个全连接层,输出 4096 维特征向量。

(3) 将每一个候选区域的特征输入到 SVM 分类器进行二分类(是/否),判断候选区域的对象是否属于该类别。一个 SVM 分类器只能判断一个分类类别,因此需要将候选区域特征遍历所有类别的 SVM 分类器。

(4) 对每一类候选区域进行 NMS 非极大值抑制,剔除冗余候选框,对于同一目标保留该类得分最高的候选框。

(5) 使用边界框回归器精细修正候选边界框位置。

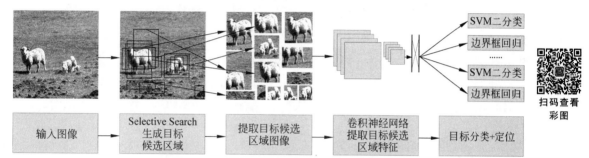

图 5.13　R-CNN 算法流程

R-CNN 算法存在的问题:

(1) R-CNN 训练阶段多,过程烦琐,需要预训练、微调 CNN 网络、训练 SVM 分类器和训练边界框回归器。

(2) R-CNN 使用 Selective Search 这一传统方法进行候选区域提取,产生 1000～2000 个候选区域,这个过程计算量大,耗时很长。

(3) R-CNN 需要对每个候选区域独立进行 CNN 特征提取和 SVM 分类,计算量非常大,如图 5.14 所示。

(4) 对候选区域图像的裁剪和缩放操作不可避免地带来图像失真。

5.2.2　Fast R-CNN

针对 R-CNN 的不足,Girshick 等于 2015 年提出了 Fast R-CNN,旨在提高训练和测试的速度,同时检测精度也得到了提升。

如图 5.15 所示,Fast R-CNN 的算法流程步骤如下:

(1) 与 R-CNN 相同,Fast R-CNN 采用 Selective Search 传统算法在待测图像上产生 1000～2000 个可能包含目标的候选区域图像或称为感兴趣区域图像(Region Of Interest, ROI)。

(2) 将整个图像通过一个卷积神经网络提取全图特征。

(3) 将图像的 ROI 映射到特征图上,通过裁剪得到 ROI 特征图,将 ROI 特征图通过兴

扫码查看
彩图

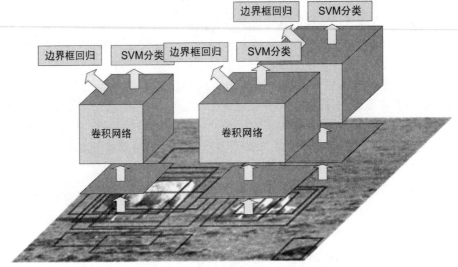

图 5.14　R-CNN 的特征提取和 SVM 分类

趣域池化（ROI pooling）的操作处理成固定长度的特征向量。

（4）将这些特征向量输入到全连接层和 Softmax 层进行类别分类，同时输入到边界框回归器进行边界框位置和宽、高的回归计算。

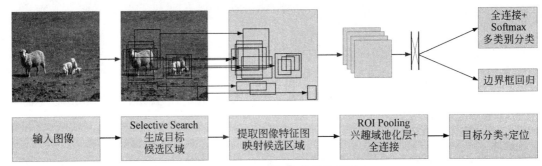

图 5.15　Fast R-CNN 的算法流程

Fast R-CNN 与 R-CNN 相比，有如下改进：

（1）R-CNN 对每一个 ROI 图像都需要独立进行卷积神经网络特征提取，而 Fast R-CNN 只需要对整个图像进行一次卷积神经网络特征提取，减少了大量的卷积运算。

（2）Fast R-CNN 采用全连接层＋Softmax 分类器取代了 R-CNN 的 SVM 分类器，由网络直接输出目标类别与位置，基本实现了端到端的模型。

但 Fast R-CNN 仍然采用 Selective Search 传统算法产生候选区域，也非常耗时。

5.2.3　Faster R-CNN

Fast R-CNN 在实际推理过程中，生成候选区域的阶段占用了算法绝大部分的计算时间。2015 年，任少卿等在以上两种模型的基础上提出了 Faster R-CNN 模型，该模型采用区域建议网络（Region Proposal Network，RPN）替代了 Selective Search 传统算法，缩短了产生候选区域的时间，实现了真正的端到端的检测和训练。

1. Faster R-CNN 网络结构

Faster R-CNN 网络结构如图 5.16 所示。

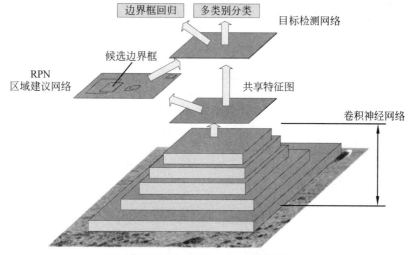

图 5.16　Faster R-CNN 网络结构

Faster R-CNN 算法流程的主要步骤如下所示。

（1）将任意大小的图像输入主干网络中，通过卷积神经网络进行图像特征提取，输出特征图。特征图为 RPN 区域建议网络和目标检测网络共享，称为共享特征图。

（2）将共享特征图输入 RPN 区域建议网络后得到目标候选区域边界框和区域置信度（有/无目标）得分，根据区域置信度得分对候选框进行 NMS 非极大值抑制筛选后，剔除冗余候选边界框，保留置信度得分排名前 K 的候选区域边界框。

（3）将筛选后的候选区域映射到共享特征图，经裁剪得到候选区域特征图，输入到兴趣区域池化层，获得尺寸大小统一的候选区域特征图。

（4）将候选区域特征图输入到全连接层，经分类和回归得到候选区域的目标分类得分和目标预测边界框。

Faster R-CNN 的详细网络结构如图 5.17 所示，输入图像为 $800\times600\times3$，目标分类类别数为 20。

Faster R-CNN 采用 VGG16 分类网络的前 5 个卷积模块作为主干网络，包括 13 个卷积层＋ReLU 层，4 个池化层。其中：

卷积层为 padding＝1，stride＝1，3×3 卷积核。

池化层为 padding＝0，stride＝2，最大池化。

主干网络输入 $800\times600\times3$ 的图像，每个卷积层经过零填充处理，只影响通道数，不改变输入的尺寸。每个池化层起下采样作用，输出为输入尺寸的 1/2。经过 4 个池化层，特征图尺寸降为主干网络输入的 $(1/2)^4$，即 1/16，主干网络输出 $50\times38\times512$ 的共享特征图。

共享特征图经过 RPN 区域建议网络分支生成区域候选边界框，由区域候选边界框再映射到共享特征图得到候选区域特征图，经过后续的兴趣域池化层、2 个全连接层、分类器和回归器输出目标类别和预测边界框。

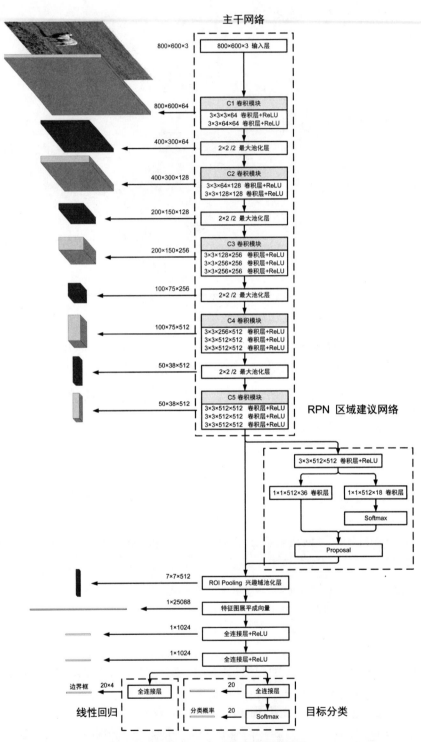

图 5-17　Faster R-CNN 的详细网络结构

2. 锚点和锚框

在共享特征图上,以每个元素为中心构建一组比例不同、尺度不同的矩形框。如果将这些矩形框映射回输入图像,则其中的一部分矩形框包含目标图像。共享特征图上的每个元素称为一个锚点,以锚点为中心构建的一组矩形框称为锚框。将共享特征图和锚框输入到 RPN 区域建议网络,由 RPN 初步判定哪些锚框包含目标,哪些锚框只包含背景,并对包含目标的锚框进行位置和宽高的粗调。

Faster R-CNN 定义了 3 种锚框宽高比,分别为 1 : 2、1 : 1、2 : 1,每种比例设置 3 种尺度,如 128、256、512,故每个锚点分配 9 种锚框。共享特征图的尺寸为 50×38,故锚框的数量为 50×38×9＝17 100 个。在这些锚框中,需要剔除超出边界的锚框。

这些锚框既能够覆盖大目标,又能够照顾到小目标。锚框的具体尺寸按照以下公式计算:

$$w = \sqrt{\text{Area} \times \text{Ratio}}$$
$$h = \sqrt{\text{Area}/\text{Ratio}}$$

Area 是尺度的平方,Ratio 是宽高比。表 5.3 列示了 Faster R-CNN 的 9 种锚框尺寸。

表 5.3　不同比例和尺度的锚框宽、高

尺度 \ 比例	1 : 2	1 : 1	2 : 1
128	91,181	128,128	181,91
256	181,362	256,256	362,181
512	362,724	512,512	724,362

Faster R-CNN 以 (x,y,w,h) 4 个数据来描述锚框映射在输入图像上的位置,其中 (x,y) 为锚框的中心坐标,(w,h) 为锚框的宽和高。如图 5.18 所示,锚点位于特征图的第

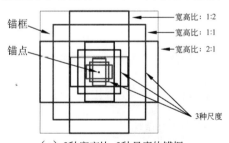

（a）3种宽高比×3种尺度的锚框

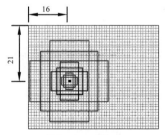

（b）50×38特征图

扫码查看
彩图

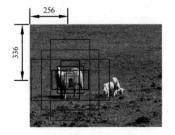

（c）800×600×3图像

图 5.18　锚框在特征图和原图像上的映射

21 行,第 16 列,由于共享特征图尺寸为原始图像的 1/16,故锚点映射回原始图像后坐标为 $(16×16,21×16)$,即 (x,y) 为 $(256,336)$。假设在图像中,中心坐标 (x,y) 为 $(256,336)$,宽高 (w,h) 为 $(160,160)$ 的锚框能够很好地包含目标羊,则当锚框映射回特征图时就可以得到以 $(16,21)$ 为中心,宽高为 $(10,10)$ 的特征图区域。这个特征图区域经过 RPN 网络时将被判断为包含目标,并计算目标相对于锚框的偏移量,得到候选区域边界框的粗略位置和尺寸。

3. RPN 区域建议网络

R-CNN 和 Fast R-CNN 都采用传统 Selective Search 算法生成区域候选框,计算复杂耗时长。Faster R-CNN 采用 RPN 网络直接生成目标检测候选区域,极大地缩短了候选区域的生成时间,提高了目标检测网络的整体速度。在 RPN 网络中使用可学习参数的 1×1 卷积层代替全连接层,可实现分类和回归的功能。

1) RPN 的前向网络。

如图 5.19 所示,由主干网络输出的 50×38×512 共享特征图进入 RPN 网络分支,经过一个 3×3 的卷积层,得到 50×38×512 特征图,尺寸和通道数不变。在 50×38 的特征图上,按照每个特征图元素为一个锚点共生成 50×38×9 个锚框。特征图分为两个并行分支,分类分支进行锚框是否包含目标的二分类计算,回归分支进行锚框的位置和宽高的偏移量计算。

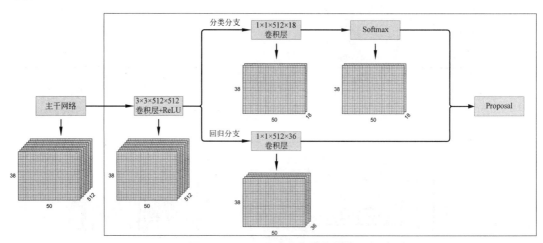

图 5.19　RPN 区域建议网络结构

二分类结果用 One-Hot 方式表示,使用两个数据描述分类预测结果,第一个数据为锚框包含目标的概率,第二个数据为不包含目标的概率。共享特征图沿分类分支经过一个 1×1 的卷积层,得到包含目标和不包含目标的得分。经过 Softmax 层将两个得分换算成概率,即两个得分值转换到 $(0,1)$ 之间,两个得分的和为 1,由此得到锚框是否包含目标的概率。每个锚点有 9 种锚框,需要 18 个数据进行描述,因此将 RPN 分类的输出设计为 50×38×18 的张量,1×1 卷积层设计为 padding=0,stride=1,18 个 1×1×512 的卷积核。如图 5.20(a) 所示,Softmax 层的 18 个输出在通道方向按照锚框顺序依次交替为各锚框包含目标的概率和不包含目标的概率。

共享特征图沿回归分支经过 1×1 卷积层,得到候选边界框 (x,y,w,h) 相对于锚框位

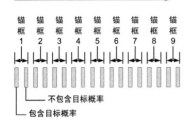

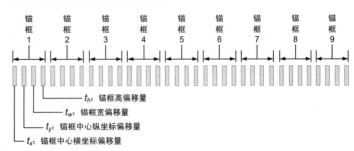

（a）二分类输出特征图   （b）候选边界框相对锚框的偏移量

图 5.20 分类特征图和回归特征图通道方向的数据结构

置和宽高的偏移量(t_x,t_y,t_w,t_h)。每个锚框的偏移量需要使用 4 个数据进行描述,每个锚点 9 种锚框需要 36 个数据进行描述,因此将 RPN 回归分支的输出设计为 $50\times38\times36$ 的张量,1×1 卷积层设计为 padding=0,stride=1,36 个 $1\times1\times512$ 的卷积核。如图 5.20(b)所示,1×1 卷积层的输出在通道方向按照锚框顺序依次交替为候选边界框相对于锚框的粗调偏移值(t_x,t_y,t_w,t_h)。偏移量的公式定义如下

$$t_x=\frac{x-x_a}{w_a},\quad t_y=\frac{y-y_a}{h_a}$$

$$t_w=\log\left(\frac{w}{w_a}\right),t_h=\log\left(\frac{h}{h_a}\right) \tag{5.2}$$

其中：(x_a,y_a,w_a,h_a)分别为锚框的中心坐标和宽高；(x,y,w,h)为目标候选边界框的中心坐标和宽高,由公式(5.2)可得

$$x=x_a+t_xw_a,\quad y=y_a+t_yh_a$$

$$w=w_a\mathrm{e}^{t_w},\quad h=h_a\mathrm{e}^{t_h} \tag{5.3}$$

在经过目标判定和线性回归得到候选边界框的目标概率和相对于锚框的偏移量后,进入 Proposal 层。Proposal 层的数据处理过程如下：

(1) 根据公式(5.3)得到候选边界框的中心和宽高(x,y,w,h)。

(2) 按照锚框包含目标的概率由大到小排序,提取前 6000 个候选边界框。

(3) 将候选边界框超出图像边界(800×600)的部分裁减掉。

(4) 剔除尺寸非常小的候选边界框。

(5) 对剩余的候选边界框做 NMS 非极大值抑制处理,剔除冗余的候选边界框。

(6) 输出候选边界框在输入图像上的左上和右下坐标$(x_{lt},y_{lt},x_{rb},y_{rb})$。

2) RPN 网络的训练

如图 5.21 所示,训练样本经过主干网络提取特征,输出的共享特征图作为 RPN 网络训练的输入,RPN 网络输出包含目标的概率和候选边界框,与训练样本标签一起输入损失函数计算分类误差和回归误差,经反向传播优化 RPN 网络模型。

根据训练样本标签,为 RPN 输出的每个候选边界框分配一个二分类的标签：

(1) 当候选边界框与样本中的某个真实目标边界框的 IoU 在所有候选边界框中为最大值时,则给该候选边界框分配正样本标签。

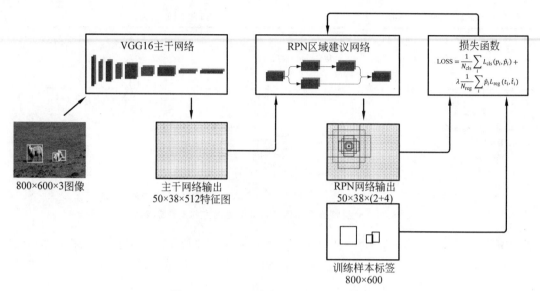

图 5.21　RPN 区域建议网络训练示意图

（2）当候选边界框与样本中的某个真实目标边界框的 IoU＞0.7 时，则给该候选边界框分配正样本标签，即候选边界框包含目标。

（3）当候选边界框与样本中的所有真实目标边界框的 IoU＜0.3 时，则给该候选边界框分配负样本标签，即候选边界框不包含目标。

（4）既不是正样本标签又不是负样本标签的候选边界框不参与训练。

RPN 网络的损失函数定义如公式（5.4）所示

$$\text{LOSS} = \frac{1}{N_{\text{cls}}} \sum_{i} L_{\text{cls}}(p_i, \hat{p}_i) + \lambda \frac{1}{N_{\text{reg}}} \sum_{i} \hat{p}_i L_{\text{reg}}(t_i, \hat{t}_i) \qquad (5.4)$$

其中：i 为候选边界框的索引；p_i 为候选边界框包含目标的预测概率；$\hat{p}_i$ 为对应的真实目标边界框的概率，若第 i 个候选边界框是正样本标签，则 $\hat{p}_i = 1$，若是负样本标签，$\hat{p}_i = 0$；N_{cls} 为分类样本数量；N_{reg} 为回归样本数量；λ 为权重系数，用于平衡分类误差与回归误差在整个损失函数中的比重，$\lambda = 10$；t_i 为候选边界框相对于锚框的偏移量 (t_x, t_y, t_w, t_h) 预测值；$\hat{t}_i$ 为真实边界框相对于锚框的偏移量。

公式（5.4）中 $L_{\text{cls}}(p_i, \hat{p}_i)$ 为二元交叉熵损失函数，其公式定义如下

$$L_{\text{cls}}(p_i, \hat{p}_i) = -\hat{p}_i \log p_i + (1 - \hat{p}_i) \log(1 - p_i)$$

即可得

$$L_{\text{cls}}(p_i, \hat{p}_i) = \begin{cases} -\log p_i, & \text{正样本标签}, \hat{p}_i = 1 \\ \log(1 - p_i), & \text{负样本标签}, \hat{p}_i = 0 \end{cases}$$

公式（5.4）中 $L_{\text{reg}}(t_i, \hat{t}_i)$ 为回归损失函数，只有当候选边界框是正样本标签时才计算此项，此时 $\hat{p}_i = 1$，使用 smooth_{L1} 函数可得

$$L_{\text{reg}}(t_i, \hat{t}_i) = \text{smooth}_{L1}(t_x - \hat{t}_x) + \text{smooth}_{L1}(t_y - \hat{t}_y) +$$
$$\text{smooth}_{L1}(t_w - \hat{t}_w) + \text{smooth}_{L1}(t_h - \hat{t}_h)$$

其中：smooth_{L1} 函数为

$$\text{smooth}_{L1}(x)=\begin{cases}0.5x^2, & |x|<1 \\ |x|-0.5, & |x| \text{为其他值}\end{cases}$$

其中：$(\hat{t}_x,\hat{t}_y,\hat{t}_w,\hat{t}_h)$ 为训练样本中真实边界框与锚框的偏移值；(t_x,t_y,t_w,t_h) 为 RPN 网络输出的候选边界框与锚框的偏移量预测值；$(\hat{x},\hat{y},\hat{w},\hat{h})$ 为真实边界框的中心坐标和宽高；(x_a,y_a,w_a,h_a) 为锚框的中心坐标和宽高。

$$\hat{t}_x=\frac{\hat{x}-x_a}{w_a}, \quad \hat{t}_y=\frac{\hat{y}-y_a}{h_a}$$

$$\hat{t}_w=\log\left(\frac{\hat{w}}{w_a}\right), \quad \hat{t}_h=\log\left(\frac{\hat{h}}{h_a}\right)$$

RPN 网络通过反向传播和随机梯度下降进行端到端的训练。每次以一张图像为一个小批量训练批次，图像通过 RPN 网络会产生很多个正、负样本候选边界框，通常负样本候选边界框（不包含目标）的数量会远多于正样本候选边界框（包含目标）。在分类损失函数计算中，如果不对正、负样本加以选择，那么训练结果会偏向于负样本。解决这个问题的方法是从一张图像的 RPN 输出中随机抽取 256 个候选边界框作为一个小批量数据来计算损失函数值，正样本候选边界框和负样本候选边界框的选取比例为 1∶1。如果一张图像中正样本候选边界框的数量少于 128 个，则用负样本候选边界框来补充。在回归损失函数计算中，可以使用 2400 个以内的所有正样本候选边界框进行训练。

4. 兴趣区域池化（ROI Pooling）

经过 RPN 网络生成和筛选的候选边界框作为后续的精细分类和边界框精细修正的输入。将图像的候选区域边界框 $(x_{lt},y_{lt},x_{rb},y_{rb})$ 映射到主干网络输出的共享特征图上 $(x_{lt}/16,y_{lt}/16,x_{rb}/16,y_{rb}/16)$，得到候选区域特征图。由于候选区域边界框的尺寸大小不一致，因此映射到特征图上的区域大小也不一致。通过兴趣区域池化操作可以将不同尺寸的候选区域特征图处理成为统一的 7×7 特征图。以图 5.22 为例，将 11×14 特征图兴趣域池化为 7×7 特征图。

（1）将 11×14 特征图分为 7×7 的网格，如图中红线所示。如果两个相邻的网格分割了同一个特征图元素，则将这个元素归属到分割占比大的网格中。

（2）找到 7×7 网格每一格的最大值，作为 7×7 特征图相应位置的数值。

兴趣域池化可以将不同尺寸的特征图池化为尺寸相同的特征图，以便于输入到后续的全连接层进行分类和回归。

5. 分类和回归

如图 5.17 所示，候选区域特征图经过兴趣域池化统一尺寸得到 7×7×512 的特征图，展平成 1×25 088 维的特征向量，经过 2 个 1024 维的全连接后，得到 1024 维的特征向量。该特征向量沿分类分支经过一个 20 个神经元的全连接层和 Softmax 层，得到候选区域框内图像对各个类别的分类概率，分类为 20 种类别。根据分类概率判断目标所属的最终类别，概率得分最高的类别就是候选区域图像目标所属类别。

特征向量沿回归分支经过一个 20×4 个神经元的全连接层，进行线性回归计算，得到对应 20 种目标类别的候选区域框偏离值。根据候选区域图像目标所属类别提取对应的偏移

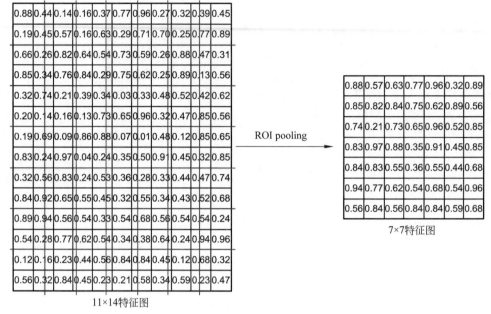

图 5.22　兴趣域池化

值,修正候选区域框从而得到更高精度的目标边界框。

Faster R-CNN 网络的预测速度和精度都有了很大的提高,其中很多创新性的思想也成为后续网络改进的基础。

5.3　单阶段目标检测算法

5.3.1　YOLOv1

YOLO 算法的名称来源于论文 *You only look once*:*unified*,*real-time object detection* (论文网址:https://arxiv.org/pdf/1506.02640.pdf)的首字母。顾名思义,与两阶段算法相比,YOLO 为单阶段算法,只需要计算一次就可以得到目标检测的结果。其核心思想是利用整张图作为网络的输入,直接在输出层回归出边界框的位置和类别信息。

以 YOLO 为代表的单阶段目标检测算法,不需要候选区域建议(region proposal)阶段,它直接将图像经过卷积网络一次完成目标分类和位置回归任务,相较于两阶段目标检测算法,这类方法有着更高的运行速度。

自从 2015 年 YOLOv1 提出以后,YOLO 系列算法作为一系列同时考虑检测性能、资源消耗及推理效率的算法,在工程实际中有着广泛的应用。后续通过逐步融入多种有效的网络结构设计和训练措施等,从 v1 发展到 v8 版本,算法性能得到了不断的提升,受到众多工程研究人员的青睐,有着非常普遍的应用。

1. 基本思路

以输入为 $448\times448\times3$ 的图像为例,如图 5.23 所示,原始图像经过主干网络提取特征,得到尺寸为 7×7 的特征图。主干网络的卷积和池化操作虽然降低了图像的空间分辨率,但是并不影响目标在特征图上的空间关系。这就相当于把原始图像分成 7×7 的网格,每一个网格对应特征图上的一个元素。如果在特征图的某一元素上检测到目标的存在,则在输入图像上目标边界框的中心一定会落在这个特征图元素映射到原始图像上 64×64 像素的网格范围内。由于特征图上每个元素只能预测一个目标,因此 YOLOv1 算法在一幅图像最多只能预测 7×7=49 个目标。

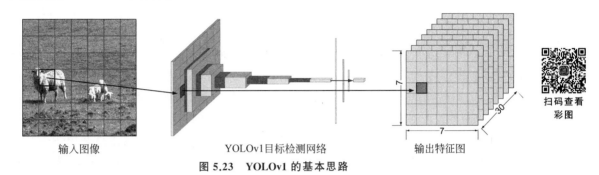

输入图像　　　　　　　　YOLOv1目标检测网络　　　　　　　输出特征图

图 5.23　**YOLOv1 的基本思路**

2. 算法详解

1) 回归算法的目标预测值

YOLOv1 算法将图像分成 $S \times S$ 个网格,如果真实目标边界框的中心落入某个网格,则由这个网格负责检测该目标。

YOLOv1 的输入图像为正方形,假设图像的宽高均为 Image_size 个像素,每个网格的宽高则为 Cell_size=Image_size/S 个像素。每个网格预测 B 个边界框(一般 $B=2$),每个边界框有 5 个预测值:边界框位置参数(d_x, d_y, d_w, d_h)和置信度 confidence。

如图 5.24 所示,预测值(d_x, d_y)为目标的预测边界框中心与所在网格左上角坐标(c_x, c_y)的归一化相对值,取值范围在 0~1。目标的预测边界框在图像中的中心坐标(x, y)为

$$x = d_x \times \text{Cell\_size} + c_x$$

$$y = d_y \times \text{Cell\_size} + c_y$$

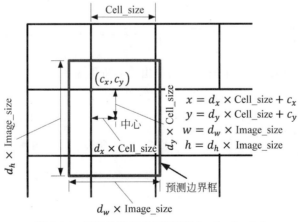

图 5.24　**目标边界框的预测值(d_x, d_y, d_w, d_h)**

预测值(d_w, d_h)为目标的预测边界框归一化宽和高,目标的预测边界框的实际宽、高像素数为

$$w = d_w \times \text{Image\_size}$$

$$h = d_h \times \text{Image\_size}$$

预测值 confidence 为目标预测边界框的置信度,这个指标反映了网格包含目标的可能性和预测边界框的预测精度。

在训练阶段,confidence 的计算公式定义如下

$$\text{confidence} = \text{Pr}(\text{Object}) \times \text{IoU}_{\text{pred}}^{\text{truth}}$$

其中:$\text{Pr}(\text{Object})$ 为该网格中是否包含真实目标边界框的中心,如果包含则为 1,否则为 0。在训练过程中,由训练样本的标签数据得到;$\text{IoU}_{\text{pred}}^{\text{truth}}$ 为网络预测的目标边界框与真实目标边界框的交并比,真实目标边界框的位置和大小由训练样本的标签数据得到。

根据训练样本的标签数据,如果这个网格中不存在真实目标,则 $\text{Pr}(\text{Object})=0$,置信度 confidence=0,否则 $\text{Pr}(\text{Object})=1$,置信度 confidence 值为 $\text{IoU}_{\text{pred}}^{\text{truth}}$。

每个网格还预测一组 C 个类别条件概率值:$\text{Pr}(\text{Class}_i | \text{Object})$,这组概率值用于确定预测边界框落在网格中的目标属于何种类别。其中:C 为目标分类类别总数;i 为类别索引,取值 $1 \sim C$,在 C 个类别概率值中,概率值最大的类别确定为预测目标的类别。

YOLOv1 算法每个网格有 $B \times 5 + C$ 个预测值,对于一幅划分为 $S \times S$ 个网格的图像,共有 $S \times S \times (B \times 5 + C)$ 个预测值,因此输出设计为 $S \times S \times (B \times 5 + C)$ 的张量。

2)网络结构

YOLOv1 的主干网络借鉴了 GoogLeNet 的结构设计。不同的是,YOLOv1 使用 1×1 卷积层和 3×3 卷积层替代了 GoogLeNet 中的 Inception 模块。如图 5.25 所示,YOLOv1 的结构相较于 R-CNN 系列的模型更简洁,网络包含了卷积层、池化层、全连接层,以及最终进行信息综合的输出层。

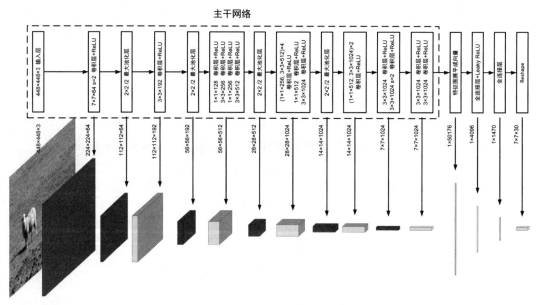

图 5.25　YOLOv1 模型结构图

卷积层中使用的卷积核的大小为 1×1 和 3×3 两种。1×1 卷积层的主要作用是跨通道信息整合。YOLOv1 经过 6 次下采样,输出特征图为输入特征图尺寸的 1/64,其中第一次和最后一次下采样采用步长为 2 的卷积实现,其余采用最大池化实现。主干网络特征提

取后输出 $7 \times 7 \times 1024$ 的特征图,将特征图展平为 50 176 维的特征向量,与 4096 个神经元构成第一个全连接,全连接层 4096 个神经元输出与 1470 个神经元构成第二个全连接,输出 1470 维特征向量,最后重构(Reshape)为 $7 \times 7 \times 30$ 的张量,得到 7×7 网格的回归预测值,预测在 49 个网格位置上目标置信度、目标边界框和目标的类别。

图 5.25 的 YOLOv1 模型将图像分成 7×7 的网格,每个网格预测 2 个边界框,20 个分类类别,即 S=7,B=2,C=20,因此每个网格的预测输出为 $5 \times 2 + 20 = 30$ 个,输出层为 $7 \times 7 \times 30$ 的张量,如图 5.26 所示。

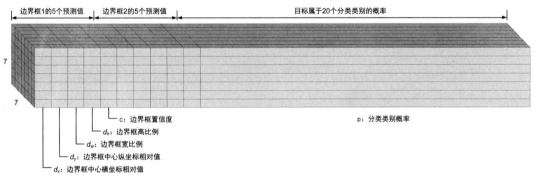

图 5.26　输出层 $7 \times 7 \times 30$ 张量

其中前 5 个通道为第一个边界框的预测值 (x, y, w, h, c),接下来 5 个通道为第二个边界框的预测值,之后 20 个通道为目标分类概率。

网络除最后一层使用线性激活函数外,其余所有层使用 Leaky ReLU 激活函数,公式和函数图形如图 5.27 所示。

$$f(z) = \begin{cases} z, & z \geqslant 0 \\ 0.1z, & z < 0 \end{cases}$$

图 5.27　Leaky ReLU 公式和图形

Leaky ReLU 可以解决 ReLU 在激活输出为 0 时引起的神经元死亡的问题。

3) 损失函数

YOLOv1 采用优化的误差平方和作为损失函数:

$$\text{LOSS} = \lambda_{\text{coord}} \sum_{i=1}^{S^2} \sum_{j=1}^{B} \mathbb{1}_{ij}^{\text{obj}} [(x_i - \hat{x}_i)^2 + (y_i - \hat{y}_i)^2] + \tag{5.5.1}$$

$$\lambda_{\text{coord}} \sum_{i=1}^{S^2} \sum_{j=1}^{B} \mathbb{1}_{ij}^{\text{obj}} \left[(\sqrt{w_i} - \sqrt{\hat{w}_i})^2 + (\sqrt{h_i} - \sqrt{\hat{h}_i})^2 \right] + \tag{5.5.2}$$

$$\sum_{i=1}^{S^2} \sum_{j=1}^{B} \mathbb{1}_{ij}^{\text{obj}} (C_i - \hat{C}_i)^2 + \tag{5.5.3}$$

$$\lambda_{\text{noobj}} \sum_{i=1}^{S^2} \sum_{j=1}^{B} \mathbb{1}_{ij}^{\text{noobj}} (C_i - \hat{C}_i)^2 + \tag{5.5.4}$$

$$\sum_{i=1}^{S^2} \mathbb{1}_{i}^{\text{obj}} \sum_{c \in \text{classes}} (p_i(c) - \hat{p}_i(c))^2 \tag{5.5.5}$$

损失函数由边界框中心坐标误差平方和、边界框宽高平方根误差平方和、有目标置信度误差平方和、无目标置信度误差平方和、类别概率误差平方和构成。

　　其中：i 为网格阵列的索引，i 为 $1\sim S\times S$；j 为网格 i 的预测目标边界框索引，j 为 $1\sim B$；x_i,y_i,w_i,h_i 等为训练样本中目标的预测值；$\hat{x}_i,\hat{y}_i,\hat{w}_i,\hat{h}_i$ 等为训练样本中目标的真实值。

　　1_{ij}^{obj}：当第 (i,j) 预测边界框同时满足以下两个条件时，该预测边界框确定为正样本，值为 1，否则该值为 0。

　　(1) 根据训练样本标签数据，有真实目标的边界框中心落在网格 i 中。

　　(2) 根据训练样本标签数据，在网格 i 的 B 个预测边界框中，第 j 个预测边界框与真实目标边界框的 IoU 最大。

　　1_{ij}^{noobj}：根据训练样本标签数据，当在网格 i 中没有真实目标时，该值为 1，该网格的 B 个预测边界框均为负样本，否则为 0。

　　1_{i}^{obj}：根据训练样本标签数据，当有真实目标的边界框中心落在网格 i 中时，该值为 1，否则为 0。

　　λ_{coord}：用于增强边界框坐标和宽高误差影响的权重，模型设置 $\lambda_{\text{coord}}=5$。

　　λ_{noobj}：用于减弱负样本置信度误差影响的权重，模型设置 $\lambda_{\text{noobj}}=0.5$。

　　公式 (5.5.1) 和公式 (5.5.2) 为位置误差，选择与真实边界框 IoU 最大的预测边界框，计算其与目标真实边界框的误差。在公式 (5.5.2) 中，如果直接使用 w,h 的误差平方和，则对于大目标得到的误差值也大，小目标误差值则很小，导致大目标误差对总误差的影响大于小目标。使用根号项是为了减弱大目标与小目标对误差影响的差异。在这两项前乘以 λ_{coord} 是为了增强位置误差对整个损失函数的影响。

　　公式第 (5.5.3) 为当网格 i 内有真实目标时，边界框的置信度误差。只计算与真实边界框 IoU 最大的预测边界框 j 的置信度，真实边界框置信度 $\hat{C}_i=\text{IoU}_{\text{pred}}^{\text{truth}}$。

　　公式 (5.5.4) 为当网格 i 内没有真实目标时，即网格 i 内图像为背景，计算网格 i 的所有 B 个预测边界框置信度误差，$\hat{C}_i=0$。由于在图像中，一般情况下背景的数量比目标的数量多，如果不加以限制，那么损失函数受背景的置信度误差影响更大。因此对该项乘以 λ_{noobj}，以减弱该项对损失函数的影响程度。

　　公式 (5.5.5) 为分类误差，只计算真实目标对应的类别概率误差，c 为训练样本标签数据中真实目标的类别索引，$p_i(c)$ 为索引 c 对应的预测概率，$\hat{p}_i(c)=1$。当网格内没有目标时，此项为 0。

　　4) 训练

　　将图 5.25 的网络模型 20 个卷积层之后的卷积层和全连接层替换为 1 个全局平均池化层＋1 个全连接层。由全局平均池化层将特征图转换成特征向量，与输出层的 20 个神经元构成全连接，组成图像分类网络。使用 ImageNet 图像分类训练集预训练图像分类网络，训练好的图像分类网络去掉平均池化层和全连接层，作为特征提取器使用。

　　将训练好的特征提取器参数加载到 YOLOv1 目标检测网络，使用 VOC 2012 目标检测训练集继续训练目标检测的整体网络模型，获得整个目标检测网络的模型参数。

5）推理

将 448×448×3 的图像输入到训练好的 YOLOv1 目标检测网络,网络一次就可以计算出目标边界框和目标类别。

在推理阶段,将预测边界框的置信度与分类类别概率相乘作为预测边界框的得分,通过设定阈值,将边界框得分不高的预测边界框过滤掉,剩余的预测边界框再通过 NMS 非最大值抑制方法进行筛选。

3. 优点

(1) YOLOv1 采用直接回归的方法,网络结构简洁,检测速度快,适用于实时目标检测任务。

(2) 基于整张图像信息进行预测,能够充分利用全局的上下文信息,误检较少。

(3) 对自然场景图像和艺术品都能获得很好的检测结果。

4. 存在的问题

(1) YOLOv1 由于网络结构包含全连接层,故网络的输入图像尺寸固定。

(2) 最多只能预测 49 个目标。如果两个或两个以上的目标边界框中心在同一个网格内,则算法只能预测其中一个目标,容易造成漏检。

(3) 网络的学习依赖于目标标签数据,在尺度上的泛化能力较弱,对图像中具有异常长宽比的目标检测效果不理想。

(4) YOLOv1 的损失函数中不同大小边界框的定位误差贡献度相近,造成了尤其是小目标的定位准确性较低。

5.3.2 YOLOv2

2016 年的 YOLOv2 是 YOLOv1 的升级版本,它在 YOLOv1 的基础上,综合使用多项有效措施,达到了预测更准确(better),速度更快(faster),识别对象更多(stronger)的目标。其改进之处主要包括采用批量归一化、高分辨率输入、锚框维度聚类、多尺度训练等技术。表 5.4 列出了不同改进策略在 PASCAL VOC 2007 数据集所带来的性能提升效果。

表 5.4　YOLOv2 相比 YOLOv1 的改进策略及性能分析

策　　略	YOLOv1	分　　值							YOLOv2
批量归一化		√	√	√	√	√	√	√	√
高分辨率分类器			√	√	√	√	√	√	√
全卷积网络				√	√	√	√	√	√
锚框				√					
DarkNet-19 主干网络					√	√	√	√	√
聚类锚框尺寸						√	√	√	√
约束位置预测						√	√	√	√
细颗粒特征检测							√	√	√
多尺度训练								√	√
高分辨率检测器									√
VOC 2007 mAP	63.4	65.8	69.5	69.2	69.6	74.4	75.4	76.8	78.6

1. YOLOv2 网络结构

1) DarkNet-19 主干网络

YOLOv1 主干网络采用 GoogLeNet 架构,包含 24 个卷积层和 2 个全连接层,完成一次前向过程需要 85.2 亿次运算。YOLOv2 采用 DarkNet-19 分类网络作为主干网络,结构参数如表 5.5 所示。DarkNet-19 分类网络包含 19 个卷积层和 5 个最大池化层,最后采用平均池化层代替全连接层进行预测,完成一次前向过程仅需要 55.8 亿次运算。DarkNet-19 分类网络性能表现也很突出,在 ImageNet 上达到 72.9% 的 Top-1 精度和 91.2% 的 Top-5 精度。通过主干网络的更新,YOLOv2 进一步提高了检测的速度。

表 5.5   DarkNet-19 分类网络结构参数表

卷积层	类型	卷积核个数	尺寸/步长	输出特征图尺寸
1	卷积	32	3×3	224×224
1	最大池化		2×2/2	112×112
2	卷积	64	3×3	112×112
2	最大池化		2×2/2	56×56
3	卷积	128	3×3	56×56
4	卷积	64	1×1	56×56
5	卷积	128	3×3	56×56
5	最大池化		2×2/2	28×28
6	卷积	256	3×3	28×28
7	卷积	128	1×1	28×28
8	卷积	256	3×3	28×28
8	最大池化		2×2/2	14×14
9	卷积	512	3×3	14×14
10	卷积	256	1×1	14×14
11	卷积	512	3×3	14×14
12	卷积	256	1×1	14×14
13	卷积	512	3×3	14×14
	最大池化		2×2/2	7×7
14	卷积	1024	3×3	7×7
15	卷积	512	1×1	7×7
16	卷积	1024	3×3	7×7
17	卷积	512	1×1	7×7
18	卷积	1024	3×3	7×7
19	卷积	1000	1×1	7×7
	平均池化		全局	1000
	Softmax			

YOLOv2 的网络结构如图 5.28 所示,主干网络保留了 DarkNet-19 的前 18 层卷积层,去掉第 19 层卷积层、平均池化层和 Softmax,取而代之的是 3 层 1024 核的 3×3 卷积层。YOLOv2 是全卷积网络,舍弃了全连接层,网络全部由卷积层和池化层构成,输入图像尺寸

不再要求为固定大小。

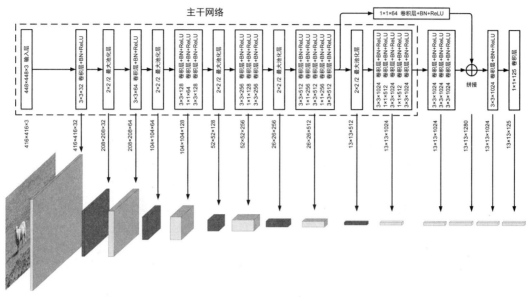

图 5.28 YOLOv2 的网络结构

2) 细粒度特征检测

在目标检测任务中,目标尺寸的差异通常较大,仅通过最后一层的特征图对目标的位置及大小进行预测,往往可能因为细粒度特征的丢失导致小目标的漏检。为此,YOLOv2 采用一种直接传递方式,将前期的浅层细粒度特征图拆分并拼接在最后的深层特征图中,从而提升小目标检测的准确性。如图 5.28 所示,将第 13 层卷积层输出的特征图经过 1×1 卷积层降维,拆分后与第 21 层卷积层输出的特征图在通道维度方向拼接,得到的特征图再经过一个 3×3 卷积层实现浅层和深层的特征融合。

具体的实现方式如图 5.29 所示,第 13 层输出的浅层特征图为 26×26×512,经过池化和卷积操作后得到第 21 层输出的深层特征图为 13×13×1024。将浅层特征图先通过 1×1×64 的卷积进行降维,再拆分成 4 个 13×13×64 的特征图,拼接在深层特征图 13×13×1024 的后面。经过拼接的特征图为 13×13×(1024+64×4)=13×13×1280,这个特征图保留了更小粒度的特征,有利于检出更小的目标。

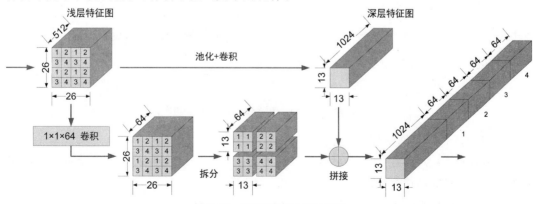

图 5.29 特征图的拆分和拼接

3）奇数尺寸特征图输出

YOLOv2 在主干网络之后去掉了池化层,以确保网络卷积输出具有较高的分辨率。将原来 448×448 的图像输入尺寸缩减为 416×416,这样可以使得图像经过主干卷积神经网络的 5 个池化层后,尺寸缩减为原尺寸的 1/32,特征图为 13×13 的奇数尺寸,如图 5.30 所示,保证了原图像锚框映射到特征图时恰好有一个中心单元格,而不是跨在 4 个单元格中间。

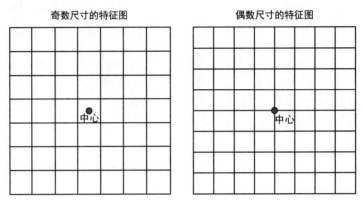

图 5.30 特征图的尺寸

4）全卷积目标检测器

与 YOLOv1 不同,YOLOv2 没有采用全连接层作为检测器,而是采用一个 1×1 的卷积层直接输出目标边界框位置和目标类别张量。这个 1×1 卷积层的卷积核个数取决于每个网格边界框数和分类类别总数。

如图 5.31 所示,YOLOv1 的每个网格预测 2 个边界框,每个边界框的预测值包括中心坐标相对值、宽高比例和置信度(d_x,d_y,d_w,d_h,c),并且共享 20 个分类的类别概率,预测值数量为 $5×2+20=30$。

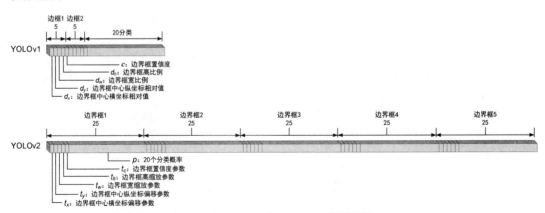

图 5.31 YOLOv1 和 YOLOv2 的预测值

YOLOv2 的每个网格预测 5 个边界框,每个边界框的预测值除包括 4 个边界框偏移量参数预测值(t_x,t_y,t_w,t_h)和 1 个置信度参数预测值 t_c 外,还包括独享的 20 个分类的类别概率。5 个边界框的预测值数量为 $5×(5+20)=125$。

2. 批量归一化

批量归一化有助于解决反向传播过程中的梯度消失和梯度爆炸问题,并能取代 Dropout 层起到一定的正则化效果,降低了网络学习过程中对学习率、激活函数等设置的敏感性,提高了网络的泛化能力,从而获得更好的收敛速度和收敛效果。批量归一化用在网络所有的卷积层中,可以提高约 2%mAP 的效果。

3. 高分辨率图像分类器

为了充分利用图像分类数据集的大量标注样本,检测模型通常采用图像分类数据集进行特征提取网络的参数的预训练。YOLOv1 沿袭了 AlexNet 等的传统,采用分辨率为 224×224 的输入图像进行特征提取阶段的预训练,并在检测阶段使用 448×448 的检测数据集进行网络的整体训练。输入图像分辨率的突然切换可能带来网络的不适应,从而影响模型的学习效果。YOLOv2 在 224×224 的分类数据集上预训练后,进一步通过 448×448 的分类图像样本进行参数的微调,最后再在 448×448 的检测数据集图像上进行整体的训练学习。由此,网络得以顺利过渡,大量分类图像的作用能够发挥到更好。使用高分辨率图像分类器,可以将 mAP 进一步提高约 4%。

4. 锚框及聚类设计的锚框尺寸

YOLOv1 通过全连接层直接进行边界框坐标值的预测,目标定位偏差较大。借鉴 Faster R-CNN 的锚框设计策略,YOLOv2 在每个网格位置预先设定一组不同大小和宽高比的锚框,通过网络预测目标相对于锚框的偏移量,从而简化问题使网络更容易学习和收敛。另一方面,通过锚框的设计,YOLOv2 可以检测的目标个数比 YOLOv1 大大增多,从而显著提升了目标检测的召回率,与 YOLOv1 相比,YOLOv2 的召回率由 81% 提升到 88%。锚框数目的增加也有利于提高目标的定位精度。

Faster R-CNN 的锚框尺寸是手动设计的,与实际待检测目标的尺寸差异较大,从而增加了网络对目标位置预测的难度。YOLOv2 通过对训练集的真实目标边界框进行 K-Means 聚类分析,得到更加匹配待检测目标的锚框尺寸和宽高比,从而有利于网络的学习。聚类的距离度量使用边框之间的 IoU。如公式(5.6)所示,交并比越大,边框间的距离 d 越小。YOLOv2 最终选择了 5 种边界框作为锚框。

$$d(\text{box}, \text{centroid}) = 1 - \text{IoU}(\text{box}, \text{centroid}) \tag{5.6}$$

获得 5 种训练集边界框尺寸的 K-Means 聚类方法步骤如下:

(1) 提取训练集所有真实目标边界框的宽和高;

(2) 随机选择 5 个边界框,定为 5 个边界框类型的聚类中心;

(3) 将各聚类中心边界框分别与剩余的所有边界框按中心重合的方式计算 IoU 和 d;

(4) 将与各聚类中心边界框的距离 d 最小的边界框归入同一类,计算各类边界框的平均值;

(5) 将各类边界框的平均值作为边界框的新聚类中心,重复(3)、(4)步,直至所有边界框的分类不再变化为止,此时这 5 种边界框的平均值即为所求。

5. 对预测边框位置和置信度的约束

Faster R-CNN 预测的是目标相对于锚框位置和大小的偏移量,由于偏移量的取值没有任何约束,在训练的早期阶段,容易导致模型学习的不稳定。YOLOv2 采用 Sigmoid 函数 σ 将预测得到的偏移量数值范围限制在 0~1,使预测边框的中心被约束在特定网格内,从而

使得模型训练更加稳定。其公式(5.7)及边界框参数预测值与锚框的关系,如图 5.32 所示

$$x = \sigma(t_x) + c_x$$
$$y = \sigma(t_y) + c_y$$
$$w = w_a e^{t_w}$$
$$h = h_a e^{t_h}$$
$$\text{confidence} = \Pr(\text{Object}) \times \text{IoU}_{\text{pred}}^{\text{truth}}$$
$$= \sigma(t_c) \qquad (5.7)$$

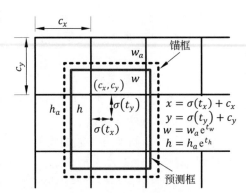

图 5.32　YOLOv2 边界框参数预测值与锚框的关系

其中:x,y,w,h,confidence 为预测边界框的中心坐标、宽高和置信度;t_x,t_y,t_w,t_h,t_c 为对应边界框各参数的预测值;c_x,c_y 为锚框中心所在网格左上角的坐标;w_a,h_a 为锚框的宽和高。

YOLOv2 并不直接预测边界框的中心坐标,而是将预测值(t_x,t_y)经过 Sigmoid 函数处理得到的值$(\sigma(t_x),\sigma(t_y))$作为中心坐标相对于网格左上角坐标$(c_x,c_y)$的位置偏移量。

预测边界框的宽高(w,h)是通过对锚框的宽高(w_a,h_a)缩放得到的,缩放比例为(e^{t_w},e^{t_h})。

预测值t_c经过 Sigmoid 函数后得到的$\sigma(t_c)$是预测边界框的置信度。边界框置信度的定义为 $\Pr(\text{Object}) \times \text{IoU}_{\text{pred}}^{\text{truth}}$,$\Pr(\text{Object})$为预测边界框包含目标的概率,$\text{IoU}_{\text{pred}}^{\text{truth}}$为预测边界框与真实边界框的交并比。

6. 多尺度图像训练

YOLOv2 全卷积网络不再要求输入图像尺寸为固定大小。为了使 YOLOv2 能在不同分辨率的输入图像上都能鲁棒地运行,在训练时 YOLOv2 每 10 个批次会随机地选择新的图像尺寸$(320,352,\cdots,608)$,继续进行训练。这样,最终的模型可以在不同的图像尺寸下运行,在速度和精度之间进行权衡。输入图像分辨率较小时运行速度较快,精度偏低;输入分辨率较高时则运行速度降低而精度提升。在 VOC 2007 数据集上,YOLOv2 在 67FPS 的情况下,可以获得 76.8% 的平均精度;在 40FPS 的情况下,精度可以达到 78.6%。

7. 分层分类和联合训练

YOLOv2 为了获得一个超大规模的目标检测器,采取了一种在分类数据集和检测数据集上联合训练的机制,从而用海量的分类数据集数据来扩充检测数据集。对于 ImageNet 分类数据集的输入,只计算目标分类的损失,反向传播学习如何进行分类,增加分类的类别量。对于 COCO 检测数据集的输入,则只计算完整的目标分类和定位损失,进行反向传播,优化网络的准确定位和分类能力。

YOLO9000 采用了混合 COCO 检测数据集与 ImageNet 中 9000 类物体后的分层树,将目标检测网络的分类类别总数由 20 扩展到 9418。分类中允许每张图像可以有多个标签,且不要求标签间独立。

通过以上分层分类和联合训练的技术,最终获得的 YOLO9000 模型可以实时地检测9000 多类物体。

8. 损失函数

$$\text{LOSS} = \sum_{i=1}^{W} \sum_{j=1}^{H} \sum_{k=1}^{A} (1_{\text{MaxIoU} < \text{Thresh}} \lambda_{\text{noobj}} (b_{ijk}^{c})^2 + \qquad (5.8.1)$$

$$1_{t<12\,800}\lambda_{\text{prior}}\sum_{r\in(x,y,w,h)}(b_{ijk}^{r}-\text{prior}_k^r)^2\,+ \tag{5.8.2}$$

$$1_k^{\text{truth}}(\lambda_{\text{coord}}\sum_{r\in(x,y,w,h)}(b_{ijk}^{r}-\hat{b}^r)^2\,+ \tag{5.8.3}$$

$$\lambda_{\text{obj}}(b_{ijk}^{c}-\text{IoU}_{\text{truth}}^k)^2\,+ \tag{5.8.4}$$

$$\lambda_{\text{class}}\sum_{p=1}^{P}(b_{ijk}^{p}-\hat{b}^p)^2)) \tag{5.8.5}$$

其中：W 为网格的列数；H 为网格的行数；A 为一个网格的锚框数量；i 为预测边界框在网格中的列索引；i 取值 $1\sim W$；j 为在网格中的行索引；j 取值 $1\sim H$；k 为网格的锚框索引，k 取值 $1\sim A$。

YOLOv2 的损失函数涉及 3 种类型的边界框。

（1）锚框，用 prior_k^r 表示锚框的位置和宽高，r 表示 (x_a,y_a,w_a,h_a)。

（2）预测边界框，用 b_{ijk}^r 表示预测边界框的位置和宽高，r 表示 (x,y,w,h)，用 b_{ijk}^c 表示预测边界框的置信度，用 b_{ijk}^p 表示预测边界框的类别概率。

（3）真实边界框，用 $\hat{b}^r$ 表示真实边界框的位置和宽高，r 表示 $(\hat{x},\hat{y},\hat{w},\hat{h})$，用 $\hat{b}^p$ 表示真实边界框的类别概率。

公式（5.8.1）为负样本的置信度误差。计算每个预测边界框与所有真实边界框的 IoU，找到最大 IoU，如果这个值小于 IoU 阈值（阈值为 0.6），则认为这个预测边界框内没有真实目标，统计其置信度的误差 b_{ijk}^c，其中

$$b_{ijk}^c=\sigma(t_{c,ijk})$$

公式（5.8.2）为对训练过程中前 12 800 个样本，计算预测边界框与对应锚框的位置和宽高误差，使得在训练前期预测边界框能够快速学习到锚框的形状。公式（5.8.2）的展开公式为

$$\sum_{r\in(x,y,w,h)}(b_{ijk}^{r}-\text{prior}_k^r)^2=(x_{ijk}-x_{a,k})^2+(y_{ijk}-y_{a,k})^2+(w_{ijk}-w_{a,k})^2+(h_{ijk}-h_{a,k})^2$$

$$=(\sigma(t_{x,ijk})+c_{x,ij}-x_{a,k})^2+(\sigma(t_{y,ijk})+c_{y,ij}-y_{a,k})^2+$$

$$(w_{a,k}\mathrm{e}^{t_{w,ijk}}-w_{a,k})^2+(h_{a,k}\mathrm{e}^{t_{h,ijk}}-h_{a,k})^2$$

公式（5.8.3）～公式（5.8.5）在 $1_k^{\text{truth}}=1$ 时生效。当预测边界框包含目标时，$1_k^{\text{truth}}=1$，否则 $1_k^{\text{truth}}=0$。

公式（5.8.3）计算用于训练任务的预测边界框与真实边界框的位置和宽高误差。公式（5.8.3）的展开公式为

$$\sum_{r\in(x,y,w,h)}(b_{ijk}^{r}-\text{truth}^r)^2=(x_{ijk}-\hat{x}_{ij})^2+(y_{ijk}-\hat{y}_{ij})^2+(w_{ijk}-\hat{w}_{ij})^2+(h_{ijk}-\hat{h}_{ij})^2$$

$$=(\sigma(t_{x,ijk})+c_{x,ij}-\hat{x}_{ij})^2+(\sigma(t_{y,ijk})+c_{y,ij}-\hat{y}_{ij})^2$$

$$+(w_{a,k}\mathrm{e}^{t_{w,ijk}}-\hat{w}_{ij})^2+(h_{a,k}\mathrm{e}^{t_{h,ijk}}-\hat{h}_{ij})^2$$

公式（5.8.4）用于计算预测边界框与真实边界框的置信度误差。其中：

$$b_{ijk}^c-\text{IoU}_{\text{truth}}^k=\sigma(t_{ijk,c})-\text{IoU}_{\text{truth}}^k$$

公式（5.8.5）用于计算预测边界框与真实边界框的分类误差。

λ_{noobj} 为预测边界框不包含目标时的置信度误差项的权重系数，λ_{prior} 为预测边界框与锚框位置误差项的权重系数，λ_{coord} 为预测边界框与真实边界框位置误差项的权重系数，λ_{obj} 为

预测边界框包含目标时与真实边界框置信度误差项的权重系数,λ_{class}为分类误差项的权重系数。这些权重系数用于增强或减弱误差项在整个损失函数中的影响程度。

YOLOv2 提供了不同输入分辨率的版本,使得工程应用可以在速度和精度方面进行折中选择,选择低分辨率低精度可以获得较高的检测速度,而选择高分辨率则可以在降低检测速度的情况下提高检测的精度。

5.3.3 YOLOv3

YOLOv2 与 YOLOv1 算法相比,在识别种类、精度、速度和定位准确性等方面都有很大提升,但是它对于小目标的检测效果仍然不太理想。2018 年,YOLOv3 在 YOLOv2 的基础上,进一步提升了网络对小目标及相邻目标的检测性能。

1. YOLOv3 网络结构

YOLOv3 的网络结构如图 5.33 所示,采用 DarkNet-53 作为主干网络,结合 FPN 网络实现浅层和深层特征的融合,按照目标尺度大小设计三级检测头输出预测结果。YOLOv3 没有池化层和全连接层,是一种全卷积网络。YOLOv3 的所有卷积层都是由卷积＋批量归一化(BN)＋Leaky ReLU 构成的,本章将其简称为 CBL。

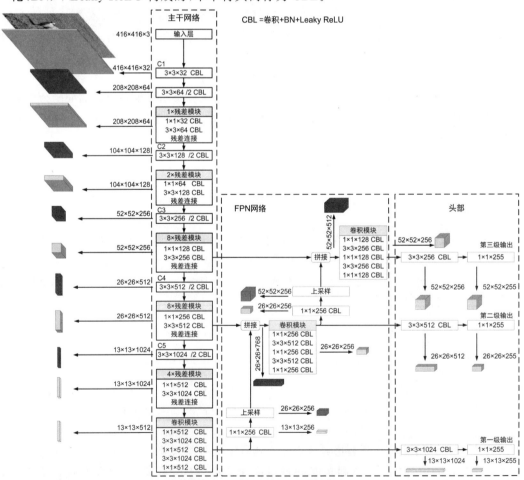

图 5.33　YOLOv3 的网络结构

1) DarkNet-53 主干网络

YOLOv3 作者提出了 DarkNet-53 分类网络,结构参数如表 5.6 所示。DarkNet-53 由 C1~C5 共 5 个阶段构成,C1~C5 阶段分别由 1、2、8、8、4 个重复的残差模块构成,在阶段之间通过步长为 2 的 3×3 卷积实现下采样,每个残差模块由卷积核大小为 1×1 和 3×3 的卷积层及跳层连接构成。DarkNet-53 中引入残差模块大大增加了主干网络的深度,有利于提高目标的分类精度。在 ImageNet 上的实验证明,DarkNet-53 的分类准确率可以与 ResNet-152 媲美,且速度是它的 2 倍;与 ResNet-101 相比,准确率比之略高,速度是它的 1.5 倍。DarkNet-53 层数更少,能够实现更高的浮点运算效率,速度更快。

表 5.6　DarkNet-53 分类网络结构参数

阶段	模块数量	类　　型	卷积核个数	尺寸/步长	输出特征图
C1	1×	卷积层	32	3×3	416×416×32
		卷积层下采样	64	3×3/2	208×208×64
		卷积层	32	1×1	
		卷积层	64	3×3	
		残差连接			208×208×64
C2	2×	卷积层下采样	128	3×3/2	104×104×128
		卷积层	64	1×1	
		卷积层	128	3×3	
		残差连接			104×104×128
C3	8×	卷积层下采样	256	3×3/2	52×52×256
		卷积层	128	1×1	
		卷积层	256	3×3	
		残差连接			52×52×256
C4	8×	卷积层下采样	512	3×3/2	26×26×512
		卷积层	256	1×1	
		卷积层	512	3×3	
		残差连接			26×26×512
C5	4×	卷积层下采样	1024	3×3/2	13×13×1024
		卷积层	512	1×1	
		卷积层	1024	3×3	
		残差连接			13×13×1024
		池化层		全局平均池化	
		全连接层		1000	
		Softmax			

YOLOv3 主干网络去除了 DarkNet-53 分类网络后段的池化层、全连接层和 Softmax,取而代之的是由 1×1 和 3×3 卷积核堆叠的 5 层卷积模块。

2）多级预测

如图 5.33 所示，YOLOv3 为了更加有效地检测不同尺度的目标，融合了特征金字塔网络（Feature Pyramid Network，FPN）结构，将深层特征上采样后与中层、浅层特征进行融合，从而实现了不同粒度特征的有效结合。

YOLOv3 有 3 级预测输出层。

第一级预测输出：DarkNet-53 主干网络 C5 阶段输出 13×13×512 的深层特征图，经过 3×3 和 1×1 卷积输出 13×13×255 的目标预测值。由于第一级输出采用的特征图是深层特征图，故适合大目标的检测。

第二级预测输出：C5 阶段输出的特征图通过 1×1 卷积降维到 256 个通道，经过最近邻插值法上采样，将深层特征图的尺寸扩大一倍，得到 26×26×256 特征图，与 C4 阶段输出的 26×26×512 中层特征图进行通道方向的拼接，实现中、深层特征融合，得到 26×26×768 的融合特征图。中深层融合特征图通过一个由 1×1 和 3×3 卷积核堆叠的 5 层卷积模块，得到 26×26×256 的特征图，再经过 3×3 和 1×1 卷积，输出 26×26×255 的目标预测值。第二级是在中深层特征融合的基础上进行预测的，适合中等尺寸目标的检测。

第三级预测输出：将在第二级中进行中深层特征融合后的特征图经 1×1 卷积降维和上采样后，得到 52×52×256 特征图，与浅层特征图 52×52×256 进行通道方向的拼接，完成浅、中、深特征图融合，得到 52×52×512 的特征图，再经过一个由 1×1 和 3×3 卷积核堆叠的 5 层卷积模块，得到 52×52×256 的特征图，经过 3×3 和 1×1 卷积输出 52×52×255 的目标预测值。第三级融合了浅、中、深三层特征，适合小目标的检测。

YOLOv3 的这种分级输出的结构，同时兼顾了小目标、中目标和大目标的检出，提高了目标检测召回率。

2. 多尺度锚框

YOLOv3 将锚框按照不同大小的尺度分配到 3 个预测层级的特征图上分别进行预测，每级分配 3 种锚框，如表 5.7 所示，有利于提升小目标的检测效果。

表 5.7　YOLOv3 锚框尺寸

输出层	特征图尺寸	预设锚框尺寸	预设边界框数量
第一级	13×13	116×90；156×198；373×326	13×13×3
第二级	26×26	30×61；62×45；59×119	26×26×3
第三级	52×52	10×13；16×30；33×23	52×52×3

第一级目标检测的预设锚框尺寸最大，用于检测大目标，有利于提高目标边界框的预测精度。第三级目标检测的预设锚框尺寸最小，有利于检测小目标。

与 YOLOv2 相似，每个网格的预测边界框与锚框的数量一致，目标检测包括预测边界框的 $(t_x, t_y, t_w, t_h, t_c)$ 5 个预测值和 80 个分类类别预测概率。因此，各级输出预测张量维度为 $n×n×3×(5+80)=n×n×255$，$n×n$ 为各级输出层的特征图尺寸。第一级预测输出 13×13×255 的张量，第二级预测输出 26×26×255 的张量，第三级预测输出 52×52×255 的张量。

3. 对应多标签分类的损失函数

由于 Softmax 层要求每个输出仅对应单一的类别标签,类别之间具有互斥性。而在较为复杂的 Open Images 数据集中,包含大量重叠的标签(如女人和人)。为了更好地处理多类别标签的数据集,YOLOv3 将 Softmax 层替换为 Sigmoid 逻辑回归分类器,采用二元交叉熵损失函数,对每个候选框进行多标签分类。YOLOv3 的损失函数如下

$$\text{LOSS} = -\lambda_{\text{coord}} \sum_{i=1}^{S^2} \sum_{j=1}^{B} 1_{ij}^{\text{obj}} [\hat{x}_i \log(x_{ij}) + (1-\hat{x}_i)\log(1-x_{ij}) +$$
$$\hat{y}_i \log(y_{ij}) + (1-\hat{y}_i)\log(1-y_{ij})] + \tag{5.9.1}$$

$$\lambda_{\text{coord}} \sum_{i=1}^{S^2} \sum_{j=1}^{B} 1_{ij}^{\text{obj}} [(w_{ij} - \hat{w}_i)^2 + (h_{ij} - \hat{h}_i)^2] - \tag{5.9.2}$$

$$\sum_{i=1}^{S^2} \sum_{j=1}^{B} 1_{ij}^{\text{obj}} [\hat{c}_i \log(c_{ij}) + (1-\hat{c}_i)\log(1-c_{ij})] - \tag{5.9.3}$$

$$\lambda_{\text{noobj}} \sum_{i=1}^{S^2} \sum_{j=1}^{B} 1_{ij}^{\text{noobj}} [\hat{c}_i \log(c_{ij}) + (1-\hat{c}_i)\log(1-c_{ij})] - \tag{5.9.4}$$

$$\sum_{i=1}^{S^2} 1_i^{\text{obj}} \sum_{j=1}^{C} [\hat{p}_{ij} \log(p_{ij}) + (1-\hat{p}_{ij})\log(1-p_{ij})] \tag{5.9.5}$$

其中:S 为网格的行数和列数;B 为输出层级网格锚框的种类数量;C 为分类类别数量;x, y, w, h, c, p 为预测边界框的中心坐标、宽、高、置信度和分类概率;$\hat{x}$, $\hat{y}$, $\hat{w}$, $\hat{h}$, $\hat{c}$, $\hat{p}$ 为真实边界框的中心坐标、宽、高、置信度和分类概率。

公式(5.9.1)表示当该网格有目标时,预测边界框的中心坐标误差。

公式(5.9.2)表示当该网格有目标时,预测边界框的宽高误差。

公式(5.9.3)表示当该网格有目标时,预测边界框的置信度误差。

公式(5.9.4)表示当该网格没有目标时,预测边界框的置信度误差。

公式(5.9.5)表示当该网格有目标时,预测边界框的分类误差。

5.3.4　YOLOv4

在 YOLOv3 提出的两年后,Bochkovskiy 等进一步提出了 YOLOv4,在广泛总结和分析了同期工作在网络结构设计、损失函数定义、数据扩充、正则化、跳层连接方式等多方面的成功经验下,在兼顾速度和精度的前提下,对原网络进行了改进,最终提出了优化的 YOLOv4 架构,性能相对于 YOLOv3 又有了很大提升。

1. YOLOv4 的网络结构

YOLOv4 的网络结构如图 5.34 所示,主干网络采用 CSPDarkNet-53,颈部网络采用 SPP 空间金字塔池化+PAN 路径聚合网络,三级检测头输出,是全卷积网络。

1) CSPDarkNet-53 主干网络

YOLOv4 借鉴跨阶段局部网络(Cross Stage Partial Network,CSPNet)的经验,将 DarkNet-53 主干网络中的残差模块改进为 CSPResNet 残差模块,构建了新的主干网络 CSPDarkNet53。CSPResNet 模块结构如图 5.35 所示,前级网络的输出经过两个并行的 1×1 卷积将特征图的通道数降维为原来的一半,一部分特征图经过残差模块输出,另一部分特征图被直接传送过去,两部分特征图在通道方向完成拼接。

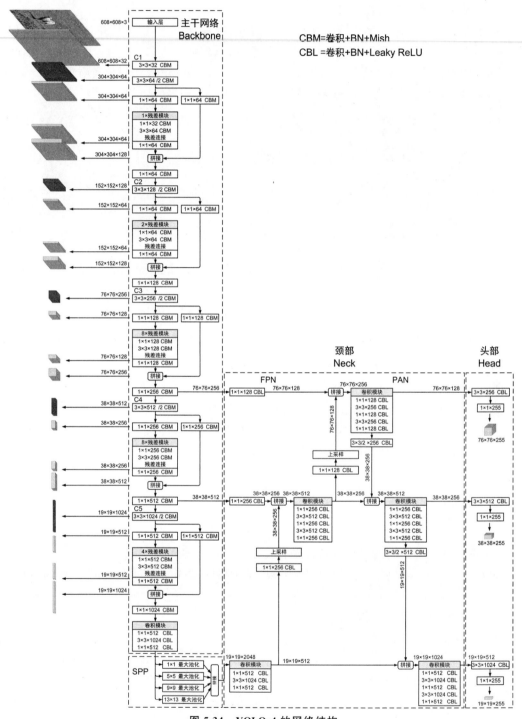

图 5.34 YOLOv4 的网络结构

YOLOv4 的 CSPResNet 模块只使用了输入通道数量一半的特征图进行残差操作,可以大大减少计算量和内存消耗;另一半特征图直接传输,在反向传播过程中增加了一条完全独立的梯度传播路径,可防止不同层学习重复的梯度信息。

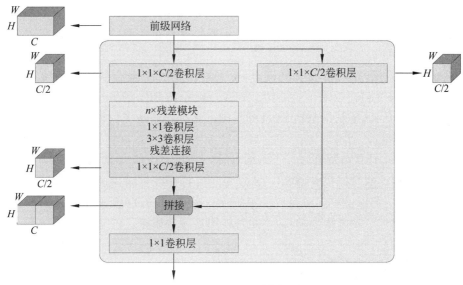

图 5.35 CSPResNet 模块结构

2) Mish 函数

在主干网络中使用 Mish 激活函数替代了 Leaky ReLU 激活函数。如图 5.36 所示，Mish 函数的图形接近 ReLU 函数，输入小于 0 时，输出为负值，解决了神经元死亡的问题，且在整个范围内，都是连续可导的。

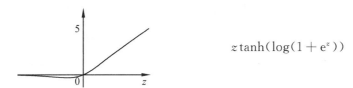

$$z\tanh(\log(1+e^z))$$

图 5.36 Mish 激活函数的公式和图形

本章中，卷积＋批量归一化(BN)＋Leaky，简称 CBL，卷积＋批量归一化(BN)＋Mish，简称 CBM。

3) 基于 SPP＋PAN 的多尺度特征融合

YOLOv4 在特征提取阶段之后采用了空间金字塔池化(Spatial Pyramid Pooling，SPP)模块，在不显著影响网络速度的前提下可以扩大感受野，分离重要的上下文特征。

YOLOv4 的 SPP 实现如图 5.37 所示，对前级网络输出的特征图采用 1×1、5×5、9×9、

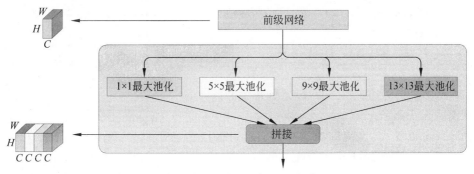

图 5.37 YOLOv4 的 SPP 实现

13×13 尺度的池化核,进行滑动步长为1的最大池化操作,利用 padding 保证不同尺度池化核的池化输出与原特征图尺寸保持一致,将经不同尺度池化后的特征图进行通道方向的拼接,从而得到 SPP 的输出。

为了更充分地进行多尺度特征的融合,YOLOv4 的特征融合阶段采用路径聚合网络(Path Aggregation Network,PAN)结构。YOLOv3 中的 FPN 结构主要包括自深层特征向浅层特征的融合,而 PAN 结构则在 FPN 的基础上进一步添加了自浅层特征向深层特征的融合通道。

如图 5.38 所示,浅层特征经过主干网络后,几乎都已经转化为深层特征,导致这个层的输出中能够利用的浅层特征很少,而在 PAN 中浅层特征经过较少的层数与深层特征图融合,保证了在深层特征图中较好地保留浅层特征。在 YOLOv4 中,两个特征图的融合是采用通道方向特征图的拼接来实现的,而不是特征图逐元素相加。

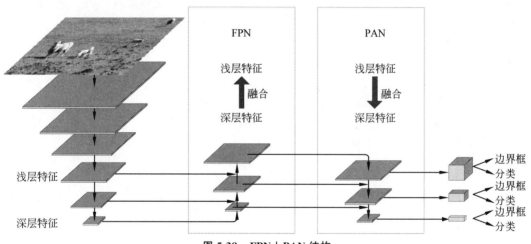

图 5.38 FPN+PAN 结构

2. 基于 DIoU 的 NMS 筛选

YOLOv4 使用了基于 DIoU(Distance IoU)的 NMS 非极大值抑制措施对网络输出的预测框进行筛选,改善了网络对邻近目标的检测效果。

如图 5.39 所示,IoU_B^A 为边界框 A 和边界框 B 的交并比,A_{ctr}、B_{ctr} 分别为边界框 A 和边界框 B 的中心,C 为包裹边界框 A 和边界框 B 的最小矩形(也称为外接矩形)的对角线长度。

DIoU 的计算公式为

$$DIoU = IoU_B^A - \frac{D(A_{ctr}, B_{ctr})^2}{C^2}$$

其中,$D(A_{ctr}, B_{ctr})$ 为边界框 A 和边界框 B 中心点间的欧氏距离。

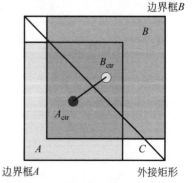

图 5.39 DIoU

由上式可以看出,当两框趋近于重合时,DIoU 值趋近于 1;当两框远离时,DIoU 值趋近于 -1。

DIoU_NMS 的计算过程与传统 NMS(见本书 5.1.2 节)相似,区别仅在于使用 DIoU 取代 IoU。使用 DIoU_NMS 进行预测边界框的筛选,不但考虑了边界框的重叠程度,同时考虑了边界框中心点的距离,在对重叠目标的检测中,效果优于传统 NMS。

3. 基于 CIoU 的损失函数

大多数目标检测器采用均方误差损失函数进行边界框中心点和宽高的回归。均方误差损失函数将边界框中心点和尺寸等信息作为独立变量对待,事实上,边界框位置和尺寸之间是具有一定关系的。为此,YOLOv4 在边界框回归上采用了基于 CIoU(Complete IoU)的损失函数。CIoU 的定义不仅考虑了边界框之间的重叠面积,同时考虑了边界框中心点距离和长宽比的尺度信息,提升了边界框回归的速度和精度。

CIoU 在 DIoU 的基础上增加了一个对边界框宽高比的惩罚项,CIoU 的计算公式为

$$\mathrm{CIoU} = \mathrm{IoU}_{\mathrm{pred}}^{\mathrm{truth}} - \frac{D(\mathrm{truth}_{\mathrm{ctr}}, \mathrm{pred}_{\mathrm{ctr}})^2}{C^2} - \alpha v$$

$$\alpha = \frac{v}{(1 - \mathrm{IoU}_{\mathrm{pred}}^{\mathrm{truth}}) + v}, \quad v = \frac{4}{\pi^2}\left(\arctan\frac{w}{h} - \arctan\frac{\hat{w}}{\hat{h}}\right)^2$$

基于 CIoU 的损失函数计算公式为

$$\mathrm{LOSS}_{\mathrm{CIoU}} = 1 - \mathrm{CIoU} = 1 - \mathrm{IoU}_{\mathrm{pred}}^{\mathrm{truth}} + \frac{D(\mathrm{truth}_{\mathrm{ctr}}, \mathrm{pred}_{\mathrm{ctr}})^2}{C^2} + \alpha v$$

其中:$\mathrm{IoU}_{\mathrm{pred}}^{\mathrm{truth}}$ 为真实边界框和预测边界框的交并比;$\mathrm{truth}_{\mathrm{ctr}}$,$\mathrm{pred}_{\mathrm{ctr}}$ 分别为真实边界框和预测边界框的中心;$D(\mathrm{truth}_{\mathrm{ctr}}, \mathrm{pred}_{\mathrm{ctr}})$ 为真实边界框中心与预测边界框中心的欧氏距离;C 为包裹真实边界框和预测边界框的最小矩形的对角线长度;$\hat{w}$,$\hat{h}$ 为真实边界框的宽高;w,h 为预测边界框的宽高;αv 是宽高比的惩罚项,v 表示真实边界框与预测边界框宽高比的一致性,当两框宽高比例一致时,$v = 0$,$\alpha v = 0$,惩罚项为 0。当两框宽高比例不一致时,αv 输出惩罚值,宽高比例差异越大,惩罚项值越大。

CIoU 同时关注到了两个边界框的重叠面积、中心点距离和长宽比,使得预测边界框回归的精度和速度更高。

YOLOv4 的损失函数为

$$\mathrm{LOSS} = \lambda_{\mathrm{coord}} \sum_{i=1}^{S^2} \sum_{j=1}^{B} 1_{ij}^{\mathrm{obj}} \left(1 - \mathrm{IoU}_{\mathrm{pred}}^{\mathrm{truth}} + \frac{D(\mathrm{truth}_{\mathrm{ctr}}, \mathrm{pred}_{\mathrm{ctr}})^2}{C^2} + \alpha v\right) -$$

$$\sum_{i=1}^{S^2} \sum_{j=1}^{B} 1_{ij}^{\mathrm{obj}} [\hat{C}_i \log(C_{ij}) + (1 - \hat{C}_i)\log(1 - C_{ij})] -$$

$$\lambda_{\mathrm{noobj}} \sum_{i=1}^{S^2} \sum_{j=1}^{B} 1_{ij}^{\mathrm{noobj}} [\hat{C}_i \log(C_{ij}) + (1 - \hat{C}_i)\log(1 - C_{ij})] -$$

$$\sum_{i=1}^{S^2} 1_{i}^{\mathrm{obj}} \sum_{j=1}^{C} [\hat{p}_{ij} \log(p_{ij}) + (1 - \hat{p}_{ij})\log(1 - p_{ij})]$$

4. 数据增强技术

YOLOv4 提出了 Mosaic 和 SAT(Self-Adversarial Training)自对抗训练技术进行数据的增强。如图 5.40 所示,Mosaic 数据增强使用 4 张图像进行随机缩放,再通过随机分布之后进行拼接。这样,训练数据增加了很多小目标,丰富了目标所在的上下文环境,也有利于后续的批量归一化。SAT 自对抗训练技术的实现分为两个阶段:第一阶段网络对自己执

扫码查看
彩图

aug_-319215602_0_-238783579.jpg   aug_-1271888501_0_-749611674.jpg   aug_1462167959_0_-1659206634.jpg

aug_1474493600_0_-45389312.jpg   aug_1715045541_0_603913529.jpg   aug_1779424844_0_-589696888.jpg

图 5.40　Mosaic 数据增强示例图

行对抗攻击,通过修改输入图像而不是网络权重,创建图中没有目标的欺骗;第二阶段,网络通过修改权重对修改后的图像进行正常的检测。

5. 其他网络改进策略

除此之外,YOLOv4 还采用了诸多措施提升检测器的训练及测试性能。比如,使用 Dropblock 正则化方法缓解过拟合,通过丢弃掉部分整片相邻区域,迫使网络关注图像其他部位实现正确识别,从而达到更好的泛化能力。为了使网络更适用于单 GPU 的训练,YOLOv4 也采取了很多优化措施。例如:使用交叉小批量归一化(Cross mini-Batch Normalization,CmBN)替代了批量归一化 BN,BN 在使用较大批量样本时可能会造成内存溢出,而使用小的批量样本进行训练时,效果会大大下降,CmBN 通过采集多个批量样本中的统计数据,进行合并作为本次迭代的统计数据,较好地解决了小批量样本的问题;对 SAM (spatial attention module)进行改进,使用点注意力代替空间注意力等。

5.3.5　YOLOv5

在 YOLOv4 提出后不久,Ultralytics 于 2020 年 6 月发布了 YOLOv5 的第一个版本。和 YOLOv4 相比,YOLOv5 具有收敛及推理速度快、模型轻量、模型可定制性强等特点。目前常用的 YOLOv5 有 5 个版本,分别是 v5n、v5s、v5m、v5l 和 v5x。不同版本结构相同,仅在网络深度和宽度上有所区别。YOLOv5n 模型最小,速度快但精度低,适用于资源非常有限的 CPU 设备等,其他版本加深加宽了网络结构,精度不断提升,但时间的消耗也在不断增加。

1. 目标检测网络结构的改进

YOLOv5 在结构上的改进主要包括主干网络中的 Focus 结构、激活函数、CSP 结构、SPFF 结构,以及边界框预测参数定义等。

1) YOLOv5 目标检测网络结构

YOLOv5 的网络结构如图 5.41 所示,由主干网络、SPFF 模块、颈部网络和头部网络构成。与 YOLOv4 相似,主干网络由 CSPResNet 残差模块构成,颈部网络由 PAN 构成,并将其中的卷积模块改进为 CSP 结构,头部网络由 3 个检测层的 1×1×255 卷积构成。

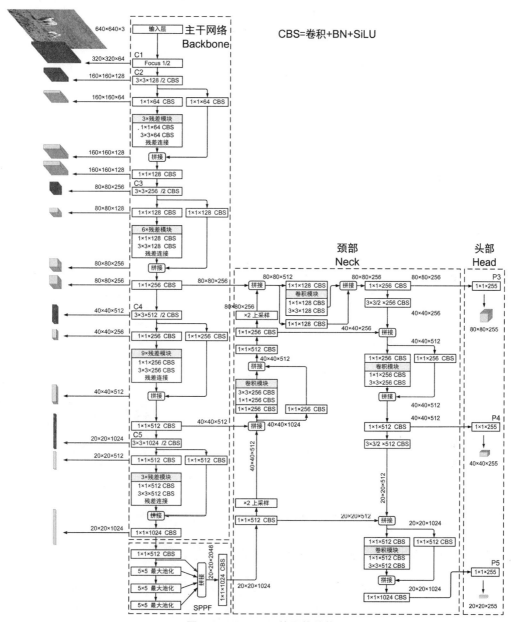

图 5.41　YOLOv5 的网络结构

　　YOLOv5 的 5 个版本结构相同,通过使用控制因子灵活配置不同版本的模型。控制因子 depth_multiple 为网络的深度控制参数,通过这个参数设定主干网络 C2～C5 各阶段残差模块的数量,width_multiple 为网络的宽度控制参数,用于设定主干网络和颈部网络卷积层中卷积核(或输出特征图的通道)的数量。如表 5.8 所示,以 YOLOv5l 版本作为标准网络,参数设定为 1,其主干网络中 C2～C5 阶段残差模块的数量分别为 3、6、9、3,卷积层的卷积核数量分别为 128、256、512、1024。将 YOLOv5l 版本的残差模块数量和卷积核数量分别乘以 depth_multiple 和 width_multiple 控制因子,从而得到其他版本的网络深度与宽度。

表 5.8 YOLOv5 网络模型配置参数

	YOLOv5n	YOLOv5s	YOLOv5m	YOLOv5l	YOLOv5x
depth_multiple	1/3	1/3	2/3	1	4/3
width_multiple	1/4	1/2	3/4	1	5/4

YOLOv5 的头部由 P3、P4、P5 3 个检测层构成：

(1) P3 检测层,8 倍下采样,用于检测小目标,默认锚框设置为：(10,13)、(16,30)、(33,23);

(2) P4 检测层,16 倍下采样,用于检测中等目标,默认锚框设置为：(30,61)、(62,45)、(59,119);

(3) P5 检测层,32 倍下采样,用于检测大目标,默认锚框设置为：(116,90)、(156,198)、(373,326)。

YOLOv5 的卷积层结构：卷积+批量归一化(BN)+SiLU 激活函数,本章中简称 CBS。

2) Focus 结构

输入图像在主干网络的 C1 阶段经过 Focus 结构进行 2 倍下采样和特征提取。Focus 结构将输入图像进行切片操作,然后将切片在通道方向进行拼接。如图 5.42 所示,将(W,H,C)的图像进行隔行隔列切片后重组,然后在通道方向拼接,得到($W/2 \times H/2 \times 4C$)的特征图。输入图像经过切片操作,宽度和高度减半,通道数增加为之前的 4 倍。拼接后的特征图通过卷积等操作提取特征。

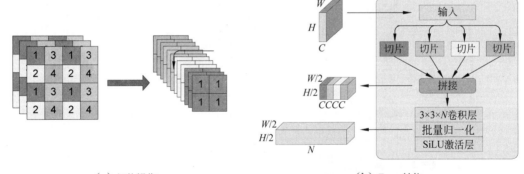

（a）切片操作 　　　　　　　　 （b）Focus结构

图 5.42 Focus 结构切片操作示意图

YOLOv5 用 Focus 结构取代了 YOLOv4 的 C1 阶段中 stride＝1 的 3×3×32 卷积和 stride＝2 的 3×3×64 的卷积残差模块,实现了 2 倍下采样和特征提取。在不损失信息的情况下,减少了层数,降低了参数量和运算量,且基本不影响 mAP,达到了一定的提速效果。

3) SiLU 激活函数

SiLU 激活函数的公式和图形如图 5.43 所示。

图 5.43 SiLU 激活函数的公式和图形

SiLU 激活函数是 $\beta=1$ 时的 Swish 激活函数。该函数具有无上界、有下界、平滑的特性。SiLU 函数的图形接近 ReLU 函数,当输入小于 0 时,输出为负值,解决了神经元死亡的问题,且在整个范围内都是连续可导的。

4）CSP 结构

YOLOv4 只在主干网络中使用 CSP 结构,而 YOLOv5 在整个网络中都使用了 CSP 结构,增强了网络对特征的融合能力,保留了更丰富的特征信息。如图 5.44 所示,图 5.44(a)为主干网络中的 CSP 结构,结构体中包含 n 个残差模块,每个残差模块都包含残差连接。图 5.44(b)为颈部网络中的 CSP 结构,包含 1 个由 1×1 和 3×3 卷积构成的卷积模块。这种结构在开始时有 2 个 $1 \times 1 \times C/2$ 的卷积,在结构末尾有 1 个 $1 \times 1 \times C$ 的卷积,故在源码中称为 C3 模块。

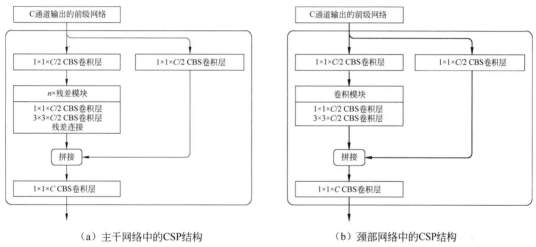

（a）主干网络中的CSP结构　　　　（b）颈部网络中的CSP结构

图 5.44　YOLOv5 网络中的 CSP 结构

5）SPPF 结构

YOLOv5 采用 SPPF 结构替换了 YOLOv4 的 SPP 结构,与 SPP 功能基本等效,SPPF 结构如图 5.45 所示。

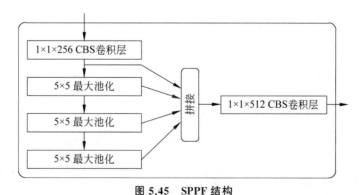

图 5.45　SPPF 结构

6）边界框预测参数定义

YOLOv2～YOLOv4 的边界框回归存在着一些缺陷,边界框的宽($w_a e^{t_w}$)和高($h_a e^{t_h}$)是锚框宽高的指数倍。由于 e^{t_w} 和 e^{t_h} 的取值范围不受限制,可能导致梯度失控、不稳定。

YOLOv5 对预测边界框的计算公式进行了改进,如公式(5.10)所示

$$x = 2\sigma(t_x) - 0.5 + c_x$$
$$y = 2\sigma(t_y) - 0.5 + c_y$$
$$w = w_a\,(2\sigma(t_w))^2 \qquad (5.10)$$
$$h = h_a\,(2\sigma(t_h))^2$$

其中:x,y,w,h 为预测边界框的中心坐标和宽高;t_x,t_y,t_w,t_h,t_c 为边界框各参数的预测值;c_x,c_y 为锚框中心所在网格左上角的坐标;w_a,h_a 为锚框的宽和高;σ 为 Sigmoid 函数,取值范围在 0~1。上述参数是以网格大小为单位归一化后的值。

如图 5.46 所示,根据公式(5.10),当预测值 $(t_x,t_y)=(0,0)$ 时,$2\sigma(0)=1$,得到预测边界框的中心 $(x,y)=(c_x+0.5,c_y+0.5)$ 恰好在网格的中心,当 (t_x,t_y) 数值为负方向较大值时,$2\sigma(-\infty)$ 趋近于 0,$(x,y)\approx(c_x-0.5,c_y-0.5)$,当 (t_x,t_y) 数值为正方向较大值时,$2\sigma(\infty)$ 趋近于 1,$(x,y)\approx(c_x+1.5,c_y+1.5)$,如图所示,边界框中心坐标的取值范围恰好是以网格为中心的阴影区域。

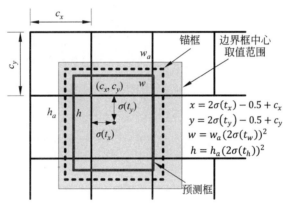

图 5.46　YOLOv5 边界框参数预测值与锚框的关系

当预测值 $(t_w,t_h)=(0,0)$ 时,预测边框的宽高 (w,h) 与锚框的宽高 (w_a,h_a) 相等,当预测值 (t_w,t_h) 为正或负较大值时,预测边界框与锚框的宽高缩放比例在 0~4。由此可见,预测边界框的中心坐标和宽高都约束在了有限的取值范围内。

2. 其他改进

(1) 训练阶段仍然沿用了 Mosaic 数据增强方式,提升小物体检测性能,并且将自适应锚框计算功能嵌入训练代码中,从而可以自适应地计算不同训练集中的最佳锚框值。除此之外 YOLOv5 对图像缩放的算法进行了改进,通过自适应缩放填充,减少了过多填充信息带来的推理资源浪费,进而显著提升了推理的速度。

(2) YOLOv5 在正负样本定义阶段采用了跨邻域网格的匹配策略,从当前网格的上下左右的 4 个网格中找到与当前目标中心点最近的两个网格,再加上当前网格共 3 个网格进行匹配,从而得到更多的正样本锚框,使得收敛的速度变快。

作为单阶段目标检测的代表,YOLO 系列不断有人进行优化升级,在 YOLOv5 之后,出现了 YOLOX、YOLOv6、YOLOv7、YOLOv8 等多个升级版本。

本章 5.4 节**实践项目:基于 YOLOv5s 的目标检测**是 YOLOv5 在 PyTorch 框架下的软件实现,感兴趣的读者可以直接跳转到该章节开展实战操作。

5.3.6   FCOS

两阶段的 Faster R-CNN、SPPNet 和单阶段的 YOLO、SSD、RetinaNet 等网络都是基于锚框的目标检测算法。虽然基于锚框的目标检测算法取得了巨大成功,但是存在一些不容忽视的缺点:

(1) 锚框的大小、纵横比和数量等超参数对模型的检测性能影响很大,需要进行精心的调整和尝试。

(2) 无论是手工设计的还是通过 K-Means 聚类得到的锚框参数,都会影响模型的泛化能力。

(3) 设置较多的锚框有助于提高模型的精度和召回率,但也会导致大量的计算和筛选锚框及正负样本不平衡的问题。

FCOS 目标检测(Fully Convolutional One-Stage object detection)是一种单阶段无锚框的全卷积目标检测算法,它使用逐像素预测的方式,去解决目标检测任务,完全避免了与锚框相关的计算和超参数,从而降低了网络设计复杂度,同时达到了当时单阶段目标检测器中最先进的性能。FCOS 提出后进行了多次改进,本节只讲解最新的方法。

1. 基本思路

输入图像通过 FCOS 的主干网络输出特征图,下采样倍数为 S 倍。如图 5.47(a)所示,$F_{i,j}$ 为特征图上任一元素,(i,j) 分别为元素位置在特征图上的横纵坐标。如图 5.47(c)所示,将该元素的位置映射回输入图像上,映射位置的横纵坐标为

$$x_0 = i \times S + \frac{S}{2}, \quad y_0 = j \times S + \frac{S}{2}$$

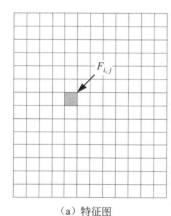

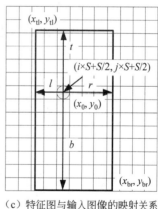

扫码查看
彩图

(a) 特征图   (b) 输入图像   (c) 特征图与输入图像的映射关系

图 5.47   FCOS 网络目标检测基本思路

以此位置 (x_0, y_0) 为参考点,预测该位置的:

(1) 分类类别概率 $p_{i,j}$。FCOS 对每个类别使用二分类器,分类结果为某个类别或是背景。

(2) 该参考点 (x_0, y_0) 距预测目标边界框上下左右 4 条边的像素距离 $t_{i,j} = (t, b, l, r)$。

(3) 中心度 centerness$_{i,j}$,即该参考点接近目标中心的程度。

中心度计算公式为

$$\text{centerness}_{i,j} = \sqrt{\frac{\min(l,r)}{\max(l,r)}} \times \sqrt{\frac{\min(t,b)}{\max(t,b)}}$$

中心度的取值范围为 0~1，当参考点(x_0,y_0)远离目标边界框的中心时，中心度趋向于 0，当参考点(x_0,y_0)接近边界框中心时，中心度趋向 1。当特征图上存在多个元素映射到输入图像后落入同一个目标的边界框，则距离边界框中心越近的元素预测的中心度越高。

FCOS 网络是密集预测，对特征图上的每个元素都进行上述 3 种参数的预测。在推理阶段，通过将每个元素的中心度与其类别概率相乘开方，得到最终的预测边界框评价得分

$$\text{score}_{i,j} = \sqrt{\text{centerness}_{i,j} \times p_{i,j}}$$

对于类别概率和中心度的预测值都较大的位置，预测边界框评价得分高。然后对预测边界框评价得分进行排序，使用 NMS 算法对预测边界框进行筛选，从而过滤掉类别概率较大但中心度低的边界框，提高检测性能。

由预测值(t,b,l,r)可以计算出目标预测边界框的左上角坐标为

$$x_{\text{tl}} = x_0 - l, \quad y_{\text{tl}} = y_0 - t$$

右下角坐标为

$$x_{\text{br}} = x_0 + r, \quad y_{\text{br}} = y_0 + b$$

2. 网络结构

如图 5.48 所示，FCOS 采用 ResNet50 作为主干网络提取特征。ResNet50 主干网络的 C3、C4、C5 阶段中的第一个 3×3 卷积滑动步长都为 2，下采样 2 倍，输出的特征图通过 FPN 网络进行深浅层特征图融合，输出 P3、P4、P5 特征图，并将 P5 特征图经过两个 stride＝2 的 3×3 卷积实现下采样输出 P6、P7。P3~P7 的下采样倍数分别为 8、16、32、64、128。

FCOS 网络通过 FPN 多级预测来解决特征图分辨率低和预测边界框重叠的问题。P3~P7 特征图负责预测不同尺寸大小的目标。P3 特征图含有丰富的浅层特征和较高的特征图分辨率，负责预测小目标，P7 特征图具有最大的感受野和较丰富的深层特征，负责预测大目标。FPN 网络各输出层负责预测的目标尺度，如表 5.9 所示。

表 5.9　FPN 输出特征图多尺度预测

FPN 输出特征图	下采样倍数	$\max(t,b,l,r)$
P3	8	0~64
P4	16	64~128
P5	32	128~256
P6	64	256~512
P7	128	512~∞

参考点到目标边界框 4 条边预测距离中的最大值 $\max(t,b,l,r)$决定由 FPN 的哪个输出特征图层负责预测目标。

将 FPN 网络 P3~P7 特征图分别输入到检测头网络，检测头分为两个支路。

第一个支路：分类预测分支。特征图经过 4 个 3×3×256 卷积层＋GN 层＋ReLU 层进行特征强化，再经 1×1×80 卷积层预测输出目标的分类概率张量 $w \times h \times 80$，$w \times h$ 为特

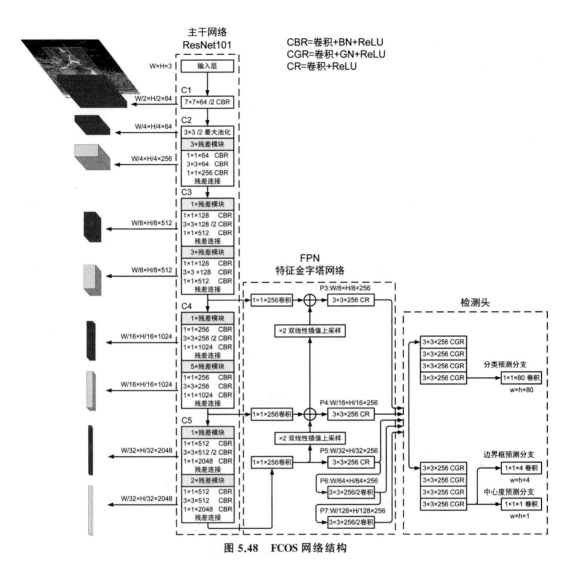

图 5.48　FCOS 网络结构

征图的尺寸,通道数 80 为类别概率。

第二个分支:边界框参数预测分支和中心度预测分支。两个分支共享 1 组 4 个 $3\times3\times$ 256 卷积层+GN 层+ReLU 层进行特征强化,之后再分为两个分支,一个分支通过 $1\times1\times$ 4 卷积层预测边界框参数 (t,b,l,r) 得到 $w\times h\times4$ 张量,另一个分支通过 $1\times1\times1$ 卷积层预测中心度得到 $w\times h\times1$ 张量。

FPN 的 5 个特征图层 P3~P7 通过检测头各自独立预测目标类别概率、边界框参数和中心度,5 个检测头的权值参数共享。

3. 损失函数

FCOS 损失函数由 3 部分组成。

(1) LOSS_{cls} 分类损失,采用常规的 Focal Loss,解决了正负样本不平衡的问题。公式为

$$\text{LOSS}_{\text{cls}}=-\frac{1}{N}\sum_{i=1}^{w}\sum_{j=1}^{h}(1_{i,j}^{\text{obj}}\alpha\ (1-p_{i,j})^{\gamma}\log(p_{i,j})+1_{i,j}^{\text{noobj}}(1-\alpha)(p_{i,j})^{\gamma}\log(1-p_{i,j}))$$

其中:N 为样本总数;w,h 为特征图的宽高。指示函数 $1_{i,j}^{\text{obj}}$ 在特征图位置 (i,j) 分配了正样

本时为 1，负样本时为 0，指示函数 $1_{i,j}^{\text{noobj}}$ 的运算规则与 $1_{i,j}^{\text{obj}}$ 相反。$p_{i,j}$ 表示在特征图位置 (i,j) 上目标的类别预测概率，取值范围为 $0\sim1$。α 为权重因子，$\alpha=0.25$，γ 为可调因子，一般 $\gamma=2$。

（2）LOSS_{reg} 边界框回归损失，采用 GIoU 损失函数，兼顾了预测边界框与真实边界框在形状和位置上的差异。公式为

$$\text{LOSS}_{\text{reg}} = \frac{1}{N_{\text{pos}}} \sum_{i=1}^{w} \sum_{j=1}^{h} 1_{i,j}^{\text{obj}} \left(1 - \text{GIoU}_{\text{pred}}^{\text{truth}}\right)$$

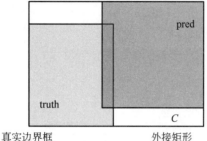

预测边界框

pred

truth

C

真实边界框　　　　　外接矩形

图 5.49　GIoU

其中：N_{pos} 为正样本数量。$\text{GIoU}_{\text{pred}}^{\text{truth}}$ 公式为

$$\text{GIoU}_{\text{pred}}^{\text{truth}} = \text{IoU}_{\text{pred}}^{\text{truth}} - \frac{C - (\text{truth} \bigcup \text{pred})}{C}$$

如图 5.49 所示，C 为真实边界框 truth 和预测边界框 pred 的外接矩形的面积。当两框趋近于重合时，$\text{GIoU}_{\text{pred}}^{\text{truth}}$ 趋向 1；当两框远离时，$\text{GIoU}_{\text{pred}}^{\text{truth}}$ 趋向于 -1。LOSS_{reg} 的取值范围在 $0\sim2$。

（3）$\text{LOSS}_{\text{centerness}}$ 中心度损失，采用 BCE 二元交叉熵损失函数。公式为

$$\text{LOSS}_{\text{centerness}} = -\frac{1}{N_{\text{pos}}} \sum_{i=1}^{w} \sum_{j=1}^{h} 1_{i,j}^{\text{obj}} \left(\hat{c}_{i,j} \log(c_{i,j}) + (1 - \hat{c}_{i,j}) \log(1 - c_{i,j})\right)$$

其中：$c_{i,j}$ 为特征图上 i,j 位置处中心度的预测值；$\hat{c}_{i,j}$ 为根据标签计算出的同一位置处真实边界框中心度。

FCOS 网络的总损失函数为

$$\text{LOSS} = \text{LOSS}_{\text{cls}} + \lambda \, \text{LOSS}_{\text{reg}} + \text{LOSS}_{\text{centerness}}$$

其中：λ 为权重，用于调整 LOSS_{reg} 对损失值的影响。

4. 正样本、负样本、模糊样本的定义

首先根据真实边界框的尺度，按照表 5.9 确定负责预测这个边界框的 FPN 输出特征图层级。将特征图上的元素位置映射到输入图像上，如果落到真实边界框内，则确定为正样本，否则为负样本。

在正样本中，如果存在一个元素位置落入多个真实边界框时，则该样本为模糊样本。在所有的真实边界框中，取面积最小的真实边界框作为回归目标。

FCOS 网络不仅可以用于目标检测，还可以延伸到语义分割和关键点检测任务。FCOS 网络无锚框的设计不受先验知识的限制，提高了模型的泛化能力。同时减少了参数量、计算量及对资源的占用，提高了网络的性能。

5.3.7　DETR

DETR（DEtection TRansformer），是 Facebook 在 ECCV2020 上提出的基于 Transformer 的端到端目标检测网络，它将 Transformer 模型应用到了目标检测任务上。该模型能够直接输出结果，不需要像其他目标检测方法一样使用 NMS 进行后处理，同时也不需要预先设置锚框等信息。如图 5.50 所示，该网络主要由 3 个部分组成：CNN 特征提取器、Transformer 和 FFN（前馈神经网络）检测头。

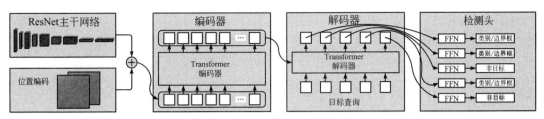

图 5.50 DETR 网络结构示意图

主干网络：DETR 采用 ResNet 作为主干网络，将 ResNet 网络最后一层卷积的膨胀率（见本书 6.1.2 节空洞卷积部分）设置为 2，以增大特征的分辨率和感受野。

空间位置编码：DETR 采用了两种方式的位置编码来描述每个像素在原图像中的位置，分别是可学习位置编码和正弦位置编码。

Transformer：DETR 设置了 N 个目标查询，每个目标查询都生成一个结果，而每个结果对应一个目标边界框和类别得分，故 DETR 模型不需要 NMS 等后处理操作就能直接生成结果。DETR 将 N 设置为一个固定的足够大的值，添加非目标类别，解决了图像中目标数目不一样的问题，使得标签和预测能够一一对应，从而计算出相应的损失。如图 5.51 所示，DETR 网络中的 Transformer 部分包括编码器和解码器两部分。编码器的输入分别是

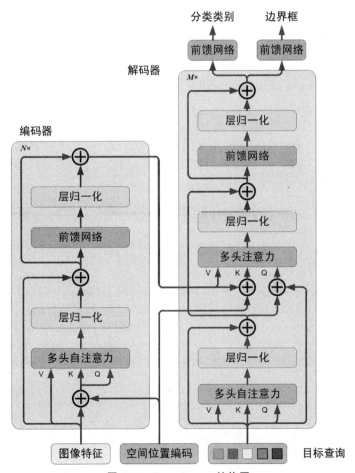

图 5.51 Transformer 结构图

图像经过 CNN 之后的特征和空间位置编码的输出。解码器的输入分别是编码器的输出、空间位置编码的输出和目标查询。最终每个目标查询通过解码器之后再通过 FFN 来得到类别得分和目标框,其中的目标框都用归一化的中心坐标和宽高来表示。

　　DETR 在 MS COCO 数据集上的表现与 Faster R-CNN 相当,对大目标的检测效果优于 Faster R-CNN,并且可以很容易地迁移到其他任务。

5.4　实践项目:基于 YOLOv5s 的目标检测

5.4.1　实践项目内容

　　本实践项目使用 YOLO 官网的 YOLOv5s 作为预训练模型,使用 COCO128 数据集进一步训练,获得 80 个类别的目标检测网络模型,并进行该网络模型的测试,然后将模型部署到 SE5 上。

　　本实践项目的训练代码源于 YOLOv5 官网(https://github.com/ultralytics/yolov5)。

　　COCO128 是 MS COCO 数据集的一个子集,它从 COCO 2017 训练集中抽取了 128 个图像构成数据集。图像文件的后缀为.jpg,与之对应的标注文件名与图像文件名相同,文件后缀为.txt,称为 YOLOv5 格式标注文件。标注文件中每个目标的标注格式为:类别索引 $x\ y\ w\ h$。

5.4.2　YOLOv5s 网络结构

　　YOLOv5s 作为轻量级网络,其 depth_multiple 和 width_multiple 分别定义为 0.33 和 0.50。在 YOLOv5s 的主干网络中,C2~C5 阶段的残差模块数量为标准网络 YOLOv5l 的 1/3,即 C2~C5 阶段残差模块的数量分别为 1、2、3、1;在主干网络和颈部网络中,卷积层卷积核的个数或输出特征图的通道数为标准网络的 1/2。YOLOv5s 的网络结构如图 5.52 所示。

5.4.3　PyTorch 框架下程序实现

　　读者可以在 http://www.tup.com.cn 下载本节完整源代码的工程文件夹 YOLOv5s-Pytorch。文件夹结构如下所示:

```
root@ubuntu:~/bmnnsdk2/bmnnsdk2-bm1684_v2.7.0/YOLOv5s-Pytorch$ tree -L 2
├── data
│   └── street1.png
│   └── street2.png
│   └── street3.png
├── model
│   └── YOLOv5s.pt
│   └── best.torchscript
├── YOLOv5-master
├── SE5
│   └── bmodel
│   └── street1.png
│   └── street2.png
│   └── street3.png
│   └── test_SE5.py
├── test.py
├── bmodel.py
```

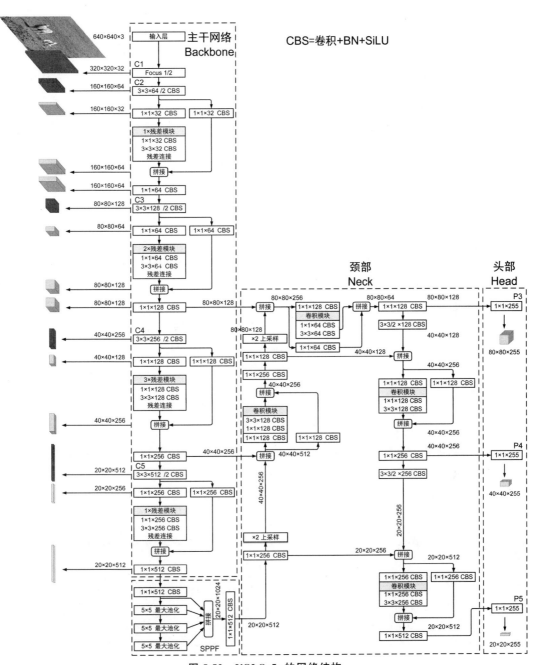

图 5.52　YOLOv5s 的网络结构

（1）在 PC 端执行的模型测试文件。

./data：测试用图片文件夹。

./model：训练好的网络模型文件夹。

./YOLOv5-master：YOLOv5 官方源代码。

test.py：PC 端 YOLOv5s 模型测试源代码。

bmodel.py：转换成在 SE5 端执行的 bmodel 模型源代码。

（2）在 SE5 端执行的模型测试文件。

./SE5：在 SE5 上执行的 bmodel 模型、测试程序及测试用图像,部署时将此文件夹下载到 SE5 端。

./SE5 文件夹下包括：

/bmodel：SE5 端的模型文件；

test_SE5.py：SE5 端的测试程序。

1. 模型训练代码解析

YOLOv5s 网络模型的训练使用./YOLOv5-master 文件夹下 YOLOv5 官方源代码。

YOLOv5-master 主要文件夹和文件的作用如下：

./data：数据集的参数及训练时需要的超参数；

./datasets：COCO128 数据集；

./models：网络结构源代码及使用 YOLOv5s 所需的网络参数信息；

./runs：训练和测试之后的输出结果,没有该文件夹时会自动生成；

train.py：YOLOv5s 的训练源代码；

detect.py：YOLOv5s 的测试源代码；

val.py：YOLOv5s 的验证源代码,使用验证集评估模型性能；

export.py：将 Pytorch 模型转换为其他框架模型的源代码；

yolov5s.pt：YOLOv5 官方提供的预训练模型。

本实践项目需要使用 train.py 程序进行模型训练,yolov5s.pt 作为预训练模型, /datasets/coco128 作为训练集,export.py 将训练后的 pt 模型转为 torchscript 模型。

2. 模型测试代码解析

由于 YOLO 官方的测试程序 detect.py 过于复杂,涉及诸多的设置,不利于读者的学习实践,因此本书选择了一个较为简单易懂的程序 test.py 进行 YOLOv5s 的推理测试。

（1）网络参数设置：图像尺寸 640×640、模型采用经 COCO128 训练得到的 best.torchscript 模型、检测图像路径./data/、文件名 street1.png。

```
def parse_opt():
    parser = argparse.ArgumentParser(prog=__file__)
    parser.add_argument('--img_size', type=int, default=640, help=
    'inference size (pixels)')
    parser.add_argument('--model_path', default='./model/best.torchscript')
    parser.add_argument('--img_path', type=str, default="./data/")
    parser.add_argument('--img_name', type=str, default="street1.png")
    parser.add_argument('--tpu', type=int, default=0, help='tpu id')
    opt = parser.parse_args()
    return opt
```

（2）目标检测器类定义,参数初始化：

```
class Detector(object):
    def __init__(self, img_size):
        print("using model {}".format(opt.model_path))
        #1. 加载 YOLOv5s 模型
```

```
self.net = torch.jit.load(opt.model_path)
#2.生成锚框
self.nl = 3
anchors = [[10, 13, 16, 30, 33, 23], [30, 61, 62, 45, 59, 119], [116, 90,
          156, 198, 373, 326]]
 self.anchor_grid = np.asarray(anchors, dtype = np.float32).reshape
      (self.nl, 1, -1, 1, 1, 2)
self.grid = [np.zeros(1)] * self.nl
self.stride = np.array([8., 16., 32.])
#3.设定初筛和NMS阈值
self.confThreshold = 0.5          #分类置信度
self.nmsThreshold = 0.5           #NMS阈值
self.objThreshold = 0.5           #有/无目标置信度
self.img_size = img_size
#4.定义检测类别
self.classes =['person', 'bicycle', 'car', 'motorbike', 'aeroplane',
              'bus', 'train', 'truck', 'boat','traffic light', 'fire
              hydrant', 'stop sign', 'parking meter', 'bench', 'bird',
              'cat', 'dog', 'horse', 'sheep', 'cow', 'elephant', 'bear',
              'zebra', 'giraffe', 'backpack','umbrella', 'handbag',
              'tie', 'suitcase', 'frisbee', 'skis', 'snowboard',
              'sports ball', 'kite', 'baseball bat', 'baseball glove',
              'skateboard', 'surfboard', 'tennis racket', 'bottle',
              'wine glass', 'cup', 'fork', 'knife', 'spoon', 'bowl',
              'banana', 'apple', 'sandwich', 'orange', 'broccoli',
              'carrot', 'hot dog', 'pizza', 'donut', 'cake', 'chair',
              'sofa', 'pottedplant', 'bed', 'diningtable', 'toilet',
              'tvmonitor', 'laptop', 'mouse', 'remote', 'keyboard',
              'cell phone', 'microwave', 'oven', 'toaster', 'sink',
              'refrigerator','book', 'clock', 'vase', 'scissors',
              'teddy bear', 'hair drier', 'toothbrush']
```

（3）图像预处理函数，图像填充成正方形，缩放到 640×640 并归一化：

```
def preprocess(self, img):
    target_size = self.img_size
    h, w, c = img.shape
    #1.计算缩放参数
    #1.1计算缩放比例
    r_w = target_size / w
    r_h = target_size / h
    if r_h > r_w:
    #1.2计算缩放后的尺寸
        tw = target_size
        th = int(r_w * h)
        tx1 = tx2 = 0
    #1.3计算黑边填充数
        ty1 = int((target_size - th) / 2)
        ty2 = target_size - th - ty1
```

```
    else:
        tw = int(r_h * w)
        th = target_size
        tx1 = int((target_size - tw) / 2)
        tx2 = target_size - tw - tx1
        ty1 = ty2 = 0
#2.按照缩放参数改变图像大小
img = cv2.resize(img, (tw, th), interpolation=cv2.INTER_LINEAR)
#3.填充
padded_img = cv2.copyMakeBorder(
    img, ty1, ty2, tx1, tx2, cv2.BORDER_CONSTANT, (114, 114, 114)
)
#4.BGR => RGB
resized_img = cv2.cvtColor(padded_img, cv2.COLOR_BGR2RGB)
#5.图像归一化
image = resized_img.astype(np.float32)
image /= 255.0
#6.HWC格式转为CHW格式
image = np.transpose(image, [2, 0, 1])
#7.CHW格式转为NCHW格式
image = np.expand_dims(image, axis=0)
#8.将图像转换为连续内存,便于推理
image = np.ascontiguousarray(image)
return image, padded_img, (max(r_w, r_h), tx1, ty1)
```

（4）定义预测函数，输入图像，输出目标检测结果：

```
def predict(self, data_in):
    self.net.eval()
    output = self.net(torch.FloatTensor(data_in))
    return np.array(output)
```

（5）目标检测后处理：扫描网络输出的所有边界框，只保留置信度高的边界框，采用 NMS 非极大抑制法消除冗余的重叠框，在图像上绘制目标类别、边界框和边界框得分。

```
def postprocess(self, frame, outs):
    classIds = []
    confidences = []
    boxes = []
    for out in outs:
        for detection in out:
            scores = detection[5:]
            classId = np.argmax(scores)
            confidence = scores[classId]
            #1.初步筛选:保留有目标置信度>0.5且类别概率得分>0.5的目标边界框
            if confidence > self.confThreshold and detection[4] > self.objThreshold:
```

```
                    #2. 计算目标左上角坐标和宽高
                        center_x = int(detection[0])
                        center_y = int(detection[1])
                        width = int(detection[2])
                        height = int(detection[3])

                        left = int(center_x - width / 2)
                        top = int(center_y - height / 2)
                        classIds.append(classId)
                    #3. 计算边界框得分：有目标置信度 * 目标类别概率
                        confidences.append(float(confidence) * detection[4])
                        boxes.append([left, top, width, height])
            #4. 执行非极大抑制算法消除冗余框
            indices = cv2.dnn.NMSBoxes(boxes, confidences, self.confThreshold, self.
    nmsThreshold)
            #5. 在图像上绘制目标类别、边界框和边界框得分
            for i in indices:
                box = boxes[i]
                left = box[0]
                top = box[1]
                width = box[2]
                height = box[3]
                 frame = self.drawPred(frame, classIds[i], confidences[i], left, top,
    left + width, top + height)
            return frame
```

（6）程序主函数：

```
def main(opt):
    src_img = cv2.imread(opt.img_path + opt.img_name)
    if src_img is None:
        print("Error: reading image '{}'".format(opt.img_name))
        return -1
    #1. 加载目标检测模器
    YOLOv5 = Detector(opt.img_size)
    start_time = time.time()
    #2. 图像预处理
    img, padded_img, (ratio, tx1, ty1) = YOLOv5.preprocess(src_img)
    print("img.shape: {}".format(img.shape))
    #3. 目标检测
    dets = YOLOv5.predict(img)
    #4. 目标检测后处理
    plot_img = YOLOv5.postprocess(padded_img, dets)
    cv2.imwrite("YOLOv5s_out_{}".format(opt.img_name), plot_img)
    cv2.imshow('Object Detect', plot_img)
    cv2.waitKey()     print("-" * 66)
    print("saved as YOLOv5s_out_{}".format(opt.img_name))
    print("cost time: {:.5f} s".format(time.time() - start_time))
    print("-" * 66)
```

修改 test.py 第 170 行代码可更换检测图像。

5.4.4　YOLOv5s 网络模型训练和测试过程

本实践项目选择使用 YOLOv5s 的官方训练源代码 train.py 进行模型训练实践,先加载自官方网站下载的预训练模型 yolov5s.pt,再使用 COCO128 数据集进行进一步的训练。训练输出的模型文件用于接下来的测试和 SE5 部署。本实践项目采用 test.py 作为 YOLOv5s 网络模型的测试程序,使用训练过程输出的 best.torchscript 文件作为测试模型。

在训练和测试过程中,模型、程序的结构关系如图 5.53 所示。

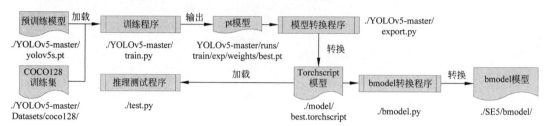

图 5.53　模型、程序的结构关系

训练和测试的步骤如下所示。

(1) 进入工程文件夹 YOLOv5s-Pytorch。

(2) 在 Terminal 模式或 PyCharm 环境中运行./YOLOv5-master/train.py 代码,命令行参数如下:

```
root@ubuntu:/workspace/YOLOv5s-Pytorch/YOLOv5-master#python3 train.py --
data coco128.yaml --epochs 100 --weights yolov5s.pt --cfg models/yolov5s.yaml
--batch-size 16
```

上述命令行中,--data coco128.yaml 为训练集参数,--epochs 100"为训练轮次,--weights yolov5s.pt 为预训练模型,--cfg models/yolov5s.yaml 为网络参数,--batch-size 16 为训练批次大小。

运行 train.py 后,计算机开始加载数据进行 YOLOv5s 的模型训练,在运行窗口输出:

```
Epoch     GPU_membox_lossobj_losscls_lossInstances  Size
99/99     3.59G   0.03069   0.0394      0.004793     188        640: 100%|
          Class   Images    Instances   P      R      mAP50  mAP50-95: 100%|
          all     128       929         0.92   0.894  0.95   0.762


100 epochs completed in 0.057 hours.
Optimizer stripped from runs/train/exp2/weights/last.pt, 14.9MB
Optimizer stripped from runs/train/exp2/weights/best.pt, 14.9MB


Validating runs/train/exp2/weights/best.pt...


Fusing layers...


YOLOv5s summary: 157 layers, 7225885 parameters, 0 gradients, 16.4 GFLOPs
```

```
     Class      Images    Instances    P          R       mAP50     mAP50-95: 100%|
       all      128       929          0.921      0.893   0.95      0.765
    person      128       254          0.986      0.848   0.962     0.758
       ...      ...       ...          ...        ...     ...       ...
 toothbrush     128       5            0.926      1       0.995     0.833
Results saved to runs/train/exp
```

训练结束后,模型文件 best.pt 存储在 ./YOLOv5-master/runs/train/exp/weights 文件夹下。

（3）转换模型。运行 export.py,将模型文件 best.pt 转换成模型文件 best.torchscript。

```
root@ubuntu:/workspace/YOLOv5s-Pytorch/YOLOv5-master#python3 export.py
```

转换结束后,模型文件 best.torchscript 存储在 ./model 文件夹下。

（4）在 Terminal 模式或 PyCharm 环境中运行 test.py 的程序。

运行 test.py 后,程序读入图像 ./data/street1.jpg 开始目标检测,在运行状态窗口输出：

```
root@ubuntu:/workspace/YOLOv5s-Pytorch#python3 test.py
using model ./model/YOLOv5s.pt
img.shape: (1, 3, 640, 640)
------------------------------------------------------------
saved as YOLOv5s_out_street1.png
cost time: 0.36653 s
------------------------------------------------------------
```

运行结果如图 5.54 所示。

扫码查看
彩图

图 5.54　YOLOv5s 网络 PC 端测试结果

5.5.5　YOLOv5s 网络模型在 SE5 上的部署

1. 模型编译

将 PC 平台的模型文件 ./model/best.torchscript 编译为 SE5 平台可执行的 bmodel 模

型文件，bmodel 模型保存在./SE5/bmodel 文件夹下。模型编译和结果比对过程参考本书 4.4.6 节模型编译部分。

2. 代码移植

本节中粗体字代码为 SE5 平台与 PC 平台代码有区别的部分。移植后的 SE5 端完整代码见 test_SE5.py。

（1）加载 bmodel：

```
#导入 sophon.sail 库
import sophon.sail as sail
...
#加载 bmodel
self.net = sail.Engine(model_path, tpu_id, sail.IOMode.SYSIO) #加载 bmodel
self.graph_name = self.net.get_graph_names()[0]   #获取网络名字
self.input_names = net.get_input_names(graph_name)   #获取网络输入名字
```

（2）预处理。将图像填充和缩放到固定尺寸 640×640，对图像进行归一化处理和格式转换：

```
def preprocess(self, img):
    target_size = self.img_size
    ...#以下同 PC 端程序
    return image, padded_img, (max(r_w, r_h), tx1, ty1)
```

（3）模型测试：

```
#运行预测网络
    def predict(self, tensor):
        input_data = {self.input_name: np.array(tensor, dtype=np.float32)}
        output = self.net.process(self.graph_name, input_data)
        return list(output.values())[0]
```

（4）后处理。扫描网络输出的所有边界框，只保留置信度高的边界框，采用非极大抑制法消除冗余的重叠框：

```
def postprocess(self, frame, outs):
    classIds = []
    ...#以下同 PC 端程序。
    return frame
```

（5）模型测试主函数。模型测试的主函数如下，包含预处理、模型加载、测试和结果显示等。

```
def main(opt):
    src_img = cv2.imread(opt.img_path + opt.img_name)
    if src_img is None:
        print("Error: reading image '{}'".format(opt.img_name))
        return -1
    YOLOv5 = Detector(opt.img_size, tpu_id=opt.tpu, model_format="fp32")
    ...#以下同 PC 端程序
```

修改 test_SE5.py 第 167 行代码可更换检测图像。

3. SE5 端模型测试

按照下述步骤在 SE5 设备上进行模型的测试。如果需要详细步骤,参考本书 4.4.6 节 SE5 端模型测试部分。

(1) 建立测试文件夹。将准备的测试图像、SE5 端程序 test_SE5.py 和生成的 bmodel 模型文件夹放入同一个文件夹并命名为 SE5(本实践项目的工程文件夹中已经创建了./SE5 文件夹和所需文件,读者可直接使用该文件夹)。

(2) 将预测文件夹复制到 SE5。

(3) SE5 端运行程序。打开新的命令行终端,使用 ssh 命令登录 SE5,用户名为 linaro @YOUR_SOC_IP,默认密码为 linaro。

进入预测程序文件夹路径下,运行测试程序 test_SE5.py。输出结果如下:

```
using model ./bmodel/compilation.bmodel
bmcpu init: skip cpu_user_defined
open usercpu.so, init user_cpu_init
[BMRT][load _ bmodel: 823] INFO: Loading bmodel from [./bmodel/compilation.
bmodel]. Thanks for your patience...
[BMRT][load_bmodel:787] INFO:pre net num: 0, load net num: 1
img.shape: (1, 3, 640, 640)
------------------------------------------------------------
saved as YOLOv5s_result_street1.png
cost time: 0.85246 s
------------------------------------------------------------
```

程序运行完毕后,SE5 端会以图像形式保存测试结果 YOLOv5s_result_street1.png。使用 scp 命令可将 SE5 端测试结果复制回 PC 端,返回的测试结果如图 5.55 所示。

```
root@ubuntu:/workspace# scp linaro@"YOUR_SOC_IP":/home/linaro/"YOUR NAME"/
SE5/YOLOv5s_result_street1.png YOLOv5s-Pytorch/SE5
```

扫码查看
彩图

图 5.55 YOLOv5s 网络 SE5 端测试结果

第6章

语义分割

图像分割是计算机视觉理解中的一项基本任务,目标是将图像中的感兴趣区域和非感兴趣区域分割开来。图像分割的应用场景非常广泛。例如:在医疗诊断场景中,对核磁、超声等检查中获得的医学影像进行图像分割,将其中的肿瘤病灶与其他正常组织分割开来,从而识别肿瘤边界和测量肿瘤尺寸;在自动驾驶应用场景中,将行车前方路面、路面交通引导标线和标志、行人、车辆等从图像中分割出来,使车辆感知到障碍和可行驶区域,提前采取避让措施;在遥感图像处理场景应用中,将铁路、桥梁、道路等分割出来,监测它们的状况,预防由于线路损毁而引发的重特大事故,将江河湖泊等分割出来,用于预防自然灾害的发生,将房屋分割出来,用于监测违建等。

6.1 语义分割任务介绍

6.1.1 语义分割任务

语义分割(semantic segmentation)任务是具有语义标签的像素分类任务,用于理解图像的意义。它是对整幅图像的所有像素按照所属对象的类别进行像素类别预测的过程,同一类别的像素予以相同类别 ID 标签。由于语义分割需要预测每个像素点的类别,因此也常常被称为密集型预测(dense prediction)。在语义分割中,属于给定类别集合中的目标图像像素称为前景,其余的称为背景。

图 6.1(a)所示为原始图像,图 6.1(b)所示为语义分割后的结果,图 6.1(c)所示为分割图上颜色对应的类别。整幅图像被划分成了不同语义类别的区域:天空、建筑、植被、道路、人、轿车等。每一个语义类别被赋予一种颜色,而其他的则为背景。

扫码查看
彩图

(a)原始图像　　　　　　　　(b)语义分割　　　　　　(c)语义类别颜色索引

图 6.1　语义分割示例

6.1.2 预备知识

CNN 卷积神经网络中的下采样过程在扩大感受野的同时,降低了空间分辨率,而对图像分割任务来说,空间分辨率越高产生的分割效果越好。在语义分割任务中,常采用空洞卷积(dilated convolution)替换部分下采样过程,空洞卷积能够扩张感受野且不损失空间分辨率。

空洞卷积通过在卷积核的元素之间插入零值来扩张卷积核,卷积核扩张的程度由参数 d(膨胀率,dilation rate)来设置,d 表示在卷积核元素之间插入 $d-1$ 个零值。$d=1$ 表示不插入零值,即常规卷积核,$d=2$ 表示插入 1 个零值,$d=3$ 表示插入 2 个零值,以此类推。设原卷积核的尺寸为 $k \times k$,扩张后的卷积核尺寸为 $\hat{k} \times \hat{k}$,则扩张前后的尺寸存在如下计算关系:

$$\hat{k} = k + (k-1)(d-1)$$

如图 6.2 所示,以 3×3 原始卷积核为例,$d=2$ 时为 5×5 卷积核,$d=4$ 时为 9×9 卷积核。

(a) 3×3 原始卷积核　　　(b) $d=2$ 时扩张为 5×5 卷积核　　　(c) $d=4$ 时扩张为 9×9 卷积核

图 6.2　空洞卷积在不同膨胀率下卷积核尺寸示例

空洞卷积只是扩张了卷积核,其卷积运算和常规卷积运算相同,输出特征图尺寸的计算公式为

$$W_o = \frac{W_i - \hat{k} + 2P}{S} + 1$$

其中:W_i 为输入特征图宽;W_o 为输出特征图宽;$\hat{k}$ 为扩张后卷积核宽;S 为滑动步长;P 为零填充个数。

如图 6.3 所示,输入特征图为 7×7,原始卷积核为 3×3,滑动步长为 1,无填充。在使用膨胀率 $d=2$ 的空洞卷积后,卷积核膨胀为 5×5,输出特征图为 3×3。

空洞卷积的实现非常简单,在卷积层设置一个额外的超参数膨胀率 d,通过设置不同的 d 值即可扩大不同倍数的感受野。在同一特征图上使用多个不同扩张率的空洞卷积,可以得到不同尺度的感受野,有利于获得多尺度的上下文信息,从而有利于多尺度目标的分割。

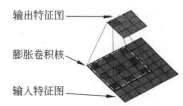

输出特征图

膨胀卷积核

输入特征图

图 6.3　空洞卷积示例图

扫码查看
彩图

由于空洞卷积核填充的是零值,因此空洞卷积没有引入额外的网络参数,有利于提高分割质量而不增加参数和计算量。

6.1.3　评估准则

1. 像素准确率(Pixel Accuracy,PA)

在一幅图像中,正确分类的像素数目与总像素数目之比称为像素准确率,该指标公式定

义为

$$PA = \frac{\sum\limits_{i=0}^{C} p_{ii}}{\sum\limits_{i=0}^{C} \sum\limits_{j=0}^{C} p_{ij}}$$

图像包括 $C+1$ 个类别,其中有 C 个前景类别和 1 个背景类别。p_{ij} 表示将真实类别 i 的像素预测为类别 j,当 $i=j$ 时,为预测正确的像素数目,当 $i \neq j$ 时,为预测错误的像素数目。p_{ii} 表示预测类别与真实类别相同,均为第 i 类的像素。$\sum\limits_{i=0}^{C} p_{ii}$ 为所有类别中预测正确的像素总数目,$\sum\limits_{i=0}^{C} \sum\limits_{j=0}^{C} p_{ij}$ 为图像像素总数目。

2. 平均像素准确率(mean Pixel Accuracy,mPA)

在一幅图像或一个测试集中,首先分别计算每一个类别的像素准确率,然后再计算各类准确率的平均值,这个平均值称为平均像素准确率,指标定义为

$$mPA = \frac{1}{C+1} \sum\limits_{i=0}^{C} \frac{p_{ii}}{\sum\limits_{j=0}^{C} p_{ij}}$$

其中:$\dfrac{p_{ii}}{\sum\limits_{j=0}^{C} p_{ij}}$ 为类别 i 的像素准确率。

3. 交并比(Intersection over Union,IoU)

在一幅图像中,对于某个类别 i 的预测像素集 M 与该类别的真实像素集 N 的交集像素数与它们的并集像素数之比称为该类别 i 的交并比。公式为

$$IoU = \frac{|M \cap N|}{|M \cup N|}$$

在一个测试集中,所有图像的某个类别 i 的交并比的平均值,为在测试集中该类别的交并比 IoU_i。

4. 平均交并比(mean Intersection over Union,mIoU)

在一个测试集中,所有类别 IoU_i 的平均值称为平均交并比 mIoU。公式为

$$mIoU = \frac{1}{C} \sum\limits_{i=1}^{C} IoU_i$$

图 6.4 为按照各类别分别计算的交并比与所有类别的平均交并比示例。第一列为被评估网络,中间列为各类别的交并比,最后一列为平均交并比。

Method	aero	bike	bird	boat	bottle	bus	car	cat	chair	cow	table	dog	horse	mbike	person	plant	sheep	sofa	train	tv	mIoU
FCN [26]	76.8	34.2	68.9	49.4	60.3	75.3	74.7	77.6	21.4	62.5	46.8	71.8	63.9	76.5	73.9	45.2	72.4	37.4	70.9	55.1	62.2
Zoom-out [28]	85.6	37.3	83.2	62.5	66.0	85.1	80.7	84.9	27.2	73.2	57.5	78.1	79.2	81.1	77.1	53.6	74.0	49.2	71.7	63.3	69.6
DeepLab [3]	84.4	54.5	81.5	63.6	65.9	85.1	79.1	83.4	30.7	74.1	59.8	79.0	76.1	83.2	80.8	59.7	82.2	50.4	73.1	63.7	71.6
CRF-RNN [41]	87.5	39.0	79.7	64.2	68.3	87.6	80.8	84.4	30.4	78.2	60.4	80.5	77.8	83.1	80.6	59.5	82.8	47.8	78.3	67.1	72.0
DeconvNet [30]	89.9	39.3	79.7	63.9	68.2	87.4	81.2	86.1	28.5	77.0	62.0	79.0	80.3	83.6	80.2	58.8	83.4	54.3	80.7	65.0	72.5
GCRF [36]	85.2	43.9	83.3	65.2	68.3	89.0	82.7	85.3	31.1	79.5	63.3	80.5	79.3	85.5	81.0	60.5	85.5	52.0	77.3	65.1	73.2
DPN [25]	87.7	59.4	78.4	64.9	70.3	89.3	83.5	86.1	31.7	79.9	62.6	81.9	80.0	83.5	82.3	60.5	83.2	53.4	77.9	65.0	74.1
Piecewise [20]	90.6	37.6	80.0	67.8	74.4	92.0	85.2	86.2	39.1	81.2	58.9	83.8	83.9	84.3	84.8	62.1	83.2	58.2	80.8	72.3	75.3
PSPNet	91.8	71.9	94.7	71.2	75.8	95.2	89.9	95.9	39.3	90.7	71.7	90.5	94.5	88.8	89.6	72.8	89.6	64.0	85.1	76.3	82.6

图 6.4 交并比与平均交并比示例

6.2　典型语义分割网络

传统的语义分割算法包括区域增长算法、K-means 聚类、分水岭算法等。随着深度学习的不断发展,CNN 卷积神经网络由于其强大的学习能力,不仅在图像分类和目标检测方面取得了巨大的成功,而且极大地推动了图像分割技术的发展。基于 CNN 的语义分割方法在准确率和效率上都远远超过了传统的分割方法。

6.2.1　FCN

语义分割的目标是对原输入图像的每个像素进行类别预测,因此输出是与原输入图像相同尺寸的分割图像。将 CNN 网络直接用于语义分割任务存在以下几方面的问题。

(1) 经典的 CNN 分类网络中的特征图尺寸逐级成倍缩小。

(2) 经典的 CNN 分类网络包含卷积层、池化层和全连接层,全连接层将卷积层输出的 2D 特征图转换为一个固定长度的特征向量,其问题在于破坏了图像的空间结构。

(3) 由于全连接层的存在,经典的 CNN 只能够接受固定尺寸的输入图像。

2015 年提出的全卷积神经网络(Fully Convolutional Networks,FCN)通过改造经典的 CNN 分类网络解决了上述问题,实现了第一个端对端的语义分割网络,是语义分割技术发展的里程碑。

以改造 VGG16 为例,FCN 全卷积网络结构如图 6.5 所示。

1. 全卷积网络

FCN 网络的解决方法如下。

(1) 使用卷积层替换全连接层,网络全部由卷积层构成,因此称为全卷积网络。这种 CNN 的输出是 2D 特征图,具有和输入图像相对应的空间结构(Where),且含有图像的语义信息(What)。由于不存在全连接层,网络能够接受任意大小的输入。

(2) 将 2D 特征图通过上采样算法放大至输入图像尺寸,从而实现了整张图像像素级的类别预测。

最初的 FCN 网络选用 AlexNet、VGGNet 或 GoogLeNet 作为主干网络。如图 6.5 所示,将 VGG16 的最后 3 层全连接层分别改为 $7 \times 7 \times 4096$ 卷积+ReLU、$1 \times 1 \times 4096$ 卷积+ReLU、$1 \times 1 \times C$ 卷积。其中最后一层 $1 \times 1 \times C$ 卷积为分类器,将特征图的维度调整到 C 通道,$C =$ 分类类别数目+1 个背景类别,每个通道代表一种类别的预测得分。

FCN 网络允许输入任意尺寸大小的图像。经过 5 个卷积阶段和 5 次下采样操作,输出的特征图尺寸为原始图像的 1/32。由于后续进行 7×7 卷积,因此要求 C5 阶段池化层 Pool5 输出的特征图尺寸不小于 7×7。如果输入图像过小,则无法进行后续的卷积和分类。故在进行第 1 次 3×3 卷积操作时,设定零填充 padding $= 100$,其余的 3×3 卷积设定 padding$=1$。

FCN 网络采用双线性插值法或转置卷积实现上采样(详细内容见本书 5.1.2 节),用来增大输出特征图的宽和高,将其尺寸恢复为原输入图像大小。FCN 网络 C5 阶段输出的分类特征图经过步长为 32 的转置卷积实现 32 倍上采样,输出与原始图像等大的分类特征图。分类特征图的每一个通道代表图像像素属于每一个分类类别的概率预测,在所有通道中同

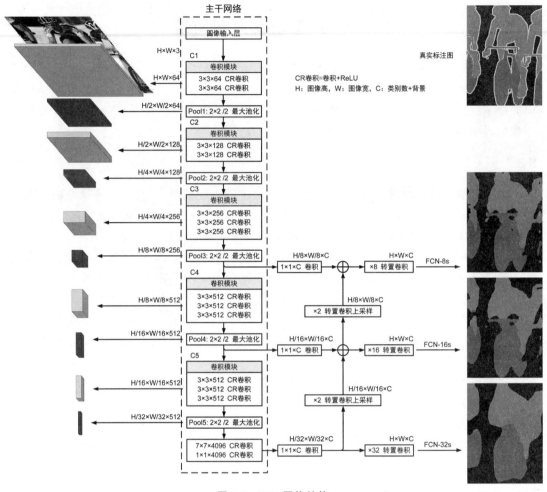

图 6.5 FCN 网络结构

一元素位置最大值的通道索引即为该位置像素的类别,求出所有像素位置的最大值通道索引就可组成整幅图像像素级别的语义分割输出图。

2. 跨层连接

输入图像在经过 CNN 网络连续的卷积和池化操作之后,特征图的语义信息不断增强,但空间分辨率不断降低,造成一定的像素位置信息丢失。因此,直接将主干网络输出的分类特征图进行 32 倍上采样得到的语义分割输出图 FCN-32s,像素定位比较粗糙,尤其影响物体边界轮廓处的分割精确度。

为了解决这个问题,FCN 网络引入了一种跨层连接结构。该结构将含有丰富空间关系的浅层特征与粗糙空间关系的深层语义特征结合起来,从而改进了输出分割图的空间精度。

如图 6.5 所示,FCN 主干网络 C5 阶段输出的特征图经 $1\times1\times C$ 卷积分类,将通道数降维到类别数 C,再进行 2 倍上采样。同时对 C4 阶段 Pool4 的输出做 $1\times1\times C$ 卷积分类,将二者进行元素级的加法操作,实现 C4 阶段分类输出与 C5 阶段分类输出的特征融合。通过转置卷积将融合后的特征图进行 16 倍上采样,得到与输入图像等大的分割输出图 FCN-16s。FCN-16s 比 FCN-32s 的分割效果更细致,分割边缘更加准确。

同样,将 C4 阶段与 C5 阶段融合后的分类输出特征图进行 2 倍上采样,与 C3 阶段 Pool3 输出的分类特征图进行融合,得到的分类特征图再进行 8 倍上采样,最终得到与输入图像等大的分割输出图 FCN-8s。FCN-8s 具有更加精细的分割边界,在 FCN 网络形成的 3 种分割图中表现最好。

实验表明,在 3 个阶段特征融合之后,按照这种跨层连接的方式进一步融合浅层特征,网络的分割性能不再继续提升,无法进一步改善边界细节损失问题,因此不再进行 C3 阶段以上的跨层连接。

FCN 网络使用编码器-解码器结构实现了端对端的语义分割。编码是基于 CNN 的卷积和下采样操作的特征提取过程,使得特征图的空间分辨率不断下降,而语义信息不断增强。解码是特征图上采样过程,将特征图恢复到原始图像尺寸。后续大多数语义分割方法沿用了编码器-解码器结构,编码器采用如 ResNet 等更先进的主流分类网络和特征融合网络,在解码器方面也进行了创新性的设计和优化,网络的分割性能得到了很大的提高。同时根据不同的应用场景,在速度和精度方面进行了权衡。

6.2.2　U-Net

U-Net 网络是一种用于生物显微镜图像的细胞分割网络。这类任务的挑战在于可用于训练和验证的图像数量很少。U-Net 网络使用数据增强策略进行模型训练,获得了较好的分割效果。U-Net 的网络结构如图 6.6 所示,其特点是:①基本对称的 U 型编码器-解码器结构。②短接的特征通道(skip-connection)。编码器是用于特征提取的收缩路径(contracting path),特征图的分辨率逐级减小,解码器是用于获取精确位置信息的扩张路径(expansive path),特征图分辨率逐级增大。编码器和解码器层层对应,并且通过短接的特征通道,将编码器的特征图与解码器上采样后的特征图进行特征拼接,来补充上采样通道的空间细节信息,从而提升了模型的分割精度。

U-Net 的输入为 $572\times572\times1$ 的灰度图像,在编码过程中,经过 5 个阶段的卷积和下采样组合操作,输出 $28\times28\times1024$ 的特征图。其中,每个阶段包括两个 3×3 卷积＋ReLU 层和一个 2×2 步长为 2 的最大池化层。输入特征图因经过步长为 1 的无填充卷积,输出特征图尺寸略微缩小。经过每个阶段的卷积和池化处理之后,特征图的通道数翻倍,尺寸减半。

在解码器中,$28\times28\times1024$ 的特征图经过转置卷积将特征图尺寸放大 2 倍为 56×56,通道数缩减一半为 512。将来自编码器第四阶段卷积组合输出的 $64\times64\times512$ 高分辨率特征图以中心对齐裁剪得到 56×56 的特征图。将以上二者进行通道方向的拼接,形成 $56\times56\times1024$ 的特征图,经两次无填充的 3×3 卷积和 ReLU 激活函数,得到 $52\times52\times512$ 的特征图,再经转置卷积上采样尺寸放大 2 倍,进入下一阶段解码。各级解码阶段经过同样的操作,得到 $388\times388\times64$ 的输出特征图,再经过 1×1 卷积,最终生成 $388\times388\times2$ 的输出分割图。2 通道分别为像素前景和背景两类的置信度。

U-Net 使用 30 张透射光显微镜图像进行训练,取得了 2015 年 ISBI 细胞追踪挑战赛的冠军。由于 U-Net 网络具有结构简洁和特征融合充分等优势,后续提出了一系列 U-Net 的改进方法,如 3D U-Net、V-Net 等网络模型,在医学图像分析领域及其他领域获得了广泛的应用。

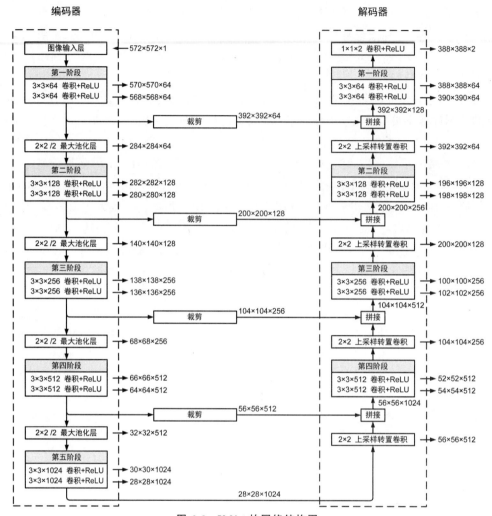

图 6.6   U-Net 的网络结构图

6.2.3   SegNet

SegNet 语义分割网络针对自动驾驶和室内机器人等应用的场景理解而设计。在这类应用中一般使用嵌入式设备,硬件的存储空间小,对图像处理的实时性要求高。因此 SegNet 的目标是如何在实现良好分割性能的同时减少模型参数量、减少推理期间的内存消耗和提高推理速度。SegNet 使用了一个严格对称的编码器-解码器结构,如图 6.7 所示。

SegNet 编码器网络采用 VGG16 的前 13 个卷积层作为主干网络,丢弃了后 3 个全连接层。丢弃全连接层极大地减少了编码器网络参数量,参数量从 134M 降低为 14.7M。编码器网络由 5 个卷积模块和 5 个池化层构成,输出特征图尺寸为原始图像的 1/32。每个卷积模块由卷积层、批量归一化层和 ReLU 构成,对输入图像进行特征提取,并且设置零填充,使输出特征图与输入特征图尺寸大小保持不变。池化层使用 2×2 步长为 2 的最大池化操作,输出特征图尺寸减半。在训练过程中 SegNet 使用在 ImageNet 数据集上训练的 VGG16 网络模型参数作为预训练权重。

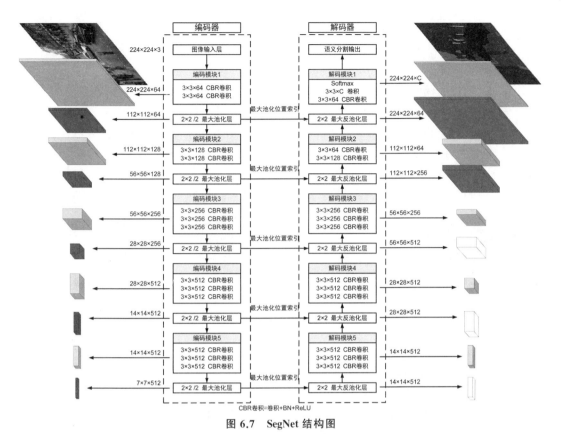

图 6.7　SegNet 结构图

SegNet 解码器网络与编码器网络的结构——对应,将低分辨率的特征图逐级映射到输入图像的尺寸大小。解码器网络的特点是使用了反池化的上采样算法(详细内容见本书 5.1.2 节)。FCN 和 U-Net 都是将编码器模块的特征图送入到相应的解码器模块,因此网络需要存储浮点数精度的特征图,这在推理阶段会消耗更多内存,不利于嵌入式应用。SegNet 以一种有效的方式来存储这些信息,它只存储最大池化位置索引,即在池化操作时存储特征图的每个 2×2 池化窗口中最大值的位置。这样每个池化窗口只需存储 2 位,1 字节可以存储 4 个位置。与存储浮点精度的特征图相比,这种存储最大池化位置索引的方法会导致分割精度略有下降,但存储效率更高。

SegNet 的解码器网络通过反池化操作生成的特征图是稀疏特征图,每个 2×2 单元中只有 1 个位置映射了特征值,其余位置填充为 0。将稀疏特征图通过 2 或 3 个卷积层组成的滤波器组进行卷积,以重建稠密的特征图,实现非线性上采样。SegNet 解码器网络经过 5 次非线性上采样操作,特征图恢复到原始图像尺寸,再通过一个 $3 \times 3 \times C$ 的卷积分类器将特征图通道数调整到类别数 C,输出特征图的每一个通道代表一个类别的预测值。特征图的每个元素在所有 C 个通道中最大值对应的通道索引即为该像素的类别索引,从而完成了图像的语义分割。

在 SegNet 网络训练时,最后一个卷积层后接 Softmax 层,将像素类别预测值转换为预测概率,通过交叉熵算法计算损失值。

相较 FCN 网络,SegNet 网络在模型训练、推理期间的内存消耗和推理速度方面性能都得到了提升。

6.2.4　PSPNet

金字塔场景解析网络(Pyramid Scene Parsing Network,PSPNet)是在 FCN 基础上针对复杂场景解析问题而提出的。FCN 网络在某些复杂场景的语义分割上存在着与周边环境相关关系的错误匹配、类别混淆和丢失大尺寸或小尺寸目标的问题。例如,图 6.8(a)所示由于黄框内的游艇和汽车外观相似,FCN 的预测结果(图 6.8(c))将游艇误判为汽车。实际上,如果考虑到旁边的河水,则将目标判别为游艇的可能性更大。因此,对于复杂场景解析来说,捕获目标和目标周围的上下文关系非常重要。再如,FCN 会丢失一些小尺寸目标,如街景场景中的路灯和招牌,而一些大尺寸目标也可能因超出网络感受野的范围而丢失。

(a)原始图像　　　(b)像素级类别标注　　　(c)FCN 预测　　　(d)PSPNet 预测

图 6.8　FCN、PSPNet 在复杂场景解析中的对比

PSPNet 采用特征金字塔池化、空洞卷积及上采样算法,通过不同区域的上下文信息进行聚合,提升了网络利用全局上下文信息的能力。

1. PSPNet 网络结构

PSPNet 的主干网络可以选用 ResNet 或 MobileNet 网络。以图 6.9 为例,PSPNet 网络由改进的 ResNet101 主干网络、金字塔池化模块(Pyramid Pooling Module,PPM)、分类网络构成,输入图像为 $480 \times 480 \times 3$。

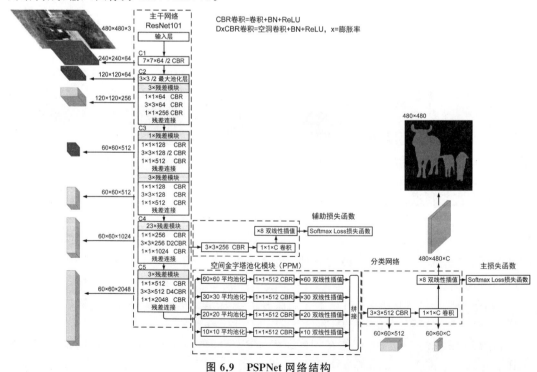

图 6.9　PSPNet 网络结构

2. 主干网络的改进

PSPNet 的 ResNet 主干网络由 5 个卷积阶段构成。C1 阶段通过大小为 7×7、滑动步长为 2 的卷积核卷积进行特征提取和下采样,将特征图降为原始图像尺寸的 1/2,即 240×240。C2 阶段先通过大小为 3×3、步长为 2 的池化操作进行下采样,将特征图尺寸降为原始图像的 1/4,即 120×120,再通过 3 个残差模块进行特征提取。C3 阶段通过第一个残差模块中的大小为 3×3 的卷积核进行步长为 2 的卷积核下采样操作,将特征图尺寸降为原始图像的 1/8,即 60×60。C4、C5 阶段没有采用下采样的方式扩大感受野,而是将残差模块中的所有 3×3 卷积设置为空洞卷积模式,这样做可以在保证特征图尺寸不变的情况下,依然能够扩大感受野。其中,C4 阶段的卷积模块设定膨胀率 dilation=2,C5 阶段的卷积模块设定膨胀率 dilation=4,这样做的好处是既可以保证特征图有较高的分辨率,又能扩大感受野。在 C3 阶段之后,特征图尺寸都保持在 60×60。

3. 金字塔池化模块

如图 6.10 所示,C5 阶段输出的特征图作为金字塔池化模块的输入分为 4 个分支,分别进行不同尺度的池化操作,输出 1×1、2×2、3×3、6×6 尺度的特征图。即对输入特征图(60×60×2048)进行全局平均池化,得到 1×1×2048 的特征图,获得全局场景信息;将输入特征图分成 4 个尺度为 30×30 的区域进行平均池化,得到 2×2×2048 的特征图;将输入特征图分成 9 个尺度为 20×20 的区域进行平均池化,得到 3×3×2048 的特征图;将输入特征图分成 36 个尺度为 10×10 的区域进行平均池化,得到 6×6×2048 的特征图。输入特征图通过尺度不同的池化操作,形成了既有全局视野又有大小不同的子区域视野的特征信息。

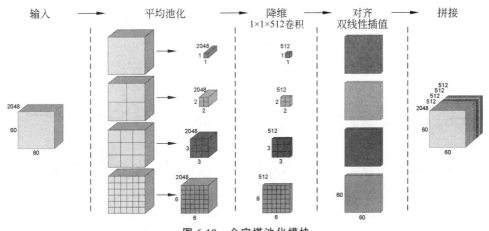

图 6.10　金字塔池化模块

将多尺度池化得到的 4 种特征图通过 1×1×512 卷积进行通道方向的降维操作,压缩冗余信息,减少后续网络的参数和计算量。然后使用双线性插值算法将这些特征图进行上采样操作,按照不同的比例放大,统一到输入特征图尺寸大小(60×60),实现特征图对齐。最后将对齐的 4 种特征图与 PPM 的输入特征图一起进行通道方向的拼接实现特征融合。

在深层网络中,感受野的大小体现了模型能够获得上下文信息的能力。经过多尺度特征融合,特征图既包含了体现全局感受野尺度的特征,又包含了体现不同大小感受野的多个子区域的特征,从而整合了不同区域、不同感受野的类别线索特征,形成全局场景上下文信息。

4. 分割预测

经过 PPM 融合后的特征图,通过 $3\times3\times512$ 的卷积进一步信息处理,再通过 $1\times1\times C$ 卷积,将特征图通道数调整到类别数 C,每一个通道代表一个类别的预测值。将特征图通过双线性插值算法放大 8 倍到 480×480 原始图像尺寸,从而完成了图像的语义分割。特征图的每个元素在所有 C 个通道中最大值对应的通道索引即为像素的类别索引。

5. 损失函数

PSPNet 采用 Softmax Loss 损失函数,在网络训练中使用主损失函数和辅助损失函数共同计算损失值。公式为

$$LOSS = LOSS_{main} + 0.4\,LOSS_{aux}$$

主损失函数 $LOSS_{main}$ 位于主分类器分支。在 C4 阶段后构建 1 个由 $3\times3\times256$ 卷积和 $1\times1\times C$ 卷积组成附加分类器,经双线性插值算法放大 8 倍到 480×480 原始图像尺寸,输入到 Softmax Loss 损失函数计算损失值。主辅两个损失函数共同产生损失值,主损失函数发挥主要作用,辅助损失函数有助于网络的学习优化过程,通过赋予辅助损失函数权重来平衡辅助损失函数的影响。在 PSPNet 推理时,附加分类器分支不参与计算。

PSPNet 在 2016 年 ImageNet 场景解析挑战赛中获得冠军,在 PASCAL VOC 2012 基准测试和 Cityscapes 基准测试中排名第一。PSPNet 在 PASCAL VOC 2012 上创造了 mIoU 准确率 85.4% 和 Cityscapes 上准确率 80.2% 的新纪录。

6.2.5　ICNet

图像级联网络(Image Cascade Network,ICNet)是 PSPNet 团队于 2017 年在论文 *ICNet for real-time semantic segmentation high-resolution images* 中提出的轻量级语义分割网络,主要关注对高分辨率图像实现实时语义分割。

PSPNet 虽然达到了比较高的分割精度,但是对于高分辨率图像分割的处理速度比较慢。例如,CityScape 城市道路场景数据集的图像分辨率为 1024×2048,PSPNet50(以 ResNet50 为主干网络)在 Nvidia TitanX GPU 卡上的推理速度大约为 1.6FPS,这样的速度无法满足自动驾驶等应用场景的要求。

一个卷积网络的计算复杂度与卷积层数有关。在一个卷积层计算中,设输入特征图为 $w\times h\times c$,输出特征为 $w'\times h'\times c'$,c 为通道数,$w\times h$ 为特征图的分辨率,定义卷积操作为 φ,卷积核为 $k\times k$,s 为卷积核的步长,$h'=h/s$,$w'=w/s$,那么时间复杂度为

$$O(\varphi) \approx whc'ck^2/s^2$$

可以看到,一个卷积层的计算复杂度与两个因素有关:①输入特征图的分辨率 $w\times h$;②卷积层的通道数 c、卷积核大小 k 和步长 s。网络的计算速度取决于网络的计算复杂度,由以上分析可以得出,通过降低图像的分辨率和减少卷积层数可以解决网络计算实时性的问题。

ICNet 基于层数较少的 PSPNet50 网络,从降低输入图像的分辨率着手降低计算复杂度,使用多尺度图像作为输入,将低分辨率图像处理效率高和高分辨率图像检测精度高的特点相结合,在牺牲一定分割精度的前提下提高了分割速度,在 1024×2048 分辨率的输入图像上仍然能够保持 30FPS 运行速度,达到实时性要求。

1. ICNet 网络结构原理

ICNet 将输入图像下采样为 3 种不同的尺度,分别为原始图像尺寸的 1 倍、1/2 倍、1/4 倍,然后输入到 3 个不同的网络分支:高分辨率分支,中分辨率分支,低分辨率分支,如图 6.11 所示。3 个网络分支结构不同,都进行了 8 倍下采样,分别得到相当于原图尺寸的 1/8,1/16 和 1/32 的输出特征图。低分辨率分支的图像通过一个完整的 PSPNet50 网络,用于检测大目标和提取全局信息,得到 1/32 分辨率的特征图。尽管低分辨率分支由于输入图像的分辨率较低导致其预测结果缺少了一些细节,并且产生了较为模糊的边界,但是已经获得了大部分语义信息。因此,可以减少中分辨率分支和高分辨率分支的网络层数和参数量。中分辨率分支和高分辨率分支采用轻量级网络,用于检测小目标和补充细节信息,分别得到 1/16 和 1/8 分辨率的特征图。通过级联特征融合单元(cascade feature fusion unit,CFF),低分辨率分支输出的特征图先与中分辨率分支输出的特征图融合,再与高分辨率分支输出的特征图融合,实现对于粗糙的语义特征图的逐步精细化。

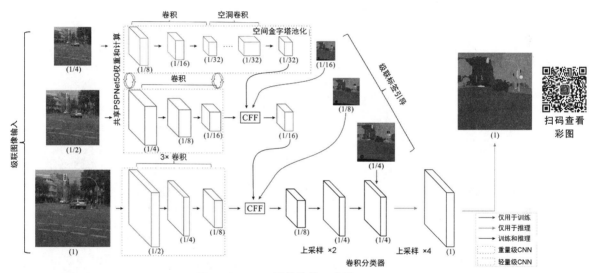

图 6.11　ICNet 网络结构示意图

在训练 ICNet 网络时,在级联特征融合单元 CFF 融合 3 个分支得到的特征图的同时,使用级联标签引导(cascade label guidance)来加强针对 3 个分支特征的学习。具体方法就是利用不同尺度的标注图(原标注图的 1/16、1/8 和 1/4)与低、中、高 3 种分辨率分支输出的分割特征图计算 Softmax 损失函数值,从而引导这 3 条分支的学习。

2. 高、中、低分辨率网络分支

图 6.12 是以简化的 ResNet50 为主干网络,在 TensorFlow 上实现的 ICNet 网络结构。源码网址:https://github.com/hellochick/ICNet-tensorflow。为了减少网络参数并提升计算速度,ICNet 将 ResNet50 结构中的 C2~C5 阶段卷积模块通道数都缩减一半,从 256、512、1024、2048 降为 128、256、512、1024。

如图 6.12 所示,高分辨率分支的输入为原始尺寸图像,输出特征图的空间分辨率为原始图像尺寸的 1/8。它是由 3 个标准卷积层构成的轻量级网络,采用步长为 2 的 3×3 卷积核实现高分辨率特征提取和 8 倍下采样,通道数分别为 32、32 和 64。尽管输入图像的分辨率较高,但由于卷积层较少,计算速度较快。

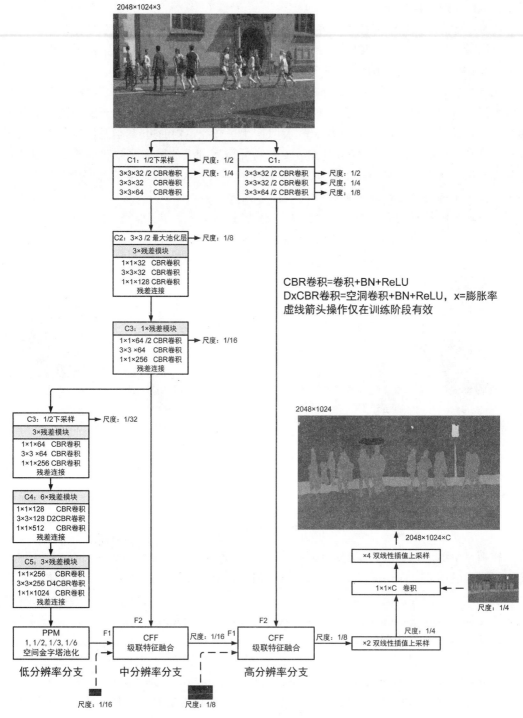

图 6.12 以 ResNet50 作为主干网络的 ICNet 网络结构

中分辨率分支首先将原始图像进行 2 倍下采样,使输入图像空间分辨率为原始图像的 1/2,经过 PSPNet50 结构中 ResNet50 的 C1 阶段、C2 阶段及 C3 阶段的第一个残差单元,完成中分辨率特征提取,输出特征图的空间分辨率为原始图像的 1/16。

低分辨率分支与中分辨率分支共享 PSPNet50 结构 C1 阶段、C2 阶段和部分 C3 阶段的网络、参数和计算,在中分辨率分支输出后增加了一个 2 倍下采样,等价于原始图像经过了 4 倍下采样,接着继续进行 PSPNet50 的完整的 C3 阶段、C4 阶段、C5 阶段及 PPM 模块,完成低分辨率图像的特征提取,输出特征图的分辨率为原始图像的 1/32。

　　此外,ICNet 对 PSPNet 中的 PPM 金字塔池化模块也进行了简化。如图 6.13 所示,将特征图拼接操作改为了求和操作,从而降低了特征图的通道数,同时将金字塔合并后的卷积层内核大小从原来的 3×3 更改为 1×1,以减少网络参数,降低计算量。

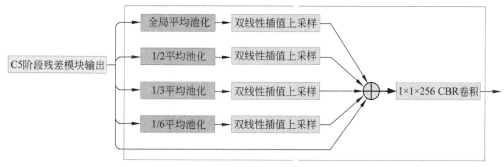

图 6.13　简化后的 PPM 金字塔池化模块

3. CFF 级联特征融合单元

　　在模型推理阶段,为了融合不同分辨率的特征图以提高分割精度,ICNet 使用了 CFF 级联特征融合单元,结构如图 6.14 所示。低分辨率特征图 F1 通过双线性插值进行 2 倍上采样,将分辨率调整至与高分辨率特征图 F2 相同的大小。然后将上采样之后的特征图经过一个卷积核为 3×3×128、膨胀率为 2 的空洞卷积层扩大感受野。高分辨率特征图 F2 通过 1×1×128 卷积将通道数调整为与 F1 支路相同的通道数。这两部分特征各自经过 BN 层后,通过逐元素加法进行特征融合,再经 ReLU 激活。在 ICNet 中,低分辨率分支输出的深层特征与中分辨率分支输出的中层特征融合后,再与高分辨率分支输出的浅层特征融合,逐级提高分割精度。

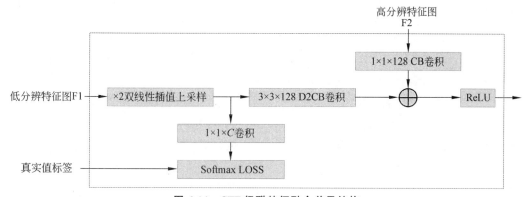

图 6.14　CFF 级联特征融合单元结构

4. 分割预测

　　经过 CFF 融合后的特征图,通过 2 倍双线性插值上采样,再通过 1×1×C 卷积,将特征图通道数调整到类别数量 C。特征图的每一个通道代表图像像素属于该类别的预测值。最后，通过双线性插值算法将特征图放大 4 倍到原始图像尺寸，完成图像的语义分割。

5. 级联标签引导策略及损失函数

在模型训练阶段，为了加强三个分支对于特征的学习，ICNet 在 CFF 中加入了级联标签引导策略，即利用不同尺度（原图 1/16、原图 1/8、原图 1/4）的真实标注图来引导低、中、高 3 种分辨率分支的学习，此策略使得 ICNet 模型训练的梯度优化过程更加平滑。

如图 6.12 所示，低、中、高 3 种分辨率的输出（分别对应 1/32、1/16、1/8 特征图）经过 2 倍上采样和 $1 \times 1 \times C$ 卷积分割预测，与 1/16、1/8 和 1/4 比例的真实标注图一起输入 Softmax 损失函数计算损失值。ICNet 总损失函数由这 3 个损失函数的加权和组成，公式定义如下

$$
\text{LOSS} = -\sum_{t=1}^{3} \lambda_t \frac{1}{x_t y_t} \sum_{y=1}^{y_t} \sum_{x=1}^{x_t} \log\left(\frac{\mathrm{e}^{F_{\hat{n},x,y}^t}}{\sum_{n=1}^{C} \mathrm{e}^{F_{n,x,y}^t}} \right)
$$

其中：t 为低、中、高分辨率网络分支索引；λ_t 为 t 分支损失函数权重；在分支 t 中，预测的特征图 F^t 的空间分辨率为 $x_t \times y_t$；n 为通道索引，也是类别索引，共有 C 个类别（前景＋背景）；$\hat{n}$ 为真实类别的索引（标注值）；(x,y) 为分割图上像素或特征图元素的坐标，在通道 n 的特征图 (x,y) 位置处的预测值为 $F_{n,x,y}^t$，在相应位置的真实类别对应的预测值为 $F_{\hat{n},x,y}^t$。

ICNet 采用图像级联的思想，由低分辨率图像通过深层网络产生完整的深层语义特征，预测粗糙语义分割图，由高分辨率图像通过浅层网络产生高分辨率的浅层特征，细化目标边缘，融合低、中、高分辨率图像的特征，兼顾了分割精度和处理速度，适合应用在实时性要求较高的场景。

本章 6.3 节　**实践项目：基于 ICNet 的语义分割**　是 ICNet 在 TensorFlow1.x 框架下的软件实现，感兴趣的读者可以直接跳转到该章节开展实战操作。

6.2.6　DeepLab 系列

DeepLab 是谷歌团队提出的基于编码器-解码器结构的语义分割网络。自 2014 年以来相继推出了 v1、v2、v3、v3＋共 4 个版本，2018 年 DeepLabv3＋在 VOC 2012 和 Cityscapes 数据集上的表现达到了业界领先水平。

1. DeepLabv1

DeepLabv1 以去除了全连接分类层的 VGG16 作为主干网络，采用全卷积方式输出每个像素位置的分类预测，从而完成语义分割任务。

DeepLabv1 最主要的创新是将条件随机场（Conditional Random Field，CRF）与卷积神经网络进行了结合，如图 6.15 所示。在 DeepLabv1 的实现中，VGG16 分类网络输出的特征图经过双线性插值恢复到原始图像尺寸大小，然后采用条件随机场对特征图进行后处理操作，得到最终的语义分割结果。由于分类网络的多阶段最大池化操作导致了特征图的空间分辨率下降，故深度卷积神经网络产生的分割结果比较粗糙。DeepLabv1 使用全连接条件随机场（fully connected CRF）对分割结果进行精细化处理，提高了分割边界的准确率。

此外，为了结合图像中更多的上下文特征，在 DeepLabv1 网络中引入了空洞卷积替代了部分标准卷积和池化操作，在不降低特征图空间分辨率和不增加参数量的情况下能够获取更大的感受野，进一步改善了分割的准确率。

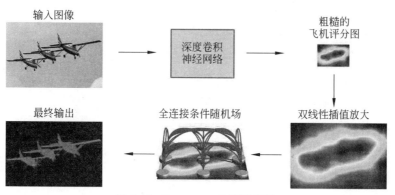

扫码查看
彩图

图 6.15 DeepLabv1 流程示意图

2. DeepLabv2

DeepLabv2 在 DeepLabv1 的基础上进行了进一步改进。

（1）主干网络采用 ResNet101 网络替换了 DeepLabv1 的 VGG16 网络，并将 C4、C5 两个残差阶段的标准卷积替换成空洞卷积。主干网络的改进大约提升了 3% 的 mIoU。

（2）采用空洞空间金字塔池化（Atrous Spatial Pyramid Pooling，ASPP）对特征在多个尺度上进行分割，实现多尺度特征融合。如图 6.16 所示，DeepLabv2 在主干网络输出的特征图通过 4 个并联的分支，每个分支由具有不同膨胀率的 3×3 空洞卷积构成，从而获得具有不同感受野的特征，将这些特征进行元素级的加法操作完成特征融合。ASPP 提高了网络对于不同尺度目标的分割能力，有效改善了分割效果，提升了 2% 以上的 mIoU。

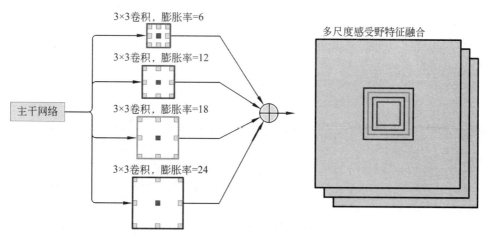

图 6.16 DeepLabv2 ASPP 空洞空间金字塔池化结构

（3）将全连接条件随机场改为全连接成对条件随机场（pairwise CRF）。

3. DeepLabv3

DeepLabv3 是在 DeepLabv2 的基础上进一步改进的版本，结构与 PSPNet 非常相似。该方法改进了之前提出的空洞空间金字塔池化结构，重新设计了膨胀率参数，增加了批量归一化，并融合了全局特征和像素级特征。

如图 6.17 所示，改进的 ASPP 结构由 5 个并行的分支构成：

（1）分支 1 为 1×1 卷积、批量归一化和 ReLU 激活操作，保留了主干网络提取的特征，

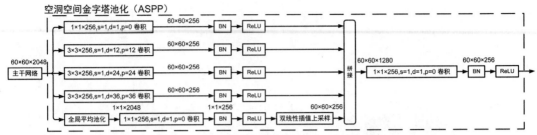

图 6.17 DeepLabv3 空洞空间金字塔池化结构

将通道数由 2048 压缩到 256,得到 $60×60×256$ 的特征图。

(2)分支 2、3、4 对输入特征图进行步长为 1、膨胀率分别为 12、24、36 的 $3×3$ 空洞卷积,获得尺寸不变但具有不同感受野的特征图($60×60×256$)。

(3)分支 5 对输入特征图进行全局平均池化,得到尺寸为 $1×1$、通道数为 256 的特征图,再进行双线性插值上采样将尺寸恢复到输入特征图尺寸大小($60×60×256$),通过分支 5 得到主干网络输出的全局信息。

5 个分支汇聚在一起,在通道方向进行拼接,再经过 $1×1×256$ 卷积完成特征融合。DeepLabv3 对多尺度的局部信息和全局信息的特征融合,使分割准确率得到了提高。

DeepLabv3 除图 6.17 所示由并行分支组成的空洞空间金字塔池化结构外,还有级联的上下文模块结构的版本,感兴趣的读者可参阅论文 *Rethinking atrous convolution for semantic image segmentation*(论文网址: https://arxiv.org/abs/1706.05587)。

4. DeepLabv3＋

DeepLabv3＋采用编码器-解码器结构,在 DeepLabv3 的基础上增加了浅层特征融合,进一步提高了目标边界的分辨率。DeepLabv3＋采用 ResNet 或 Xception 作为主干网络,Xception 在 ASPP 和解码器模块中使用了深度可分离卷积,预测精度稍低,速度更快。

如图 6.18 所示,其主干网络为 ResNet101,下采样 8 倍,输入图像为 $480×480×3$。

1)编码器结构

编码器由主干网络 ResNet101 和空间金字塔池化 ASPP 模块组成。

ResNet101 自 C1 到 C3 阶段下采样 8 倍,特征图分辨率降低到原始输入图像的 1/8,即 $60×60$。C4 和 C5 阶段保持特征图尺寸不变,采用空洞卷积扩大感受野。C2 阶段输出浅层特征,接入解码器模块,用于补充细节信息。C5 阶段输出深层特征,通过 ASPP 模块聚合多尺度上下文特征。

在训练阶段,DeepLabv3＋采用 16 倍下采样的结构进行网络训练,而在预测阶段采用 8 倍下采样结构,实验证明这种组合得到的图像分割准确率最高。

2)解码器结构

ASPP 模块输出的上下文特征经双线性插值算法 2 倍上采样,使得特征图尺寸与浅层特征图尺寸 $120×120$ 相同。C2 阶段输出的浅层特征图通过 $1×1×48$ 卷积降维到 48 通道,与上下文特征图在通道方向拼接,完成浅层特征和深层特征的融合。融合后的特征通过 2 个 $3×3×256$ 卷积处理,经 $1×1×C$ 卷积将通道数整合到类别数目,再经双线性插值 4 倍上采样放大到原始图像尺寸大小,得到 $480×480×C$ 语义分割图像。

将 C2 阶段输出的浅层特征降维到 48 通道,原因是过多的浅层特征通道会削弱 ASPP

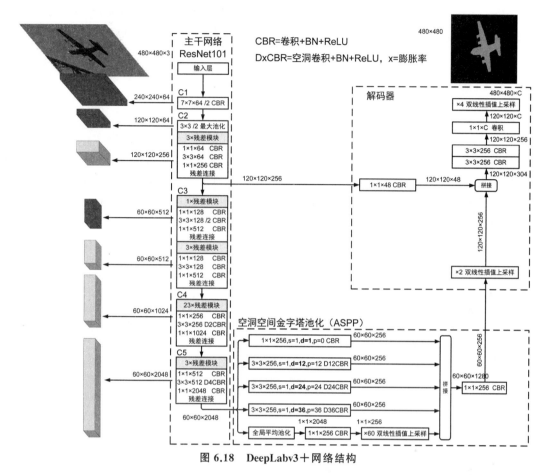

图 6.18 DeepLabv3＋网络结构

模块深层特征对分割的作用。经过消融实验证实,48 通道的浅层特征融合效果最好。实验还证实,在特征融合后再通过 2 个 3×3×256 卷积得到的图像分割准确率最高。

6.3 实践项目：基于 ICNet 的语义分割

6.3.1 实践项目内容

本实践项目使用 ICNet 语义分割网络和自动驾驶数据集 Cityscapes,在 PC 上进行推理测试,并移植部署到 SE5 边缘设备,实现对自动驾驶道路场景图片的语义分割。PC 端测试代码原型来自于 Github,网址为 https://github.com/hellochick/ICNet-tensorflow,代码基于 TensorFlow1.x 框架。

6.3.2 数据集

本实践项目使用 Cityscapes 数据集(详见本书 1.7.4 节)的子集进行 ICNet 模型的训练和测试,实现对城市街景的语义分割。子集存放在工程文件夹 ICNet-TF1 的"data"子文件夹下。如果读者需要完整的 Cityscapes 数据集,可自行在 Cityscapes 官网下载(https://www.cityscapes-dataset.com/)。

gtFine_trainvaltest.zip：包含了训练集、验证集、测试集图像的精细标注（共计 5000 张）；

leftImg8bit_trainvaltest.zip：包含了训练集、验证集、测试集的原始图像（共计 5000 张），为左目图像。

官网还可下载粗糙标注数据集、右目图像、视差图、车辆运动参数、视频文件、相机参数等，以及第三方发布的 3D 标注框数据、雾天数据等。

在工程文件夹"ICNet-TF1"下：

（1）子文件夹/data/cityscapes/cityscape/leftImg8bit/train 为训练集图像。

（2）子文件夹/data/cityscapes/cityscape/leftImg8bit/val 为验证集图像。

（3）子文件夹/data/list 中 cityscapes_train_list.txt 为训练集图像文件名和标签文件名。

（4）子文件夹"/data/list"中 cityscapes_val_list.txt 为验证集图像文件名和标签文件名。

6.3.3　ICNet 网络结构

ICNet 的网络模型结构见 6.2.5 节。

6.3.4　TensorFlow 框架下程序实现

读者可以在 http://www.tup.com.cn 下载本实践章节完整源代码的工程文件夹 ICNet-TF1。文件夹结构如下所示：

```
root@ubuntu:~/bmnnsdk2/bmnnsdk2-bm1684_v2.7.0/ICNet-TF1$ tree -L 2
├── data
│   └── cityscapes
│   └── list
│       └── cityscapes_train_list.txt
│       └── cityscapes_val_list.txt
│   └── test
│       └── cityscapes1.png
│       └── cityscapes2.png
├── utils
│   └── config.py
│   └── image_reader.py
│   └── network.py
│   └── visualize.py
├── model
│   └── ICNet.npy
│   └── checkpoint
│   └── model.ckpt-2000.data-00000-of-00001
│   └── model.ckpt-2000.index
│   └── model.ckpt-2000.meta
│   └── ICNet.pb
├── net.py
├── test.py
├── ckpt_to_pb.py
├── bmodel.py
├── SE5
```

```
        └── bmodel
        └── cityscapes1.png
        └── cityscapes2.png
    └── test_SE5.py
```

1）在 PC 端执行的模型测试文件

./data：训练和测试用图像文件夹。

./datasets：训练用数据集。

./utils：包含 ICNet 网络定义和预测程序需要用到的辅助函数文件夹。

./utils：文件夹下包括：

config.py：网络训练、测试参数配置代码。

image_reader.py：读取数据集图像及标注代码。

network.py：ICNet 网络定义、辅助函数代码。

visualize.py：可视化代码，为语义分割图像添加颜色。

./model：网络模型文件夹。

./model：文件夹下包括：

ICNet.npy：ICNet 官网提供的预训练模型。

checkpoint，model.ckpt-100.data-00000-of-00001，model.ckpt-100.index 和 model.ckpt-100.meta：在预训练模型上训练好的 ckpt 模型。

ICNet.pb：ckpt 模型转换后的 pb 文件。

net.py：ICNet 网络模型结构定义源代码。

train.py：PC 端 ICNet 模型训练源代码。

test.py：PC 端 ICNet 模型测试源代码。

ckpt_to_pb.py：将 ckpt 模型文件转换为 pb 文件源代码。

bmodel.py：转换成在 SE5 端执行的 bmodel 模型源代码。

2）在 SE5 端执行的模型预测文件

./SE5：在 SE5 上执行的 bmodel 模型、测试程序及测试用图像，部署时将此文件夹下载到 SE5 端。

./SE5 文件夹下包括：

/bmodel：SE5 端的模型文件。

test_SE5.py：SE5 端的测试程序。

1. 网络结构代码解析

完整代码见"net.py"。

```
import tensorflow as tf
......
#定义网络模型结构
    def setup(self):
        #中/低分辨率分支共用卷积阶段 C1：
        (self.feed('data')
```

```
        .interp(s_factor=0.5, name='data_sub2')    #1/2 尺度
        .conv(3, 3, 32, 2, 2, biased=False, padding='SAME', relu=False, name=
            'conv1_1_3x3_s2') #1/4 尺度
        .batch_normalization(relu=True, name='conv1_1_3x3_s2_bn')
        .conv(3, 3, 32, 1, 1, biased=False, padding='SAME', relu=False, name=
            'conv1_2_3x3')
        .batch_normalization(relu=True, name='conv1_2_3x3_bn')
        .conv(3, 3, 64, 1, 1, biased=False, padding='SAME', relu=False, name=
            'conv1_3_3x3')
        .batch_normalization(relu=True, name='conv1_3_3x3_bn')
        .zero_padding(paddings=1, name='padding0')
    #中/低分辨率分支共用卷积阶段 C2:
        .max_pool(3, 3, 2, 2, name='pool1_3x3_s2')          #1/8 尺度
        .conv(1, 1, 128, 1, 1, biased=False, relu=False, name='conv2_1_1x1_proj')
        .batch_normalization(relu=False, name='conv2_1_1x1_proj_bn'))
    (self.feed('pool1_3x3_s2')
        .conv(1, 1, 32, 1, 1, biased=False, relu=False, name='conv2_1_1x1_reduce')
        .batch_normalization(relu=True, name='conv2_1_1x1_reduce_bn')
        .zero_padding(paddings=1, name='padding1')
        .conv(3, 3, 32, 1, 1, biased=False, relu=False, name='conv2_1_3x3')
        .batch_normalization(relu=True, name='conv2_1_3x3_bn')
        .conv(1, 1, 128, 1, 1, biased=False, relu=False, name='conv2_1_1x1_increase')
        .batch_normalization(relu=False, name='conv2_1_1x1_increase_bn'))
    ……省略 C2 阶段的 2 个残差模块
    #中/低分辨率分支共用卷积阶段 C3:
        .conv(1, 1, 256, 2, 2, biased=False, relu=False, name='conv3_1_1x1_proj')
        .batch_normalization(relu=False, name='conv3_1_1x1_proj_bn'))
    (self.feed('conv2_3/relu')
    #1/16 尺度
        .conv(1, 1, 64, 2, 2, biased=False, relu=False, name='conv3_1_1x1_reduce')
        .batch_normalization(relu=True, name='conv3_1_1x1_reduce_bn')
        .zero_padding(paddings=1, name='padding4')
        .conv(3, 3, 64, 1, 1, biased=False, relu=False, name='conv3_1_3x3')
        .batch_normalization(relu=True, name='conv3_1_3x3_bn')
        .conv(1, 1, 256, 1, 1, biased=False, relu=False, name='conv3_1_1x1_increase')
        .batch_normalization(relu=False, name='conv3_1_1x1_increase_bn'))
    (self.feed('conv3_1_1x1_proj_bn',
                'conv3_1_1x1_increase_bn')
        .add(name='conv3_1')
        .relu(name='conv3_1/relu')
    #低分辨率分支卷积阶段 C3:
        .interp(s_factor=0.5, name='conv3_1_sub4')          #1/32 尺度
        .conv(1, 1, 64, 1, 1, biased=False, relu=False, name='conv3_2_1x1_reduce')
        .batch_normalization(relu=True, name='conv3_2_1x1_reduce_bn')
        .zero_padding(paddings=1, name='padding5')
        .conv(3, 3, 64, 1, 1, biased=False, relu=False, name='conv3_2_3x3')
        .batch_normalization(relu=True, name='conv3_2_3x3_bn')
```

```
        .conv(1, 1, 256, 1, 1, biased=False, relu=False, name='conv3_2_1x1_increase')
        .batch_normalization(relu=False, name='conv3_2_1x1_increase_bn'))
(self.feed('conv3_1_sub4',
           'conv3_2_1x1_increase_bn')
       .add(name='conv3_2')
       .relu(name='conv3_2/relu'))
```
……省略 C3 阶段的 2 个残差模块
#低分辨率分支卷积阶段 C4:
```
       .conv(1, 1, 512, 1, 1, biased=False, relu=False, name='conv4_1_1x1_proj')
       .batch_normalization(relu=False, name='conv4_1_1x1_proj_bn'))
(self.feed('conv3_4/relu')
       .conv(1, 1, 128, 1, 1, biased=False, relu=False, name='conv4_1_1x1_reduce')
       .batch_normalization(relu=True, name='conv4_1_1x1_reduce_bn')
       .zero_padding(paddings=2, name='padding8')
       .atrous_conv(3, 3, 128, 2, biased=False, relu=False, name='conv4_1_3x3')
       .batch_normalization(relu=True, name='conv4_1_3x3_bn')
       .conv(1, 1, 512, 1, 1, biased=False, relu=False, name='conv4_1_1x1_increase')
       .batch_normalization(relu=False, name='conv4_1_1x1_increase_bn'))
(self.feed('conv4_1_1x1_proj_bn',
           'conv4_1_1x1_increase_bn')
       .add(name='conv4_1')
       .relu(name='conv4_1/relu'))
```
……省略 C4 阶段的 5 个残差模块
#低分辨率分支卷积阶段 C5:
```
       .conv(1, 1, 1024, 1, 1, biased=False, relu=False, name='conv5_1_1x1_proj')
       .batch_normalization(relu=False, name='conv5_1_1x1_proj_bn'))
(self.feed('conv4_6/relu')
       .conv(1, 1, 256, 1, 1, biased=False, relu=False, name='conv5_1_1x1_reduce')
       .batch_normalization(relu=True, name='conv5_1_1x1_reduce_bn')
       .zero_padding(paddings=4, name='padding14')
       .atrous_conv(3, 3, 256, 4, biased=False, relu=False, name='conv5_1_3x3')
       .batch_normalization(relu=True, name='conv5_1_3x3_bn')
       .conv(1, 1, 1024, 1, 1, biased=False, relu=False, name='conv5_1_1x1_increase')
       .batch_normalization(relu=False, name='conv5_1_1x1_increase_bn'))
(self.feed('conv5_1_1x1_proj_bn',
           'conv5_1_1x1_increase_bn')
       .add(name='conv5_1')
       .relu(name='conv5_1/relu'))
```
……省略 C5 阶段的 2 个残差模块
```
shape = self.layers['conv5_3/relu'].get_shape().as_list()[1:3]
h, w = shape
```
#低分辨率分支空间金字塔池化 PPM:
```
(self.feed('conv5_3/relu')
       .avg_pool(h, w, h, w, name='conv5_3_pool1')
       .resize_bilinear(shape, name='conv5_3_pool1_interp'))
(self.feed('conv5_3/relu')
       .avg_pool(h / 2, w / 2, h / 2, w / 2, name='conv5_3_pool2')
       .resize_bilinear(shape, name='conv5_3_pool2_interp'))
(self.feed('conv5_3/relu')
```

```
            .avg_pool(h / 3, w / 3, h / 3, w / 3, name='conv5_3_pool3')
            .resize_bilinear(shape, name='conv5_3_pool3_interp'))
    (self.feed('conv5_3/relu')
            .avg_pool(h / 4, w / 4, h / 4, w / 4, name='conv5_3_pool6')
            .resize_bilinear(shape, name='conv5_3_pool6_interp'))
    (self.feed('conv5_3/relu',
                    'conv5_3_pool6_interp',
                    'conv5_3_pool3_interp',
                    'conv5_3_pool2_interp',
                    'conv5_3_pool1_interp')
            .add(name='conv5_3_sum')
            .conv(1, 1, 256, 1, 1, biased=False, relu=False, name='conv5_4_k1')
            .batch_normalization(relu=True, name='conv5_4_k1_bn')
    #中/低分辨率分支级联特征融合 CFF1:
            .interp(z_factor=2.0, name='conv5_4_interp')
            .zero_padding(paddings=2, name='padding17')
            .atrous_conv(3, 3, 128, 2, biased=False, relu=False, name='conv_sub4')
            .batch_normalization(relu=False, name='conv_sub4_bn'))
    (self.feed('conv3_1/relu')
            .conv(1, 1, 128, 1, 1, biased=False, relu=False, name='conv3_1_sub2_proj')
            .batch_normalization(relu=False, name='conv3_1_sub2_proj_bn'))
    (self.feed('conv_sub4_bn',
                    'conv3_1_sub2_proj_bn')
            .add(name='sub24_sum')
            .relu(name='sub24_sum/relu')
    #高/中/低分辨率分支级联特征融合 CFF2:
            .interp(z_factor=2.0, name='sub24_sum_interp')
            .zero_padding(paddings=2, name='padding18')
            .atrous_conv(3, 3, 128, 2, biased=False, relu=False, name='conv_sub2')
            .batch_normalization(relu=False, name='conv_sub2_bn'))
    #高分辨率分支卷积阶段 C1:
    (self.feed('data')
            .conv(3, 3, 32, 2, 2, biased=False, padding='SAME', relu=False, name=
                'conv1_sub1')      #1/2 尺度
            .batch_normalization(relu=True, name='conv1_sub1_bn')
            .conv(3, 3, 32, 2, 2, biased=False, padding='SAME', relu=False, name=
                'conv2_sub1')      #1/4 尺度
            .batch_normalization(relu=True, name='conv2_sub1_bn')
            .conv(3, 3, 64, 2, 2, biased=False, padding='SAME', relu=False, name=
                'conv3_sub1')      #1/8 尺度
            .batch_normalization(relu=True, name='conv3_sub1_bn')
            .conv(1, 1, 128, 1, 1, biased=False, relu=False, name='conv3_sub1_proj')
            .batch_normalization(relu=False, name='conv3_sub1_proj_bn'))
    (self.feed('conv_sub2_bn',
                    'conv3_sub1_proj_bn')
            .add(name='sub12_sum')
            .relu(name='sub12_sum/relu')
    #2倍上采样到 1/4 尺度
            .interp(z_factor=2.0, name='sub12_sum_interp')
```

```
    #1/4 尺度语义分割输出
    .conv(1, 1, self.cfg.param['num_classes'], 1, 1, biased=True, relu=
        False, name='conv6_cls'))
    #1/16 尺度语义分割输出
    (self.feed('conv5_4_interp')
    .conv(1, 1, self.cfg.param['num_classes'], 1, 1, biased=True, relu=
        False, name='sub4_out'))
    #1/8 尺度语义分割输出
    (self.feed('sub24_sum_interp')
    .conv(1, 1, self.cfg.param['num_classes'], 1, 1, biased=True, relu=
        False, name='sub24_out'))
```

2. 模型训练代码解析

完整代码见 train.py。

1）损失值计算

```
#定义损失值计算过程
def create_loss(output, label, num_classes, ignore_label):
    #1. 获取语义分割预测值
raw_pred = tf.reshape(output, [-1, num_classes])
    #2. 获取语义分割标签值
    label = prepare_label(label, tf.stack(output.get_shape()[1:3]),
        num_classes=num_classes, one_hot=False)
    label = tf.reshape(label, [-1,])
    indices = get_mask(label, num_classes, ignore_label)
    gt = tf.cast(tf.gather(label, indices), tf.int32)
    pred = tf.gather(raw_pred, indices)
    #3. 定义多分类交叉熵计算函数
    loss = tf.nn.sparse_softmax_cross_entropy_with_logits(logits=pred,
        labels=gt)
    reduced_loss = tf.reduce_mean(loss)
    return reduced_loss
#计算 3 条分支的总损失值
def create_losses(net, label, cfg):
    #1. 获取不同分辨率分支下的语义分割输出
    sub4_out = net.layers['sub4_out']
    sub24_out = net.layers['sub24_out']
    sub124_out = net.layers['conv6_cls']
    #2. 计算不同分辨率分支的损失值
    loss_sub4 = create_loss(sub4_out, label, cfg.param['num_classes'],
        cfg.param['ignore_label'])
    loss_sub24 = create_loss(sub24_out, label, cfg.param['num_classes'],
        cfg.param['ignore_label'])
    loss_sub124 = create_loss(sub124_out, label, cfg.param['num_classes'],
        cfg.param['ignore_label'])
    l2_losses = [cfg.WEIGHT_DECAY * tf.nn.l2_loss(v) for v in tf.trainable_
        variables() if 'weights' in v.name]
    #3. 计算 3 个分支的加权损失值
    reduced_loss = cfg.LAMBDA1 * loss_sub4 + cfg.LAMBDA2 * loss_sub24 +
        cfg.LAMBDA3 * loss_sub124 + tf.add_n(l2_losses)
    return loss_sub4, loss_sub24, loss_sub124, reduced_loss
```

2）训练过程

```
def main():
    #1. 获取训练参数
    args = get_arguments()
    cfg = TrainConfig(dataset=args.dataset,
                is_training=True,
                random_scale=args.random_scale,
                random_mirror=args.random_mirror,
                filter_scale=args.filter_scale)
    #2. 加载训练数据集和 ICNet 网络
    train_reader = ImageReader(cfg=cfg, mode='train')
    train_net = ICNet(image_reader=train_reader,
                        cfg=cfg, mode='train')
    #3. 计算训练集损失值
    loss_sub4, loss_sub24, loss_sub124, reduced_loss = create_losses
        (train_net, train_net.labels, cfg)
    #4. 加载验证数据集和 ICNet 网络
    with tf.variable_scope('', reuse=True):
        val_reader = ImageReader(cfg, mode='eval')
        val_net = ICNet(image_reader=val_reader,
                        cfg=cfg, mode='train')
    #5. 计算验证集损失值
    val_loss_sub4, val_loss_sub24, val_loss_sub124, val_reduced_loss =
        create_losses(val_net, val_net.labels, cfg)
    #6. 使用 Poly 学习率策略
    base_lr = tf.constant(cfg.LEARNING_RATE)
    step_ph = tf.placeholder(dtype=tf.float32, shape=())
    learning_rate = tf.scalar_mul(base_lr, tf.pow((1 - step_ph /
        cfg.TRAINING_STEPS), cfg.POWER))
    #7. 设置加载模型时所需变量
    restore_var = tf.global_variables()
    all_trainable = [v for v in tf.trainable_variables() if ('beta' not in v.name
        and 'gamma' not in v.name) or args.train_beta_gamma]
    #8. 在训练前更新均值和方差
    if args.update_mean_var == False:
        update_ops = None
    else:
        update_ops = tf.get_collection(tf.GraphKeys.UPDATE_OPS)
    with tf.control_dependencies(update_ops):
        opt_conv = tf.train.MomentumOptimizer(learning_rate, cfg.MOMENTUM)
        grads = tf.gradients(reduced_loss, all_trainable)
        train_op = opt_conv.apply_gradients(zip(grads, all_trainable))
    #9. 创建会话, 加载模型权重
    train_net.create_session()
    train_net.restore(cfg.model_weight, restore_var)
    saver = tf.train.Saver(var_list=tf.global_variables(), max_to_keep=5)
    #10. 训练中的迭代操作
    for step in range(cfg.TRAINING_STEPS):
        start_time = time.time()
```

```
        feed_dict = {step_ph: step}
        #运行网络,返回损失值,保存模型
        if step % cfg.SAVE_PRED_EVERY == 0 and step != 0:
            loss_value, loss1, loss2, loss3, val_loss_value, _ = train_net.sess.
                run([reduced_loss, loss_sub4, loss_sub24, loss_sub124,
                val_reduced_loss, train_op], feed_dict=feed_dict)
            train_net.save(saver, cfg.SNAPSHOT_DIR, step)
        else:
            loss_value, loss1, loss2, loss3, val_loss_value, _ = train_net.sess.
                run([reduced_loss, loss_sub4, loss_sub24, loss_sub124, val_
                reduced_loss, train_op], feed_dict=feed_dict)
        duration = time.time() - start_time
            print('step {:d} \t total loss = {:.3f}, sub4 = {:.3f}, sub24 =
                {:.3f}, sub124 = {:.3f}, val_loss: {:.3f} ({:.3f} sec/step)'.\
                format(step, loss_value, loss1, loss2, loss3, val_loss_value,
                duration))
```

3. 模型测试代码解析

模型测试代码包括:加载模型;加载测试图像并将图像尺寸缩放到 $1024 \times 2048 \times 3$;模型推理;测试图像与语义分割后图像叠加,用于显示。完整代码见 test.py。

```
dataset = 'cityscapes'
filter_scale = 1
#1. 设置加载模型路径,定义输入图像尺寸
class InferenceConfig(Config):
    def __init__(self, dataset, is_training, filter_scale):
        Config.__init__(self, dataset, is_training, filter_scale)
    model_weight = './model/model.ckpt-2000'
    INFER_SIZE = (1024, 2048, 3)
cfg = InferenceConfig(dataset, is_training=False, filter_scale=filter_scale)
#2. 加载模型
net = ICNet(cfg=cfg, mode='inference')
#3. 创建会话,加载权重
net.create_session()
net.restore(cfg.model_weight)
#4. 读取测试图像并进行预处理
pic_path = './data/test/'
pic_name = 'cityscapes1.png'
im1 = cv2.imread(pic_path + pic_name)
if im1.shape != cfg.INFER_SIZE:
    im1 = cv2.resize(im1, (cfg.INFER_SIZE[1], cfg.INFER_SIZE[0]))
#5. 模型推理
results1 = net.predict(im1)
#6. 原测试图像与语义分割输出图像叠加,用于显示
overlap_results1 = 0.5 * im1 + 0.5 * results1[0]
```

6.3.5　ICNet 网络模型训练和测试过程

本实践项目选择使用 ICNet 的官方训练源代码 train.py 进行模型训练实践,先加载自官方网站下载的预训练模型 ICnet.npy,再使用 Cityscapes 数据集的一个子集进行进一步的训练。训练输出的模型文件用于接下来的测试和 SE5 部署。

checkpoint 模型文件是依赖 TensorFlow 的,只能在 TensorFlow 框架下使用,不能在 SE5 上进行网络模型的编译。因此将 checkpoint 模型文件先转成 PB 模型文件,转换程序的代码见文件 ckpt_to_pb.py,再将 PB 模型转换成 bmodel 模型。PB 模型具有语言独立性和封闭的序列化格式,可独立运行,允许其他语言和深度学习框架读取、继续训练和迁移。

训练和测试步骤如下所示。

(1) 进入工程文件夹 ICNet-TF1。

(2) 在 Terminal 模式或 PyCharm 环境中运行 train.py 代码。

运行 train.py 后,计算机加载预训练模型和 Cityscapes 数据集并开始训练,在运行窗口输出:

```
root@ubuntu:/workspace/ICNet-TF1#python3 train.py
#加载模型 ./model/ICNet.npy
#训练中……
step 0 total loss = 2.306, sub4 = 3.634, sub24 = 3.531, sub124 = 0.171, val_loss:
2.346 (11.084 sec/step)
step1 total loss = 2.300, sub4 = 3.494, sub24 = 3.512, sub124 = 0.195, val_loss:
2.488 (2.931 sec/step)
……
The checkpoint has been created, step:100
step100 total loss = 1.202, sub4 = 2.272, sub24 = 1.175, sub124 = 0.227, val_loss:
1.165 (7.882 sec/step)
--------------------------------------------------------
root@ubuntu:/workspace/ICNet-TF1#
```

训练结束后,生成模型文件 model.ckpt-100 存储在 ./model 文件夹中。

(3) 运行 ckpt_to_pb.py,将 ckpt 模型文件转换为 pb 文件,以用于下一节将模型编译为 SE5 支持的 bmodel 模型。

```
root@ubuntu:/workspace/ICNet-TF1#python3 ckpt_to_pb.py
```

转换结束后,模型文件 ICNet.pb 存储在 ./model 文件夹中。

(4) 在 Terminal 模式或 PyCharm 环境中运行 test.py 代码。

在运行窗口运行 test.py 后,程序读入图像 ./data/test/cityscapes1.png 开始语义分割,在运行状态窗口输出:

```
root@ubuntu:/workspace/ICNet-TF1#python3 test.py
#设置参数...
#加载模型 Restore from ./model/model.ckpt-100
#保存图像 cityscapes1_result.jpg, cityscapes1_overlap_result.jpg
```

运行结果如图 6.19 所示。

扫码查看
彩图

图 6.19 ICNet 网络 PC 端测试结果

6.3.6 ICNet 网络模型在 SE5 上的部署

1. 模型编译

将 PC 平台的模型文件 ./model/ ICNet.pb 编译为 SE5 平台可执行的 bmodel 模型文件，bmodel 模型保存在 ./SE5/bmodel 文件夹下。模型编译和结果比对过程参考本书 4.3.5 节模型编译部分。

2. 代码移植

移植后的 SE5 端完整代码见 test_SE5.py。代码移植过程参考本书 4.3.5 节代码移植部分。test_SE5.py 程序主要包括图像预处理函数、主函数（模型加载和模型推理），以及后处理函数。

```python
#预处理函数：将测试图像缩放至(1024,2048,3)
def icnet_preprocess(image, infer_size=(1024, 2048, 3)):
    if image.shape != infer_size:
        image = cv2.resize(image, (infer_size[1], infer_size[0]))
return image

#后处理函数：得到语义分割输出图像
def icnet_postprocess(output, detected_size, num_classes, label_colours):
    #1. 19个类别颜色
    label_colours = np.array(label_colours, np.float32)
    detected_w, detected_h = detected_size[1], detected_size[0]
    #2. 网络输出为原始图像1/4尺寸,数据格式转换[1,19,255,511] -> [255,511,19]
    output = np.transpose(output, (0, 1, 2, 3)).squeeze()
    #3. [255,511,19]上采样恢复原始图像尺寸
    output_up = cv2.resize(output, (detected_w, detected_h), interpolation=
                cv2.INTER_LINEAR)
    #4. 对每一个像素获取类别最大值
    output_label = np.argmax(output_up, axis=2)
    #5. 转化成 one-hot 形式
    onehot_output_label = np.eye(num_classes)[output_label]
    #6. 以不同颜色绘制分割区域,得到语义分割输出图像[1024,2048,3]
```

```
        result = np.matmul(onehot_output_label, label_colours)
        return result

#主函数：模型加载和模型推理
def main():
    #1.定义网络参数
    num_classes = 19   #19个类别参与测试评估
    infer_size = (1024, 2048, 3)  #网络输入图像尺寸
    detected_size = (1024, 2048)
    #定义19个类别的标注颜色
    label_colours =[[128, 64, 128], [244, 35, 231], [69, 69, 69]
                    #0 = road, 1 = sidewalk, 2 = building
        , [102, 102, 156], [190, 153, 153], [153, 153, 153]
                    #3 = wall, 4 = fence, 5 = pole
        , [250, 170, 29], [219, 219, 0], [106, 142, 35]
                    #6 = traffic light, 7 = traffic sign, 8 = vegetation
        , [152, 250, 152], [69, 129, 180], [219, 19, 60]
                    #9 = terrain, 10 = sky, 11 = person
        , [255, 0, 0], [0, 0, 142], [0, 0, 69]
                    #12 = rider, 13 = car, 14 = truck
        , [0, 60, 100], [0, 79, 100], [0, 0, 230], [119, 10, 32]]
                    #15 = bus, 16 = train, 17 = motocycle, 18 = bicycle
    #2.读入图像数据
    img = cv2.imread(ARGS.input)
    #3.图像预处理：缩放图像到固定尺寸
    data = icnet_preprocess(img, infer_size)
    print('data.shape=', data.shape)
    #4.加载bmodel模型
    net = sail.Engine(ARGS.bmodel, ARGS.tpu_id, sail.IOMode.SYSIO)
    #加载bmodel
    graph_name = net.get_graph_names()[0]  #加载网络名称
    input_names = net.get_input_names(graph_name)   #加载网络输入名称
    #5.模型推理
    output_names = net.get_output_names(graph_name)  #get input names
    input_data = {input_names[0]: np.array(data, dtype=np.float32)}
    start = time.time() #推理时间计时开始
    output = net.process(graph_name, input_data) #模型推理
    end = time.time() #推理时间计时结束
    #6.后处理：根据模型推理结果,返回语义分割输出图像
    result = icnet_postprocess(output[output_names[0]], detected_size,
                num_classes, label_colours)
    #7.原测试图像与语义分割输出图像叠加,用于显示
    overlap_result = 0.5 * img + 0.5 * result
```

3. SE5 端模型测试

按照下述步骤在 SE5 设备上进行模型的测试。如果需要详细步骤,参考本书 4.4.6 节 SE5 端模型测试部分。

(1) 建立测试文件夹。

将准备的测试图像、SE5 端程序 test_SE5.py 和生成的 bmodel 模型文件夹放入同一个

文件夹并命名为 SE5(本实践项目的工程文件夹中已经创建了./SE5 文件夹和所需文件,读者可直接使用该文件夹)。

(2)将预测文件夹复制到 SE5。

(3)SE5 端运行程序。

打开新的命令行终端,使用 ssh 命令登录 SE5,用户名为 linaro@"YOUR_SOC_IP",默认密码为 linaro。

进入预测程序文件夹路径下,运行测试程序。输出结果如下:

```
data.shape= (1024, 2048, 3)
bmcpu init: skip cpu_user_defined
open usercpu.so, init user_cpu_init
[BMRT][load _ bmodel: 823] INFO: Loading bmodel from [./bmodel/compilation.
bmodel]. Thanks for your patience...
[BMRT][load_bmodel:787] INFO:pre net num: 0, load net num: 1
Open /dev/jpu successfully, device index = 0, jpu fd = 20, vpp fd = 21
-------------------------------------------------------------
saved as cityscapes1_result.jpg, cityscapes1_overlap_result.jpg
cost time: 0.165 s
-------------------------------------------------------------
```

程序运行完毕后,SE5 端会以图像形式保存测试结果 cityscapes1_result.jpg 和 cityscapes1_overlap_result.jpg。使用 scp 命令可将 SE5 端测试结果复制回 PC 端。

```
root@ubuntu:/workspace# scp linaro@"YOUR_SOC_IP":/home/linaro/"YOUR NAME"/
SE5/cityscapes1_overlap_result.jpg ICNet-TF1/SE5
```

第7章

实 例 分 割

7.1 实例分割任务介绍

7.1.1 实例分割任务

语义分割任务将图像中同一类别的像素标注为相同的类别,但并不区分这一类别中可能存在的多个个体。实例分割任务不但将目标按照类别进行像素级的预测,同时区分相同类别中的不同个体。实例分割可以理解为目标检测任务和语义分割任务的结合,是将目标检测边界框图像中的目标像素从背景中提取出来,或是在语义分割的相同类别像素区域中将个体通过目标检测标注出来。

实例分割网络与目标检测网络相似,也分为两阶段(two stage)方法和单阶段(one-stage)方法。两阶段方法包括 Mask R-CNN、HTC 等网络,单阶段方法包括 YOLACT、SOLO、CenterMask 等网络。

实例分割目前存在着以下一些问题和难点。

(1) 小物体分割任务。深层的神经网络具有更大的感受野,但是分辨率低。小物体的细节信息在深层网络中容易丢失,从而导致小物体分割的性能较差。

(2) 物体遮挡问题。当两个或多个物体相互遮挡时,准确区分重叠区域像素的实例分类,是一个非常具有挑战的问题。

(3) 图像退化问题。光照、图像压缩、传感器质量等原因造成的图像质量退化,也会给准确的像素级实例分割带来挑战。目前大多数公开数据集,如 COCO、PASCAL VOC 等都不存在明显的图像退化问题。

7.1.2 评估准则

实例分割算法的性能评估通常使用各类别的平均精度(Average Precision,AP),即 PR 曲线下的面积作为算法评估的综合指标。mAP(mean Average Precision)为数据集中各类别平均精度的平均值。

当预测结果与真实标注的交并比 IoU 达到设定阈值时,预测结果视为正确检测,否则视为错误检测。通常使用的交并比 IoU 阈值为 0.5 或 0.75,分别提供当交并比 IoU 阈值设定为 50% 或 75% 条件下的算法精度,记作 AP_{50} 或 AP_{75}。AP 的计算与本书 5.1.3 节中目标检测任务的方法相似。

为了详细评估算法对不同大小目标的分割性能,常用的性能指标还包括 AP_S、AP_M 和 AP_L。AP_S 只评估面积小于 32×32 的目标,AP_M 评估面积大于 32×32 且小于 96×96 的目标，AP_L 则评估面积大于 96×96 的目标的分割精度。

对于 Cityscapes 等街景场景，更关注不同距离下物体的检测性能。因此，除 mAP 外，通常还会使用 AP100m 表示 100m 范围内物体的检测精度、AP50m 表示 50m 范围内物体的检测精度。

7.2　典型实例分割网络

7.2.1　Mask R-CNN

Faster R-CNN（见 5.2.3 节）是两阶段的目标检测网络，第一阶段通过 RPN 区域建议网络得到目标的候选边界框，第二阶段对每一个候选边界框进行图像类别分类和边界框回归，得到目标的类别和更加精细的边界框。

Mask R-CNN 的第一阶段与 Faster R-CNN 相同，通过 RPN 区域建议网络输出候选建议框，在第二阶段通过目标检测网络预测目标类别和边界框的同时，通过语义分割分支对边界框内图像的每一个像素进行分类预测，输出二值化掩模，预测像素是目标还是背景。Mask R-CNN 网络同时实现了目标分类、边界框回归和分割三个任务。

1. Mask R-CNN 网络结构

如图 7.1 所示，Mask R-CNN 改进了 Faster R-CNN 的特征提取网络，主干网络采用 ResNet 或 ResNeXt 网络，并增加了 FPN 特征金字塔网络进行浅层和深层特征的融合，将原来用于统一候选区域特征图尺寸的感兴趣区域池化层替换为 ROI Align 感兴趣区域对齐层（ROI Align 层）。这些改进措施使 Mask R-CNN 的性能得到了显著的提高。

Mask R-CNN 网络由 FPN 获得共享特征图，经 RPN 区域建议网络生成有/无目标的二分类和较为粗糙的候选边界框，将候选边界框进行筛选后，与共享特征图一起送入 ROI Align 层，经过裁剪、池化将候选区域特征图调整统一成 $7 \times 7 \times 256$ 尺寸的特征图，输入到目标检测网络，输出多类别分类概率和边界框位置预测。

由目标检测网络输出的较为精确的预测边界框与 FPN 输出的共享特征图一起输入到 ROI Align 层，将预测边界框按照缩放比例映射到共享特征图，并对共享特征图进行裁剪、池化之后，得到 $14 \times 14 \times 256$ 统一尺寸的局部特征图，送入 Mask 语义分割网络，输出预测边界框内的语义分割图。

Mask R-CNN 网络要求输入图像为正方形，分辨率为 64 的整数倍，对于长方形的图像需要进行零填充以便将输入图像调整为正方形。图 7.1 所示的输入图像分辨率为 $1024 \times 1024 \times 3$，主干网络为 ResNet101，目标类别数量为 C 的 Mask R-CNN 网络结构。

2. FPN 特征金字塔网络

主干网络在持续的卷积和下采样中，随着语义信息得到不断增强，空间信息却不断减弱。如果直接采用主干网络最后一层输出的特征图进行检测和分割任务，则对于检测任务来说可能丢失小目标，对于分割任务来说则所获取的分割精度很低。这是因为，分割任务既需要较深层的语义信息，又需要丰富的空间信息。通过特征金字塔网络将浅层特征与深层特征相融合，使得特征图既具有较深层的语义信息又具有丰富的空间信息，从而提高了检测和分割任务的性能。Mask R-CNN 采用 FPN 特征金字塔网络进行特征融合，使得分割的 AP_{75} 精度提高了 3% 以上。

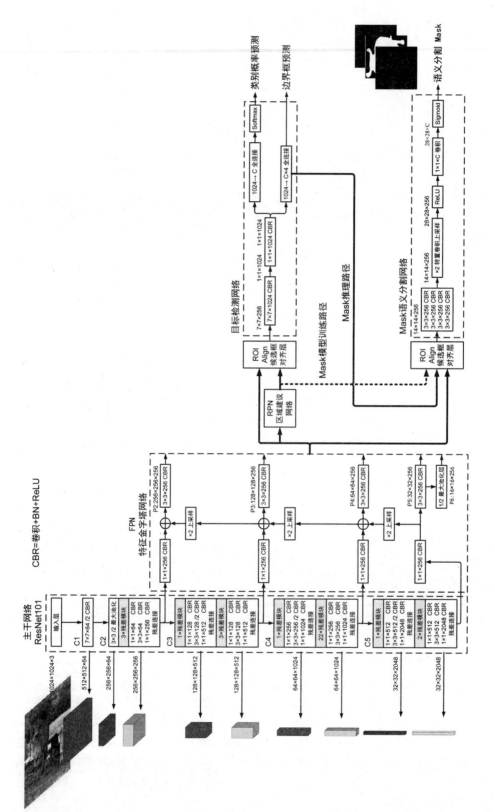

图 7.1　Mask R-CNN 网络结构

（参考代码：https://codeload.github.com/multimodallearning/pytorch-mask-rcnn/zip/refs/heads/master）

如图 7.1 所示,在下采样的作用下,主干网络 ResNet101 的 C2～C5 阶段输出的特征图尺寸相对于原始图像分别缩小了 1/4 倍、1/8 倍、1/16 倍、1/32 倍。C5 输出经过 $1\times1\times256$ 卷积降维和 $3\times3\times256$ 卷积得到 P5 特征图($32\times32\times256$),P5 再经过最大池化 2 倍下采样,得到 P6 特征图($16\times16\times256$)。

C5 输出的特征图经过 $1\times1\times256$ 降维卷积再经过 2 倍上采样,将特征图的分辨率由原始图像的 1/32 扩大到原始图像的 1/16,与 C4 阶段的输出特征图尺寸相同,C4 输出的特征图经过 $1\times1\times256$ 降维与 C5 上采样后的特征图在元素级相加,实现 C4 与 C5 的特征融合,再经 $3\times3\times256$ 卷积进行特征整合,得到 P4 特征图($64\times64\times256$)。以此方法分别进行各阶段的特征融合,得到 P3 特征图($128\times128\times256$)、P2 特征图($256\times256\times256$)。FPN 特征金字塔网络经过浅层与深层网络特征融合,形成了从 P6 到 P2 的特征图尺寸逐倍增大的金字塔形的输出。不同层的输出用于检测和分割不同大小的目标,P6 有利于检测大目标,P2 有利于检测小目标。

3. RPN 区域建议网络

RPN 区域建议网络对 FPN 输出的 P2～P6 特征图进行较为粗糙的目标检测,输出候选建议框。如图 7.2 所示,Mask R-CNN 与 Faster R-CNN 的 RPN 网络结构和功能相同,采用锚点和锚框方法进行目标检测。区别在于 Faster R-CNN 的 RPN 网络输入只包括主干网络最后阶段输出的共享特征图,而 Mask R-CNN 的 RPN 网络输入包括 FPN 网络输出的 P2～P6 共 5 种共享特征图。如表 7.1 所示,以输入图像分辨率 1024×1024 为例,P2～P6 每种共享特征图对应 1 个锚框尺度,分别为 32、64、128、256、512,共享特征图每个元素有 3 种锚框宽高比,分别为 0.5、1、2。经过简单的目标检测网络,得到($256\times256+128\times128+64\times64+32\times32+16\times16$)$\times3=261\,888$ 个预测边界框。其中 $1\times1\times6$ 卷积和 Softmax 生成基于 3 个锚框的有/无目标的置信度,$1\times1\times12$ 生成基于 3 个锚框的候选边界框中心和宽高参数。

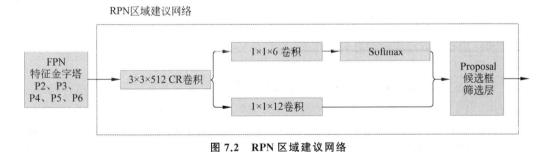

图 7.2　RPN 区域建议网络

表 7.1　Mask R-CNN 共享特征图及锚框关系

FPN 共享特征图	FPN 共享特征图尺寸	下采样倍数/s	锚框尺度
P2	256×256	4	32
P3	128×128	8	64
P4	64×64	16	128
P5	32×32	32	256
P6	16×16	64	512

将预测结果送入 Proposal 层进行是否含有目标、NMS 筛选等操作,最后在训练阶段输出 2000 个候选边界框,在推理阶段输出 1000 个候选边界框。

4. ROI Align 层

经过 RPN 区域建议网络初步预测和筛选的边界框作为区域候选边界框,进行后续的目标分类、精细边界框回归和语义分割任务。由于分类网络存在全连接操作,因此需要将尺寸大小不一的 ROI 候选边界框特征图映射成固定尺寸大小的特征图。

ROI Align 层根据 RPN 输出的候选边界框对 FPN 输出的 P2～P5 中尺度匹配的共享特征图进行裁剪和缩放,生成 7×7 特征图,输出到分类和边界框预测分支进行目标检测任务。生成空间位置信息更精细的 14×14 的特征图,输出到 Mask 语义分割分支进行图像分割。其具体包含以下两个步骤。

(1) 将输入图像上的以左上和右下表示的区域候选边界框 $(x_{lt}, y_{lt}, x_{rb}, y_{rb})$ 映射到 P2～P5 中选定的共享特征图上,得到该候选区域的特征图 $(x_{lt}/s, y_{lt}/s, x_{rb}/s, y_{rb}/s)$,其中 s 为选定的共享特征图层相对于原始图像尺寸的缩小比例,s 对应 P2～P5 分别为 4、8、16、32。

(2) 由于候选区域边界框的尺寸大小不一致,因此映射到共享特征图上的区域大小也不一致。通过 ROI Align 层可以将不同尺寸的候选区域特征图处理成为尺寸统一的 7×7 特征图或 14×14 特征图。

在这个过程中存在两次特征图空间位置对齐的问题:①原始图像上的候选区域位置坐标 $(x_{lt}, y_{lt}, x_{rb}, y_{rb})$ 是整数,通常不能被 $s=(4,8,16,32)$ 整除,从而使得特征图上的映射位置坐标 $(x_{lt}/s, y_{lt}/s, x_{rb}/s, y_{rb}/s)$ 是浮点数,即带小数点的数值。②对候选区域特征图 7×7 等分后的单元格位置也是浮点数。

在 Faster R-CNN 网络中,采用兴趣域池化层完成候选区域特征图的裁剪和缩放操作。兴趣域池化方法是一种粗糙的位置对齐方式,在上述两个步骤中对浮点型区域位置坐标都采取了向下取整(量化)的操作。好处是可以直接从特征图整数位置处取得特征图元素值,而缺点是导致预测的目标区域和真实目标区域空间坐标发生"错位(misalignment)"。在目标分类、边界框回归和语义分割任务中,分类任务对空间位置坐标不敏感,而边界框回归和语义分割任务都需要精确的像素位置信息,显然兴趣域池化方法不能满足网络对性能提升的要求。

图 7.3 给出了兴趣域池化进行特征图裁剪和缩放的实例。如图 7.3(a) 所示,以输入图像分辨率 1024×1024 为例,由 RPN 网络输出的大牛的候选边界框左上角和右下角坐标分别为 (106,66) 和 (543,835),尺寸为 438×770。将候选边界框映射到 P5 共享特征图,由于 P5 特征图为原始图像分辨率的 1/32,即 32×32,每个特征图元素对应原始图像 32 个像素,故候选边界框映射到 P5 特征图的坐标为 (106/32,66/32) 和 (543/32,835/32),如图 7.3(b) 中实线所示,换算为浮点数为 (3.31,2.06) 和 (16.97,26.09)。兴趣域池化方法选择对位置坐标量化取整的方式,如图 7.3(b) 中虚线所示,得到候选区域坐标为 (3,2) 和 (16,26),尺寸为 14×25。量化后映射回原始图像后坐标为 (96,64) 和 (512,832),尺寸为 417×769。图 7.3(a) 中实线框为 RPN 网络输出的 ROI 候选边界框,虚线为坐标取整后映射回原始图像的边界框,坐标最大偏移了 31 个像素,这是第一次量化产生的误差。

为了得到 7×7 的池化输出,需要将尺寸为 14×25 的边界框特征图分成 7×7 个格子。在本例中裁剪后的特征图宽度方向 14 列可以平均分成 7 份,每列 2 个元素,但在特征图高

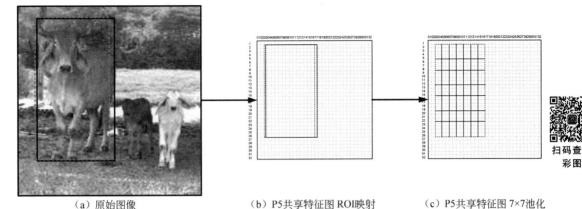

扫码查看
彩图

（a）原始图像　　　　　　（b）P5共享特征图ROI映射　　　　（c）P5共享特征图7×7池化

图 7.3　兴趣域池化在特征图映射和池化中的量化误差

度方向 25 行不能被 7 整除。兴趣域池化方法选择四舍五入的方式把特征图高度方向 25 个元素按照 4、3、4、3、4、3、4 分成 7 份,如图 7.3(c)实线所示,完成 7×7 池化操作,由于特征图高度方向的元素并未平均分配,由此产生第二次量化误差。

为了解决以上问题,Mask R-CNN 网络采用 ROI Align 方法取代了 Fast R-CNN 的兴趣域池化方法,保留浮点数位置坐标,实现了精确的位置对齐。

ROI Align 方法的具体步骤如下。

(1) 根据 ROI 候选边界框$(x_{lt}, y_{lt}, x_{rb}, y_{rb})$的尺寸大小,从 P2～P5 共享特征图中选择目标检测尺度最匹配的层,共享特征图层选择公式为

$$\text{Level} = 4 + \log_2\left(\frac{\sqrt{h \times w}}{224}\right)$$

其中:h 和 w 为 ROI 候选边界框的高和宽(以原始图像像素计)。虽然 RPN 网络是在 P2～P6 共 5 种共享特征图上生成 ROI 候选边界框的,但在 ROI 候选边界框映射回共享特征图时只使用 P2～P5 共 4 种共享特征图。

(2) 将 ROI 候选边界框$(x_{lt}, y_{lt}, x_{rb}, y_{rb})$映射到选定的共享特征图层上,得到候选区域的特征图映射坐标$(x_{lt}/s, y_{lt}/s, x_{rb}/s, y_{rb}/s)$。保留特征图位置浮点型坐标的小数部分,不做量化取整。

(3) 将该候选区域特征图等分为 7×7 的单元格,同样保留单元格位置浮点数坐标的小数部分,不做量化取整。

(4) 如图 7.4 所示,将每个单元格进行 2×2 等分,用双线性插值法计算出单元格内 2×2 共 4 个位置的元素值,再在单元格内进行最大池化或平均池化,生成 7×7 特征图。

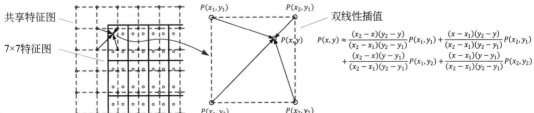

扫码查看
彩图

图 7.4　ROI Align 方法计算输出特征图

ROI Align 方法的整个过程都使用浮点数计算,没有量化误差,由此生成的特征图用来进行边界框回归和语义分割可以得到很好的效果。与兴趣域池化方法相比,ROI Align 方法将 Mask 语义分割的 AP_{75} 精度提高了 10% 以上,将边界框预测的 AP_{75} 精度提高了 9% 以上。

5. Mask 语义分割网络

Mask 语义分割分支在训练阶段与推理阶段的输入特征图不同。在训练阶段,如图 7.1 Mask 模型训练路径虚线所示,由 RPN 输出的 ROI 候选边界框与 FPN 输出的共享特征图经过 ROI Align 生成语义分割的输入特征图。而在推理阶段,如图 7.1 Mask 推理路径实线所示,则是由目标检测网络输出的预测边界框与 FPN 输出的共享特征图经过 ROI Align 生成语义分割的输入特征图。这是因为,在训练阶段损失函数是由分类损失、边界框回归损失和分割损失构成的多任务损失函数,因此要求分割分支与分类和边界框回归分支构成并行关系。而在推理阶段,由目标检测网络边界框回归分支输出的边界框精度更高,有利于提升语义分割的精度。

经 ROI Align 层裁剪和对齐的固定尺寸特征图输入到 Mask 语义分割分支,由于语义分割任务需要更丰富的空间位置信息,因此 ROI Align 输出到语义分割分支的特征图分辨率为 $14\times14\times256$,比输出到目标检测分支的特征图分辨率高一倍。输入的特征图经过 4 个 3×3 卷积进一步提取语义信息,之后送入转置卷积进行 2 倍上采样,使特征图分辨率放大到 $28\times28\times256$,再经过 $1\times1\times C$ 的卷积将特征图的通道数调整到目标类别总数 C,输出 $28\times28\times C$ 的分割结果。此时特征图的一个通道代表一类目标,再经过 Sigmoid 函数将特征图元素归一化到 $0\sim1$,这个结果就可以用于模型训练和标绘分割图。在实例分割推理时,以目标检测分支预测的类别 ID 作为通道索引,对应通道的分割特征图以 0.5 为阈值,进行二值化形成掩模,再将掩模尺寸缩放到目标检测分支输出的预测边界框大小,并映射到原始图像上就完成了实例分割。

6. 损失函数

在模型训练阶段,Mask R-CNN 网络的损失函数包括 RPN 网络损失函数和最终预测网络损失函数。公式为

$$LOSS = LOSS_{rpn} + LOSS_{mrcnn}$$

RPN 网络损失函数只包括有/无目标的二分类损失函数和候选边界框回归损失函数,与 Faster R-CNN 网络的 RPN 损失函数相同,定义如下

$$LOSS_{rpn} = LOSS_{rpn\_cls} + LOSS_{rpn\_box}$$

Mask R-CNN 最终预测网络的损失函数是由目标检测网络中的分类损失函数、边界框损失函数及 Mask 语义分割损失函数构成的多任务损失函数,定义如下

$$LOSS_{mrcnn} = LOSS_{mrcnn\_cls} + LOSS_{mrcnn\_box} + LOSS_{mrcnn\_mask}$$

其中：$LOSS_{mrcnn\_cls}$ 为分类损失函数；$LOSS_{mrcnn\_box}$ 为边界框损失函数；$LOSS_{mrcnn\_mask}$ 为分割损失函数。Mask R-CNN 网络中 $LOSS_{mrcnn\_cls}$ 和 $LOSS_{mrcnn\_box}$ 与 Faster R-CNN 网络中的损失函数定义相同。

对于每一个 RPN 网络输出的 ROI 候选边界框,Mask 语义分割分支都会生成一个 $m\times m\times C$(本节中图 7.1 为 $28\times28\times C$)的二值化掩模。其中 $m\times m$ 为掩模的分辨率,C 为类别总数。在掩模生成过程中使用 Sigmoid 函数而非 Softmax 函数,这是因为 Softmax 函数对

于每一个元素按照类别生成概率，所有类别的概率和为 1，产生了类别间的竞争，而采用 Sigmoid 函数解耦了掩模与类别预测之间的关系，从而消除了掩模的类间竞争问题。

分割损失函数 $\text{LOSS}_{\text{mrcnn\_mask}}$ 是二元交叉熵损失函数，只计算正样本的损失，并且只计算真实类别对应的掩模，定义如下

$$\text{LOSS}_{\text{mrcnn\_mask}} = \text{BCE}(p_i, \hat{p}_i) = \frac{1}{m \times m} \sum_{i=1}^{m \times m} -\hat{p}_i \log p_i + (1 - \hat{p}_i) \log (1 - p_i)$$

其中：p_i 为通过 Sigmoid 函数计算得到的 Mask 掩模元素的类别预测值，取值范围为 0～1，$\hat{p}_i$ 为标签标记的真实掩模值，取值为 0 或 1。在训练时，将真实掩模缩放成 28×28 的分辨率，与掩模的类别预测值一起输入到分割损失函数 $\text{LOSS}_{\text{mrcnn\_mask}}$ 计算损失值。

Mask R-CNN 网络的总损失函数为 RPN 网络损失函数与最终预测网络损失函数之和：

$$\begin{aligned} \text{LOSS} &= \text{LOSS}_{\text{rpn}} + \text{LOSS}_{\text{mrcnn}} \\ &= \text{LOSS}_{\text{rpn\_cls}} + \text{LOSS}_{\text{rpn\_box}} + \text{LOSS}_{\text{mrcnn\_cls}} \\ &\quad + \text{LOSS}_{\text{mrcnn\_box}} + \text{LOSS}_{\text{mrcnn\_mask}} \end{aligned}$$

本章 7.3 节 **实践项目：基于 Mask R-CNN 的实例分割** 是 Mask R-CNN 在 TensorFlow 1.x 框架下的软件实现，感兴趣的读者可以直接跳转到该章节开展实战操作。

7.2.2 YOLACT 与 YOLACT++

YOLACT(You Only Look At CoefficienTs)是基于锚框的单阶段实例分割网络，其主要特点是处理速度快，分割精度较高，可达到每秒 30 帧以上。YOLACT++ 是 YOLACT 的升级版本，在保持实时处理速度的情况下，分割精度大大提高。YOLACT 在以 ResNet101 为主干网络的情况下，只消耗大约 1500MB 的 VRAM 内存，这个特性非常适合用于低容量的嵌入式设备的实时应用场景。

YOLACT 是在单阶段目标检测模型的基础上增加掩模预测分支来实现实例分割的。YOLACT 的基本思路与 YOLO 目标检测网络类似，主干网络+FPN 输出的特征图元素对应原始图像的若干个网格，每个网格负责预测中心落在网格内的目标的类别、边界框和掩模系数，在提取语义信息的同时依然能够保留位置信息。

YOLACT 将实例分割任务分解为两个并行任务：①生成全部实例的整幅图像的掩模原型(Prototypes Mask)字典；②预测每个实例对应掩模原型字典的一组线性组合系数(mask coefficients)。最后，将掩模原型按照掩模系数进行线性组合，得到每个实例的掩模。

如图 7.5 所示，YOLACT 通过 ResNet101+FPN 组合提取多尺度特征图，在目标检测网络中增加了掩模系数预测分支，同时增加了一个与目标检测网络并行的 ProtoNet 掩模原型预测分支。经过 NMS 筛选后的掩模系数与 ProtoNet 分支生成的多张具有全部实例的掩模原型图像进行矩阵乘法操作，得到实例的掩模预测值，再经裁剪和二值化，获得每个实例的最终掩模图像。

1. 掩模原型网络(ProtoNet)

ProtoNet 掩模原型网络输出一组 K 张掩模原型，掩模原型是对整幅图像的全部实例掩模预测而不是对实例区域的局部掩模预测。

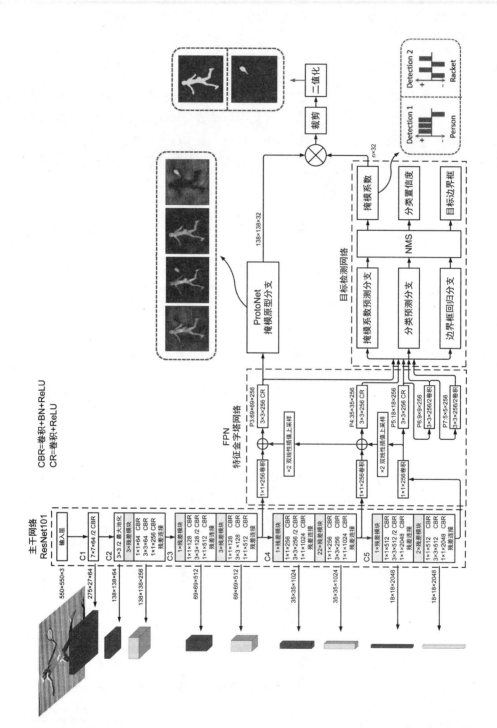

图 7.5　YOLACT 网络架构

（参考代码：https://github.com/dbolya/yolact）

如图 7.6 所示,由 FPN 输出的特征图经过 3 个连续的 $3 \times 3 \times 256$ 卷积,再经双线性插值上采样操作,尺寸增大到原来的 2 倍,又经 $3 \times 3 \times 256$ 卷积整合特征,最后通过 $1 \times 1 \times K$ 卷积和 ReLU 非线性激活输出掩模原型。

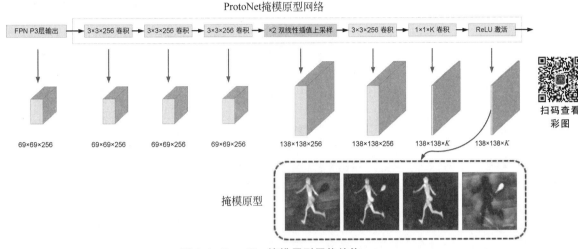

扫码查看彩图

图 7.6　ProtoNet 掩模原型网络结构

深层次的主干网络特征能够产生更加可靠的掩模原型,而更高分辨率的原型特征能够产生更高质量的掩模和针对小目标获得更好的效果。因此 YOLACT 采用了 FPN 输出的最大分辨率特征图 P3 作为 ProtoNet 网络的输入,并且将输出尺度通过双线性插值上采样到原始图像分辨率的 1/4,来增强对小目标的效果。

2. 掩模系数预测

YOLACT 的预测头是典型的基于锚框的目标检测器。以输入为 $550 \times 550 \times 3$ 图像为例,在 FPN 输出的 P3~P7 特征图上每个元素设计 3 个锚框,锚框的纵横比分别为(1,1/2,2)。FPN 各输出层对应的锚框尺度如表 7.2 所示。

表 7.2　FPN 各输出层对应的锚框尺度

FPN 特征图层	FPN 特征图层尺寸	下采样倍数/s	锚框尺度
P3	69×69	8	24
P4	35×35	16	48
P5	18×18	32	96
P6	9×9	64	192
P7	5×5	128	384

如图 7.7 所示,由 FPN 网络输出的 P3~P7 多尺度特征图,经过 2 个 $3 \times 3 \times 256$ 的卷积后分成 3 个支路:

(1) 第一路为掩模系数预测,每个锚框有 K 个掩模系数,其输出为 $W_i \times H_i \times (K \times A_i)$ 的张量。其中,W_i 为 FPN 输出的 Pi 层(i 为 3~7 的整数)特征图的宽,H_i 为 Pi 层特征图的高,A_i 为 Pi 层特征图的每个元素预设锚框的数量。经消融实验证明,当 $K=32$ 时,从处理速度和精度考量的 ProtoNet 网络的整体性能最优。

（2）第二路为目标类别预测，输出为 $W_i \times H_i \times (C \times A_i)$ 的张量。其中，C 为分类类别总数＋1（背景）。

（3）最后一路为目标边界框回归，每个边界框的预测值有中心坐标和宽高 (x, y, w, h) 共 4 个数据，故其输出为 $W_i \times H_i \times (4 \times A_i)$ 的张量。

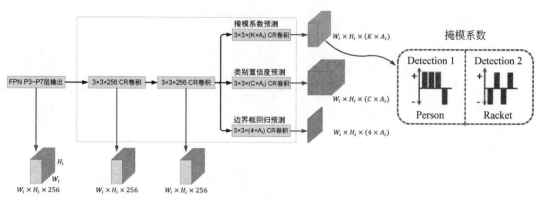

图 7.7　YOLACT 目标检测器网络结构

对掩模系数的预测值采用 tanh() 函数进行非线性变换，使输出的掩模系数取值范围在 $-1 \sim 1$，这样就能够在后续的掩模装配过程中，通过加强目标掩模、减弱非目标掩模，进而将各个实例的掩模从掩模原型中分别提取出来。

3. 快速非极大值抑制（Fast NMS）

Fast NMS 的提出主要是为了解决候选框筛选的实时性问题。虽然采用 Fast NMS 导致分割精度下降了 0.1mAP，但是其处理耗时比传统 NMS 减少了 11.8ms。

Fast NMS 的具体实现流程如下：

（1）将同类别的候选框按照评分分数 Score（分类置信度）降序排列，并选取其中前 N 个候选框。

（2）成对计算候选框间的交并比 IoU，组成 $N \times N$ 的 IoU 矩阵。

（3）由于 IoU 矩阵的对角线元素是候选框与自身的 IoU，故对角线元素均为 1。而矩阵的下三角区域元素与上三角区域元素对称，故只保留上三角元素。在矩阵中每个 IoU 元素的行号总是小于列号。

（4）沿矩阵列方向提取出每列 IoU 的最大值，剔除掉 IoU 最大值大于阈值 0.5 的列，则剩余的列所代表的候选框为最终输出的候选框。

以图 7.8 为例，B1～B4 候选框按评分分数降序排列并计算两两之间的交并比，组成 IoU 矩阵。将矩阵对角线和下三角元素置 0。提取每列 IoU 的最大值，并剔除掉 IoU 大于阈值 0.5 的列 B2 和 B3，最终剩余 B1 和 B4 为筛选后留下的候选框。

在本例中，B1 的评分分数大于 B2，两框的 IoU 高于阈值，因此 B2 被剔除。B3 与 B2 的 IoU 虽然高于阈值，但是根据传统 NMS 算法，当 B2 被剔除掉后，B3 与 B2 不再进行比较，而 B3 与 B1 的 IoU 仅为 0.1，应该被保留。显然，Fast NMS 算法错误地剔除了 B3，这就是引入 Fast NMS 之所以会降低 mAP 的原因。虽然 Fast NMS 算法引入了一些误差，但它能够进行并行计算，极大地减少了处理时间，因此对一些对精度要求不高的实时场景应用是比较适合的。

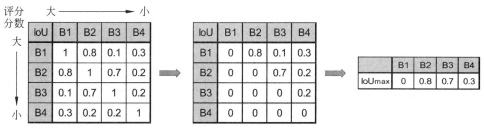

图 7.8　Fast NMS 处理流程

4. 掩模装配过程(masks assembly)

YOLACT 使用线性组合将掩模原型和掩模系数结合起来,即将掩模原型按照对应的掩模系数进行加权求和,表示为二者的多维矩阵乘法,再经过 Sigmoid 非线性函数产生最终的掩模。如下公式所示

$$M = \sigma(PC^{\mathrm{T}})$$

其中:M 是所有实例的掩模,其值为 $W \times H \times n$ 的张量,n 是经 NMS 和阈值筛选后得到的实例个数;P 是掩模原型,其值为 $W \times H \times K$ 的张量;W 和 H 分别是掩模原型的宽和高,C 是 $n \times K$ 掩模系数矩阵。一般情况下,全局掩模的尺寸为原始图像的 1/4,本例中 $W = H = 138$,$K = 32$。掩模原型和掩模系数的线性组合过程也可以看作输入为掩模原型 $W \times H \times K$,卷积核为掩模系数 $1 \times 1 \times K$,卷积核个数为 n,滑动步长为 1 的卷积运算。

掩模的装配过程如图 7.9 所示。

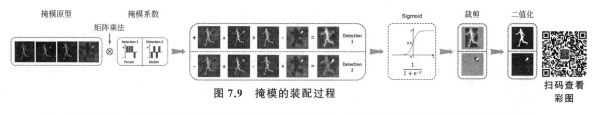

图 7.9　掩模的装配过程

扫码查看彩图

(1) 对掩模原型和掩模系数进行多维矩阵乘法操作。在待提取目标实例的掩模系数向量中含有目标实例的掩模系数为正,不含有目标实例的掩模系数为负。将 K 张掩模原型按照掩模系数进行组合,增强了目标实例的特征,减弱了非目标实例的特征,从而得到一张所有目标实例的全局掩模。

(2) 将全局掩模通过 Sigmoid 函数,使掩模值分布在 0~1。

(3) 将目标边界框映射到全局掩模进行裁剪。这里的裁剪操作是将全局掩模在目标边界框外的区域置 0,而边界框内的值保持不变,经裁剪后的掩模尺寸大小不变。在模型训练阶段,使用实例的真实边界框进行映射。而在推理阶段,使用目标检测分支得到的目标边界框进行映射。

(4) 将全局掩模经阈值为 0.5 的二值化处理得到目标的最终实例掩模。

5. 损失函数

YOLACT 的损失函数由分类损失函数 LOSS_{cls}、边界框回归损失函数 LOSS_{box} 和掩模损失函数 $\text{LOSS}_{\text{mask}}$ 构成,并对这些损失函数赋予不同的权重,如下公式所示

$$\text{LOSS} = \text{LOSS}_{\text{cls}} + 1.5\,\text{LOSS}_{\text{box}} + 6.125\,\text{LOSS}_{\text{mask}}$$

分类损失函数 LOSS_{cls} 采用 Softmax 交叉熵损失函数,边界框回归损失函数 LOSS_{box} 采

用 Smooth-L1 损失函数。

掩模损失函数 $LOSS_{mask}$ 采用预测掩模 $\boldsymbol{M}$ 与真实掩模 $\hat{\boldsymbol{M}}$ 的像素级二元交叉熵损失函数：

$$LOSS_{mask} = BCE(\boldsymbol{M},\hat{\boldsymbol{M}})$$

在模型训练时，对掩模损失除以真实边界框的面积来照顾掩模中的小目标。

6. YOLACT++

YOLACT++ 对原始框架进行了改进：①采用了一种快速的掩模评分网络；②使用可变形卷积改进主干网络，使特征采样与实例能够更好地对齐；③优化预测头，以提高召回率。在保持实时分割的情况下，提高了网络的性能。

1)快速掩模重评分网络(fast mask re-scoring network)

YOLACT 以目标检测分支的分类置信度作为掩模的评分,会造成掩模评分的得分很高,但是掩模的实际质量 MaskIoU(预测掩模与标签真实掩模的交并比)并不高的情况。这说明实例的掩模质量与分类质量并没有形成很好的关联。YOLACT++ 受 Mask Scoring R-CNN 实例分割网络(Mask R-CNN 网络的升级版)的启发,增加了一个快速的掩模重新评分分支,对掩模的质量 MaskIoU 进行预测。

如图 7.10 所示,该分支以掩模装配过程中裁剪后的掩模作为输入,经过 $3\times3\times8$、$3\times3\times16$、$3\times3\times32$、$3\times3\times64$、$3\times3\times128$、$3\times3\times C$ 的连续 6 个步长为 2 的卷积和 ReLU 非线性激活,再进行全局最大池化,生成 C 维向量,输出预测掩模的 MaskIoU。

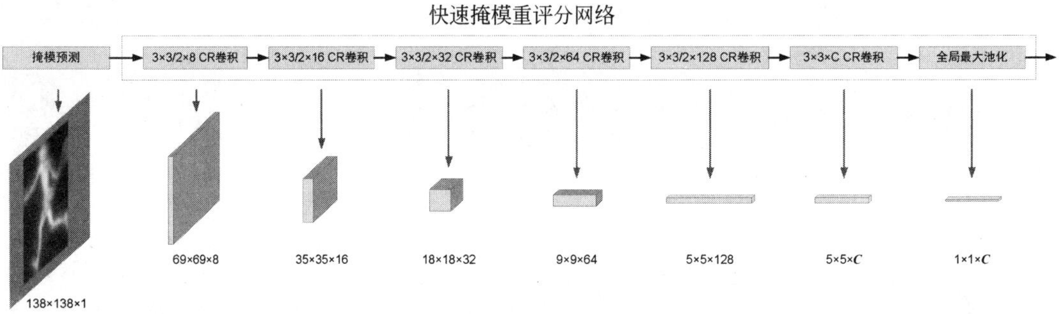

快速掩模重评分网络

掩模预测 → 3×3/2×8 CR卷积 → 3×3/2×16 CR卷积 → 3×3/2×32 CR卷积 → 3×3/2×64 CR卷积 → 3×3/2×128 CR卷积 → 3×3×C CR卷积 → 全局最大池化 →

138×138×1　　69×69×8　　35×35×16　　18×18×32　　9×9×64　　5×5×128　　5×5×C　　1×1×C

图 7.10　快速掩模重新评分网络结构

在训练阶段,首先对由掩模装配过程输出的经二值化的预测掩模与标签标注的真实掩模进行交并比操作,计算出真实的掩模质量 $MaskIoU_{gt}$,作为回归目标,再通过快速掩模重评分分支输出预测的掩模质量 $MaskIoU_{pred}$,最后采用 Smooth-L1 损失函数计算出两者的损失值,作为总损失值的一部分,用于优化网络。

在推理阶段,以 $MaskIoU_{pred}$ 和分类置信度的乘积作为掩模的最终评分。

2)间隔可变形卷积(deformable convolution with intervals)

使用可变形卷积(deformable convolution)替代传统卷积神经网络中刚性的标准卷积,对提高目标检测、语义分割和实例分割任务的性能都是非常有效的。YOLACT++ 将 ResNet101 网络第 3 阶段~第 5 阶段中的 3×3 卷积层替换为 3×4 可变形卷积层。由于需要替换的卷积层数量达到 30 个,会引入大量的时间开销,故 YOLACT++ 采用间隔可变形卷积的方式,即在网络中每隔一定数量的标准卷积后使用可变形卷积替换 1 个标准卷积,而不是替换全部的标准卷积。经消融实验证明,在主干网络中后 3 个阶段的 30 个 3×3 卷积中,每隔 2 个标准卷积,用可变形卷积替换 1 个标准卷积,共替换 11 个卷积,可以使速度和精度的整体性能达到最优。

3) 优化的预测头(optimized prediction head)

在目标检测分支中,锚框的尺度和纵横比的数量对检测精度影响较大。YOLACT++将 FPN 每层的锚框尺度由 1 个增加到 3 个,分别为原来尺度的 1 倍、$2^{1/3}$ 倍和 $2^{2/3}$ 倍。每种尺度的锚框有 3 种纵横比,因此 FPN 特征图层的每个元素实际预设 9 个锚框。给每个 FPN 层赋予多尺度的锚框,使得网络在增加了 1.2ms 的时间代价下,提高了 2.5% 以上的 AP 精度。

在以 ResNet101+FPN 组合为主干网络,输入为 $550 \times 550 \times 3$ 的图像的条件下,YOLACT++ 在精度上比 YOLACT 提高了近 5%。虽然运算时间比 YOLACT 增加了 6.9ms,但依然可以保持 27.3FPS 的实时处理速度。YOLACT++ 精度接近 Mask R-CNN 的水平,而图像处理帧率是 Mask R-CNN 的 3 倍多。

7.2.3　SOLO 和 SOLOv2

SOLO(Segmenting Objects by LOcations),发表于 2020 年 7 月(论文网址:https://arxiv.org/pdf/1912.04488.pdf)。SOLO 按照目标位置分割是一个单阶段的、无边界框检测的、直接预测掩模的实例分割网络,其性能兼顾实时的处理速度和高的分割精度。SOLOv2 对 SOLO 进行了很多改进,其轻量级版本在英伟达 V100 GPU 上达到了每秒 31.3 帧的实时处理速度,在 COCO 数据集上的分割精度 AP 达到 37.1%,与 Mask R-CNN 相近。

图像上的每个实例都是不可分割的整体,不同的实例有不同的位置和形状。根据对 MS COCO 验证集的统计,两两实例间的中心距离大于 30 个像素的占 98.3%。剩下的两两实例中 45% 的尺寸比大于 1.5,这意味着大部分实例可以根据实例的中心位置来分割,而中心位置相距较近的实例可以根据尺寸来分割。SOLO 进行实例分割的基本思路是将图像上的每一个实例都看作一个类别,提出了实例类别的概念,不同位置或大小的实例个体都看作不同的类别。实例分割的问题转化成了将图像上的每个像素都按照实例类别进行分类的问题,同时预测实例的语义类别。

如图 7.11 所示,SOLO 与 YOLO 单阶段目标检测网络相似,将图像平均分成 $S \times S$ 的网格,每一个网格对应一个位置类别。掩模分支生成尺寸为 $w \times h$,位置类别数为 $S \times S$ 的掩模张量,一个位置对应一个通道。如果一个实例的质心落在某个网格位置(i 行,j 列)内,那么这个实例就属于这个位置类别,它的掩模图像对应到掩模张量的第 k 个通道,$k = i \times S + j$(i, j 从 0 开始)。对于落入同一个网格的多个实例可以通过 FPN 的多层级预测来解决,即将不同尺度大小的实例分配在 FPN 输出的不同层级中进行预测。SOLO 同时通过语义类别分类分支输出 $S \times S \times C$ 的张量,预测对应位置的语义类别,其中 C 为语义类别数量(包括背景),实例的掩模图像通道与实例的语义类别通过网格的位置相关联。

1. 网络结构

SOLO 以 ResNet 作为主干网络,追求实时性的轻量级网络选用 ResNet18、ResNet34、ResNet50 作为主干网络,而追求分割精度的网络则选用 ResNet101 或 ResNeXt 作为主干网络。

SOLO 采用 ResNet+FPN 组合为实例分割网络提供特征输入,如图 7.12 所示,FPN 网络将 ResNet 的 C2~C5 阶段的输出进行特征融合,输出 P2~P6 共 5 个层级的不同尺度

扫码查看
彩图

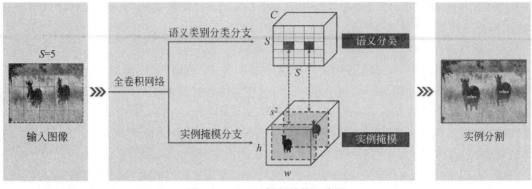

图 7.11 SOLO 框架结构示意图

的 256 通道特征图。SOLO 为每一个层级的特征图分配独立的语义类别分类分支和实例掩模分支,按照 FPN 层级对应的图像网格数,对符合对应尺度范围内的实例进行语义类别分类和位置类别分类。

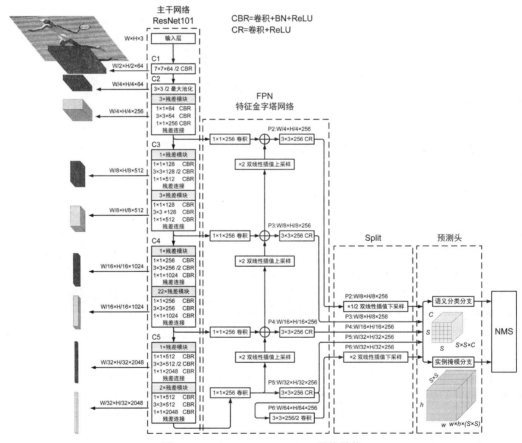

图 7.12 SOLO(solo_r101_fpn)网络结构

(参考代码网址:https://github.com/WXinlong/SOLO)

表 7.3 列示了 FPN 各层级所对应的图像划分的网格数和实例的尺度范围。例如,在 P2 层级的特征图用于预测尺度在 1~96 像素范围内的小尺度实例,这一层级将原始图像分为

40×40 的网格,对应 1600 个位置类别。FPN 相邻的两个层级存在实例尺度范围重叠的情况,故同一个实例可能符合两个层级的尺度范围,这样可以在训练时增加正样本的数量。按照表 7.3 中 FPN 各层级与图像网格数的对应关系,FPN 的所有层级共产生 40×40+36×36+24×24+16×16+12×12=3872 个网格。FPN 多层级预测与单层级预测相比,将实例分割的 AP 精度指标提高了 6.8%。

表 7.3 FPN 多层级预测参数

FPN 特征图层级	Split 下采样倍数	图像网格数	实例尺度/像素
P2	8	40	1~96
P3	8	36	48~192
P4	16	24	96~384
P5	32	16	192~768
P6	32	12	384~2048

2. 语义类别分类网络

FPN 输出的每个层级特征图各自连接一个独立的语义类别分类分支。如图 7.13 所示,语义类别分类分支首先将 P 层级(P2~P6)的特征图尺寸 $w×h$ 通过双线性插值算法缩放到 $S×S$ 大小,S 为 P 层级对应的图像网格数。然后,经过连续的 n 个 3×3×256 的卷积(对于标准的 SOLO 网络,$n=7$,对于轻量级 SOLO 网络,$n=4$)提取语义类别特征,再经过 3×3×C 的卷积,预测各个网格位置的语义类别,得到 $S×S×C$ 的张量,其中 C 是语义类别个数。最后,通过 Sigmoid 函数将预测值转换到 0~1,得到各个位置的语义类别概率。图 7.13 中 CGR=卷积+GroupNorm+ReLU。

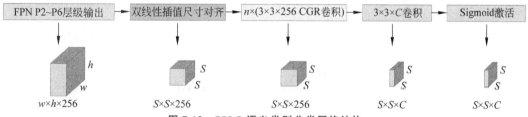

图 7.13 SOLO 语义类别分类网络结构

3. 实例掩模网络

FPN 输出的每个层级特征图各自连接一个独立的实例掩模分支,这些掩模分支对图像的像素进行位置分类。由于标准卷积的空间不变性使得它对位置信息不敏感,而 SOLO 的实例分割掩模是基于图像网格位置的,故 SOLO 采用了 CoordConv 卷积来加强网络对位置信息的处理。如图 7.14 所示,在 P 层级特征图的基础上增加两个尺寸为 $w×h$ 的特征图来分别表示横轴 X 方向和纵轴 Y 方向的坐标。X 方向特征图的左右两条边元素数值分别置为 -1 和 1,按照从 -1~1 的等差线性增加的规则沿水平方向填充特征图中间的元素。Y 方向特征图上下两条边元素数值分别置为 -1 和 1,并用同样的方法沿垂直方向填充中间的元素。实例掩模预测具体流程如下:

(1)将新增加的两通道特征图与 P 特征图在通道方向拼接,得到 $w×h×(256+2)$ 的张量,使 FPN 特征图的元素具有位置坐标的信息。

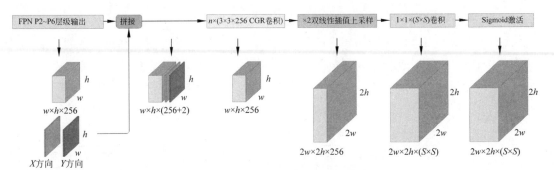

图 7.14　SOLO 实例掩模网络结构

（2）将拼接后的特征图经过连续的 n 个 $3\times3\times256$ 的卷积（对于标准的 SOLO 网络，$n=7$，对于轻量级 SOLO 网络，$n=4$）得到 $w\times h\times256$ 的特征图。

（3）经 2 倍双线性插值得到 $2w\times2h\times256$ 的特征图。

（4）经 $1\times1\times(S\times S)$ 卷积得到 $S\times S$ 个通道的张量 $2w\times2h\times(S\times S)$，每个通道对应一个图像网格位置的掩模预测，将实例像素按照位置进行分类。

（5）通过 Sigmoid 函数将掩模预测值转换到 0～1，以阈值 0.5 对掩模预测值进行二值化得到掩模图像。

4. 解耦 SOLO 实例掩模网络

实例掩模网络在 FPN 层级 P 的输出通道数量为 $S\times S$。按照前文所述，FPN 多层级预测输出的实例掩模通道总数为 3872 个，由于实例在图像中是稀疏的，故绝大多数的通道都是多余的。但这些通道构成的张量却占据了大量的内存。为此，SOLO 提出了一种精度等效甚至略有提高的实例掩模网络，称为解耦 SOLO，能够减少生成掩模的通道数量，代价是处理时间有所延长。

解耦 SOLO 实例掩模网络的机理是，由于水平和垂直位置类别是独立的，因此像素属于位置类别 (i,j) 的概率是属于第 i 行和第 j 列的联合概率。

如图 7.15 所示，解耦 SOLO 实例掩模网络将原实例掩模网络的 $1\times1\times(S\times S)$ 卷积和 Sigmoid 激活层替换成由 2 个 $3\times3\times S$ 卷积和 Sigmoid 激活层组成的分支，分别预测实例像素在 X 方向和 Y 方向的概率。对于图像网格位置 (i,j) 的掩模矩阵 $\boldsymbol{M}_{i,j}$ 则是由 X 张量

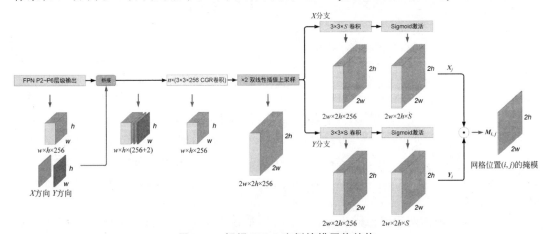

图 7.15　解耦 SOLO 实例掩模网络结构

的 j 通道矩阵与 Y 张量的 i 通道矩阵点积得到,即

$$M_{i,j} = X_j \odot Y_i$$

其中: $M_{i,j} \in R^{2w \times 2h \times (S \times S)}$, $X_j \in R^{2w \times 2h \times S}$, $Y_i \in R^{2w \times 2h \times S}$,分别对应两个轴方向的概率,是张量 X 和张量 Y 在 Sigmoid 操作后的第 j 个和第 i 个通道特征图,矩阵点积是两个相同维度的矩阵对应元素的乘积。由语义分类分支判断出在 $S \times S$ 个网格中哪些网格是实例位置,再由解耦 SOLO 实例掩模网络通过相应的 X 方向和 Y 方向特征图点乘得到实例分割掩模。

解耦 SOLO 实例掩模网络将输出张量空间从原来的 $2w \times 2h \times (S \times S)$ 减少到 $2w \times 2h \times (2S)$ 。

5. SOLO 的推理流程

SOLO 推理流程按照以下步骤进行:

(1)获取语义类别分类的预测概率张量 $S \times S \times C$ 和实例掩模预测的 X 分支张量 $2w \times 2h \times S$ 和 Y 分支张量 $2w \times 2h \times S$ 。

(2)筛选出语义类别预测概率大于阈值 0.1 的网格位置索引 (i,j) ,从中选取前 500 个网格位置进行后续操作。

(3)计算 X 分支第 j 通道特征图和 Y 分支第 i 通道特征图的点积得到候选掩模 $M_{i,j}$,通过阈值 0.5 对掩模预测值进行二值化操作,得到掩模图像。

(4)对所有候选掩模进行 NMS 剔除冗余掩模,得到最终的掩模。

6. 正负样本分配及损失函数

SOLO 确定正样本的方法是:首先计算出标签实例的真实质心和宽高 (cx, cy, w, h) ,设定一个比例因子 ε ,得到中心和宽高为 $(cx, cy, \varepsilon w, \varepsilon h)$ 的区域,将与这个区域有交集的网格位置确定为正样本,其余为负样本。设定 $\varepsilon = 0.2$,可以使每个真实实例的平均样本数达到 3 个,从而增加了正样本的数量。

SOLO 的损失函数由语义类别分类损失函数 LOSS_{cls} 和掩模损失函数 $\text{LOSS}_{\text{mask}}$ 构成:

$$\text{LOSS} = \text{LOSS}_{\text{cls}} + \lambda \text{LOSS}_{\text{mask}}$$

(1)语义类别分类损失函数 LOSS_{cls} 采用常规的 Focal Loss,解决了正负样本不平衡的问题。对应公式为

$$\text{LOSS}_{\text{cls}} = -\frac{1}{N} \sum_{i=0}^{S-1} \sum_{j=0}^{S-1} \left(1_{i,j}^{\text{obj}} \alpha \, (1-p_{i,j})^\gamma \log(p_{i,j}) + 1_{i,j}^{\text{noobj}} (1-\alpha) \, (p_{i,j})^\gamma \log(1-p_{i,j}) \right)$$

其中: $p_{i,j}$ 表示在图像网格位置 (i,j) 上实例的语义类别预测值, $p_{i,j}$ 的取值范围为 $0 \sim 1$;指示函数 $1_{i,j}^{\text{obj}}$ 在图像网格位置 (i,j) 分配了正样本时为 1,负样本时为 0;指示函数 $1_{i,j}^{\text{noobj}}$ 的运算规则与 $1_{i,j}^{\text{obj}}$ 相反; α 为权重因子, $\alpha = 0.25$; γ 为可调因子, $\gamma = 2$ 。

(2)掩模损失函数 $\text{LOSS}_{\text{mask}}$ 采用 DiceLoss,定义如下

$$\text{LOSS}_{\text{mask}} = \frac{1}{N_{\text{pos}}} \sum_{i=0}^{S-1} \sum_{j=0}^{S-1} 1_{i,j}^{\text{obj}} \, \text{DiceLoss}_{\text{mask}}(m_{i,j}, \hat{m}_{i,j})$$

其中: N_{pos} 表示正样本的数量; $m_{i,j}$ 和 $\hat{m}_{i,j}$ 分别表示质心落入网格位置 (i,j) 的实例掩模预测值和真实值。网格位置 (i,j) 对应的预测掩模通道索引为

$$k = i \times S + j$$

$\text{DiceLoss}_{\text{mask}}$ 损失函数定义如下

$$\text{DiceLoss}_{\text{mask}}(m_{i,j}, \hat{m}_{i,j}) = 1 - \frac{2 \sum\limits_{x,y} (p_{x,y} \cdot \hat{p}_{x,y})}{\sum\limits_{x,y} p_{x,y}^2 + \sum\limits_{x,y} \hat{p}_{x,y}^2}$$

其中：$p_{x,y}$ 和 $\hat{p}_{x,y}$ 分别为实例预测掩模和真实掩模在坐标处 (x,y) 上的像素，$p_{x,y}$ 取值范围为 $0\sim1$，$\hat{p}_{x,y}$ 为 0 或 1。

7. SOLOv2

SOLOv2 主要解决 SOLO 的瓶颈问题：①低效的掩模表示和学习；②分辨率不够高，无法进行更精细的掩模预测；③低速的掩模筛选。SOLOv2 通过动态卷积、统一掩模特征、Matrix NMS 改进了 SOLO 的算法，提高了实例分割性能。

1）动态卷积实例分割（Dynamic Instance Segmentation）

如图 7.16 所示，SOLO 采用直接预测头或解耦预测头来生成实例掩模，SOLOv2 采用掩模动态卷积预测头来生成实例掩模。

SOLO 的实例掩模预测分支最终生成 $w\times h\times(S\times S)$ 的掩模张量，为了产生这个结果，也可以将最后一层替换为输入掩模特征 F 与 $S\times S$ 个卷积核 G 的卷积运算来产生，如图 7.16(c) 所示。最终生成尺寸为 $w\times h$、通道数为 $S\times S$ 的掩模，该操作可以写为

$$M_{i,j} = G_{i,j} * F$$

其中：$M_{i,j}\in \mathbf{R}^{W\times H}$ 表示质心在网格位置 (i,j) 的实例的掩模；$G_{i,j}\in \mathbf{R}^{1\times1\times E}$ 表示 1×1 动态卷积核；$F\in \mathbf{R}^{W\times H\times E}$ 表示输入特征。

扫码查看
彩图

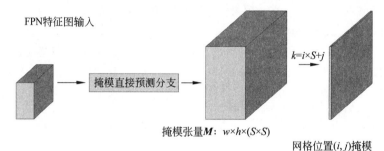

（a）掩模直接预测头

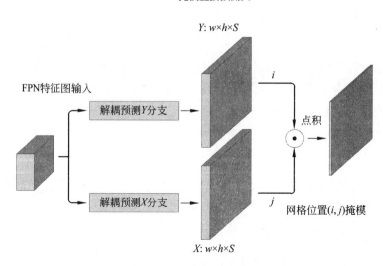

（b）掩模解耦预测头

图 7.16　SOLO 的预测头和 SOLOv2 的预测头

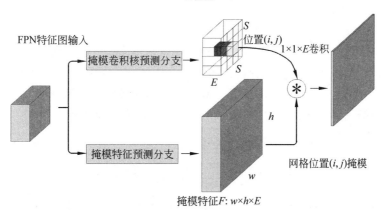

（c）掩模动态卷积预测头

图7.16 （续）

SOLOv2的实例掩模预测头分为两个分支：掩模卷积核预测分支和掩模特征预测分支。掩模卷积核预测分支输出张量 $G=S\times S\times E$，对应网格位置 (i,j) 的卷积核 $G_{i,j}=1\times 1\times E$。卷积核 $G_{i,j}$ 与掩模特征预测分支输出的 $F(F=w\times h\times E)$ 的特征图进行 1×1 卷积操作，输出对应所有网格位置的实例掩模 M。经消融实验证明当 $E=256$ 时，分割性能最佳。

SOLOv2的掩模卷积核预测分支具体结构如图7.17所示，FPN 输出的每个层级特征图都各自连接一个独立的掩模卷积核预测分支。FPN(P2～P6)拼接 X 轴方向和 Y 轴方向坐标特征图后，通过双线性插值算法将特征图尺寸调整为 $S\times S$，再经过 4 个 $3\times 3\times 256$ 的 CGR 卷积进行特征提取，最后经过 $3\times 3\times E$ 卷积将输出通道数调整为 E，得到 $S\times S$ 个位置的掩模卷积核权重张量。

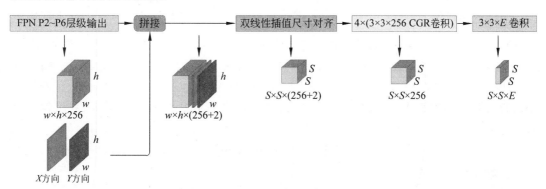

图7.17 SOLOv2 掩模卷积核预测分支

SOLOv2的卷积核预测分支网络是可学习的，由输入特征生成动态的卷积核权重，具有灵活性和自适应性。动态卷积核张量与语义类别分类预测张量尺寸相同($S\times S$)，位置对应。根据语义分类的预测概率大小，剔除大量的预测概率小于阈值 0.1 的背景位置，选择有效位置的卷积核进行动态卷积，生成实例掩模，从而减少了计算资源的消耗。

2）统一掩模特征(unified mask feature representation)

掩模特征 F 的生成有两种方式：一种与卷积核 G 预测分支相似，生成与 FPN 对应的多层级掩模特征;另一种是将 FPN 多层级特征通过融合生成一个尺寸统一的掩模特征,作为动态卷积的特征输入 F。

如图 7.18 所示,SOLOv2 将 FPN 的 P2～P5 层级特征图通过 $3\times3\times128$ 的 CGR 卷积和双线性插值上采样组合提取掩模特征并调整到原始图像尺寸 1/4 大小。其中 P5 层级特征图需要与 X 方向和 Y 方向的坐标特征图拼接来增加位置信息。统一尺寸后的多层级特征图进行逐元素求和,再经 $1\times1\times E$ 卷积将通道数调整到 E,从而得到统一掩模特征图。与 FPN 多层级掩模特征相比,统一掩模特征在处理时间和精度上都获得了更好的效果。

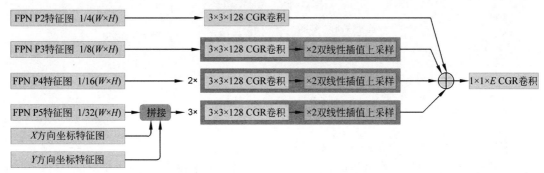

图 7.18　SOLOv2 统一掩模特征分支

3) 矩阵非极大值抑制(Matrix NMS)

Matrix NMS 的思路来源于 Soft-NMS。Soft-NMS 采用一个对 IoU 单调递减的函数 $f(\text{IoU})$,作为对掩模评分分数 Score(概率或置信度)惩罚的衰减因子。IoU 体现了掩模间的重叠程度,单调递减函数 $f(\text{IoU})$ 在候选掩模重叠程度越大时,对掩模评分的惩罚越大,使得衰减更新后的掩模评分分数越小。剔除掉评分分数在阈值以下的候选掩模,从而得到最终的掩模输出。

对于候选掩模 m_i 和 m_j,通常可选择两种递减函数产生衰减因子,一种是线性函数 $f(\text{IoU}_{i,j})=1-\text{IoU}_{i,j}$,另一种是高斯函数 $f(\text{IoU}_{i,j})=e^{-\frac{\text{IoU}_{i,j}^2}{\sigma}}$。

在 Matrix NMS 中,对于分别具有掩模评分分数为 s_i 和 s_j 的相同类别候选掩模 m_i 和 m_j,如果 $s_i>s_j$,则掩模 m_i 对 m_j 的衰减因子定义为 $f(\text{IoU}_{i,j})$。由于掩模 m_i 被抑制的概率通常与 IoU 呈现正相关,因此可以通过与掩模 m_i 之间 IoU 最大的掩模 m_k 将抑制概率直接近似为

$$f(\text{IoU}_{.,j}) = \min_{\forall sk > si} f(\text{IoU}_{k,i})$$

最终的衰减因子为

$$\text{decay}_j = \min_{\forall s_i > s_j} \frac{f(\text{IoU}_{i,j})}{f(\text{IoU}_{.,j})}$$

更新后的掩模评分分数为

$$s_j = s_j \times \text{decay}_j$$

Matrix NMS 的操作步骤为:

(1) 按掩模评分分数降序排列前 N 个候选掩模。

(2) 成对计算候选掩模间的 IoU,组成 $N\times N$ 的 IoU 矩阵,并将其上三角化。

(3) 通过 IoU 矩阵上各列的最大值得到重叠度最高的 IoU。

（4）根据公式 $\mathrm{decay}_j = \min\limits_{\forall s_i > s_j} \dfrac{f(\mathrm{IoU}_{i,j})}{f(\mathrm{IoU}_{\cdot,j})}$ 计算所有的候选掩模衰减因子，并且选择列中最小的衰减因子作为候选掩模的衰减因子。

（5）应用衰减因子更新掩模评分分数 $s_j = s_j \times \mathrm{decay}_j$。

（6）通过阈值筛选掉冗余的掩模，得到最终的掩模。

Matrix NMS 可以并行处理候选掩模筛选过程，一次性执行完 NMS，而不是像传统 NMS 那样需要顺序迭代过程来完成候选掩模的筛选，其速度比传统 NMS 快 9 倍，与 YOLACT 的 Fast NMS 相当，但带来的分割精度更高。

通过以上改进，SOLOv2 的 AP 性能比 SOLO 高出 1.9%，同时速度提高了 33%。

SOLOv2 虽然看上去与 YOLACT 相似，但是 SOLOv2 不需要设置锚框、不需要归一化、也不需要边界框检测，框架结构更简单。如图 7.19 所示，相同处理时间下，在 COCO 数据集上精度高 6%，最好的模型之间精度高 10.5%。

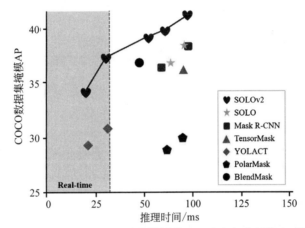

图 7.19　SOLOv2 与业界其他模型的处理速度与分割精度对比

7.3　实践项目：基于 Mask R-CNN 的实例分割

7.3.1　实践项目内容

本实践项目在 PC 平台采用 Mask R-CNN 进行实例分割测试，并将网络模型部署到 SE5 进行测试。

7.3.2　Mask R-CNN 网络结构

Mask R-CNN 的网络结构见 7.2.1 节。

7.3.3　TensorFlow 框架下程序实现

读者可以在 http://www.tup.com.cn 下载本书实践章节完整源代码的工程文件夹 Mask_RCNN-TF1。文件夹结构如下所示：

```
root@ubuntu:~/Mask_RCNN-TF1$ tree -L 2
├── bmodel.py
├── data
│   └── street1.jpg
├── model
│   └── Mask_R-CNN.pb
├── SE5
│   └── bmodel
│   └── test_SE5.py
│   └── street.jpg
│   └── street1.jpg
└── test.py
```

（1）在 PC 端执行的模型预测文件。

./data：预测用图像文件夹。

./model：训练好的网络模型文件夹。

bmodel.py：转换成在 SE5 端执行的 bmodel 模型源代码。

test.py：PC 端 Mask R-CNN 模型预测源代码。

（2）在 SE5 端执行的模型预测文件。

./SE5：在 SE5 上执行的 bmodel 模型、测试程序及测试用图像，部署时将此文件夹下载到 SE5 端。

./SE5 文件夹下包括：

/bmodel：SE5 端的模型文件。

test_SE5.py：SE5 端的测试程序。

street.jpg：测试用图像。

street1.jpg：测试用图像。

网络模型测试代码及解析如下。

完整代码见 test.py。

（1）导入 TensorFlow 模块及其他第三方库。

```
import tensorflow as tf
import numpy as np
import matplotlib.pyplot as plt
import colorsys
import time
import os
import cv2 as cv
import random
```

（2）定义分类名称及网络模型文件路径。

```
classes_names =[
    '__background__', 'person', 'bicycle', 'car', 'motorcycle',
    'airplane', 'bus', 'train', 'truck', 'boat', 'traffic light',
    ......
```

```
        'hair drier', 'toothbrush']
model_path = "./"
frozen_pb_file = os.path.join(model_path, 'model/Mask_R-CNN.pb')
```

（3）加载模型。

```
detection_graph = tf.Graph()
with detection_graph.as_default():
    od_graph_def = tf.GraphDef()
    with tf.gfile.GFile(frozen_pb_file, 'rb') as fid:
        serialized_graph = fid.read()
        od_graph_def.ParseFromString(serialized_graph)
        tf.import_graph_def(od_graph_def, name='')
```

（4）对 session 会话进行配置。

```
config = tf.ConfigProto()
config.gpu_options.allow_growth = True
config.log_device_placement = True
```

（5）定义随机颜色函数，用于为分割对象上色。

```
def random_colors(N, bright=True):
    brightness = 1.0 if bright else 0.7
    hsv = [(i / N, 1, brightness) for i in range(N)]
    colors = list(map(lambda c: colorsys.hsv_to_rgb(*c), hsv))
    random.shuffle(colors)
    return colors
```

（6）预处理函数，在检测之前采取填充的方式将图像大小调整为 1920×1920。

```
def preprocess(img_file):
    img = cv.imread(img_file)
    if img.shape[0] < img.shape[1]:
        H = int(img.shape[0] * 1920 / img.shape[1])
        img_array = cv.resize(img, (1920, H), cv.INTER_NEAREST)
        img_padding = np.pad(img_array, ((0, 1920 - H), (0, 0), (0, 0)), 'mean')
    else:
        W = int(img.shape[1] * 1920 / img.shape[0])
        img_array = cv.resize(img, (W, 1920), cv.INTER_NEAREST)
        img_padding = np.pad(img_array, ((0, 0), (0, 1920 - W), (0, 0)))
    return img_padding, img_array.shape[0], img_array.shape[1]
```

（7）图像实例分割函数。

```
def detect(img_array):
    img_array_expanded = np.expand_dims(img_array, axis=0)
    results = {}
    with detection_graph.as_default():
        with tf.Session(config=config) as sess:
```

```
                    ops = tf.get_default_graph().get_operations()
                    all_tensor_names = {output.name for op in ops for output in op.outputs}
                    tensor_dict = {}
                    for key in['num_detections',
                                'detection_boxes',
                                'detection_scores',
                                'detection_classes',
                                'detection_masks']:
                        tensor_name = key + ':0'
                        if tensor_name in all_tensor_names:
                            tensor_dict[key] = tf.get_default_graph(). \
                                get_tensor_by_name(tensor_name)
                    image_tensor = tf.get_default_graph(). \
                        get_tensor_by_name('image_tensor:0')
                    start = time.time()
                    #开始预测
                    output_dict = sess.run(tensor_dict,
                                        feed_dict={image_tensor: img_array_expanded})
                    #输出检测数量、检测类别、边界框、边界框得分、掩模
                    results['num_detections'] = int(output_dict['num_detections'][0])
                    results['classes'] = output_dict['detection_classes'][0].astype
                        (np.uint8)
                    results['boxes'] = output_dict['detection_boxes'][0]
                    results['scores'] = output_dict['detection_scores'][0]
                    results['masks'] = output_dict['detection_masks'][0]
        return results, start
```

（8）可视化：实例分割结果可视化。

```
    #只画出得分高于 score_threshold 的目标,alpha 为 mask 的透明度
    def vis_res(img_padding, result, start, score_threshold=0.66, alpha=0.3):
    #1. 获取实例分割数据
        #num_detections 是检测出的目标数,calsses 是每个目标所属的类别
        #boxes 是每个目标边框的坐标,scores 是每个目标的得分
        #masks 是每个目标语义分割结果
        num_detections = int(result['num_detections'])
        classes = result['classes']
        boxes = result['boxes']
        scores = result['scores']
        masks = result['masks']
        img_height, img_width = img_padding.shape[:2]
        colors = random_colors(num_detections)
    #2. 实例分割结果可视化
        for idx in range(num_detections):
            color = np.asanyarray(colors[idx]) * 255
            color_tuple = (int(color[0]), int(color[1]), int(color[2]))
            mask = masks[idx]
            score = float(scores[idx])
```

```
        #2.1 仅绘制得分超过阈值 0.3 的分割结果
        if score > score_threshold:
            class_id = int(classes[idx])
            #2.2 计算边界框
            box = boxes[idx] * np.array(
                [img_height, img_width, img_height, img_width])
            top, left, bottom, right = box.astype("int")
            left = max(0, min(left, img_width - 1))
            top = max(0, min(top, img_height - 1))
            right = max(0, min(right, img_width - 1))
            bottom = max(0, min(bottom, img_height - 1))
            #2.3 绘制边界框
            cv.rectangle(img_padding, (left, top), (right, bottom), color_tuple, 2)
            #2.4 在边界框顶部绘制标签
            label = "{}: {:.2f}".format(classes_names[class_id], score)
            labelSize, baseLine = cv.getTextSize(label, cv.FONT_HERSHEY_
                SIMPLEX, 0.5, 1)
            top = max(top, labelSize[1])
            cv.rectangle(img_padding, (left, top - round(1.5 * labelSize[1])),
                        (left + round(1.5 * labelSize[0]), top + baseLine),
                        (255, 255, 255), cv.FILLED)
            cv.putText(img_padding, label, (left, top), cv.FONT_HERSHEY_
                SIMPLEX, 0.75, (0, 0, 0), 2)
            #2.5 缩放 mask 尺寸
            mask_resize = cv.resize(mask, (right - left + 1, bottom - top + 1))
            roi_mask = (mask_resize > 0.3)
            mask_region = img_padding[top:bottom + 1, left:right + 1][roi_mask]
            #2.6 绘制 mask
            img_padding[top:bottom + 1, left:right + 1][roi_mask] = \
                ([alpha * color[0], alpha * color[1], alpha * color[2]]
                + (1 - alpha) * mask_region).astype(np.uint8)
            contours, hierarchy= cv.findContours(roi_mask.astype(np.uint8),
                cv.RETR_TREE, cv.CHAIN_APPROX_SIMPLE)
            cv.drawContours(img_padding[top:bottom + 1, left:right + 1],
                contours,-1, color_tuple, 1, cv.LINE_8, hierarchy, 100)
    end = time.time()
print("cost time: {:.4f} s".format(end - start))
#3. 保存分割后的图像
    cv.imwrite("Mask_R-CNN_out_{}".format(img_file[7:]), img_padding[:H,
        :W, :])
#4. 显示分割后图像
    plt.imshow(img_padding[:, :, ::-1])
    plt.title("TensorFlow Mask RCNN-Inception_v2_coco")
    plt.axis("off")
    plt.show()
```

（9）设置主函数：输入图像、图像预处理、实例分割、可视化。

```
if __name__ == '__main__':
    img_file = "./data/street1.jpg"
    img_padding, H, W = preprocess(img_file)
    results, start_time = detect(img_padding)
    vis_res(img_padding, results, start_time)
    print("Done")
```

修改 test.py 的第 171 行代码可更换检测图像。

7.3.4　Mask R-CNN 网络测试过程

（1）进入工程文件夹 Mask_RCNN-TF1。

（2）在 Terminal 模式或 PyCharm 环境中运行 test.py。

运行 test.py 后，程序读入图像"/data/street1.jpg 开始预测，在运行状态窗口输出：

```
root@ubuntu:/workspace/Mask_RCNN-TF1#python3 test.py
out of bounds: 0
cost time: 6.4842 s
Done
```

运行结果如图 7.20 所示。

图 7.20　Mask R-CNN 网络 PC 端模型预测

7.3.5　Mask R-CNN 网络模型在 SE5 上的部署

1. 模型编译

将 PC 平台的模型文件 ./model/Mask_R-CNN.bp 编译为 SE5 平台可执行的 bmodel 模型文件，bmodel 模型保存在 ./SE5/bmodel 文件夹下。模型编译和结果比对过程参考本书 4.3.5 节模型编译部分。

2. 代码移植

本节中粗体字代码为 SE5 平台与 PC 平台代码的主要区别。移植后的 SE5 端完整代码见 test_SE5.py。

```
＃导入库
import sophon.sail as sail
……
＃主函数：模型加载和模型推理,实现图像实例分割
def main():
    #1. 图像预处理
    img_padding, H, W = preprocess(ARGS.input)
    input_array = np.expand_dims(img_padding, axis=0)
    #2. 加载 bmodel 模型
    net = sail.Engine(ARGS.bmodel, ARGS.tpu_id, sail.IOMode.SYSIO)
    #加载 bmodel
    graph_name = net.get_graph_names()[0]              #获取网络名
    input_names = net.get_input_names(graph_name)[0]   #获取网络输入节点名
    output_names = net.get_output_names(graph_name)
    input_data = {input_names: np.array(input_array, dtype=np.uint8)}
    start = time.time()
    #3. 模型推理
    output = net.process(graph_name, input_data)
    #4. 后处理：实例分割结果可视化处理
    vis_res(img_padding, output, H, W)
```

3. SE5 端模型测试

按照下述步骤在 SE5 设备上进行模型的测试。如果需要详细步骤,参考本书 4.4.6 节 SE5 端模型测试部分。

（1）建立测试文件夹。将准备的测试图像、SE5 端程序 test_SE5.py 和生成的 bmodel 模型文件夹放入同一个文件夹并命名为"SE5"（本实践项目的工程文件夹中已经创建了 ./SE5 文件夹和所需文件,读者可直接使用该文件夹）。

（2）将预测文件夹复制到 SE5。

（3）SE5 端运行程序。打开新的命令行终端,使用 ssh 命令登录 SE5,用户名为 linaro @"YOUR_SOC_IP",默认密码为 linaro。

进入预测程序文件夹路径下,运行测试程序。输出结果如下：

```
Open /dev/jpu successfully, device index = 0, jpu fd = 4, vpp fd = 5
bmcpu init: skip cpu_user_defined
open usercpu.so, init user_cpu_init
[BMRT][load_bmodel: 823] INFO: Loading bmodel from [./bmodel/compilation.
bmodel]. Thanks for your patience...
[BMRT][load_bmodel:787] INFO:pre net num: 0, load net num: 1
output_names= ['num_detections', 'detection_scores', 'detection_masks',
'detection_boxes', 'detection_classes']
------------------------------------------------------------
saved as Mask_R-CNN_out_street.jpg
cost time: 7.20762 s
------------------------------------------------------------
```

程序运行完毕后,SE5 端会以图片形式保存预测结果 Mask R-CNN_out_street.jpg。使用 scp 命令可将 SE5 端预测结果复制回 PC 端。

```
root@ubuntu:/workspace# scp linaro@"YOUR_SOC_IP":/home/linaro/"YOUR NAME"/
SE5/Mask R-CNN_out_street.jpg Mask_RCNN-TF1/SE5
```

第8章

人脸检测与识别

8.1 人脸检测与识别任务介绍

8.1.1 人脸检测与识别及其应用

人脸检测是通过目标检测算法在图像中对所有的人脸进行定位的技术。人脸识别是基于人的脸部特征信息进行身份识别的一种生物识别技术。人脸检测与识别在军事、金融、安全和日常生活等领域得到了广泛的应用。

人脸检测技术应用在相机上可以实现人像拍摄的自动对焦,应用在视频流中可以实现人员的跟踪,应用在公共场合可以进行人员计数等。

人脸识别技术的应用分为人脸验证、识别和聚类。

(1)人脸验证是一对一(1：1)进行人脸图像比对的过程,回答比对的双方是否为同一个人的问题。例如,在机场或车站进口的人脸与身份证的自动验证。

(2)人脸识别是一对多(1：N)进行人脸图像匹配比对的过程,它将采集到的人脸图像的面部特征与事先存储在数据库中的面部特征数据进行一一比对,找到与之成功匹配人员的属性信息,它回答这个人是谁的问题。如考勤系统、门禁系统等。

(3)人脸聚类是在一批图像中对人脸进行分类的过程。例如,智能相册中的按人物进行照片归类功能。

8.1.2 人脸识别系统构成

人脸识别系统主要包括5个组成部分:人脸图像采集、人脸检测、人脸对齐、人脸特征提取以及特征比对,如图8.1所示。

扫码查看
彩图

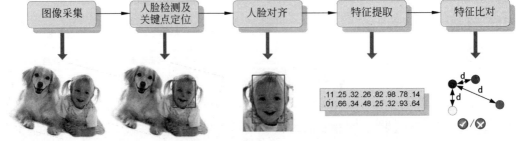

图 8.1 人脸识别系统工作流程

1）人脸图像采集

在不同的硬件设备上，使用摄像头或相机进行图像采集。

2）人脸检测（face detection）

在采集的图像中使用人脸检测算法准确标定出人脸的位置、大小和关键点。人脸的位置和大小与目标检测任务一样通常采用边界框表示。人脸关键点又称为 facial landmark，包括眼睛、鼻尖、嘴角等，可以描述出人脸的大致轮廓。基于深度学习的人脸检测算法包括 MTCNN、RetinaFace 等。

3）人脸对齐（face align）

图像中检测到的人脸姿态各异，如扭曲、倾斜、侧脸等，这些姿态对人脸识别的精度有很大影响，因此需要将检测出的人脸图像根据人脸关键点进行几何变换，经过缩放、旋转、平移、翻转、剪切等操作，使人脸图像左右对称、面部中轴线垂直。矫正后的人脸图像为后续的人脸特征提取算法提供了更好的处理条件。

4）人脸图像特征提取（face representation）

将人脸图像输入人脸特征提取网络模型，提取出不同身份人脸的独一无二的特征。把具象的高维人脸图像抽象为数字表示的低维度人脸特征向量，从而可以进行检索和匹配。人脸特征提取网络模型是神经网络通过海量人脸数据训练得到的，这个模型使得提取到的同一人的人脸特征向量差异很小，而不同人的人脸特征向量差异很大。典型的人脸特征提取网络有 FaceNet、ArcFace 等。

5）人脸特征比对（face match）

将人脸图像的特征数据与数据库中存储的特征模板进行比对，计算两个特征向量之间的距离或相似度，特征向量间的距离越小，相似度越高，判定为同一个人的可能性就越大。对相似度设定一个阈值，当相似度超过该阈值时，则判定输入的人脸图像与数据库的特征模板相匹配，从而检索到与之相关的身份信息。

人脸识别技术在应用中的主要挑战有光照问题，如强光、侧光、背光等都会影响识别效果。姿态问题，如低头、仰头、转头、表情等会引起面部特征扭曲变形或采集不完整。遮挡问题，如口罩、围巾、帽子、化妆、肢体遮挡等也会导致面部特征不完整。年龄变化问题，人类的生长或衰老会引起面部特征的较大变化。图像质量问题，如由于相机光学失焦造成的成像模糊、头部快速移动引起的运动模糊，以及低照度引起的图像噪声增加。

8.1.3　常用数据集介绍

1. LFW 数据集

LFW（Labeled Faces in the Wild）是由美国马萨诸塞州立大学阿默斯特分校计算机视觉实验室创立的户外人脸数据集，旨在研究自然条件下无约束人脸识别问题。该数据集包含来自网络的 13 233 幅人脸图像，5749 个人，每张人脸都标有人物的名字。其中 1680 人有两幅或多幅图像，4069 人有一幅图像。图像为 250×250 大小的 JPEG 格式，绝大多数为彩色图，少数为灰度图。网址链接：http://vis-www.cs.umass.edu/lfw/。

2. WIDER FACE 数据集

WIDER FACE 数据集是一个人脸检测基准数据集，其图像是从公开数据集 WIDER 中选择的。数据集共有 32 203 张图像，标记了 393 703 张人脸。如图 8.2 所示，标签信息包括人脸个数、位置大小、模糊程度、表情、光照、比例、遮挡和姿势等。WIDER FACE 数据集基于集会、跳舞、节日、运动、购物等场景分为 61 个事件类,每个事件类随机选择 40%、10%、50%的数据作为训练、验证和测试集。数据集采用的评估指标与 PASCAL VOC 数据集相同。网址链接:http://shuoyang1213.me/WIDERFACE/。

扫码查看
彩图

图 8.2　WIDER FACE 数据集图像示例

3. CelebFaces Attributes(CelebA)数据集

CelebFaces Attributes(CelebA)数据集是一个大型人脸属性数据集,拥有超过 10 177 个名人的 202 599 张面部图像,覆盖了众多姿势变化和杂乱背景。每张图像有 5 个关键点标注和 40 个属性注释,如佩戴眼镜、面部遮挡、化妆等。用于人脸检测、人脸识别、人脸关键点定位等任务。网址链接:http://mmlab.ie.cuhk.edu.hk/projects/CelebA.html。

4. MS-Celeb-1M 数据集

MS-Celeb-1M 数据集由微软公司于 2016 年发布,是由全世界 100 万位名人图像组成的数据集,其主要用于身份鉴定研究,训练集通过收集名单中流行程度在前 10 万的名人,然后利用搜索引擎为每个名人提供约 100 张图像,进而产生 1000 万张网络图像。网址链接:https://www.microsoft.com/en-us/research/project/ms-celeb-1m-challenge-recognizing-one-million-celebrities-real-world/。

8.1.4　评估准则

1. 人脸检测评估指标

人脸检测中的常用指标:检出率、召回率、误报率。

检出率指在所有检测出的人脸中正确检出的人脸数比率,公式如下

$$检出率 = \frac{正确检测出的人脸数}{检测出的人脸总数} = \frac{TP}{TP + FP}$$

召回率指在所有真实人脸中正确检出的人脸数比率,公式如下

$$召回率 = \frac{正确检测出的人脸数}{真实的人脸总数} = \frac{TP}{TP + FN}$$

误报率指在所有检测出的人脸中错误检出的人脸数比率,公式如下

$$误报率 = \frac{错误检出的人脸数}{检测出的人脸总数} = \frac{FP}{TP + FP}$$

2. 人脸识别评估指标

人脸识别中的常用指标：错误接受率（False Accept Rate，FAR）、错误拒绝率（False Reject Rate，FRR）、正确接受率（True Accept Rate，TAR）。

接受指在进行人脸验证的过程中，两张图像被认为是同一个人。人脸识别算法先将两张图像映射为特征值向量，然后计算两个特征向量的相似度或距离。在特征比对过程中，理想情况下是相同人的特征值相似度高，不同人特征值相似度低。比对中需要设置相似度阈值 T，相似度大于 T 则认定为相同的人，小于 T 则认定为不同的人。

FAR 表示错误接受的比例，指比对两张不同人的图像时，错误地识别成同一个人的比例。FAR 的计算方法如下

$$\text{FAR} = \frac{\text{不同人相似度分数} > T\ \text{的次数}}{\text{不同人比较的次数}} = \frac{\text{FP}}{\text{TN} + \text{FP}}$$

FRR 表示错误拒绝的比例，指同一人的两张图像在比对时，被错误地识别为不同人的比例。FRR 的计算方法如下

$$\text{FRR} = \frac{\text{同一人相似度分数} < T\ \text{的次数}}{\text{同一人比较的次数}} = \frac{\text{FN}}{\text{TP} + \text{FN}}$$

TAR 表示正确接受的比例，指同一人的两张图像在比对时，被正确地识别为同一人的比例。TAR 的计算方法如下

$$\text{TAR} = \frac{\text{同一人相似度分数} > T\ \text{的次数}}{\text{同一人比较的次数}} = \frac{\text{TP}}{\text{TP} + \text{FN}}$$

检测误差权衡曲线（Detection Error Tradeoff curve，DET）的横轴为错误拒绝率（FRR），纵轴为错误接受率（FAR），如图 8.3 所示。DET 曲线反映了人脸识别算法在不同阈值条件下 FAR 和 FRR 的平衡关系。

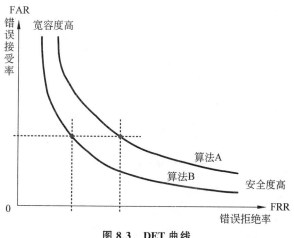

图 8.3　DET 曲线

从图 8.3 中可以看出，错误拒绝率越低，错误接受率就越高，算法的宽容度提高了，但安全度降低了，可能会将不同的人识别为同一个人；反之，错误拒绝率越高，错误接受率越低，算法的安全度越高，但识别算法就更加苛刻，造成同一个人也可能被错误地识别为两个不同的人。在选择算法时需要权衡 FAR 和 FRR 的关系，通常在给定安全度（错误接受率）的条件下，错误拒绝率越低越好。由图 8.3 可以看出，算法 B 优于算法 A。

8.2 人脸检测网络

人脸检测与目标检测相比,有如下特点:

(1) 在检测的分类方面人脸检测分为人脸和背景两类,而目标检测分类的类别更多,如20类、80类,YOLO9000 的分类类别更是有 9000 多种。

(2) 人脸的宽高比一般在 1:1～1:1.5,而目标检测的宽高比差异很大。

(3) 随着人脸距离成像设备的远近,图像中的人脸尺度差异非常大。

(4) 人脸检测的输出结果除类别、人脸边界框外,还包括人脸关键点,人脸关键点用于人脸图像矫正。

8.2.1 MTCNN 人脸检测网络

MTCNN(Multi-Task Convolutional Neural Network)算法是一种基于深度学习的多任务级联人脸检测和人脸关键点检测方法,如图 8.4 所示。MTCNN 算法包含 3 个子网络:初筛网络(Proposal Network,P-Net)、细化网络(Refine Network,R-Net)、输出网络(Output Network,O-Net),这 3 个网络对人脸的处理依次从粗到细。图像金字塔将原始图像缩放到不同的尺度,目的是让固定大小的检测窗口能够检测到大小不同的人脸,从而实现多尺度目标检测。P-Net 的作用是快速生成大量的候选窗口,R-Net 对 P-Net 的处理结果再进行高精度的筛选过滤,O-Net 则用于选择并生成最终的人脸边界框和 5 个人脸关键点。

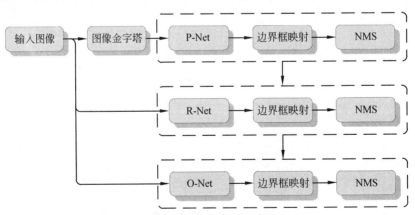

图 8.4　MTCNN 算法流程图

MTCNN 的人脸检测步骤如下所示。

1. 生成图像金字塔

为了检测到不同尺寸大小的人脸,将原始图像按照预定比例(如 0.707)不断缩小,直至图像尺寸小于 12×12 为止,生成由大到小形如金字塔的图像序列,如图 8.5 所示。

2. P-Net 初筛网络生成人脸候选边界框

P-Net 网络的作用是通过简单的分类神经网络算法判断输入图像是否为人脸,并回归人脸目标的边界框位置和大小。如图 8.5 所示,在生成的各种尺寸的图像金字塔图像上,通过固定步长滑动窗或大量随机窗采集 12×12 的图像,输入到 P-Net 网络。

P-Net 网络结构如图 8.6 所示,将滑动窗或随机窗采集得到的 12×12×3 的 RGB 图像

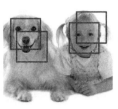

扫码查看
彩图

图 8.5　图像金字塔

输入 P-Net 网络,先经过 1 个 3×3 卷积层和 1 个步长为 2 的最大池化层,再经过 2 个 3×3 的卷积层,最后输出 1×1×32 的特征图。将特征图输入到 3 个并行的分支:①由人脸/背景分类分支得到输入图像的二分类置信度,预测输入图像是人脸还是背景;②由边界框回归分支得到人脸边界框的位置和大小;③由人脸关键点检测分支得到人脸的 5 个关键点的位置坐标。

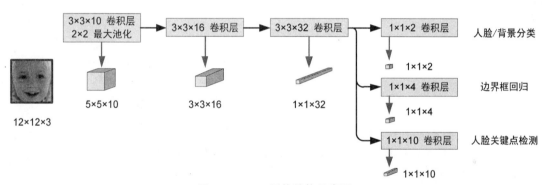

图 8.6　P-Net 网络结构示意图

　　将 P-Net 在各层金字塔图像上生成的候选边界框按图像比例映射回原始图像,对同一个人脸会有多个重叠的候选边界框,使用 NMS 非极大值抑制算法筛除重叠程度高的人脸候选边界框。

3. R-Net 细化网络微调人脸检测数据

　　按照人脸候选边界框裁剪原始图像得到人脸图像,并将人脸图像缩放成 24×24 大小的统一尺寸图像,输入到 R-Net 网络进行候选边界框位置和大小的微调。

　　R-Net 网络结构如图 8.7 所示,统一大小的人脸图像,经过 3 个卷积层和 2 个最大池化层,得到 3×3×64 的特征图,再经过全连接层得到 128 维的特征向量。将特征向量输入到 3 个并行的全连接分支,分别得到人脸/背景二分类置信度,边界框位置和大小,人脸关键点的位置。经过 R-Net 网络得到的人脸检测数据更为准确。

　　将 R-Net 输出的人脸检测边界框经 NMS 更加严格筛选得到可信度更高的候选边界框。

4. O-Net 输出网络获得更为精确的人脸检测数据

　　将 R-Net 输出边界框经筛选后映射得到的人脸图像缩放到 48×48,输入到 O-Net 网络进一步精确调整边界框的置信度、位置和大小及面部关键点坐标信息,经 NMS 筛选多余的

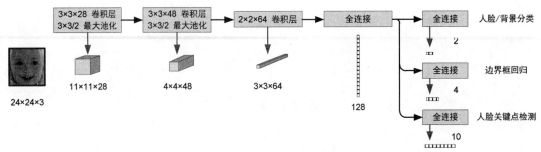

图 8.7 R-Net 网络结构示意图

边界框后,输出包含人脸框与面部关键点的最终检测图像。

O-Net 网络结构如图 8.8 所示,其作用与 R-Net 相似,网络构成更加复杂,生成的边界框位置和大小及人脸关键点更加精确。

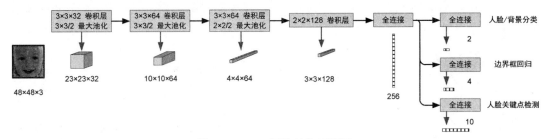

图 8.8 O-Net 网络结构示意图

MTCNN 模型为了兼顾性能和准确性,先利用结构简单的小模型生成具有一定可信度的目标候选框,再使用更复杂的模型来进行准确分类和精细边框回归。以这种思想为基础构成三层级联网络结构,最终实现更加快速而高效的人脸检测。

在实际应用中,只在 O-Net 网络进行人脸关键点的检测,P-Net 和 R-Net 则不需要。

8.2.2 RetinaFace 人脸检测网络

RetinaFace 是英国帝国理工于 2019 年提出的基于 RetinaNet 目标检测网络的单阶段人脸检测网络,其分类类别为人脸和背景两类。它在原目标检测网络的基础上增加了人脸关键点预测分支,用于人脸对齐操作。增加了自监督网格解码器分支,用于预测图像三维形状的面部信息。RetinaFace 是当前应用较为广泛的人脸检测网络之一,其结构如图 8.9 所示。

1. 主干网络

RetinaFace 可采用 3 种基础网络作为主干网络提取特征,分别是 ResNet50、ResNet152 和 MobileNet。使用 ResNet50 和 ResNet152 实现更高的精度,使用 MobileNet 可以在 CPU 上实现实时检测。MobileNet 模型是 Google 公司针对手机等嵌入式设备提出的一种轻量级的深层神经网络,其核心思想是深度可分离卷积(depthwise separable convolution),可以大大减少模型的参数。

2. FPN 特征金字塔网络提取多尺度特征

如图 8.10 所示,输入图像尺寸为 $640 \times 640 \times 3$。RetinaFace 的整体结构分为自底向上

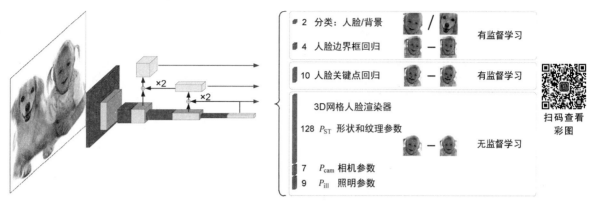

图 8.9　RetinaFace 多任务结构示意图

扫码查看
彩图

(C1～C5)的主干网络,以及自顶向下(P5～P2)上采样与 C2～C5 输出横向连接进行特征融合的 FPN 网络。主干网络逐层进行特征提取,特征图尺寸不断缩小,FPN 网络采用最近邻插值法进行 2 倍上采样,自顶向下特征图尺寸逐步放大。侧向连接将上一层特征经过上采样放大尺寸,与当前层特征通过相加的方法进行特征融合。FPN 特征金字塔网络设计既可以利用顶层的深层语义特征又可以利用底层的高分辨率信息,兼顾分类和定位任务。FPN 融合不同层次的语义特征,提升了对小尺寸人脸的检测效果。FPN 输出的不同网络层负责不同尺度大小的人脸检测,浅层特征图输出更有利于检出小尺寸人脸,深层特征图输出更有利于检出大尺寸人脸。

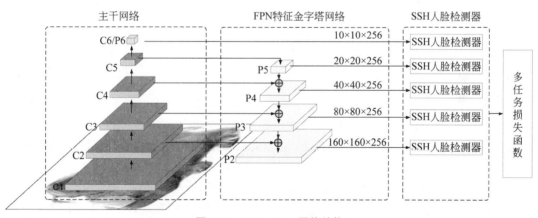

图 8.10　RetinaFace 网络结构

3. SSH 人脸检测器

RetinaFace 采用 SSH(Single Stage Headless Face detector)人脸检测器,输出目标分类、人脸边界框和人脸关键点,其中的上下文模块用来增大感受野并增加网络背景的建模能力。Headless 的含义是在分类网络的基础上移除全连接层,可处理不同尺寸的输入图像。由 FPN 输出的 P2～P5 的 4 个多尺度融合特征层和主干网络输出的 P6 层各自连接一个 SSH 人脸检测器,预测不同尺度的目标。如图 8.11 所示,SSH 人脸检测器由 3×3 卷积与 SSH 上下文模块并联融合,再通过 3 个 1×1 卷积分支完成边界框回归、目标分类和关键点回归。在本书 4.2.3 节"VGGNet 图像分类网络"中,我们知道可以通过卷积层串联的方式实现更大的感受野。SSH 上下文模块使用 2 个 3×3 卷积层串联实现与 5×5 卷积层相同尺度的感受野,使用 3 个 3×3 卷积层串联实现 7×7 卷积层相同尺度的感受野。SSH 上下文模块与 3×3 卷积并联,融合了 3×3、5×5 和 7×7 的多尺度感受野,减少了网络的计算量,有效地提取了人脸周围的上下文信息,提高了模型对小尺度人脸的检测能力。

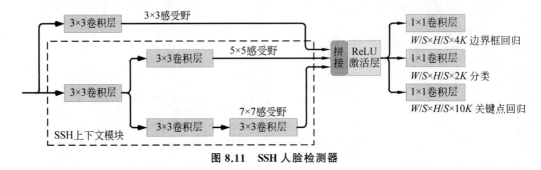

图 8.11　SSH 人脸检测器

RetinaFace 采用锚框设计,不同层次的特征图对应不同尺度的锚框组合。在输出层特征图上的每一个元素为一个锚点,每个锚点又有 3 种尺度的锚框。以 640×640×3 的输入图像为例,锚框与特征图的对应关系如表 8.1 所示。

表 8.1　锚框与特征图的对应关系

特征金字塔层级	特征图尺寸	锚框尺度
P2	160×160×256	16,20.16,25.40
P3	80×80×256	32,40.32,50.80
P4	40×40×256	64,80.63,101.59
P5	20×20×256	128,161.26,203.19
P6	10×10×256	256,322.54,406.37

浅层特征图(如 P2)用于预测小尺寸人脸,深层特征图(如 P6)用于预测大尺寸人脸。由于浅层特征图的分辨率高、尺寸大,因此锚框的数量也很大,如 P2 层有 160×160×3＝76 800 个锚框,占锚框总数 102 300 的 75％,因此在实际应用中可根据对实时性和精度的要求裁剪特征金字塔的层数和每层锚框的数量。

如图 8.11 所示,设输出特征图每个锚点有 K 个锚框,每个锚框有 (t_x,t_y,t_w,t_h) 4 个人脸边界框预测参数,因此人脸边界框输出 $W/S×H/S×4K$ 的张量,其中 (W,H) 为输入图像的宽高,S 为特征图层下采样的倍数,$(W/S,H/S)$ 即输出特征图的宽高尺寸。检测器的分类为人脸和背景二分类,输出 2 个预测参数,故分类输出 $W/S×H/S×2K$ 的张量。检测器预测 5 个人脸关键点坐标 (x,y),共 10 个预测参数,故人脸关键点预测输出 $W/S×H/S×10K$ 的张量。

4. 网络结构

图 8.12 所示为在 Github(https://github.com/biubug6/Pytorch_Retinaface)上公开的 RetinaFace 人脸检测 PyTorch 版开源代码的网络结构图,其检测网络输入为 640×640×3 的彩色图像,主干网络为 ResNet50,FPN 输出 P3～P5 层级,每个层级预设 2 个锚框。

首先 C1 阶段通过滑动步长为 2 的 7×7 卷积,进行初步的特征提取和下采样操作,接着 C2 阶段通过滑动步长为 2、池化核为 3×3 的最大池化操作进行第二次下采样,此后经过

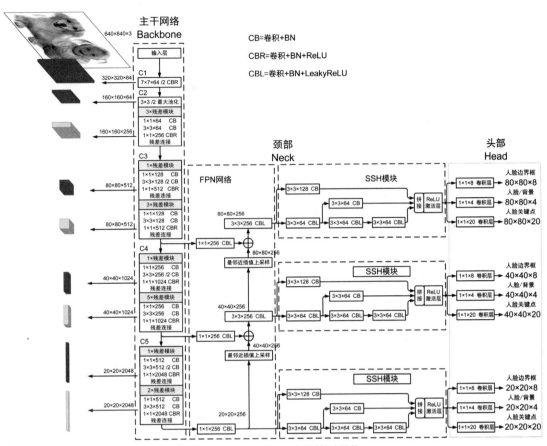

图 8.12 RetinaFace 人脸检测网络

C2～C5 阶段的残差模块进行特征提取,其中在 C3～C5 阶段的第一个残差模块中采用滑动步长为 2 的 3×3 卷积完成 3 次下采样。

　　主干网络 C5 阶段输出 20×20×2048 的特征图,经过 1×1 卷积降维,再经最近邻插值法上采样得到 40×40×256 的特征图,C4 阶段的输出经 1×1 卷积降维得到 40×40×256 的特征图,两特征图通过特征图元素加法实现深、中层特征融合得到 40×40×256 的特征图。同样,融合后的特征图经 3×3 卷积和上采样得到 80×80×256 的特征图,C3 阶段的输出经 1×1 卷积降维得到 80×80×256 的特征图,两特征图通过逐元素加法实现深、中、浅层特征图融合得到 80×80×512 的特征图,构成了具有 3 层输出的 FPN 特征金字塔网络。

　　FPN 在深、中、浅特征层次进行了特征融合,3 个融合后的特征层各自通过 SSH 上下文模块进一步融合不同尺度的感受野和特征提取,再通过 1×1 卷积实现人脸边界框回归、人脸/背景分类、人脸关键点回归。

5. 多任务损失函数

　　RetinaFace 的损失函数由分类损失 L_{cls}、边界框回归损失 L_{box}、人脸关键点回归损失 L_{pts} 及密集回归损失 L_{pixel} 构成,其公式如下

$$\text{LOSS} = L_{cls}(p_i, \hat{p}_i) + \lambda_1 \hat{p}_i L_{box}(t_i, \hat{t}_i) + \lambda_2 \hat{p}_i L_{pts}(l_i, \hat{l}_i) + \lambda_3 \hat{p}_i L_{pixel}$$

　　(1) $L_{cls}(p_i, \hat{p}_i)$ 表示人脸分类损失,p_i 表示锚框 i 是人脸的预测概率,$\hat{p}_i$ 表示锚框 i 是

人脸的真实概率,当锚框 i 为正样本时 $\hat{p}_i = 1$,当锚框 i 为负样本时 $\hat{p}_i = 0$。L_{cls} 是二分类 Softmax 损失函数。

(2) $\lambda_1 \hat{p}_i L_{box}(t_i, \hat{t}_i)$ 表示人脸边界框位置的回归损失,$t_i = \{t_x, t_y, t_w, t_h\}_i$ 表示预测边界框与正样本锚框的位置和宽高 (x, y, w, h) 的偏移量参数,$\hat{t}_i = \{\hat{t}_x, \hat{t}_y, \hat{t}_w, \hat{t}_h\}_i$ 表示真实边界框与正样本锚框的位置和宽高的偏移量参数。$L_{box}(t_i, \hat{t}_i) = \text{smooth}_{L1}(t_i - \hat{t}_i)$。$\lambda_1$ 为损失项的权重系数,$\lambda_1 = 0.25$。

(3) $\lambda_2 \hat{p}_i L_{pts}(l_i, \hat{l}_i)$ 表示人脸关键点的回归损失,l_i 和 $\hat{l}_i$ 分别表示关键点预测值和真实值相对于正样本锚框关键点的偏移量参数。λ_2 为损失项的权重系数,$\lambda_2 = 0.1$。

(4) $\lambda_3 \hat{p}_i L_{pixel}$ 表示密集回归分支带来的损失。公式为

$$L_{pixel} = \frac{1}{W \times H} \sum_i^W \sum_j^H \| R(D_{P_{ST}}, P_{cam}, P_{ill})_{i,j} - \hat{l}_{i,j} \|_1$$

密集回归分支将 2D 的人脸图像映射为 3D 人脸图像,再将 3D 人脸图像解码为 2D 图像,损失函数为计算编解码后的人脸图像和原始图像的像素级差异。P_{ST} 表示形状和纹理参数,P_{cam} 表示相机参数(相机位置、相机姿态和焦距),P_{ill} 表示照明表示(点光源的位置、颜色值及环境光的颜色),$R(D_{P_{ST}}, P_{cam}, P_{ill})_{i,j}$ 表示渲染映射得到的 2D 人脸图像,$\hat{l}_{i,j}$ 表示在原始图像上通过边界框裁剪得到的 2D 人脸图像,(W, H) 表示人脸图像的宽高,λ_3 表示损失项的权重系数,$\lambda_3 = 0.01$。

λ 系数显著增强了人脸边界框和人脸关键点损失在总损失函数中的影响。

8.3　人　脸　对　齐

图像中检测到的人脸可能姿态和表情各异,如扭曲、倾斜、侧脸、生气、微笑等,这些姿态对人脸识别的精度有很大影响。因此在人脸检测后,根据人脸关键点通过几何操作将人脸图像矫正为正面人脸,有利于提高人脸识别的精度。

如图 8.13 所示,对原始图像进行缩放、旋转、平移、翻转、剪切的几何操作,得到目标图像,使得原始图像映射到目标图像中的关键点与预设的参考关键点重合,从而实现人脸对齐操作。

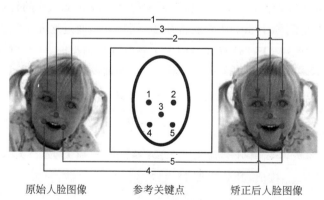

原始人脸图像　　　　参考关键点　　　　矫正后人脸图像

图 8.13　图像对齐

例如,以下是尺寸为 112×112 的人脸图像的 5 个预设参考关键点坐标:

$$(x,y)=\begin{pmatrix}38,52\\74,52\\56,72\\42,92\\70,92\end{pmatrix}$$

对于 3 个参考关键点(双眼、鼻尖)的人脸对齐操作采用仿射变换算法实现。设原始图像上任一点 P_S 的坐标为 (x_S,y_S),该点经几何操作变换到目标图像上点 P_D 的坐标为 (x_D,y_D),两者间缩放、旋转、平移、翻转、剪切的几何操作可以使用矩阵乘法实现:

$$\begin{bmatrix}m_1&m_2&m_3\\m_4&m_5&m_6\\0&0&1\end{bmatrix}\begin{bmatrix}x_S\\y_S\\1\end{bmatrix}=\begin{bmatrix}x_D\\y_D\\1\end{bmatrix}$$

$$x_D=m_1x_S+m_2y_S+m_3$$
$$y_D=m_4x_S+m_5y_S+m_6$$

将原始图像的 3 个关键点坐标和预设的 3 个参考关键点坐标代入上述方程,求解 m_1,m_2,$\cdots$,m_6,即可得到仿射变换的转换矩阵。

将原始图像的像素坐标与转换矩阵进行矩阵乘法操作,可以计算出原始图像的每一个像素在目标图像上的坐标位置,将所有的原始图像像素值复制到目标图像的映射位置上,从而实现了人脸对齐操作。由于仿射变换是将原始图像的像素经过几何变换映射到目标图像上,两幅图像的像素并不是一一对应的关系,因此不能保证目标图像上的每个像素都有映射值(例如,放大 2 倍的操作,在原始图像上相邻的两个像素,在目标图像上是分开的,中间有空白的元素),这种问题可以通过插值算法解决,使得输出图像看上去更加平滑自然一些。

OpenCV 开源库提供了仿射变换的相关函数,cv2.getAffineTransform 函数用于获得仿射转换矩阵。输入原始图像的 3 个关键点和预设的 3 个参考关键点坐标,输出转换矩阵。cv2.warpAffine 函数用于实现仿射变换操作,输入原始图像及转换矩阵,输出目标图像。

对于 5 个参考关键点(双眼、鼻尖、嘴角)的人脸对齐操作可以采用最小二乘法来求解关键点的最优估计,numpy 也提供了相应的函数 numpy.linalg.lstsq。

8.4　人脸特征提取网络

8.4.1　人脸特征提取网络原理

1. 图像分类网络与人脸特征提取网络

人脸识别任务要求将同一人的人脸聚集为同一类,不同人的人脸成为不同的类,从而实现将人脸区分开来的目的。人脸识别任务和图像分类任务有相似之处,但又不完全相同。首先,在图像分类任务的类别集合中类别的数量是有限的,从几个到几千个不等,而在人脸识别任务中,人脸类别数量近乎无限。如果按照一个人作为一个类别,类别的数量将是天文数字。2022 年统计数据表明,我国人口达到 14.12 亿人,世界总人口超过 80 亿人。以人口作为分类类别,采用分类网络的思路进行人脸识别,无论是类别数量还是网络参数都是海量的,几乎是不可能完成的任务。其次,在图像分类任务中,用于训练图像分类网络的数据集完全覆盖了类别集合,是闭集任务(Close Set),在后续部署应用中所需处理的对象也是类别集合中的成员。而在人脸识别任务中,目前人脸数据集样本在百万数量级,在训练阶段不可能在同一时期收集到所有人的人脸图像,也无法覆盖在后续部署应用中可能出现的陌生脸,因此人脸识别任务是开集任务(Open Set)。简单地按照迁移学习的思路用分类网络解决人脸识别问题的方法是不可行的。

如图8.14(a)所示,图像分类网络通过神经网络提取目标图像特征,再通过全连接或1×1卷积构成的分类器输出One-Hot形式的分类类别。分类器输出的类别数量是事先定义好的,是固定和有限的,可以满足区分人脸与其他物体的要求。但显然无法满足区分人脸与人脸的人脸识别场景应用要求。

扫码查看
彩图

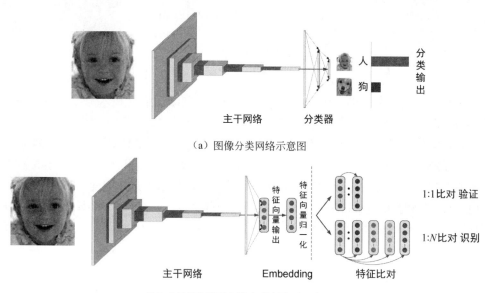

(a)图像分类网络示意图

(b)人脸特征提取网络与特征比对示意图

图8.14 图像分类网络及人脸特征提取网络与特征比对

对于人脸识别等场景应用,我们期望通过有限数量的人脸样本数据集能够训练出一个这样的人工神经网络:如图8.14(b)所示,输入人脸图像,经神经网络输出人脸特征向量,使得同一人的特征向量能够在特征空间上聚在一起,不同人的人脸特征向量之间能够保持一定的安全距离,并具有泛化能力。人脸验证和识别通过比对人脸特征向量来匹配人的信息,完成不同场景的应用。

2. 人脸特征提取网络构成

人脸特征提取网络在训练阶段由主干网络和损失函数构成,如图8.15所示。主干网络由深度卷积神经网络构成,通过下采样和卷积操作能够在不断扩大的感受野上提取人脸图像特征。损失函数对网络模型优化有导向作用,由损失函数计算获得梯度,通过反向传播梯度来更新网络模型的参数,不同的损失函数可使网络模型更加侧重于学习到数据不同方面的特性,使得更新后的网络模型能够更好地提取到损失函数指向的特定特征。我们期望得到什么样的网络模型就设计什么样的损失函数。网络模型在损失函数引导下经过反复训练不断优化,输出能够表征人脸独特信息的特征向量,从而在应用中才能够使用特征向量正确判别不同身份的人脸。

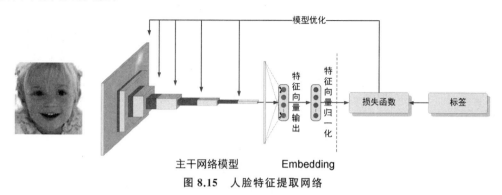

图 8.15　人脸特征提取网络

人脸特征提取网络的主干网络和损失函数的发展历程如图 8.16 所示,时间轴上部为特征提取网络或损失函数名称,时间轴下部为主干网络名称。以 2014 年为分界线,人脸特征提取网络从过去的浅层神经网络阶段进入到深度神经网络阶段,出现了 DeepFace、FaceNet、ArcFace 等一系列的典型网络。

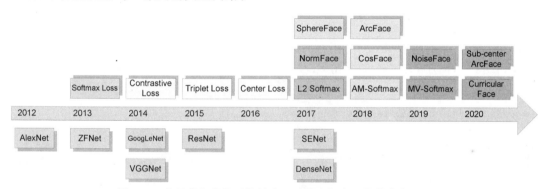

图 8.16　人脸特征提取网络的主干网络和损失函数的发展历程

1）主干网络的发展

自 AlexNet 以来,主干网络得到了充分的发展,特别是在 ResNet 网络提出后,卷积神经网络可以向更深的方向发展,提高了网络的精度。除此之外,还有适用于嵌入式或移动端设备的 MobileNet 等网络,采用可分离卷积替代了标准卷积,其主要特点是将标准卷积拆分为深度卷积和逐点卷积,在性能降低很少的情况下,大大地降低了参数量和计算量。经过多年的发展,对于人脸识别等场景应用来说,通过改进主干网络来提升系统性能的潜力已经不大了。

2）损失函数的发展

在人脸特征提取网络中,我们期望能够设计一个合适的损失函数引导网络模型的参数优化,使得经训练的人脸特征提取网络实现同一身份人脸特征能够有效聚类,不同身份人脸特征有足够的区分度,从而达到增强人脸判别能力的目标。在 Center Loss 损失函数出现后,人脸识别的研究转向损失函数的改进。如图 8.16 所示,人脸特征提取网络自 Softmax Loss 开始,经历了很多个阶段,逐步优化,使得人脸特征提取网络的性能得到了提高。

Softmax Loss 损失函数由 Softmax 函数和交叉熵损失函数组合而成,是最常用的分类网络损失函数。Softmax Loss 作为人脸特征提取网络的损失函数,其优化后的模型在同一类内聚类不够紧凑,不同类间分界模糊,缺乏类内和类间距离的约束。

由 FaceNet 提出的 Triplet Loss 三元组损失函数将一个人脸图像作为锚点,再选取一个相同人脸(正样本)图像和一个不同人脸(负样本)图像构成一个三元组,训练网络模型,使得归一化后的正样本特征与锚点特征的空间欧氏距离不断缩短,负样本特征与锚点特征的空间欧氏距离不断变长,从而实现类内距离最小,类间距离最大的目的。

Center Loss 中心损失函数计算人脸特征与特征中心的欧氏距离,与 Softmax Loss 一同作为损失函数,通过约束类内距离,从而使类内紧凑性越来越强,但损失函数在类间可分性方面依旧考虑不足。

自 SphereFace 损失函数开始,包括 CosFace 和 ArcFace 损失函数,是从特征向量在角度上的分布特性去设计损失函数。这个系列的损失函数增加了在角度空间中对人脸特征向量分布的约束,将同类人脸特征压缩在更加紧凑的空间,同时扩大了异类人脸类间差距。

本章接下来的内容将对典型的人脸特征提取网络 FaceNet 和 ArcFace 进行详细的解析。

8.4.2　FaceNet

FaceNet 是 2015 年 Google 公司提出的人脸特征提取网络(论文:*FaceNet: a unified embedding for face recognition and clustering*,网址:https://arxiv.org/pdf/1503.03832. pdf)。如图 8.17 所示,FaceNet 采用 GoogLeNet 分类网络作为主干网络,将原网络的最后一层全连接输出层由 1×1000 改为 1×128,输出 128 维的特征向量,经 L2 范数归一化后得到人脸特征向量,也称为 Embedding(嵌入)特征。

扫码查看彩图

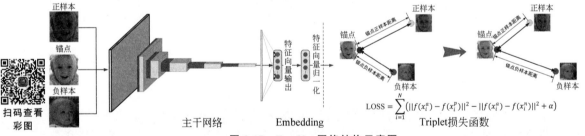

$$\text{LOSS} = \sum_{i=1}^{N} \left(\|f(x_i^a) - f(x_i^p)\|^2 - \|f(x_i^a) - f(x_i^n)\|^2 + \alpha \right)$$

Triplet损失函数

图 8.17　FaceNet 网络结构示意图

在模型训练阶段,将一张人脸图像作为锚点,与一张相同人的人脸图像(正样本)和一张不同人的人脸图像(负样本)组成一组,称为三元组。将三张图像输入特征提取网络,获得三个人脸特征向量,分别为锚点人脸特征向量、正样本人脸特征向量和负样本人脸特征向量,计算 Triplet 三元组损失函数值,通过反向传播算法优化网络模型,使得输出的锚点与正样本间的人脸特征向量距离不断缩短,锚点与负样本间的特征向量距离不断拉长。

1. 特征向量归一化

主干网络输出的 128 维特征向量分布在 128 维特征空间中,相同人的特征向量在空间中聚集在一起成为一簇,不同人的特征向量在空间中构成不同的簇,如图 8.18(a)所示。由于人脸图像受光照、角度、成像模糊等因素的影响,其特征向量在特征空间的分布模值大小不一。对同一人来说,其清晰、正面等易于识别的人脸图像产生的特征向量的模值较大,而侧面、模糊等难于识别的人脸图像产生的特征向量模值较小,特征向量模值大小不一造成了

特征向量难于比对的问题。如图 8.18(a)所示,特征向量 A 和 B 分布于类 1,特征向量 C 分布于类 2,由于特征向量模值不相同,类 1 向量 A 与同类向量 B 间的欧氏距离$|AB|$反而大于类 1 向量 A 与不同类向量 C 的欧氏距离$|AC|$。

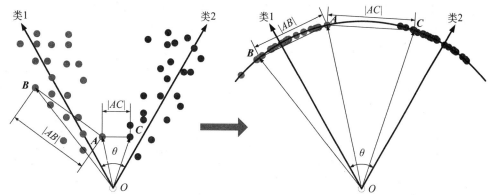

扫码查看
彩图

（a）人脸特征向量在空间中的分布　　　　　（b）人脸特征向量归一化后在空间中的分布

图 8.18　人脸特征向量在空间中的分布示意图

对特征向量进行 L2 范数归一化操作,把模值不一的特征向量归一化为向量模值为 1 的单位长度向量,这样可以将人脸特征向量映射到半径为 1 的超球面上,如图 8.18(b)所示,从而便于进行特征向量的比对。人脸特征向量归一化的方法在人脸特征提取网络中被广泛应用。

一张人脸图像样本 x_i 经主干网络输出的特征向量表示为

$$f(x_i) = (f(x_{i1}), f(x_{i2}), f(x_{i3}), \cdots, f(x_{id}))$$

其中：i 为样本索引；d 为特征向量的维度。特征向量 $f(x_i)$ 的 L2 范数归一化公式为

$$\frac{f(x_i)}{\|f(x_i)\|} = \left(\frac{f(x_{i1})}{\sqrt{f(x_{i1})^2 + f(x_{i2})^2 + \cdots + f(x_{id})^2}}, \right.$$
$$\frac{f(x_{i2})}{\sqrt{f(x_{i1})^2 + f(x_{i2})^2 + \cdots + f(x_{id})^2}}, \cdots,$$
$$\left. \frac{f(x_{id})}{\sqrt{f(x_{i1})^2 + f(x_{i2})^2 + \cdots + f(x_{id})^2}} \right)$$

当 $d=3$ 时,特征向量归一化操作就是将该特征向量映射到半径 $r=1$ 的三维球面的一个点,即

$$r^2 = \left(\frac{f(x_{i1})}{\sqrt{f(x_{i1})^2 + f(x_{i2})^2 + f(x_{i3})^2}} \right)^2 +$$
$$\left(\frac{f(x_{i2})}{\sqrt{f(x_{i1})^2 + f(x_{i2})^2 + f(x_{i3})^2}} \right)^2 +$$
$$\left(\frac{f(x_{i3})}{\sqrt{f(x_{i1})^2 + f(x_{i2})^2 + f(x_{i3})^2}} \right)^2$$
$$= 1$$

同理，$d=128$ 就是将人脸特征向量映射到 128 维的超球面上的一个点。同一人的不同人脸特征映射为超球面上的一簇，不同人的人脸特征映射为超球面上的不同簇。

2. FaceNet 人脸相似度的度量

在人脸特征向量归一化后，复杂的人脸相似度的度量问题就可以转换为简单的、计算超球面上特征点之间的空间距离问题。欧几里得距离（Euclidean distance）是一种距离定义，指 d 维空间中两个点之间的距离或者说两个向量的距离。

在人脸识别场景应用中，x_i 为采集到的某人人脸图像，$f(x_i)$ 为归一化特征向量，y_i 为此人在人脸数据库中注册的归一化人脸特征向量，$f(x_i) = (f(x_{i1}), f(x_{i2}), f(x_{i3}), \cdots, f(x_{id}))$，$y_i = (y_{i1}, y_{i2}, \cdots, y_{id})$，两者之间的欧几里得距离为

$$d(f(x_i), y_i) = \sqrt{(f(x_{i1}) - y_{i1})^2 + (f(x_{i2}) - y_{i2})^2 + \cdots (f(x_{id}) - y_{id})^2}$$

如果距离 $d(f(x_i), y_i)$ 小于设定的阈值，则可以判断为同一个人，否则为不同人或未知人员。

人脸特征的比对也可以使用相似度，相似度的公式为

$$相似度 = 1/d(f(x_i), y_i)$$

相似度大，两张人脸图像为同一人的可能性就大，反之亦然。

3. 三元组损失函数

仅仅使用特征向量归一化方法以判别同类或异类是不够的，由于光照、角度、遮挡、表情、模糊、年龄等因素的影响，还会出现难以区分人脸类别的问题。例如，同一人在不同年龄段的相貌差异比较大，此类问题属于难分正样本。又如，两个人相貌非常相似，或两个人的人脸图像因模糊非常相似，此类问题属于难分负样本。这些因素的影响可能导致在图 8.18（b）中依然存在类内距离 $|AB|$ 大于类间距离 $|AC|$ 的情况。因此，我们希望同一人的所有人脸特征向量的类内距离尽量小，尽可能地聚类成超球面上的一个有中心的紧凑弧度区域，不同人的人脸特征分布在不同中心的紧凑弧度区域，并且不同人脸之间彼此相隔一个保护带（margin），这就需要通过损失函数的设计和网络的训练来实现。

FaceNet 设计了三元组损失函数（Triplet Loss）来约束相同人的类内距离和不同人之间的类间距离。如图 8.17 所示，设在一个索引为 i 的三元组中，锚点（anchor）样本为图像 x_i^a、正样本图像（positive）为 x_i^p、负样本图像（negative）为 x_i^n，3 个图像样本输入主干网络后，得到 3 个 d 维人脸特征向量，经归一化操作后的输出分别为 $f(x_i^a)$、$f(x_i^p)$ 和 $f(x_i^n)$，可得正样本间与锚点之间的距离（类内距离）公式为

$$\|f(x_i^a) - f(x_i^p)\|_2^2$$

负样本与锚点之间的距离（类间距离）公式为

$$\|f(x_i^a) - f(x_i^n)\|_2^2$$

为了确保所有锚点与同类人脸间的特征向量距离比锚点与不同类的人脸间距离更近，要求

$$\|f(x_i^a) - f(x_i^p)\|_2^2 < \|f(x_i^a) - f(x_i^n)\|_2^2$$

然而上式只能保证在当前数据集的条件下的正确分类，没有达到类内特征向量聚集，类间特征向量远离的目标。由于人脸特征提取网络是在开集数据集下进行训练的，不能保证数据集外的新身份的人脸依旧能够符合上式。因此我们希望类内对象间相互收缩，间距尽可能小，类间对象相互远离，间距尽可能大，类与类的边缘之间能够有一个空白的保护带，修

改上式为

$$\|f(x_i^a) - f(x_i^p)\|_2^2 + \alpha < \|f(x_i^a) - f(x_i^n)\|_2^2$$

α 是一个自定义的正数阈值（超参数），用来进一步增强对类间距离的约束。这样使得新的人脸特征落入同类的可能性大于落入异类的可能性。依据上式定义三元组损失函数公式为

$$\text{LOSS} = \sum_{i=1}^{N} \left[\|f(x_i^a) - f(x_i^p)\|_2^2 - \|f(x_i^a) - f(x_i^n)\|_2^2 + \alpha \right]$$

当类间距离与类内距离的差小于阈值 α 时，都会产生损失和梯度，从而优化网络模型，引导特征提取网络的输出满足损失函数，只有当类间距离远大于类内距离时（距离差为 α），才会停止优化网络。

由于训练集中人脸类别的数量巨大，穷举训练集中的所有人脸正负样本组成三元组所带来的计算量也是海量的，而在这些三元组中，有些是很容易满足损失函数的，这些三元组对网络模型的优化没有贡献。因此，如何选择合适的三元组提高网络的训练速度就成为格外重要的问题。

解决方法是抛弃易识别样本，选择难识别样本，以训练网络达到类内距离更小和类间距离更大的目标。因此，训练中为每个人脸尽可能选择两种难识别样本，即他/她的难识别正样本（hard positive）和其他人的难区分负样本（hard negative）。具体方法是，在一个小批量样本集合中，对于每个训练样本 x_i^a，首先从自身样本集中找出与当前训练样本最不像的正样本 x_i^p 形成难分正样本对（hard positive pair），即 x_i^p 样本符合：

$$\text{argmax}_{x_i^p} \|f(x_i^a) - f(x_i^p)\|_2^2$$

然后与其他类的所有样本比对，找出最像的样本 x_i^n，与之形成难分负样本对（hard negative pair），即 x_i^p 样本符合：

$$\text{argmin}_{x_i^p} \|f(x_i^a) - f(x_i^n)\|_2^2$$

这样，在训练阶段不断给神经网络制造"困难"，即一直在寻找与样本最不像的"自己"，同时寻找与自己最像的"他人"，从而迫使主干网络进一步学习，改善对人脸特征的表达，不断缩短自身所有样本的差距，同时尽可能拉大与其他人的差距，最终得到一个最优模型。

在训练阶段，FaceNet 的输入人脸图像为 $220 \times 220 \times 3$，一个批次约为 1800 张的人脸图像，包含 45 个人，每人约 40 张图像。

FaceNet 使用 800 万人的 2 亿多张人脸图像集进行网络模型训练，在 LFW 数据集上测试的精度达到了 99.63%，达到了当时领先的性能。

8.4.3　ArcFace/InsightFace

FaceNet 人脸特征提取网络的特点是基于人脸特征向量之间的欧氏距离设计损失函数和特征向量比对算法，而以 ArcFace（论文 *ArcFace: additive angular margin loss for deep face recognition*，网址：https://arxiv.org/abs/1801.07698）为代表的 SphereFace、CosFace 等系列网络则是基于人脸特征向量与其类别中心的角度距离而设计的 Softmax 损失函数和特征向量比对算法。

如图 8.19 所示，ArcFace 采用 ResNet50 或 ResNet101 作为主干网络，将原网络的最后一层全连接输出层由 $1 \times 1 \times 1000$ 改为 $1 \times 1 \times 512$，输出 512 维的特征向量，经 L2 归一化输

扫码查看
彩图

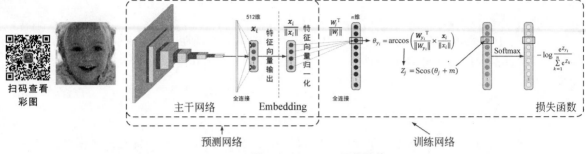

图 8.19 ArcFace 网络结构

出人脸特征向量。

在模型训练阶段,在特征向量归一化层之后,增加一个 n 维的全连接层构成类别为 n 的分类器。输入一张人脸图像,经主干网络提取 512 维特征向量 $\boldsymbol{x}_i$,分别对特征向量 $\boldsymbol{x}_i$ 和类别对应的权重向量 $\boldsymbol{W}_j$ 进行 L2 范数归一化,通过点积运算求取对二者的夹角余弦值 $\cos\theta$,再通过反余弦函数得到夹角 θ,然后在夹角 θ 的基础上加上角度边距(angular margin) m,再计算加性角度的余弦值,通过尺度变换后,计算 Softmax Loss 损失函数。通过不断迭代引导网络优化模型参数,从而不断缩小夹角 θ,提高类内紧凑性(intra-class compactness)和类间分散性(inter-class dispersion),最终得到一个最优的人脸特征提取网络模型。

1. 特征向量归一化和权重归一化

设人脸图像样本 i 经主干网络提取的 d 维人脸特征向量为 $\boldsymbol{x}_i=(x_{i1},x_{i2},x_{i3},\cdots,x_{id})$,其与分类输出层间的权重矩阵为 $\boldsymbol{W}=(W_1,W_2,\cdots,W_j,\cdots,W_n)$,$\boldsymbol{W}$ 表示为

$$
\boldsymbol{W}=\begin{bmatrix} w_{11} & \cdots & w_{j1} & \cdots & w_{n1} \\ w_{12} & \cdots & w_{j2} & \cdots & w_{n2} \\ \cdots & & & & \\ w_{1d} & \cdots & w_{jd} & \cdots & w_{nd} \end{bmatrix}
$$

其中:n 为人脸分类的类别数;W_j 为第 j 类人脸类别的权重向量,其转置向量为 $W_j^{\mathrm{T}}=(W_{j1},W_{j2},\cdots,W_{jd})$。则分类输出层的预测值为

$$
\boldsymbol{Z}=\boldsymbol{W}^{\mathrm{T}}\boldsymbol{x}_i=\begin{bmatrix} w_{11} & w_{12} & \cdots & w_{1d} \\ \cdots & \cdots & \cdots & \cdots \\ w_{j1} & w_{j2} & \cdots & w_{jd} \\ \cdots & \cdots & \cdots & \cdots \\ w_{n1} & w_{n2} & \cdots & w_{nd} \end{bmatrix}\begin{bmatrix} x_{i1} \\ x_{i2} \\ x_{i3} \\ \cdots \\ x_{id} \end{bmatrix}
$$

其中第 j 类人脸类别的预测值为

$$
Z_j=\boldsymbol{W}_j^{\mathrm{T}}\boldsymbol{x}_i=w_{j1}x_{i1}+w_{j2}x_{i2}+\cdots+w_{jd}x_{id}
$$

两个向量的乘法又称为向量的点积或内积,几何意义是一个向量在另一个向量上的投影长度与该向量的长度之积,其计算结果是标量。如图 8.20(a)所示。

两个向量的乘法可表示为

$$
Z_j=\boldsymbol{W}_j^{\mathrm{T}}\boldsymbol{x}_i=\|\boldsymbol{W}_j^{\mathrm{T}}\|\|\boldsymbol{x}_i\|\cos\theta_j
$$

Z_j 为特征向量 $\boldsymbol{x}_i$ 与权重向量 $\boldsymbol{W}_j$ 的模值与夹角余弦 $\cos\theta_j$ 的乘积。如果将特征向量 $\boldsymbol{x}_i$ 和全连接层权重 $\boldsymbol{W}$ 使用 L2 范数归一化,两个向量就映射到半径为 1 的超球面上,这时

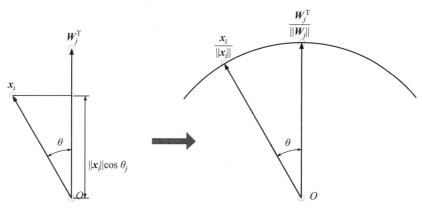

（a）特征向量与权重向量 　　　　　（b）特征向量与权重向量归一化

图 8.20　特征向量与权重归一化

分类预测值就仅与它们间的夹角余弦 $\cos\theta$ 有关，而与它们的向量模值 $\|\boldsymbol{W}_j^{\mathrm{T}}\|$ 和 $\|\boldsymbol{x}_i\|$ 无关。第 j 类人脸类别的预测值可写为

$$Z_j = \frac{\boldsymbol{W}_j^{\mathrm{T}}}{\|\boldsymbol{W}_j\|} \times \frac{\boldsymbol{x}_i}{\|\boldsymbol{x}_i\|} = \cos\theta_j$$

2. 余弦角度距离

当两个向量在 L2 范数归一化后，它们之间的夹角 θ 越小，彼此之间靠得就越近，当夹角 $\theta = 0$ 时，两向量重合，即两个向量相等。由此我们可以得出两向量的夹角 θ 或 $\cos\theta$ 可以作为度量两个特征相似度的距离。

假设人脸样本 i 所对应的真实分类索引为 y_i，则该样本真实类别 y_i 所对应的分类预测输出为

$$Z_{y_i} = \frac{\boldsymbol{W}_{y_i}^{\mathrm{T}}}{\|\boldsymbol{W}_{y_i}\|} \times \frac{\boldsymbol{x}_i}{\|\boldsymbol{x}_i\|} = \cos\theta_{y_i}$$

我们希望在分类输出层的所有分类预测输出值中 Z_{y_i} 为最大值，这样才能使得预测分类与真实分类一致。θ_{y_i} 的取值范围为 $0 \leqslant \theta_{y_i} \leqslant \pi$，$\cos\theta_{y_i}$ 的取值范围为 $-1 \leqslant \cos\theta_{y_i} \leqslant 1$，只有当 $\theta_{y_i} = 0$ 时，$Z_{y_i} = \cos 0 = 1$，取得最大值。因此特征向量 $\boldsymbol{x}_i$ 与权重向量 $\boldsymbol{W}_j$ 越接近，预测正确的概率越大。

在训练过程中，一个训练批次包括多个样本，同一个人的所有样本的人脸特征向量 $\dfrac{\boldsymbol{x}_i}{\|\boldsymbol{x}_i\|}$ 都应该分布在这个人的类别权重（目标权重）向量 $\dfrac{\boldsymbol{W}_{y_i}^{\mathrm{T}}}{\|\boldsymbol{W}_{y_i}\|}$ 的附近，这样才能保证预测正确的分类，经过不断的迭代优化，目标权重向量 $\dfrac{\boldsymbol{W}_{y_i}^{\mathrm{T}}}{\|\boldsymbol{W}_{y_i}\|}$ 就可以看作人脸类别 y_i 的特征中心。通过训练，使优化后的网络提取的人脸特征向量不断接近特征中心。

3. 加性角度边距

图像分类网络对输出层进行 Softmax Loss 损失函数的计算，反向传播优化网络，虽然能够较好地实现图像分类任务，但是达不到人脸特征提取网络所要求的类内紧凑性和类间分散性。

ArcFace 的方法如图 8.21 所示。

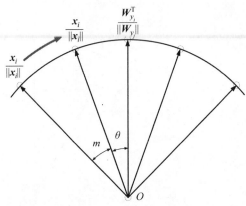

图 8.21 ArcFace 的方法

（1）通过人脸特征向量和权重向量，计算出夹角：

$$\theta_{y_i} = \arccos\theta_{y_i} = \arccos\left(\frac{\boldsymbol{W}_{y_i}^{\mathrm{T}}}{\|\boldsymbol{W}_{y_i}\|} \times \frac{\boldsymbol{x}_i}{\|\boldsymbol{x}_i\|}\right)$$

（2）在 θ_{y_i} 上加上一个角度边距 m 得到 $\theta_{y_i}+m$，即加性角度边距（additive angular margin），再通过余弦函数获得预测值：

$$Z_{y_i} = \cos(\theta_{y_i}+m) = \cos\left(\arccos\left(\frac{\boldsymbol{W}_{y_i}^{\mathrm{T}}}{\|\boldsymbol{W}_{y_i}\|} \times \frac{\boldsymbol{x}_i}{\|\boldsymbol{x}_i\|}\right)+m\right)$$

这样就可以在网络训练时挤压同类间人脸特征向量分布的空间，使目标角度 θ_{y_i} 趋于零以增强类内紧凑性，并且在不同类别之间建立起保护带，迫使相邻两个人脸类别相隔一个安全距离，增强类间可分离度，从而使因模糊、倾斜等问题造成的困难样本特征值尽可能不落入到其他人脸类别的角度范围中。

在程序实现中，可将增加了加性角度边距 m 的余弦函数公式修改为

$$Z_{y_i} = \cos(\theta_{y_i}+m) = \cos(\theta_{y_i})\cos(m) - \sin(\theta_{y_i})\sin(m)$$

$$= \cos(\theta_{y_i})\cos(m) - \sqrt{1-\cos^2(\theta_{y_i})}\sin(m)$$

修改后的公式有利于提高计算效率。

ArcFace 仅对 $\boldsymbol{x}_i$ 的真实类别（记为 $j=y_i$）做角度间隔，其他类别（$j \neq y_i$）不做处理，即

$$Z_j = \begin{cases} \cos(\theta_{y_i}+m), & j=y_i \\ \cos\theta_j, & j \neq y_i \end{cases}$$

4. 特征重缩放

由于以余弦函数计算得到的输出层预测值，其各分类预测值范围为 $0\sim1$，以 5 分类为例，输出层预测向量为 $(1,0,0,0,0)$，第一个向量元素为目标类别，通过 Softmax 函数转换成概率为 $(40\%, 14.88\%, 14.88\%, 14.88\%, 14.88\%)$，达不到网络收敛的要求，因此仅仅依靠归一化输出的网络是难以收敛的。解决方法是将输出层向量乘以尺度因子 S，设尺度因子 $S=64$，得到新的输出层预测向量 $(64,0,0,0,0)$，经 Softmax 转换成概率为 $(100\%,0,0,0,0)$，可以使网络收敛。

使用固定尺度因子 S 放大所有的预测值的公式定义为

$$Z_j = S\cos\theta_j$$

5. Softmax Loss 损失函数

我们在 1.3.1 节中已经介绍了 Softmax Loss 损失函数。Softmax Loss 损失函数由 Softmax 函数和交叉熵损失函数组合而成,先将分类输出层的预测值 Z_j 由 Softmax 函数转换为预测的类别概率 $P_j \in [0,1]$,$\sum\limits_{j=1}^{n} P_j = 1$,Softmax 公式为

$$P_j = \frac{e^{Z_j}}{\sum\limits_{k=1}^{n} e^{Z_k}}$$

对于单标签多分类任务,令批次的样本数为 N,若 y_i 为样本 i 的真实类别索引,则 Softmax Loss 损失函数为

$$\text{LOSS} = -\frac{1}{N}\sum_{i=1}^{N}\log P_{y_i} = -\frac{1}{N}\sum_{i=1}^{N}\log\frac{e^{Z_{y_i}}}{\sum\limits_{k=1}^{n}e^{Z_k}}$$

则对于人脸特征提取网络,损失函数为

$$\text{LOSS} = -\frac{1}{N}\sum_{i=1}^{N}\log P_{y_i} = -\frac{1}{N}\sum_{i=1}^{N}\log\frac{e^{Z_{y_i}}}{\sum\limits_{k=1}^{n}e^{Z_k}}$$

$$= -\frac{1}{N}\sum_{i=1}^{N}\log\frac{e^{S\cos(\theta_{y_i}+m)}}{e^{S\cos(\theta_{y_i}+m)} + \sum\limits_{j=1,j\neq y_i}^{n}e^{S\cos\theta_j}}$$

与单标签多分类任务不同,人脸特征提取网络的 Z_{y_i} 是经过归一化、加性角度边距及特征重缩放的人脸特征向量。

以 8 个不同身份的 2 维人脸特征向量分类为例,经归一化后的特征向量分布在 2 维平面的单位圆上。如图 8.22(a)所示,为采用 Softmax Loss 损失函数训练的网络所提取的归一化人脸特征向量分布,图 8.22(b)为采用 ArcFace 损失函数训练的网络所提取的归一化人脸特征向量分布。Softmax Loss 训练的网络虽然能够进行正确的分类,但是在两分类边界区域分离度不够,相距较远的同类内两特征向量的欧氏距离可能比相邻类的两个邻近特征向量的欧氏距离更大,不能满足人脸特征提取网络要求的类内紧凑性和类间差异性。而 ArcFace 训练的网络特征向量由于加性角度边距的作用,其分布向特征中心聚集,相邻类之间有足够的安全距离,类内分布在两端边界的特征向量的欧氏距离远小于相邻类的邻近特

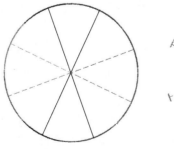

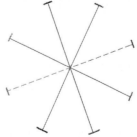

扫码查看
彩图

(a) Softmax Loss   (b) ArcFace Loss

图 8.22　Softmax Loss 与 ArcFace Loss 特征分布对比示意图

征向量的欧氏距离,能够满足人脸特征提取网络的要求。

在 ArcFace 网络提出之前,有 SphereFace 和 CosFace 网络采取了不同边距方式以增强类内紧凑性和类间分散性。

SphereFace 采用的是乘性角度边距惩罚(multiplicative angular margin penalty),真实分类对应的预测值定义为 $\cos(m\theta_{y_i})$,其损失函数为

$$\text{LOSS}_{\text{SphereFace}} = -\frac{1}{N}\sum_{i=1}^{N}\log\frac{e^{S\cos(m\theta_{y_i})}}{e^{S\cos(m\theta_{y_i})} + \sum\limits_{j=1, j\neq y_i}^{n} e^{S\cos\theta_j}}$$

CosFace 采用的是加性余弦边距惩罚(additive cosine margin penalty),真实分类对应的预测值定义为 $\cos\theta_{y_i}-m$,其损失函数为

$$\text{LOSS}_{\text{CosFace}} = -\frac{1}{N}\sum_{i=1}^{N}\log\frac{e^{S(\cos\theta_{y_i}-m)}}{e^{S(\cos\theta_{y_i}-m)} + \sum\limits_{j=1, j\neq y_i}^{n} e^{S\cos\theta_j}}$$

更进一步,如果综合 3 种网络的特点,损失函数可以优化为

$$\text{LOSS} = -\frac{1}{N}\sum_{i=1}^{N}\log\frac{e^{S(\cos(m1\theta_{y_i}+m2)-m3)}}{e^{S(\cos(m1\theta_{y_i}+m2)-m3)} + \sum\limits_{j=1, j\neq y_i}^{n} e^{S\cos\theta_j}}$$

6. 网络训练流程

ArcFace 人脸特征提取网络的训练算法流程如图 8.23 所示。

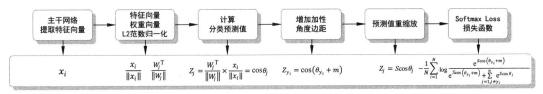

图 8.23 ArcFace 人脸特征提取网络的训练算法流程

(1) 准备数据集,将所有图像中的人脸进行人脸对齐处理,并将图像缩放至 $112\times 112\times 3$。

(2) 将训练图像输入骨干网络,提取图像特征向量 $\boldsymbol{x}_i = (x_{i1}, x_{i2}, x_{i3}, \cdots, x_{id})$。

(3) 将特征向量 $\boldsymbol{x}_i$ 进行 L2 范数归一化,得到 Embedding 特征 $\dfrac{\boldsymbol{x}_i}{\|\boldsymbol{x}_i\|}$;将全连接层权重 $\boldsymbol{W}$ 按列进行 L2 范数归一化,得到归一化权重矩阵 $\boldsymbol{W} = \left(\dfrac{\boldsymbol{W}_1}{\|\boldsymbol{W}_1\|}, \dfrac{\boldsymbol{W}_2}{\|\boldsymbol{W}_2\|}, \cdots, \dfrac{\boldsymbol{W}_j}{\|\boldsymbol{W}_j\|}, \cdots, \dfrac{\boldsymbol{W}_n}{\|\boldsymbol{W}_n\|}\right)$。

(4) 计算归一化后的输出层分类预测值 $\dfrac{\boldsymbol{W}_j^{\text{T}}}{\|\boldsymbol{W}_j\|} \times \dfrac{\boldsymbol{x}_i}{\|\boldsymbol{x}_i\|} = \cos\theta_j$。

(5) 仅对真实类别 y_i 计算增加了加性角度边距的预测值

$$\cos(\theta_{y_i}+m) = \cos(\theta_{y_i})\cos(m) - \sqrt{1-\cos^2(\theta_{y_i})}\sin(m)$$

(6) 使用尺度因子 S 重新缩放所有的分类预测值,得到 $S\cos\theta_j$。

(7) 计算 N 个样本的小批量训练集 Softmax Loss 损失函数

$$LOSS = -\frac{1}{N}\sum_{i=1}^{N}\log\frac{e^{S\cos(\theta_{y_i}+m)}}{e^{S\cos(\theta_{y_i}+m)}+\sum_{j=1,j\neq y_i}^{n}e^{S\cos\theta_j}}$$

（8）计算梯度，优化网络模型参数。

8.5　实践项目一：基于 PC 的 MTCNN＋ArcFace 实时人脸检测和识别

8.5.1　实践项目内容

本实践在 PC 上通过笔记本电脑内置或 USB 摄像头采集视频图像，使用 MTCNN 网络进行人脸检测和人脸对齐，使用 ArcFace 网络进行人脸特征提取，与已有的人脸特征库进行特征比对，标识人脸边界框、人脸关键点及姓名，实现实时视频流的人脸检测和识别。

本实践的代码原型来自于 Github：https://github.com/TreB1eN/InsightFace_Pytorch，本实践在其基础上进行了修改。

8.5.2　PyTorch 框架下程序实现

读者可以在 http://www.tup.com.cn 下载本实践章节完整源代码的工程文件夹 Face_recog_Pytorch。文件夹结构如下所示：

```
root@ubuntu:~/bmnnsdk2/bmnnsdk2-bm1684_v2.7.0/Face_recog_Pytorch$ tree -L 2
├── ID
└── model_ArcFace
    ├── model_ir_se50.pth
    ├── history
    ├── log
└── save
├── model_MTCNN
    ├── onet.npy
    ├── pnet.npy
    ├── rnet.npy
├── utils
├── ArcFace_test.py
├── MTCNN_test.py
├── net_ArcFace.py
├── net_MTCNN.py
├── test_video.py
```

文件及文件夹说明：

./ID：预测时需要进行对比的人脸数据库文件夹；

./model_ArcFace：训练好的 ArcFace 网络模型文件夹；

./model_MTCNN：训练好的 MTCNN 网络模型文件夹；

./utils：包含人脸识别程序需要用到的辅助函数文件夹；

ArcFace_test.py：ArcFace 网络测试程序源代码；

MTCNN_test.py：MTCNN 网络测试程序源代码；

net_ArcFace.py：ArcFace 网络定义程序源代码；

net_MTCNN.py：MTCNN 网络定义程序源代码；

test_video.py：视频采集、人脸检测及识别主测试程序源代码。

1. MTCNN 网络模型结构定义代码解析

MTCNN 网络如 8.2.1 节所述，共包含 3 个模块，分别是 PNet、RNet 和 ONet，下面只给出 PNet 结构代码，RNet、ONet 与 PNet 结构类似，完整代码见文件 net_MTCNN.py。

```python
class PNet(nn.Module):
    def __init__(self):
        super(PNet, self).__init__()
        self.features = nn.Sequential(OrderedDict([
            ('conv1', nn.Conv2d(3, 10, 3, 1)),
            ('prelu1', nn.PReLU(10)),
            ('pool1', nn.MaxPool2d(2, 2, ceil_mode=True)),
            ('conv2', nn.Conv2d(10, 16, 3, 1)),
            ('prelu2', nn.PReLU(16)),
            ('conv3', nn.Conv2d(16, 32, 3, 1)),
            ('prelu3', nn.PReLU(32))
        ]))
        self.conv4_1 = nn.Conv2d(32, 2, 1, 1)        #是/否为人脸二分类预测
        self.conv4_2 = nn.Conv2d(32, 4, 1, 1)        #人脸边界框预测
        #加载 pnet 网络模型
        weights = np.load('model_MTCNN/pnet.npy', allow_pickle=True)[()]
        for n, p in self.named_parameters():
            p.data = torch.FloatTensor(weights[n])
    def forward(self, x):
        x = self.features(x)
        a = self.conv4_1(x)
        b = self.conv4_2(x)
        a = F.softmax(a, dim=-1)
        return b, a                                  #返回：人脸候选边界框,分类
```

2. MTCNN 网络模型测试代码解析

完整代码见文件 MTCNN_test.py。

（1）初始化网络。

```python
class MTCNN():
    def __init__(self):
        self.pnet = PNet().to(device)
        self.rnet = RNet().to(device)
        self.onet = ONet().to(device)
        self.pnet.eval()
        self.rnet.eval()
        self.onet.eval()
        #获取人脸参考关键点
        self.refrence = get_reference_facial_points(default_square= True)
```

（2）对图像尺寸进行缩放,构建图像金字塔。

```
...
    def detect_faces(self, image, min_face_size=20.0,thresholds=[0.4, 0.5, 0.
6],nms_thresholds=[0.7, 0.7, 0.7]):
        #构建图像金字塔
        width, height = image.size
        min_length = min(height, width)
        #最小检测尺寸为 12,factor 为缩放图像比例,是 1/2 面积的平方根
        min_detection_size = 12
        factor = 0.707    #sqrt(0.5)
        scales = []
        #缩放图像,检测不同大小的人脸
        m = min_detection_size/min_face_size
        min_length *= m
        factor_count = 0
        while min_length > min_detection_size:
            scales.append(m * factor * * factor_count)
            min_length *= factor
            factor_count += 1
...
```

（3）第一阶段,使用 PNet 快速生成大量的人脸候选窗口。

```
...
#第一阶段: 执行 pnet 并对边界框进行 NMS 筛选
        bounding_boxes = [] #边界框
        with torch.no_grad():
            #pnet 对不同大小的缩放图像进行预测
            for s in scales:
                boxes = run_first_stage(image, self.pnet, scale=s, threshold=
                                                        thresholds[0])
                bounding_boxes.append(boxes)
            #生成不同尺度的边界框及偏移量和分数
            bounding_boxes = [i for i in bounding_boxes if i is not None]
            bounding_boxes = np.vstack(bounding_boxes)
            keep = nms(bounding_boxes[:, 0:5], nms_thresholds[0])
            bounding_boxes = bounding_boxes[keep]
            #使用 pnet 预测的偏移量来变换边界框
            bounding_boxes = calibrate_box(bounding_boxes[:, 0:5], bounding_
                                                        boxes[:, 5:])
            #shape [n_boxes, 5]
            bounding_boxes = convert_to_square(bounding_boxes)
            bounding_boxes[:, 0:4] = np.round(bounding_boxes[:, 0:4])
...
```

（4）第二阶段,使用 RNet 对 PNet 产生的候选框进行细化。

```
...
#第二阶段：执行 rnet 并对边界框进行 nms 筛选
                #将第一阶段的人脸边界框统一尺寸为 24×24
                img_boxes = get_image_boxes(bounding_boxes, image, size=24)
                img_boxes = torch.FloatTensor(img_boxes).to(device)
                #执行 rnet 进行人脸边界框回归精细和分类
                output = self.rnet(img_boxes)
                offsets = output[0].cpu().data.numpy()  #shape [n_boxes, 4]
                probs = output[1].cpu().data.numpy()   #shape [n_boxes, 2]
                #剔除置信度低的人脸边界框
                keep = np.where(probs[:, 1] > thresholds[1])[0]
                bounding_boxes = bounding_boxes[keep]
                bounding_boxes[:, 4] = probs[keep, 1].reshape((-1,))
                offsets = offsets[keep]
                #nms 筛选剔除冗余人脸边界框
                keep = nms(bounding_boxes, nms_thresholds[1])
                bounding_boxes = bounding_boxes[keep]
                bounding_boxes = calibrate_box(bounding_boxes, offsets[keep])
                bounding_boxes = convert_to_square(bounding_boxes)
                bounding_boxes[:, 0:4] = np.round(bounding_boxes[:, 0:4])
...
```

（5）第三阶段，使用 ONet 去除重叠框，定位人脸关键点。

```
...
#第三阶段
                #将第一阶段的人脸边界框统一尺寸为 48×48
                img_boxes = get_image_boxes(bounding_boxes, image, size=48)
                if len(img_boxes) == 0:
                    return [], []
                img_boxes = torch.FloatTensor(img_boxes).to(device)
                #执行 onet 输出人脸边界框、置信度及人脸关键点
                output = self.onet(img_boxes)
                landmarks = output[0].cpu().data.numpy() #shape [n_boxes, 10]
                offsets = output[1].cpu().data.numpy() #shape [n_boxes, 4]
                probs = output[2].cpu().data.numpy() #shape [n_boxes, 2]
                #剔除置信度低的人脸边界框
                keep = np.where(probs[:, 1] > thresholds[2])[0]
                bounding_boxes = bounding_boxes[keep]
                bounding_boxes[:, 4] = probs[keep, 1].reshape((-1,))
                offsets = offsets[keep]
                landmarks = landmarks[keep]
                #计算关键点
                width = bounding_boxes[:, 2] - bounding_boxes[:, 0] + 1.0
                height = bounding_boxes[:, 3] - bounding_boxes[:, 1] + 1.0
                xmin, ymin = bounding_boxes[:, 0], bounding_boxes[:, 1]
                landmarks[:, 0:5] = np.expand_dims(xmin, 1) + np.expand_dims(width,
                            1) * landmarks[:, 0:5]
```

```
            landmarks[:, 5:10] = np.expand_dims(ymin, 1) + np.expand_dims
                                 (height, 1) * landmarks[:, 5:10]
            bounding_boxes = calibrate_box(bounding_boxes, offsets)
            #nms 筛选剔除冗余人脸边界框
            keep = nms(bounding_boxes, nms_thresholds[2], mode='min')
            bounding_boxes = bounding_boxes[keep]
            landmarks = landmarks[keep]
        return bounding_boxes, landmarks #返回：人脸边界框,人脸关键点
```

（6）人脸对齐。

```
    ...
    def align_multi(self, img, limit=None, min_face_size=15.0):
    #通过 detect_faces 人脸检测函数获取人脸边界框和人脸关键点
        boxes, landmarks = self.detect_faces(img, min_face_size)
        if limit:
            boxes = boxes[:limit]
            landmarks = landmarks[:limit]
        faces = []
        for landmark in landmarks:
            facial5points = [[landmark[j],landmark[j+5]] for j in range(5)]
            #人脸对齐和人脸裁剪
            warped_face = warp_and_crop_face(np.array(img), facial5points,
                          self.refrence, crop_size=(112,112))
            faces.append(Image.fromarray(warped_face))
        return boxes, faces, landmarks #返回：人脸边界框,人脸图像,人脸关键点
    ...
```

3. ArcFace 网络模型结构定义代码
完整代码见文件 net_ArcFace.py。
（1）定义主干网络瓶颈结构。

```
class bottleneck_IR_SE(Module):
    def __init__(self, in_channel, depth, stride):
        super(bottleneck_IR_SE, self).__init__()
        if in_channel == depth:
            self.shortcut_layer = MaxPool2d(1, stride)
        else:
            self.shortcut_layer = Sequential(
                Conv2d(in_channel, depth, (1, 1), stride ,bias=False),
                BatchNorm2d(depth))
        self.res_layer = Sequential(
            BatchNorm2d(in_channel),
            Conv2d(in_channel, depth, (3,3), (1,1),1 ,bias=False),
            PReLU(depth),
            Conv2d(depth, depth, (3,3), stride, 1 ,bias=False),
            BatchNorm2d(depth),
            SEModule(depth,16)
```

```
    )
def forward(self,x):
    shortcut = self.shortcut_layer(x)
    res = self.res_layer(x)
    return res + shortcut
    self.refrence = get_reference_facial_points(default_square= True)
```

（2）定义主干网络，在 ResNet 网络之前加入卷积操作，在其之后加入全连接。

```
class Backbone(Module):
    def __init__(self, num_layers, drop_ratio, mode='ir'):
        super(Backbone, self).__init__()
        assert num_layers in [50, 100, 152], 'num_layers should be 50,100, or 152'
        assert mode in ['ir', 'ir_se'], 'mode should be ir or ir_se'
        #网络深度设置: 50, 100, 152
        blocks = get_blocks(num_layers)
        #网络瓶颈结构选择
        if mode == 'ir':
            unit_module = bottleneck_IR
        elif mode == 'ir_se':
            unit_module = bottleneck_IR_SE
        #输入层: 3×3×64 卷积+BN+PReLU
        self.input_layer = Sequential(Conv2d(3, 64, (3, 3), 1, 1 ,bias=False),
                            BatchNorm2d(64),PReLU(64))
        #输出层: BN+全连接+BN
        self.output_layer = Sequential(BatchNorm2d(512),
                                       Dropout(drop_ratio),
                                       Flatten(),
                                       Linear(512 * 7 * 7, 512),
                                       BatchNorm1d(512))
        modules = []
        #构建 ResNet 网络
        for block in blocks:
            for bottleneck in block:
                modules.append(
                    unit_module(bottleneck.in_channel,
                            bottleneck.depth,
                            bottleneck.stride))
        self.body = Sequential(*modules)
    #前馈网络
    def forward(self,x):
        x = self.input_layer(x)
        x = self.body(x)
        x = self.output_layer(x)
        return l2_norm(x) #返回: 归一化人脸特征
```

（3）ArcFace 头部网络。

```
class Arcface(Module):
#特征向量为 512 维、特征重缩放尺度因子为 64,角度边距为 0.5
    def __init__(self, embedding_size=512, classnum=51332,  s=64., m=0.5):
        super(Arcface, self).__init__()
        self.classnum = classnum
        self.kernel = Parameter(torch.Tensor(embedding_size,classnum))
        #初始化参数
        self.kernel.data.uniform_(-1, 1).renorm_(2,1,1e-5).mul_(1e5)
        self.m = m
        self.s = s
        self.cos_m = math.cos(m)
        self.sin_m = math.sin(m)
        self.mm = self.sin_m * m  #issue 1
        self.threshold = math.cos(math.pi - m)
    def forward(self, embeddings, label):
        #权重归一化
        nB = len(embeddings)
        kernel_norm = l2_norm(self.kernel,axis=0)
        #计算 cos(theta+m)
        cos_theta = torch.mm(embeddings,kernel_norm)
        cos_theta = cos_theta.clamp(-1,1) #for numerical stability
        cos_theta_2 = torch.pow(cos_theta, 2)
        sin_theta_2 = 1 - cos_theta_2
        sin_theta = torch.sqrt(sin_theta_2)
        cos_theta_m = (cos_theta * self.cos_m - sin_theta * self.sin_m)
        cond_v = cos_theta - self.threshold
        cond_mask = cond_v <= 0
        keep_val = (cos_theta - self.mm)
        cos_theta_m[cond_mask] = keep_val[cond_mask]
        output = cos_theta * 1.0
        idx_ = torch.arange(0, nB, dtype=torch.long)
        output[idx_, label] = cos_theta_m[idx_, label]
        #特征重缩放
        output *= self.s
        return output
```

4. ArcFace 网络模型测试代码解析

完整代码见文件 ArcFace_test.py。

（1）ArcFace 的模型加载。

```
def load_state(self, conf, fixed_str, from_save_folder=False, model_only=False):
    if from_save_folder:
        save_path = conf.save_path
    else:
        save_path = conf.model_path
```

```
    #模型加载
    self.model.load_state_dict(torch.load('./model_IR_SE/models/{}'.format
(fixed_str), map_location=conf.device))

    if not model_only:
        self.head.load_state_dict(torch.load(save_path/'head_{}'.format
(fixed_str)))
        self.optimizer.load_state_dict(torch.load(save_path/'optimizer_{}'.
format(fixed_str)))
```

（2）ArcFace 的特征提取及比对。

```
#输入参数：配置表,人脸图像,人脸特征库
def infer(self, conf, faces, target_embs, tta=False):
    embs = []
    #提取人脸图像的人脸特征
    for img in faces:
        if tta:
            mirror = trans.functional.hflip(img)
            emb = self.model(conf.test_transform(img).to(conf.device).
unsqueeze(0))
            emb_mirror = self.model(conf.test_transform(mirror).to(conf.
device).unsqueeze(0))
            embs.append(l2_norm(emb + emb_mirror))
        else: embs.append(self.model(conf.test_transform(img).to(conf.
device).unsqueeze(0)))
    source_embs = torch.cat(embs)
    #人脸特征比对
    diff = source_embs.unsqueeze(-1) - target_embs.transpose(1,0).unsqueeze(0)
    dist = torch.sum(torch.pow(diff, 2), dim=1)
    minimum, min_idx = torch.min(dist, dim=1)
    min_idx[minimum > self.threshold] = -1 #if no match, set idx to -1
    return min_idx, minimum
```

5. 视频流人脸检测和识别主程序代码

完整代码见文件 test_video.py。

```
...
#1.加载人脸检测模型
print('1.MTCNN 人脸检测模型正在加载...', end="")
mtcnn = MTCNN()
print('加载成功')
#2.加载人脸识别模型
print('2.ArcFace 人脸识别模型正在加载...', end="")
learner = face_learner(conf, True)
learner.threshold = args.threshold
if conf.device.type == 'cpu':
    learner.load_state(conf, 'model_ir_se50.pth', True, True)
else:
```

```
        learner.load_state(conf, 'model_ir_se50.pth', True, True)
learner.model.eval()
print('加载成功')
#3.加载人脸特征库
print('3.人脸特征库正在更新和加载...', end="")
targets, names = prepare_facebank(conf, learner.model, mtcnn, tta=args.tta)
print('更新和加载成功')
#4.初始化内置/USB摄像头
print('4.摄像头正在初始化成功...', end="")
capture = cv2.VideoCapture(0)
if capture.isOpened():
    capture.set(cv2.CAP_PROP_FRAME_WIDTH, 640)
    capture.set(cv2.CAP_PROP_FRAME_HEIGHT, 480)
    print('初始化成功')
else:
    print('4.摄像头初始化不成功')
#5.视频人脸识别循环
detect_error = 0
while True:
    #5.1 图像采集
    read_code, frame = capture.read()
    if frame.shape[0] > 0:
        try:
            image = Image.fromarray(frame)
    #5.2 人脸检测和人脸对齐
            bboxes, faces, landmarks = mtcnn.align_multi(image, conf.face_
                                    limit, conf.min_face_size)
            bboxes = bboxes[:, :-1]
            bboxes = bboxes.astype(int)
            bboxes = bboxes + [-1,-1,1,1] #personal choice
    #5.3 人脸特征提取及特征比对
            results, score = learner.infer(conf, faces, targets, args.tta)
    #5.4 绘制人脸边界框、人脸关键点及身份 ID
                for idx, bbox in enumerate(bboxes):
                    if args.score:
                        frame = draw_box_name(bbox, landmarks[idx], names
[results[idx] + 1] + '_{:.2f}'.format(score[idx]), frame)
                    else:
                        frame = draw_box_name(bbox, landmarks[idx], names[results
[idx] + 1], frame)
        except:
            detect_error = detect_error + 1
            print('检测错误 ', detect_error)
        cv2.imshow('face Capture', frame)
    #5.5 按 q 键退出
    if cv2.waitKey(1) &0xFF == ord('q'):
        break
#6.释放摄像头、释放显示窗口
capture.release()
cv2.destroyAllWindows()
```

8.5.3　人脸识别系统测试

本实践中使用笔记本电脑内置摄像头或 USB 摄像头。

（1）进入工程文件夹 Face_recog_Pytorch。

（2）在 ID 文件夹里为每一个需要进行比对的人脸图像分别建立文件夹，在每个文件夹下放入同一个人的一幅或多幅脸部照片，要求照片仅包含完整的脸部，尺寸不限。文件夹命名为姓名或代号，示例如下：

```
└── ID
    ├── Name1
    │   ├── Name1_1.jpg
    │   ├── Name1_2.jpg
    │   ├── ...
    ├── Name2
    │   ├── Name2_1.jpg
    │   ├── ...
    ├── Name3
    ├── ...
```

（3）在 Terminal 模式或 PyCharm 环境中运行 test_video.py 代码。

运行 test_video.py 后，在运行窗口输出：

```
root@ubuntu:/workspace/Face_recog_Pytorch #python3 test_video.py
1. MTCNN 人脸检测模型正在加载……加载成功
2. ArcFace 人脸识别模型正在加载……加载成功
3. 人脸特征库正在更新和加载……更新和加载成功
4. 摄像头正在初始化……初始化成功
root@ubuntu:/workspace/Face_recog_Pytorch
```

运行结果如图 8.24 所示。在视频窗口绘制人脸边界框和人脸关键点。若当前人脸在人脸数据库中，人脸边界框的左上方显示数据库中与当前人脸最相似的人脸姓名，否则将显示 unknown。当程序在视频图像中未检测到人脸时，运行窗口输出"检测错误"。按下键盘 Q 键可以终止识别程序。

扫码查看彩图

图 8.24　人脸检测与识别结果

8.6　实践项目二：基于 SE5 的 RetinaFace＋FaceNet 实时人脸检测和识别

8.6.1　实践项目内容

本实践项目在 PC 上通过拉流的方式采集网络摄像头视频图像,经 HTTP 协议将图像发送到 SE5 端。在 SE5 端采用 RetinaFace 网络对图像进行人脸检测,采用 FaceNet 网络对检测结果进行人脸特征提取,并与已有的人脸特征库进行特征比对。在图像上标识人脸边界框、人脸关键点及姓名,再将标记过的图像传回 PC 端进行视频显示,实现实时视频流的人脸检测和识别。

感兴趣的读者可以参考本书 8.5.1 节,尝试将网络摄像头改为笔记本内置/USB 摄像头实现图像采集。

本实践项目中 RetinaFace 的测试代码原型来自于 Github：https://github.com/biubug6/Pytorch_Retinaface,FaceNet 的测试代码原型来自于 Github：https://github.com/TreB1eN/InsightFace_Pytorch。本实践在此基础上进行了修改。

8.6.2　系统方案

1. 系统硬件环境

如图 8.25 所示,网络摄像头、SE5 和 PC 通过路由器和网线构成局域网,并按图设置各自的 IP 地址。

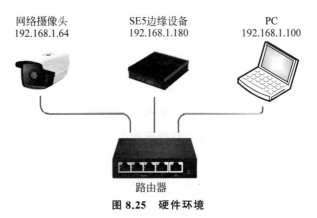

网络摄像头　　　SE5边缘设备　　　　PC
192.168.1.64　　192.168.1.180　　192.168.1.100

路由器
图 8.25　硬件环境

2. 实时人脸识别系统原理

实时人脸识别系统的原理框图如图 8.26 所示。网络摄像头采集视频图像,对视频流进行压缩和传输协议的封装,形成 RTSP 的视频流格式,发送到网络中。PC 端通过网络获取视频流图像帧,经编码后通过 HTTP 发送给 SE5。SE5 对解码后的视频帧图像进行推理,完成人脸检测、人脸对齐、特征提取及特征比对,并在图像上标注人脸边界框、关键点和姓名,未识别出的人脸框标注 unknown,通过网络将图像发送到 PC 端进行显示。PC 端显示标注后的图像。

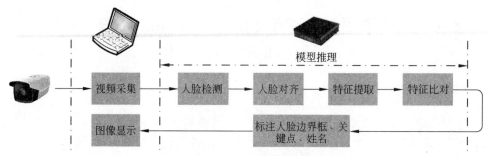

图 8.26 实时人脸识别系统的原理框图

3. 视频输入

视频输入采用实时流传输协议 RTSP,它是 TCP/IP 体系中的一个应用层协议,定义了一对多应用程序有效地通过 IP 网络传送多媒体数据。大部分网络摄像头都自带 RTSP,OpenCV 模块也支持对 RTSP 视频流的抓取。

访问网络摄像头需要有摄像头的账号和密码,按照如下方式定义 RTSP 链接:

```
rtsp = "rtsp://user:password@ip_address:554/11"
```

将其中的 user 换成摄像头账号,password 换成摄像头密码,ip_address 换成摄像头 IP 地址。调用 OpenCV 视频采集函数即可抓取网络摄像头的视频帧。

8.6.3 PyTorch 框架下程序实现

读者可以在 http://www.tup.com.cn 下载本实践章节完整源代码的工程文件夹 Face_recog_SE5。文件夹结构如下所示:

```
root@ubuntu:~/bmnnsdk2/bmnnsdk2-bm1684_v2.7.0/ Face_recog_PC+SE5$ tree -L 2
└── PC_video.py
└── SE5
    ├── bmodel
    ├── ID
    ├── test_SE5.py
    └── utils
```

(1) 在 PC 端执行的文件。

PC_video.py:PC 端视频流采集和图像显示代码。

(2) ./SE5 目录下为部署在 SE5 端的文件。

./bmodel:人脸检测和人脸特征提取的 bmodel 模型文件夹。

./ID:预测时需要进行对比的人脸图像库文件夹。

test_SE5.py:SE5 端人脸识别测试源代码。

./ utils:包含人脸识别程序需要用到的辅助函数文件夹。

1. PC 端视频采集和图像显示代码

PC 端通过 RTSP 协议采集网络摄像头视频流,并显示 SE5 端人脸识别标注的图像。完整代码见文件 PC_video.py。

（1）PC 端使用 RTSP 协议获取摄像头图像。

```
#1. 定义 rtsp 链接 user=admin, password=1234qwer, IP=192.168.1.64
rtsp = "rtsp://admin:1234qwer@192.168.1.64:554/11"
cap = cv2.VideoCapture(rtsp)                        #创建视频采集对象
#2. 定义视频采集线程
class imgqueue():
    def __init__(self) -> None:
        self.img=np.zeros(0)
        self.lock = threading.Lock()
    def put(self,img):
        self.lock.acquire()
        self.img=img
        self.lock.release()
    def get(self):
        self.lock.acquire()
        rt = self.img
        self.lock.release()
        return rt
#3. 视频流图像帧采集函数
def getFrame():
    while(cap.isOpened()):                           #视频流处于打开状态
        ret, frame = cap.read()                      #读取视频流的图像帧
        imgQ.put(frame)                              #将图像放入线程图像队列
def main():
    #4. 启动线程，读取视频流帧图像
    tcap = threading.Thread(target=getFrame, args=())
    tcap.start()
    imgQ = imgqueue()
    while(1):
        #5. 读取最新视频帧
        frame = imgQ.get()
        if frame.shape[0]==0:
            continue
        #6. 图像编码
        frame = cv2.resize(frame,(640,360))          #图像尺寸缩放为 640 * 360
        _, imgbyte = cv2.imencode('.jpg',frame)      #将帧图像编码为 jpg 图像格式
        img = base64.b64encode(imgbyte.tobytes())    #二进制编码
        res = {"image":img}
```

（2）PC 端向 SE5 发送视频图像，接收 SE5 端预测结果，并在 PC 端显示。

```
#7. 将图像发送到 SE5,同时接收 SE5 发来的图像
rtServer = requests.post("http://192.168.1.201:5005", data=res)   #发送并接收
img = base64.b64decode(str(rtServer.text))          #二进制解码
image_data = np.fromstring(img, np.uint8)
image_data = cv2.imdecode(image_data, cv2.IMREAD_COLOR)           #图像解码
cv2.imshow('Face_Recognition',image_data)           #图像显示
cv2.waitKey(10)
```

2. SE5 端人脸识别代码

SE5 端的 RetinaFace 和 FaceNet 网络模型已经训练完成，并转换成了 bmodel 文件。RetinaFace 人脸检测模型存放在./SE5/bmodel/detect 文件夹，FaceNet 特征提取模型存放在./SE5/bmodel/feature 文件夹。

SE5 端程序包括图像接收、人脸检测、人脸对齐、特征提取、特征比对、预测结果发送等代码。完整代码见 test_SE5.py。

（1）图像接收、图像处理和结果发送。

SE5 端采用 Flask Web 微框架实现图像数据的收发。通过@app.route()装饰器触发 get_frame()函数，以接收图像数据为处理过程的开始，以发送标注后的图像为处理过程的结果。

```python
app = Flask(__name__)
@app.route("/", methods=['POST','GET'])
def get_frame():
    #1. 接收图像并解码
    img = base64.b64decode(str(request.form['image']))        #二进制解码
    image_data = np.fromstring(img, np.uint8)
    image_data = cv2.imdecode(image_data, cv2.IMREAD_COLOR)    #图像解码
    #2. 人脸检测(并绘制边界框和关键点)+人脸对齐+特征提取
    realFeatures, imgdraw, textPoses = face.getFeature(image_data)
                                                        #图像人脸特征提取
    #3. 人脸特征比对
    for realFeature, textPos in zip(realFeatures, textPoses):  #人脸特征比对
        print(len(featurePool))
        for idFeature in featurePool:
            #3.1 计算人脸特征与人脸特征库的欧氏距离
            score = face.getScore(realFeature.squeeze(0),featurePool[idFeature])
            print(score)
            if score <0.5:
                print(textPos)
                #3.2 绘制得分和姓名
                cv2.putText(imgdraw, 'score:{:.1f}'.format(score), (textPos[0],
                    textPos[1]),cv2.FONT_HERSHEY_DUPLEX, 0.5, (255, 255, 255))
                cv2.putText(imgdraw, 'name:' + idFeature, (textPos[0],textPos
                    [1]+10),cv2.FONT_HERSHEY_DUPLEX, 0.5, (255, 255, 0))
                break
    #4. 图像编码
    _, imgbyte = cv2.imencode('.jpg',imgdraw)
    img = base64.b64encode(imgbyte.tobytes())
    return img
if __name__=="__main__":
    app.run("192.168.1.180", port=5005)            #SE5 的 IP 地址
```

（2）face()类及 getFeature()特征提取函数代码解析。

```
class face():
    def __init__(self,faceDP,faceRP):
        #人脸特征提取网络模型加载
        self.face_net = sail.Engine(faceRP,  0 , sail.IOMode.SYSIO)
        self.face_graph_name = self.face_net.get_graph_names()[0]    #FaceNet
        self.face_input_names = self.face_net.get_input_names(self.face_graph_
            name)[0]
        #人脸检测网络模型加载
        self.net = sail.Engine(faceDP,  0 , sail.IOMode.SYSIO)        #RetinaFace
        self.graph_name = self.net.get_graph_names()[0]
        self.input_names = self.net.get_input_names(self.graph_name)[0]
        print('bmodel init sucess! ')
        self.resize = 640                        #图像统一缩放到 640 * 640
        self.img_input = 640
        self.confidence_threshold = 0.02        #置信度小于阈值的边界框将被剔除
        self.nms_threshold = 0.4                #nms 阈值
        self.vis_thres = 0.5                    #仅保留置信度大于阈值的边界框

    #图像人脸检测+人脸对齐+人脸特征提取,输出: 人脸特征、标注边界框和关键点的图像、文
    #字位置
    def getFeature(self,img):
        #1. 人脸检测
        dets,ldms,imgdraw,textPos = self.detect(img)        #人脸检测
        output=[]
        _t['forward_pass'].tic()
        for det,ldm in zip(dets,ldms):
            if det[4] < self.vis_thres:
                continue
            ldm.resize([5,2])
            #2. 人脸对齐
            faceimg = warp_and_crop_face(img,ldm)
            #3. 人脸图像预处理
            faceinput = facepreprocess(faceimg)
            #4. facenet 人脸特征提取
            feature_nmodel = self.face_net.process(self.face_graph_name,
                {self.face_input_names: faceinput})
            output.append(torch.tensor(feature_nmodel['24']))
        _t['forward_pass'].toc()
        print('face_recog: {} faces, forward_pass_time: {:.4f}ms '.format
(len(dets),1000 * _t['forward_pass'].average_time))
        return output,imgdraw,textPos
```

(3) detect()人脸检测函数代码解析。

```
#输入: 原始图像,输出: 边界框和置信度、关键点、标注边界框和关键点的图像、图像上文字位置
def detect(self,img_src):
    #1. 图像预处理
```

```
img,im_height,im_width = preprocess(img_src,self.img_input)
scale = max(im_height,im_width)/self.img_input
_t['forward_pass'].tic()
#2.人脸检测:边界框、关键点、置信度
output = self.net.process(self.graph_name, {self.input_names: img})
landms = torch.Tensor(output['111'])
loc = torch.Tensor(output['87'])
conf = torch.Tensor(output['116'])
_t['forward_pass'].toc()
#2.1通过锚框和缩放比例将边界框坐标映射到原图像
……
#2.2剔除置信度小于0.02的边界框
……
#2.3 nms筛除冗余边界框
……
#3.在图像上绘制边界框和人脸关键点
……
return detsR,landmsR,img_src,textPos
```

（4）getScore()获取人脸特征比对欧氏距离函数代码解析。两向量的欧氏距离为两向量元素差的平方和。

```
def getScore(self,a,b):
    diff = a - b
    dist = torch.sum(torch.pow(diff, 2), dim=0)    #计算两人脸特征向量差的平方和
    return dist
```

（5）人脸特征库构建代码解析。提取/SE5/ID文件夹下人脸的特征向量,以图像文件名为索引建立人脸特征库。

```
featurePool=dict()
for img in imglist:
    imgpath=os.path.join(path,img)
    #1.读取/SE5/ID文件夹下的人脸图像
    id_img = cv2.imread(imgpath)
    #2.提取图像人脸特征
    feature, _, _ = face.getFeature(id_img)
    if len(feature)==1:
        idF = {img[:-4]:feature[0].squeeze(0)}
        featurePool.update(idF)
```

（6）特征比对代码解析。计算人脸特征与人脸特征库的各向量的欧氏距离,当距离小于0.5时识别为同一个人。

```
score = face.getScore(realFeature.squeeze(0),featurePool[idFeature])
if score <0.5:
    print(textPos)
```

8.6.4　人脸识别系统测试

1. SE5 端模型部署

1）建立测试文件夹

将每一个需要进行比对的人脸图像复制到 ./SE/ID 文件夹中，要求照片仅包含完整的脸部，尺寸不限。文件的命名方式为姓名.jpg。在 PC 端将 ./SE5 文件夹复制到 SE5 端。

```
root @ ubuntu:/Face_recong_SE5$   scp - r /SE5 linaro @ "YOUR_SOC_IP":/home/
linaro/"YOUR_NAME"
```

执行复制命令 scp 后，输入密码 linaro，可以看到预测文件夹里的文件成功复制到 SE5。

```
root@ubuntu:/Face_recong_SE5$ scp -r /SE5 linaro@192.168.1.201:/home/linaro/
linaro@192.168.1.201's password:
test_SE5.py                      100%   8295    8.1KB/s   00:00
compilation.bmodel               100%   168MB   11.2MB/s  00:15
compilation.bmodel               100%   3418KB  3.3MB/s   00:00
align.py                         100%   4624    4.5KB/s   00:00
py_cpu_nms.py                    100%   1051    1.0KB/s   00:00
prior_box.py                     100%   1327    1.3KB/s   00:00
box_utils.py                     100%   13KB    13.0KB/s  00:00
timer.py                         100%   1106    1.1KB/s   00:00
```

2）SE5 端运行程序

打开新的命令行终端，使用 ssh 命令登录 SE5，用户名为 linaro@"YOUR_SOC_IP"，默认密码为 linaro。

进入预测程序文件夹路径下，运行预测程序。

```
linaro@BM1684-180:~$ cd /SE5/
linaro@BM1684-180:/SE5/$ python3 test_SE5.py
```

终端命令行窗口显示如下信息：

```
bmcpu init: skip cpu_user_defined
open usercpu.so, init user_cpu_init
[BMRT][load_bmodel:823] INFO:Loading bmodel from [bmodel/feature/compilation.
bmodel]. Thanks for your patience...
[BMRT][load_bmodel:787] INFO:pre net num: 0, load net num: 1
bmcpu init: skip cpu_user_defined
open usercpu.so, init user_cpu_init
[BMRT][load_bmodel:823] INFO:Loading bmodel from [bmodel/detect/compilation.
bmodel]. Thanks for your patience...
[BMRT][load_bmodel:787] INFO:pre net num: 0, load net num: 1
bmodel init sucess!
```

```
[]
* Serving Flask app "test_SE5" (lazy loading)
* Environment: production
  Use a production WSGI server instead.
* Debug mode: off
* Running on http://192.168.1.180:5005/ (Press CTRL+C to quit)
```

2. PC 端程序运行

在 PC 端运行 PC_video.py 即可播放实时的视频识别结果,如图 8.27 所示。

```
root@ubuntu:/Face_recong_SE5$ python3 PC_video.py
```

扫码查看
彩图

图 8.27　PC 端显示实时视频及人脸识别结果

第 9 章

循环神经网络

9.1 循环神经网络原理

在我们的现实生活中,有许许多多的任务需要结合上下文信息,如股票时间序列预测、语言翻译、文本生成、语音或视频识别、任务对话等。对于股票时间序列预测,需要神经网络学习历史股票信息,推测未来股票变化趋势;对于文本生成或语言翻译,不能孤立地理解语句里的每一个词,需要把这个语句里的每个词连接成整个序列,做到结合上下文;对于视频识别,需要结合前一帧或前几帧视频来识别当前的视频帧。因此,需要构建一种能够解决这类问题的神经网络系统。

9.1.1 循环神经网络

循环神经网络(Recurrent Neural Network,RNN)是一种处理序列化数据的神经网络结构,其特点是处理过程不但与本次输入的数据有关,还与之前数据处理的结果有关。所谓序列化数据指按照时间或逻辑顺序排列或记录的数据。比如:说出的一句话,是由多个音节按照发声的时间顺序排列;一篇文章,是由字、词、句按照语法顺序及构思顺序排列的;股市行情数据是股票交易价格按照交易时间顺序排列的。循环神经网络主要应用在语音识别、语言建模、机器翻译及时序分析等领域。

1. 循环神经网络结构

如图 9.1 所示,循环神经网络由输入层、隐藏层和输出层构成。

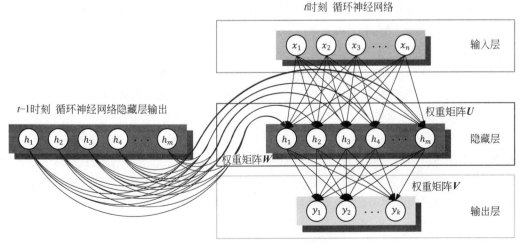

图 9.1 循环神经网络模型结构

输入 x 为 n 个元素的向量,隐藏层由 m 个神经元构成,输入层与隐藏层之间为全连接,其权重矩阵为 U,输出为 k 个元素的向量 y,隐藏层与输出层之间为全连接,其权重矩阵为 V。

$x^{(t)}$ 表示 t 时刻的输入层向量,$h^{(t)}$ 表示隐藏层输出向量,$y^{(t)}$ 表示输出层向量,$h^{(t-1)}$ 表示前一时刻(即 $t-1$ 时刻)隐藏层的输出向量,$h^{(t-1)}$ 作为 t 时刻隐藏层的另一部分输入,与隐藏层之间也为全连接,其权重矩阵为 W。故在时刻 t,隐藏层的输出向量为

$$h^{(t)} = f(Ux^{(t)} + Wh^{(t-1)} + b)$$

输出层的输出向量为

$$y^{(t)} = g(Vh^{(t)} + c)$$

f 和 g 为循环神经网络的激活函数,如 tanh()、Sigmoid、ReLU 等,b 和 c 为偏置向量。将图 9.1 简化,并且按照时间线展开,可表示为图 9.2。

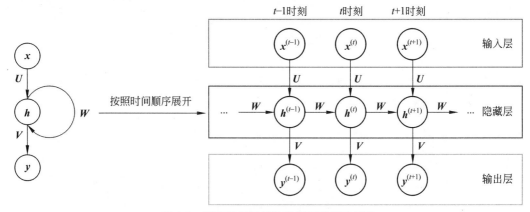

图 9.2 循环神经网络结构沿时间顺序展开

由图 9.2 可以看出,循环神经网络每一时刻的结果不仅与本时刻的输入有关,而且还与前一时刻隐藏层的输出有关。

由于循环神经网络模型只能参考前一时刻的处理结果,但缺乏参考更早前结果的能力,故无法解决长期记忆的问题。此外,由于循环神经网络不加选择地使用上一时刻的隐藏层信息,故而会产生梯度消失和爆炸的问题。因此早期的循环神经网络并没有得到广泛应用。

2. 循环神经网络输入和输出的关系

循环神经网络适合处理序列型数据,包括手写体识别、机器翻译、序列生成、语音、视频分析等。它能将序列数据映射为序列输出,但输入与输出序列长度不一定需要保持一致,根据不同任务需求有不同对应关系。图 9.3 为循环神经网络的输入与输出的多种对应关系。其中输入和输出均为向量。

图 9.3(a)固定输入输出表示由一个固定维度的输入向量得到一个固定维度的输出向量,用于传统神经网络或卷积神经网络,如图像或文本分类任务;图 9.3(b)序列输出表示由一个固定维度的输入向量,经过网络得到由多个固定维度向量构成的输出序列,可用于图像描述、英文释义等任务,如输入一张向量表示的图像,输出一段图像的描述文字;图 9.3(c)序列输入表示网络输入是由多个向量按顺序排列构成的向量序列,经网络得到一个固定维度的输出向量,可用于情感分析等,如输入一段文字,输出表示消极或积极情感概率的向量;

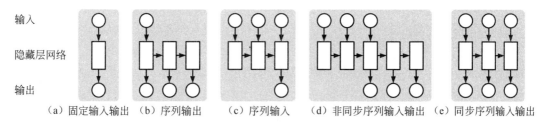

图 9.3 循环神经网络的输入和输出

图 9.3(d)非同步序列输入输出,表示输入和输出均为向量序列,但输入和输出之间并不一一对应,可用于机器翻译等任务,如依次输入"世""界""你""好",网络在输入序列全部输入后输出"Hello""World";图 9.3(e)同步序列输入输出,表示输入和输出均为向量序列,输入一个向量,网络随后输出一个向量,每个输出向量都与前一个输入有关,可用于视频分类、语音识别等任务,如对输入的每一帧视频打标签。

9.1.2 长短期记忆网络

长短期记忆网络(Long Short-Term Memory networks,LSTM)是一种特殊的循环神经网络,具有学习长期依赖的能力。它的特点是有选择地进行记忆,通过门控状态来控制传输状态,记住需要长时间记忆的信息,忘记不重要的信息。如图 9.4 所示,LSTM 单元包含3 个门控:输入门(Input Gate)、遗忘门(Forget Gate)和输出门(Output Gate)。

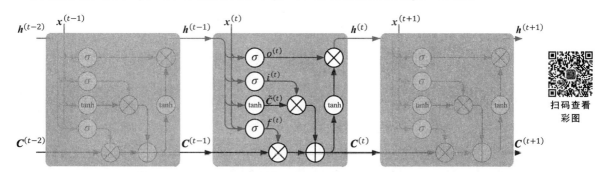

扫码查看
彩图

图 9.4 LSTM 的链式结构

图 9.4 中 $h^{(t)}$ 为当前时刻系统状态,用于短期记忆,$C^{(t)}$ 为当前时刻记忆单元状态,用于保存长期记忆。σ 为 Sigmoid 函数,其输出在 $0 \sim 1$,作为门控信号与其他信号点乘,决定了信号能够通过的比例,当 σ 输出接近于 0 时,相当于关门,遗忘所有的记忆,当 σ 输出接近于1 时,相当于开门,完全保留记忆。

$[h^{(t-1)}, x^{(t)}]$ 表示向量 $h^{(t-1)}$ 和向量 $x^{(t)}$ 的拼接,拼接后得到的向量其元素数量为两个向量元素数量之和。

当前时刻记忆单元状态 $C^{(t)}$ 由前一个时刻的记忆单元状态 $C^{(t-1)}$ 和当前时刻候选记忆单元状态 $\tilde{C}^{(t)}$ 构成,公式定义如下:

$$C^{(t)} = f^{(t)} \odot C^{(t-1)} + i^{(t)} \odot \tilde{C}^{(t)} \tag{9.1}$$

公式(9.1)中:$f^{(t)}$ 为遗忘门控制信号,遗忘门决定将前一个时刻的记忆单元状态 $C^{(t-1)}$ 的信息更新到当前时刻记忆单元状态 $C^{(t)}$ 中的比例,$f^{(t)}$ 公式定义如下

$$f^{(t)} = \sigma(\boldsymbol{W}_f \cdot [\boldsymbol{h}^{(t-1)}, \boldsymbol{x}^{(t)}] + \boldsymbol{b}_f)$$

公式(9.1)中：$i^{(t)}$ 为输入门控制信号,输入门决定将当前时刻的输入 $\boldsymbol{x}^{(t)}$ 和前一个时刻的系统状态 $\boldsymbol{h}^{(t-1)}$ 更新到当前时刻记忆单元状态 $\boldsymbol{C}^{(t)}$ 中的比例,$i^{(t)}$ 公式定义如下

$$i^{(t)} = \sigma(\boldsymbol{W}_i \cdot [\boldsymbol{h}^{(t-1)}, \boldsymbol{x}^{(t)}] + \boldsymbol{b}_i)$$

公式(9.1)中：$\widetilde{\boldsymbol{C}}^{(t)}$ 为当前时刻候选记忆单元状态,由当前时刻输入 $\boldsymbol{x}^{(t)}$ 和前一时刻系统状态 $\boldsymbol{h}^{(t-1)}$ 作为输入得到的预测值经 tanh 函数非线性激活得到,$\widetilde{\boldsymbol{C}}^{(t)}$ 公式定义如下

$$\widetilde{\boldsymbol{C}}^{(t)} = \tanh(\boldsymbol{W}_C \cdot [\boldsymbol{h}^{(t-1)}, \boldsymbol{x}^{(t)}] + \boldsymbol{b}_C)$$

当前时刻系统状态 $\boldsymbol{h}^{(t)}$ 的公式定义如下

$$\boldsymbol{h}^{(t)} = o^{(t)} \odot \tanh(\boldsymbol{C}^{(t)})$$

其中：$o^{(t)}$ 为输出门控制信号,输出门决定将记忆单元状态 $\boldsymbol{C}^{(t)}$ 更新到系统状态 $\boldsymbol{h}^{(t)}$ 中的比例,$o^{(t)}$ 公式定义如下

$$o^{(t)} = \sigma(\boldsymbol{W}_o \cdot [\boldsymbol{h}^{(t-1)}, \boldsymbol{x}^{(t)}] + \boldsymbol{b}_o)$$

LSTM 在前向传播时,遗忘门和输入门不断更新模型记忆单元状态 $\boldsymbol{C}^{(t)}$,使重要的信息得到保留,无关的信息被遗忘;在误差沿时间反向传播时,由于每个时刻都维护模型记忆单元状态 $\boldsymbol{C}^{(t)}$ 信息,梯度能够跨多个时刻传播回来,不会产生梯度爆炸或消失问题,从而具有学习长趋势信息的优越能力。

LSTM 已经被广泛应用于金融时间序列预测、机器翻译、语音识别、词性标注、故障预测等领域。

本章 9.2 节 **实践项目：基于 LSTM 的股票预测** 是 LSTM 在 TensorFlow1.x 框架下的软件实现,感兴趣的读者可以直接跳转到该章节开展实战操作。

9.1.3　门控循环单元网络

门控循环单元网络(Gated Recurrent Unit networks,GRU)是 LSTM 的改进算法,采用了 2 个门控：重置门(Reset Gate)、更新门(Update Gate)。相比 LSTM,使用 GRU 能够达到相当的效果,并且更容易进行训练,能够很大程度上提高训练效率。

GRU 的模型结构如图 9.5 所示,由于 LSTM 中输入门和遗忘门是互补关系,同时用两个门比较冗余,因此 GRU 将 LSTM 的输入门与和遗忘门合并成更新门。

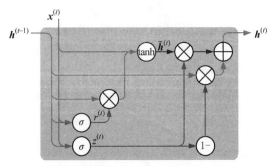

图 9.5　GRU 的模型结构

GRU 结构中的记忆体 $\boldsymbol{h}^{(t)}$ 融合了长期记忆和短期记忆,由包含了过去信息的 $\boldsymbol{h}^{(t-1)}$ 和现在信息(候选隐藏状态)的 $\widetilde{\boldsymbol{h}}^{(t)}$ 构成,公式定义如下：

$$h^{(t)} = (1 - z^{(t)}) \odot h^{(t-1)} + z^{(t)} \odot \widetilde{h}^{(t)} \tag{9.2}$$

公式(9.2)中,$z^{(t)}$ 为更新门控制信号,更新门决定保留前一时刻的状态信息 $h^{(t-1)}$ 的比例,同时添加候选状态信息 $\widetilde{h}^{(t)}$ 到系统状态 $h^{(t)}$ 的比例,$z^{(t)}$ 公式定义如下

$$z^{(t)} = \sigma(W_z \cdot [h^{(t-1)}, x^{(t)}] + b_z)$$

公式(9.2)中,候选状态信息 $\widetilde{h}^{(t)}$ 由前一时刻的状态信息 $h^{(t-1)}$ 和当前时刻输入 $x^{(t)}$ 经 tanh() 函数非线性激活得到,$\widetilde{h}^{(t)}$ 公式定义如下

$$\widetilde{h}^{(t)} = \tanh(W_h \cdot [r^{(t)} \odot h^{(t-1)}, x^{(t)}] + b_h)$$

其中:$r^{(t)}$ 为重置门控制信号,重置门决定将前一时刻的状态 $h^{(t-1)}$ 添加进入候选状态 $\widetilde{h}^{(t)}$ 的比例,$r^{(t)}$ 公式定义如下

$$r^{(t)} = \sigma(Wr \cdot [h^{(t-1)}, x^{(t)}] + b_r)$$

GRU 使用更新门与重置门解决了循环神经网络的梯度消失问题,而且这两个门控机制的特殊之处在于它们能够保存长期序列中的信息,且不会随时间而清除,也不会因为与预测不相关而移除。

9.1.4　双向循环神经网络

双向循环神经网络(Bidirectional RNN,BRNN)是至少包含两个隐藏层的深度 RNN,它要求输入是一个从头到尾的完整数据序列。如图 9.6 所示,模型预测时按照时间顺序和逆序两个方向计算循环神经网络隐藏层输出,然后将两个隐藏层输出连接到同一个输出层。这种结构将输入序列中每一个时刻的过去和未来的信息都提供给输出层,真正做到了基于上下文进行判断。

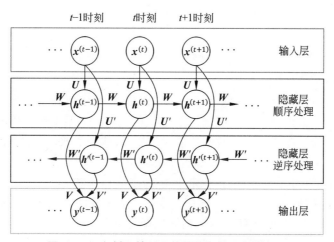

图 9.6　双向循环神经网络结构沿时间顺序展开

9.2　实践项目：基于 LSTM 的股票预测

9.2.1　实践项目内容

本实践的目的是根据股票历史数据中的开盘价、收盘价、最低价、最高价、交易量、交易额、跌涨幅等因素，对下一日股票最高价进行预测。

本实践采用两层 LSTM 网络结构，在 PC 上进行训练、测试和评估，并移植部署到 SE5。

本实践的数据集、股票预测 LSTM 训练和测试代码原型来自于 Github：https://github.com/LouisScorpio/datamining，代码基于 TensorFlow1.x 框架，本实践在其基础上进行了修改。

9.2.2　数据集

股票数据集如图 9.7 所示，列 C～I 为输入特征项：开盘价、收盘价、最低价、最高价、交易量、交易额、跌涨幅；label 是下一日最高价的真实值标签。该数据集共有 6110 例，其中训练集 5800 例，测试集 310 例。

	A	B	C	D	E	F	G	H	I	J
1	index_code	date	open	close	low	high	volume	money	change	label
2	sh000001	1990/12/20	104.3	104.39	99.98	104.39	197000	85000	0.044109	109.13
3	sh000001	1990/12/21	109.07	109.13	103.73	109.13	28000	16100	0.045407	114.55
4	sh000001	1990/12/24	113.57	114.55	109.13	114.55	32000	31100	0.049666	120.25
5	sh000001	1990/12/25	120.09	120.25	114.55	120.25	15000	6500	0.04976	125.27
6	sh000001	1990/12/26	125.27	125.27	120.25	125.27	100000	53700	0.041746	125.28
7	sh000001	1990/12/27	125.27	125.28	125.27	125.28	66000	104600	7.98E-05	126.45
8	sh000001	1990/12/28	126.39	126.45	125.28	126.45	108000	88000	0.009339	127.61
9	sh000001	1990/12/31	126.56	127.61	126.48	127.61	78000	60000	0.009174	128.84
10	sh000001	1991/1/2	127.61	128.84	127.61	128.84	91000	59100	0.009639	130.14
11	sh000001	1991/1/3	128.84	130.14	128.84	130.14	141000	93900	0.01009	131.44

图 9.7　股票数据集

9.2.3　股票预测方法

1. LSTM 网络结构

以开盘价、收盘价、最低价、最高价、交易量、交易额、跌涨幅作为模型的 7 个特征输入，下一日的最高价作为模型输出。因此，对于每个交易日 t，LSTM 单元的输入为 7 维向量，输出为 1 个标量。为了提高模型的数据特征学习能力，建立了双层 LSTM 网络。训练阶段的模型结构如图 9.8 所示，T 为 1 个训练批次的序列长度，$h^{1(t)}$、$h^{2(t)}$ 代表第 t 交易日两层 LSTM 的隐含状态，$t=1,2,\cdots,T$，$h^{1(0)}$、$h^{2(0)}$ 为 LSTM 初始状态，$x^{(1)}$，$x^{(2)}$，$\cdots$，$x^{(T)}$ 为 T 个交易日的输入向量序列，$y^{(2)}$，$y^{(3)}$，$\cdots$，$y^{(T+1)}$ 为下一交易日的预测值。在训练 LSTM 过程中采用随机梯度下降算法，每次随机选取训练数据的小批量样本计算梯度，每个小批量样本为连续 20 个交易日的数据，即输入序列长度 $T=20$，输出 20 个交易日预测值。

2. 数据预处理

如本书 1.7.2 节所述，由于不同特征取值差异较大，且有些特征单位不同，在模型运算过程中数值大的特征项会削弱数值小的特征项对结果的影响，造成模型失真。因此，在训练过程中需要对这些数据做标准化处理。本实践项目采用"均值-方差"标准化方法处理训练

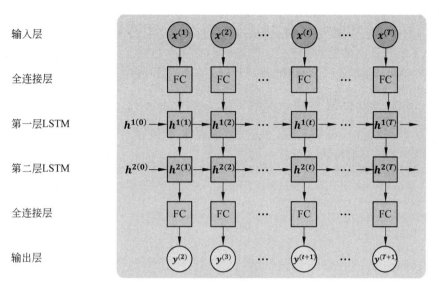

图 9.8　LSTM 训练的模型结构

数据。"均值-方差"标准化指样本数据减去其均值再除以标准差得到的数据,新数据均值为 0,方差为 1,其公式如下

$$x_{\text{norm}} = \frac{x - \text{mean}(x)}{\text{std}(x)} \tag{9.3}$$

式中: x 为其中一个特征项的序列数据; x_{norm} 为标准化后的数据; $\text{mean}(x)$ 和 $\text{std}(x)$ 分别为 x 的均值和标准差。

在测试阶段再对输出进行反标准化处理,其公式如下

$$y = y_{\text{pred}} \times \text{std}(y_{\text{test}}) + \text{mean}(y_{\text{test}}) \tag{9.4}$$

式中: y_{pred} 为股票最高价预测值; y 为反标准化后的股票最高价预测值; $\text{mean}(y_{\text{test}})$ 和 $\text{std}(y_{\text{test}})$ 为测试集上股票最高价的均值和标准差。

3. 损失函数

LSTM 网络损失函数采用均方误差:

$$\text{LOSS} = \frac{1}{T}\sum_{t=1}^{T}\text{LOSS}_t = \frac{1}{T}\sum_{t=1}^{T}(y^{(t+1)} - \hat{y}^{(t+1)})^2 \tag{9.5}$$

式中: T 为训练样本的序列长度; $y^{(t+1)}$ 为下一日股票最高价的预测值; $\hat{y}^{(t+1)}$ 为下一日股票最高价的真实值, $t=1,2,\cdots,T$ 。模型的训练采用 Adam 优化算法。

4. 评估指标

为了定量评估模型性能,使用平均绝对误差 MAE 和相关系数 ρ 作为 LSTM 模型准确率的评价指标,指标定义如下

$$\text{MAE} = \frac{1}{n}\sum_{i=1}^{n}|y^{(i)} - \hat{y}^{(i)}|$$

$$\rho = \frac{\text{Cov}(y,\hat{y})}{\sqrt{\text{Var}(y)}\sqrt{\text{Var}(\hat{y})}} = \frac{\sum_{i=1}^{n}(y^{(i)} - \text{mean}(y))(\hat{y}^{(i)} - \text{mean}(\hat{y}))}{\sqrt{\sum_{i=1}^{n}(y^{(i)} - \text{mean}(y))^2}\sqrt{\sum_{i=1}^{n}(\hat{y}^{(i)} - \text{mean}(\hat{y}))^2}} \tag{9.6}$$

式中：$y^{(i)}$ 和 $\hat{y}^{(i)}$ 分别为 LSTM 预测值和实际值的第 i 个值，$i = 1, 2, \cdots, n$；n 为测试数据的数量；$\text{Cov}(\cdot)$ 为协方差；$\text{Var}(\cdot)$ 为方差；$\text{mean}(y)$ 和 $\text{mean}(\hat{y})$ 分别为预测值和实际值的均值。MAE 反映了模型预测的绝对准确率，其值越小准确率越高。ρ 为相对准确率指标，ρ 介于 $-1 \sim 1$，绝对值越接近于 1 模型预测准确率越高。在本实践项目中，$n = T$，$i = 1, 2, 3, \cdots, T+1$。

9.2.4 TensorFlow 框架下程序实现

读者可以在 http://www.tup.com.cn 下载本实践章节完整源代码的工程文件夹 LSTM-TF1。文件夹结构如下所示：

```
root@ubuntu:~/bmnnsdk2/bmnnsdk2-bm1684_v2.7.0/LSTM-TF1$ tree -L 2
├── bmodel.py
├── ckpt_to_pb.py
├── data
│   └── data.csv
├── model
├── net.py
├── SE5
│   └── bmodel
│   └── data
│   └── test_SE5.py
├── train.py
├── test.py
```

1）在 PC 端执行的模型预测文件

./data：训练和预测用数据文件夹。

./model：训练好的网络模型文件夹。

net.py：LSTM 网络模型结构定义源代码。

train.py：PC 端 LSTM 模型训练源代码。

ckpt_to_pb.py：将 checkpoint 模型文件转换为 pb 文件源代码。

test.py：PC 端 LSTM 模型预测源代码。

bmodel.py：转换成在 SE5 端执行的 bmodel 模型源代码。

2）在 SE5 端执行的模型预测文件

./SE5：在 SE5 上执行的 bmodel 模型、预测程序及预测数据的文件。部署时将此文件夹下载到 SE5 端。

1. 网络结构代码解析

完整代码见 net.py。

（1）导入 TensorFlow 库。

```
import tensorflow as tf
......
```

（2）定义 LSTM 网络。

```
class LSTM():
def __init__(self, rnn_unit, input_size):
```

```
            #1.网络参数初始化
            self.rnn_unit = rnn_unit
            self.input_size = input_size
            self.weights = {'in': tf.Variable(tf.random_normal([input_size, self.
            rnn_unit])),'out': tf.Variable(tf.random_normal([rnn_unit, 1]))}
            self.biases = {'in': tf.Variable(tf.constant(0.1, shape= [self.rnn_
            unit, ])),'out': tf.Variable(tf.constant(0.1, shape=[1, ]))}
    def lstm(self, X):
            batch_size = tf.shape(X)[0]
            time_step = tf.shape(X)[1]
            #2.输入层全连接
            w_in = self.weights['in']
            b_in = self.biases['in']
            input = tf.reshape(X, [-1, self.input_size])
            #将 tensor 转成 2 维进行计算,计算后的结果作为隐藏层的输入
            input_rnn = tf.matmul(input, w_in) + b_in
            input_rnn = tf.reshape(input_rnn, [-1, time_step, self.rnn_unit])
            #将 tensor 转成 3 维,作为 lstm cell 的输入
            #3.构建两层 LSTM 网络
            lstm = tf.nn.rnn_cell.BasicLSTMCell(self.rnn_unit)
            cell = tf.nn.rnn_cell.MultiRNNCell([lstm for _ in range(2)])
            init_state = cell.zero_state(batch_size, dtype=tf.float32)
            output_rnn, final_states = tf.nn.dynamic_rnn(cell, input_rnn, initial_
                state=init_state, dtype=tf.float32)
            output = tf.reshape(output_rnn, [-1, self.rnn_unit])    #作为输出层的输入
            #4.输出层全连接
            w_out = self.weights['out']
            b_out = self.biases['out']
            pred = tf.matmul(output, w_out) + b_out
            return pred, final_states
```

2. 模型训练代码解析

完整代码见 train.py。

（1）设置网络训练参数。

```
#4.设置网络参数
rnn_unit = 10              #隐藏层神经元
input_size = 7             #输入维度
output_size = 1            #输出维度
lr = 0.0006                #学习率
step = 20                  #时间步
```

（2）导入数据,划分训练集。

```
#5.导入数据
with open('./data/data.csv', 'r') as csvfile:
    reader = csv.reader(csvfile)
    data = []
```

```
        i = 0
        for x in reader:
            if i != 0:
                x = x[2:10]   #取第3~9列
                x = [float(k) for k in x]
                data.append(x)
            i = i + 1
        data = np.array(data)
#6.获取训练集
def get_train_data(batch_size=60, time_step=step, train_begin=0, train_end=
5800):
        batch_index = []
    data_train = data[train_begin:train_end]
#6.1数据集标准化
    normalized_train_data = (data_train - np.mean(data_train, axis=0)) / np.std
(data_train, axis=0)
#6.2训练集和真实值标签
        train_x, train_y = [], []
        for i in range(len(normalized_train_data) - time_step):
            if i % batch_size == 0:
                batch_index.append(i)
            x = normalized_train_data[i:i + time_step, :7]
            y = normalized_train_data[i:i + time_step, 7, np.newaxis]
            train_x.append(x.tolist())
            train_y.append(y.tolist())
        batch_index.append((len(normalized_train_data) - time_step))
        return batch_index, train_x, train_y
```

（3）定义模型训练函数，并绘制训练loss曲线。

```
#7.定义模型训练函数
def train(batch_size=256, time_step=step, train_begin=2000, train_end=5800):
    X = tf.placeholder(tf.float32, shape=[None, time_step, input_size])
    Y = tf.placeholder(tf.float32, shape=[None, time_step, output_size])
    batch_index, train_x, train_y = get_train_data(batch_size, time_step,
        train_begin, train_end)
    model = LSTM(rnn_unit, input_size)
    pred, _ = model.lstm(X)
    #7.1损失函数
    loss = tf.reduce_mean(tf.square(tf.reshape(pred, [-1]) - tf.reshape(Y, [-1])))
    train_op = tf.train.AdamOptimizer(lr).minimize(loss)
    saver = tf.train.Saver(tf.global_variables(), max_to_keep=15)
    train_loss = []
#7.2创建会话,进行训练
with tf.Session(config=config) as sess:
#初始化所有变量
        sess.run(tf.global_variables_initializer())
            #重复训练次数
```

```
        for i in range(1000):
            for step in range(len(batch_index) - 1):
                _, loss_ = sess.run([train_op, loss], feed_dict={X: train_x
[batch_index[step]:batch_index[step + 1]],
                                        Y: train_y[batch_
index[step]:batch_index[step + 1]]})
            print(i, loss_)
            train_loss.append(loss_)
        print("保存模型: ", saver.save(sess, './model/LSTM.model', global_step=i))
    #7.3 绘制训练 loss 曲线
    plt.plot(train_loss, label='train_loss')
    plt.legend()
    plt.show()

if __name__ == '__main__':
    train()
```

3. 模型测试代码解析

完整代码见 test.py。

(1) 导入数据，获取测试集及数据预处理。

```
#4. 导入数据
def import_data():
    with open('./data/data.csv', 'r') as csvfile:
        reader = csv.reader(csvfile)
        data = []
        i = 0
        for x in reader:
            if i != 0:
                x = x[2:10]    #取第 3~9 列
                x = [float(k) for k in x]
                data.append(x)
            i = i + 1
        data = np.array(data)
    return data

#5. 获取测试集及数据预处理
def get_test_data(time_step=step,test_begin=5800):
data=import_data()
#5.1 获取测试集
data_test=data[test_begin:]
#5.2 数据标准化
    mean=np.mean(data_test,axis=0)
    std=np.std(data_test,axis=0)
normalized_test_data=(data_test-mean)/std    #标准化
#5.3 将数据转换成网络需要的格式
    size=(len(normalized_test_data)+time_step-1)//time_step    #样本数量
    test_x,test_y=[],[]
    for i in range(size-1):
```

```
    x=normalized_test_data[i * time_step:(i+1) * time_step,:7]
    y=normalized_test_data[i * time_step:(i+1) * time_step,7]
    test_x.append(x.tolist())
    test_y.extend(y)
test_x.append((normalized_test_data[(i+1) * time_step:,:7]).tolist())
test_y.extend((normalized_test_data[(i+1) * time_step:,7]).tolist())
return mean,std,test_x,test_y
```

（2）定义预测函数，绘制预测曲线，计算预测指标。

```
#6. 定义模型预测函数
def prediction(time_step=step):
    start_time = time.time()
    X=tf.placeholder(tf.float32, shape=[None,time_step,input_size])
    mean,std,test_x,test_y=get_test_data(time_step)
    test_x=np.array(test_x)
    model = LSTM(rnn_unit, input_size)
    pred,_=model.lstm(X)
    saver=tf.train.Saver(tf.global_variables())
    with tf.Session() as sess:
        #6.1 模型参数加载
        module_file = tf.train.latest_checkpoint("./model")
        saver.restore(sess, module_file)
        test_predict=[]
        for step in range(len(test_x)-1):
            test_x1 = test_x[step]
            test_p = np.array([test_x1], dtype=np.float32)
            prob = sess.run(pred, feed_dict={X: test_p})
            predict = prob.reshape((-1))
            test_predict.extend(predict)
        #6.2 预测值反标准化
        test_y=np.array(test_y) * std[7]+mean[7]
        test_predict=np.array(test_predict) * std[7]+mean[7]
        test_y=test_y[0:len(test_predict)]
        #6.3 评估指标: 均方误差和相关系数
        mae = mean_absolute_error(test_y, test_predict)
        R = np.mean(np.multiply((test_y - np.mean(test_y)), (test_predict - np.
            mean(test_predict)))) / (np.std(test_y) * np.std(test_predict))
        end_time = time.time()
        timer = end_time - start_time
        print("--------------------PC--------------------")
        print("相关系数 R: %.2f" % R)
        print("均方误差: %.2f" % mae)
        print("time consuming: %.6f sec" % timer)
        print("------------------------------------------")
        #6.4 绘制预测值与真实值折线图
        plt.figure()
        plt.plot(list(range(len(test_y))), test_y, color='k', label='实际值')
```

```
        plt.plot(list(range(len(test_predict))), test_predict, color='r',
            label='预测值')
        plt.xlabel('天数', fontsize=11)
        plt.ylabel('最高价/元', fontsize=11)
        plt.legend(ncol=2, frameon=False,fontsize=11)
        plt.xticks(fontsize=9)
        plt.yticks(fontsize=9)
        plt.savefig('predict_data.jpg')
        plt.show()

if __name__ == '__main__':
    prediction()
```

9.2.5　LSTM 网络模型训练和测试过程

LSTM 网络模型训练的代码见文件 train.py，通过运行该程序进行训练，可以获得一个股票预测的 LSTM 模型，即 checkpoint 模型文件。

LSTM 网络模型训练结束后，执行测试程序 test.py，可以对训练好的 LSTM 模型进行测试，将预测值与实际值绘制在一张图表中，观察预测值与实际值曲线的吻合程度，并采用平均绝对误差 MAE 和相关系数 ρ 进行评价。

训练、测试及模型文件转换的步骤如下所示。

（1）进入工程文件夹 LSTM-TF1。

（2）在 Terminal 模式或 PyCharm 环境中运行 train.py 代码。注：train.py 需在 TensorFlow1.x 环境中运行。

运行 train.py 后，计算机开始加载数据进行 LSTM 的模型训练，在运行窗口输出：

```
root@ubuntu:/workspace/LSTM-TF1#python3 train.py
0 0.3805109
1 0.2458861
2 0.14906389
3 0.086716875
4 0.049363937
5 0.028920952
......
997 0.00067587965
998 0.0007551818
999 0.00066824775
保存模型: ./model/LSTM.model-999
-------------------------------------------------
root@ubuntu:/workspace/LSTM-TF1#
```

训练结束后，模型文件 LSTM.model 存储在工程文件夹下的 ./model 文件夹下。

（3）运行 ckpt_to_pb.py 代码，将 checkpoint 模型文件转换为 pb 文件。

```
root@ubuntu:/workspace/LSTM-TF1#python3 ckpt_to_pb.py
```

模型转换完成后,模型文件 LSTM.pb 存储在工程文件夹下的./model 文件夹下。

(4)在 Terminal 模式或 PyCharm 环境中运行 test.py 代码,程序开始预测,在运行窗口输出:

```
root@ubuntu:/workspace/LSTM-TF1#python3 test.py
相关系数 R: 0.99
均方误差: 91.93
time consuming: 0.235271 sec
```

测试集的股票最高价为 2000~5500,最终得到的 LSTM 网络预测指标 MAE 为 91.93,相关系数为 0.99,说明训练的 LSTM 模型具有良好的预测性能。

如图 9.9 所示,程序绘制出下一交易日股票最高价预测值和真实值,可更直观地对比二者的差异。

扫码查看
彩图

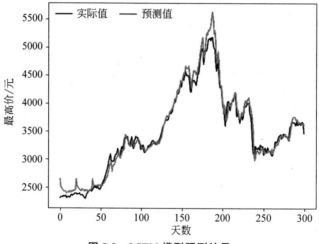

图 9.9　LSTM 模型预测结果

9.2.6　LSTM 网络模型在 SE5 上的部署

1. 模型编译

将 PC 平台的模型文件./model/ LSTM.pb 编译为 SE5 平台可执行的 bmodel 模型文件,bmodel 模型保存在./SE5/bmodel 文件夹下。模型编译和结果比对过程参考本书 4.3.5 节模型编译部分。

2. 代码移植

代码移植就是编写 SE5 端的模型推理程序 test_ SE5.py,主要包括导入数据、预处理、模型加载、预测和后处理等,完整程序见该文件。与 PC 端有差异的代码在下文中加粗,并省略相同代码。

(1)加载 bmodel。SE5 提供了模块化接口 Sophon Python API:sophon.sail.Engine,用于加载 bmodel 并驱动 TPU 进行推理。

```
import sophon.sail as sail
...
#加载 bmodel
self.net = sail.Engine(model_path, tpu_id, sail.IOMode.SYSIO) #加载 bmodel
self.graph_name = self.net.get_graph_names()[0]   #获取网络名字
self.input_names = net.get_input_names(graph_name)   #获取网络输入名字
```

（2）导入数据。

```
def import_data():
    with open('./data.csv', 'r') as csvfile:
    ···以下同 PC 端程序。
    return data
```

（3）预处理。预处理包括数据标准化和划分测试集。

```
def preprocess_test_data(time_step=step,test_begin=5800):
    data=import_data()
    ···以下同 PC 端程序。
    return mean,std,test_x,test_y
```

（4）模型预测。

```
#运行预测网络
prob = net.process(graph_name, input_data)
```

（5）后处理。后处理包括对预测结果进行反标准化和计算模型评估指标。

```
def postpress_prediction(std,mean,test_y,test_predict):
    test_y = np.array(test_y) * std[7] + mean[7]
    ···以下同 PC 端程序。
R = np.mean(np.multiply((test_y - np.mean(test_y)), (test_predict - np.mean
(test_predict)))) / (np.std(test_y) * np.std(test_predict))
    return mae,R
```

（6）模型预测主函数。模型预测的主函数如下所示，包含上述导入数据、预处理、模型加载、预测和后处理函数。

```
def main(time_step=step):
    start_time = time.time()                        #开始时间
    #预处理：调用预处理函数
    mean,std,test_x,test_y=preprocess_test_data(time_step)
    test_x=np.array(test_x)

    #加载 bmodel
    net = sail.Engine(ARGS.ir_path, ARGS.tpu_id, sail.IOMode.SYSIO)
    graph_name = net.get_graph_names()[0]            #获取网络名字
    input_names = net.get_input_names(graph_name)    #获取网络输入名字
```

```
#模型预测
test_predict = []
…以下同 PC 端程序。
    test_predict.extend(predict)
#后处理：调用后处理函数
mae,R=postpress_prediction(std,mean,test_y,test_predict)
end_time = time.time()   #结束时间
timer = end_time - start_time
print("-------------SE5 端预测结果-------------")
…以下同 PC 端程序。
```

3. SE5 端模型预测

按照下述步骤在 SE5 设备上进行模型的测试。如果需要详细步骤，参考本书 4.4.6 节 SE5 端模型测试部分。

（1）建立测试文件夹。将准备的测试数据、SE5 端程序 test_SE5.py 和生成的 bmodel 模型文件夹放入同一个文件夹并命名为"SE5"（本实践项目的工程文件夹中已经创建了 ./SE5 文件夹和所需文件，读者可直接使用该文件夹）。

（2）将预测文件夹复制到 SE5。

（3）SE5 端运行程序。

打开新的命令行终端，使用 ssh 命令登录 SE5，用户名为 linaro@"YOUR_SOC_IP"，默认密码为 linaro。

进入预测程序文件夹路径下，运行测试程序。输出结果显示如下：

```
bmcpu init: skip cpu_user_defined
open usercpu.so, init user_cpu_init
[BMRT][load _ bmodel: 823] INFO: Loading bmodel from [./bmodel/compilation.
bmodel]. Thanks for your patience...
[BMRT][load_bmodel:787] INFO:pre net num: 0, load net num: 1
--------------------SE5 端预测结果--------------------
相关系数 R: 0.99
均方误差 mae: 86.88
time consuming: 5.718125 sec
----------------------------------------------------
```

可以看到，SE5 端预测得到的相关系数为 0.99，MAE 为 86.88。

参考文献

图书资源支持

感谢您一直以来对清华版图书的支持和爱护。为了配合本书的使用，本书提供配套的资源，有需求的读者请扫描下方的"书圈"微信公众号二维码，在图书专区下载，也可以拨打电话或发送电子邮件咨询。

如果您在使用本书的过程中遇到了什么问题，或者有相关图书出版计划，也请您发邮件告诉我们，以便我们更好地为您服务。

我们的联系方式：

清华大学出版社计算机与信息分社网站：https://www.shuimushuhui.com/

地　　址：北京市海淀区双清路学研大厦 A 座 714

邮　　编：100084

电　　话：010-83470236　　010-83470237

客服邮箱：2301891038@qq.com

QQ：2301891038（请写明您的单位和姓名）

资源下载：关注公众号"书圈"下载配套资源。

资源下载、样书申请

书圈

图书案例

清华计算机学堂

观看课程直播